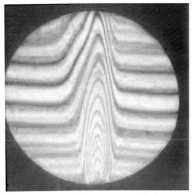

用干涉法检测表面平整度

磁悬浮列车

棱镜的色散

磁场线

超导磁悬浮

磁场线

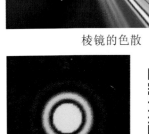

圆孔衍射和艾里斑

狭缝、圆孔、
矩形孔的衍射

偏振片

偏振片

1930 年 E.O 劳伦斯制成世界上
第一台回旋加速器

用偏振光干涉仪观察到的
悬浮在水面上的昆虫

由白光光源获得的杨氏双缝干涉条纹

氢原子光谱

全息照片

激光武器

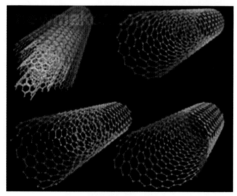

碳纳米材料

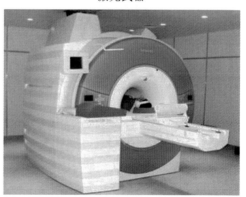

核磁共振技术用于医疗诊断

应用扫描隧道显微技术把蒸发到铜表面的
铁原子排列成圆环形量子围栏

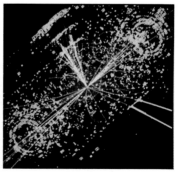

粒子碰撞
——探索原子内部结构

"十二五"普通高等教育本科国家级规划教材

大学物理(下册)

(第三版)

主　编　康　颖

副主编　刘家福　朱　霞

　　　　梁裕民　马轩文

科学出版社

北京

内 容 简 介

本书是教育部"十二五"普通高等教育本科国家级规划教材,也是国家精品课程配套教材,是由首届国家级教学名师和诸多具有丰富教学经验的老师,在军队级教学成果一等奖教材的基础上,依据教育部物理基础课程教学指导分委员会新颁发的《理工科类大学物理课程教学基本要求》,考虑国内外物理教材改革动向,结合我国当前大学物理教学实际,多次修订和改编而成.

全书分上下两册.上册包括力学、振动与波动、热学和电学,下册包括磁学、光学、近代物理,以及供选讲的现代技术的物理基础专题.另有陀螺与惯性导航、混沌简介、熵与信息、超导、液晶、核磁共振、次声武器、电磁炮等小篇幅阅读材料供学生选读,有利于开拓视野,联系实际,激发学习的积极性,提高科学素质,培养创新精神.书后还附有物理学名词中英文对照表,便于师生查阅.全书配制了电子教案、学习指导与题解、题库等资源,以备选用.

本书可作为高等学校工科各专业、理科非物理类专业、军队院校合训和非合训各专业的本科教材,也可作为教师和工程技术人员的参考书,或供自学者使用.

图书在版编目(CIP)数据

大学物理.下册/康颖主编.—3 版.—北京:科学出版社,2015.12
"十二五"普通高等教育本科国家级规划教材
ISBN 978-7-03-046364-7

Ⅰ.①大⋯ Ⅱ.①康⋯ Ⅲ.①物理学-高等学校-教材 Ⅳ.①O4

中国版本图书馆 CIP 数据核字(2015)第 270007 号

责任编辑:昌 盛 罗 吉/责任校对:钟 洋
责任印制:徐晓晨/封面设计:迷底书装

科 学 出 版 社 出版
北京东黄城根北街 16 号
邮政编码:100717
http://www.sciencep.com

北京京华虎彩印刷有限公司 印刷

科学出版社发行 各地新华书店经销

*

2006 年 1 月第 一 版   开本:720×1000 1/16
2010 年 1 月第 二 版   印张:24 插页:1
2015 年 12 月第 三 版   字数:484 000
2018 年 2 月第十九次印刷   印数:105 401—107 400
定价:36.00 元
(如有印装质量问题,我社负责调换)

目　　录

本书配套教辅资源

1. 资源丰富的电子教案与多功能大学物理题库系统可供用书院校参考或与本书配套使用.

2. 辅助学习教材提供详尽的教学基本要求、学习指导、典型例题分析、本书全部习题及求解，可供学习参考.

　　科学出版社电子商务平台提供辅助教材购买的二维码，以方便使用.

　　书名：《大学物理（第三版）学习指导与题解》

　　书号：978-7-03-046365-4

　　定价：35.00 元

第12章 恒定电流

前两章讨论的静电场是相对观察者静止的电荷激发的，即使在静电场中放入导体，达到静电平衡时，也没有电荷作定向运动. 如果在导体内的任意两点间维持恒定的电势差，使得导体内有一个稳定的电场，那么导体内的电荷就要作定向运动而形成电流. 本章讨论在这种情况下产生的电现象和遵循的基本规律.

我们将从两个方面进行研究. 一方面从"场"的角度研究恒定电流，引入电流密度的概念，并由此得到欧姆定律的微分形式，把恒定电流与恒定电场联系起来，然后在电源内部引入非静电力和非静电性场强的概念，把电源电动势与非静电性场强联系起来. 另一方面从"路"的角度研究直流电问题，讨论电路中电流、电压、能量转换以及基尔霍夫定律等内容. 重点研究恒定电场的性质和规律.

12.1 电流 电流密度

12.1.1 电流的形成

电流是电荷的定向运动形成的. 形成电流的带电粒子统称为载流子，它们可以是自由电子、离子或带电物体等. 金属导体中的载流子是自由电子，流体(如电解液和电离气体)的载流子是正离子或负离子，半导体的载流子则为其中存在着的一些自由电子或空穴. 由自由电子或离子定向运动形成的电流叫**传导电流**，由带电物体作机械运动形成的电流叫**运流电流**. 本章讨论传导电流.

从导电机构来看，金属中存在着大量的自由电子和正离子. 正离子构成金属的晶格点阵，而自由电子则在晶格间作无规则的热运动，并不断地与晶格碰撞. 当不存在外电场时，电子向各方向运动的概率相等，所以，电子热运动的平均速度为零，不能形成宏观的电荷运动，也就不能形成电流.

当导体两端存在电势差时，在导体内部就有电场存在. 这时自由电子都受到与电场方向相反的电场力作用，因此，每个电子除了原来不规则的热运动外，在电场的反方向上还有一个附加的运动. 图12.1中实线是某电子在无电场作用时热运动的轨迹，由于电子与晶体点阵上的正离子频繁碰撞，其轨迹是一条无规则的折线. 图中的

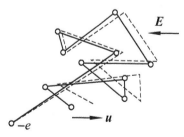

图 12.1

虚线表示有外电场时电子的运动轨迹. 此时电子在两次碰撞之间的运动总要逆着电场方向偏离,这种偏离叫做漂移. 每个电子都要发生这样的漂移,大量电子的漂移则表现为电子的定向运动. 电子定向运动的平均速度称为**漂移速度**,其方向与导体内的电场方向相反. 电子作有规则定向漂移的速度大小只有 10^{-4} m·s^{-1} 的量级,较之热运动的速度要小得多. 但是,当我们接通电路时因电场传播速度等于光速,所以整个电路中的电场实际上几乎是同时建立起来的,导体中全部自由电子几乎同时沿着电场的反方向作有规则的定向运动,于是在导体中形成了电流.

综上所述,产生电流有两个条件:(1)存在可以自由移动的电荷;(2)存在电场(超导体除外).

习惯上,**规定正电荷运动的方向为电流的方向**. 按此规定,导体中电流的方向总是沿着电场方向,从高电势处指向低电势处.

12.1.2　电流强度　电流密度

1. 电流强度

电流的强弱用电流强度 I 来描述. 单位时间内通过导体任一横截面的电量叫做通过该截面的**电流强度**,简称电流. 若在 Δt 时间内通过某一截面的电量为 Δq,则通过该截面的电流强度定义为

$$I = \frac{\Delta q}{\Delta t}$$

电流强度的单位名称是安培,符号为 A. $1 \text{ A} = 1 \text{ C·s}^{-1}$.

若导体中通过某一截面的电流强度的大小和方向都不随时间改变,则称这种电流为**恒定电流**,也叫直流电. 若 I 的量值随时间变化(如电容器充放电时的电流),则用瞬时电流强度描述电流的强弱,即

$$I = \lim_{\Delta t \to 0} \frac{\Delta q}{\Delta t} = \frac{\mathrm{d}q}{\mathrm{d}t} \tag{12.1}$$

电流强度是标量,但规定方向. 通常所说的电流强度的方向是指正电荷在导体内移动的方向.

2. 电流密度

电流强度只能描述通过导体中某一截面电流的整体特征. 实际上有时会遇到电流在大块导体中流动,而且在导体中分布不均匀的情形,这时导体不同部分电流的大小和方向都不一样. 为了定量描述导体中各点的电流分布,引入一个新的物理量——**电流密度**矢量 $\boldsymbol{j}$. 它的大小和方向规定如下:导体中任意一点电流密度 $\boldsymbol{j}$ 的方向为该点正电荷运动的方向;$\boldsymbol{j}$ 的大小等于单位时间内通过该点附近垂直于正电荷运动方向的单位面积的电量. 设想在导体中某点取一与该点正电荷运动方向垂直的面积元 $\mathrm{d}S_\perp$,该面积元法线方向的单位矢量 $\boldsymbol{n}$ 与正电荷运动方向相同,亦即

n 与该点场强 E 的方向相同,如图 12.2 所示.由上述规定可知,电流密度矢量为

$$j = \frac{dq}{dt dS_\perp} n = \frac{dI}{dS_\perp} n \tag{12.2}$$

式中 dq 为 dt 时间内通过 $dS_\perp$ 的电量,dI 为通过 $dS_\perp$ 的电流强度.

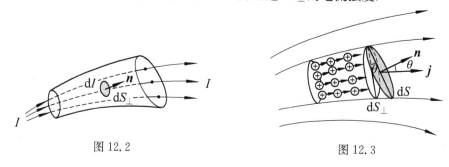

图 12.2　　　　　　　　　　　图 12.3

若面积元 dS 的法线方向与该点电场强度方向不一致,它们的夹角为 θ,如图 12.3所示,则 j 的大小为

$$j = \frac{dI}{dS \cos \theta} \tag{12.3}$$

电流密度的单位名称是安培每二次方米,符号为 $A \cdot m^{-2}$. $1\ A \cdot m^{-2} = 1\ C \cdot s^{-1} \cdot m^{-2}$.

引入电流密度以后,对于一个电流分布不均匀的有限面积 S,通过它的电流强度可以写成

$$I = \int_S dI = \int_S j \, dS \cos\theta = \int_S \boldsymbol{j} \cdot d\boldsymbol{S} \tag{12.4}$$

由此可见,电流强度是通过某一面积的电流密度通量.

为了形象地描述某一区域内电流的分布情况,可在该区域内画一系列曲线,曲线上每一点的切线方向与该点电流密度矢量的方向相同,而任一点的曲线数密度则与该点电流密度的大小成正比.这样的曲线叫**电流线**,它类似于电场中的电场线.电流线分布的空间称为**电流场**.图 12.4表示某一导体内部的电流场.

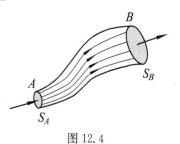

图 12.4

例 12.1　设导体单位体积内自由电子数为 n,每个电子所带电量为 $-e$,电子漂移速度的大小为 $\bar{u}$.试证电流密度矢量的大小为 $j = ne\bar{u}$.

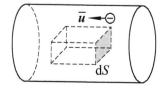

图 12.5

解　在图 12.5 所示的导体中取截面 dS,其法线方向与 $\bar{u}$ 的方向平行,通过 dS 的电流强度为 dI,它等于 1 秒内通过截面 dS 的电量.以 dS 为底面积,以 $\bar{u}$ 的大小为高作一柱体,显然,柱体内自由电子数为

$\bar{u} \mathrm{d}Sn$,则 1 秒内流过 $\mathrm{d}S$ 的电量为 $\bar{u} \mathrm{d}Sne$,故该点的电流密度大小为

$$j = \frac{\mathrm{d}I}{\mathrm{d}S} = ne\bar{u}$$

若导体为金属铜,其自由电子数密度 $n = 8.4 \times 10^{28} \mathrm{~m}^{-3}$,设电流密度 $j = 5 \times 10^6 \mathrm{~A \cdot m}^{-2}$,代入上式得

$$\bar{u} = \frac{j}{ne} = \frac{5 \times 10^6 \mathrm{~C \cdot s}^{-1} \cdot \mathrm{m}^{-2}}{8.4 \times 10^{28} \mathrm{~m}^{-3} \times 1.6 \times 10^{-19} \mathrm{~C}} = 3.7 \times 10^{-4} \mathrm{~m \cdot s}^{-1}$$

金属中自由电子热运动速率平均值的量级为 $10^5 \mathrm{~m \cdot s}^{-1}$,相比之下自由电子漂移速度是十分微小的.

12.1.3 电流的连续性方程　恒定条件

1. 电流的连续性方程

电流场的一个重要的基本性质是它的连续性方程,其实质是电荷守恒.设想在导体内任取一闭合曲面 S,如图 12.6 所示.根据电荷守恒定律,在 $\mathrm{d}t$ 时间内,由 S 面流出的电量应等于同一时间内 S 面内电量的减少.与计算电通量类似,在 S 面上取外法线方向为正方向,则在单位时间内由 S 面流出的电量等于 $\oint_S \boldsymbol{j} \cdot \mathrm{d}\boldsymbol{S}$.设 $\mathrm{d}t$ 时间内 S 面内电量由 q 变化到 $q + \mathrm{d}q$.如果电量减少,则 $\mathrm{d}q < 0$.在单位时间内,S 面内电量减少的量值为 $-\mathrm{d}q/\mathrm{d}t$.如上所述,这一量值应与单位时间内由 S 面流出的电量相等,即

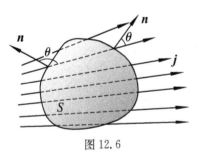

图 12.6

$$\oint_S \boldsymbol{j} \cdot \mathrm{d}\boldsymbol{S} = -\frac{\mathrm{d}q}{\mathrm{d}t} \tag{12.5}$$

这就是电流的连续性方程.

2. 电流的恒定条件和恒定电场

在恒定条件下,电流不随时间变化,即电流场中各点的电流密度 $\boldsymbol{j}$ 不随时间变化.这就要求电荷的分布不随时间变化,从而电荷产生的电场也不随时间变化.因此,对于任意闭合曲面 S,面内的电量不随时间变化,即 $\mathrm{d}q/\mathrm{d}t = 0$.于是有

$$\oint_S \boldsymbol{j} \cdot \mathrm{d}\boldsymbol{S} = 0 \tag{12.6}$$

上式称为电流的恒定条件.即通过闭合曲面 S 一侧流入的电量等于从另一侧流出的电量,因而电流线连续地穿过 S 面包围的体积.由 S 面的任意性,可以得出如下结论:**恒定电流的电流线不可能在任何地方中断,它们永远是闭合曲线.**

对于在一根导线中通过的恒定电流,利用式(12.6)可以得出:通过导线各个横截面的电流强度都相等.在图 12.7(a)中,对于包围任一段导线的闭合曲面,只有

流进的电流 I_1 和流出的电流 I_2 相等,才能
使通过此闭合曲面的电流为零. 在图 12.7
(b)中,对于恒定电流电路中几根导线汇合
的节点 P 来说,任取一包围该节点的闭合
曲面,由式(12.6)给出

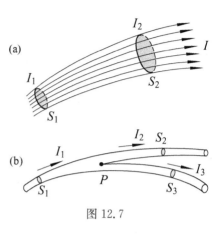

图 12.7

$$\sum_i I_i = 0 \qquad (12.7)$$

即汇于节点的电流的代数和为零. 以流出节
点的电流为正,流入节点的电流为负,则对
图 12.7(b)中的节点 P,应有

$$-I_1 + I_2 + I_3 = 0$$

式(12.7)称为**节点电流方程**.

　　如前所述,在恒定电流的情况下,导体内的电荷分布不随时间变化. 不随时间
变化的电荷分布产生不随时间变化的电场,这种电场称为**恒定电场**.

　　导体内稳定的不随时间变化的电荷分布就像固定的静止电荷分布一样,由它
们产生的恒定电场和静电场亦有许多相似之处. 例如,它们都服从高斯定理和场强
的环路定理. 以 E 表示恒定电场的电场强度,则有

$$\oint_L \boldsymbol{E} \cdot d\boldsymbol{l} = 0 \qquad (12.8)$$

这说明**恒定电场也是保守场**. 根据恒定电场的这一性质,可以引进电势的概念. 由
于 $\boldsymbol{E} \cdot d\boldsymbol{l}$ 是通过线元 $d\boldsymbol{l}$ 发生的电势降落,所以上式也常说成是:**在恒定电流电路
中,沿任何闭合回路一周,电势降落的代数和等于零**. 在分析解决直流电路问题时,
常根据这一规律列出方程,这些方程称为**回路电压方程**.

　　尽管恒定电场和静电场有许多相似之处,但它们还是有重要区别的. 产生恒定
电场的电荷分布虽然不随时间改变,但这种分布总伴随着电荷的运动,因此是一种
动态平衡分布,而产生静电场的电荷始终固定不动;在恒定电场中,导体内部场强
可以不等于零,而在静电场中的导体达到静电平衡时,其内部场强必为零;电荷运
动时恒定电场力要做功,因此恒定电场的存在总要伴随着能量的转换,但是静电场
是由固定电荷产生的,所以维持静电场不需要外界提供能量.

12.2　电源　电动势

　　如前所述,产生恒定电流的条件是电荷分布不随时间变化,因而电荷产生
的电场是恒定电场,导体两端将维持恒定的电势差. 现在我们研究如何实现这
一条件.

12.2.1 电源

一般说来,把两个电势不等的导体用导线连接起来,导线中立刻会有电流产生.电容器的放电过程就是这样.但在静电力作用下,正电荷从高电势一端经导线向低电势一端移动,随着时间的推移,正负电荷逐渐中和,导体两端的电势差逐渐减小,从而破坏恒定条件.假如我们能够沿另一途径把正电荷送回高电势的一端,以维持导体两端电势差不变,这样就可以在导体中维持恒定电流.显然靠静电力是不可能完成上述过程的,必须有非静电性的力使正电荷逆着静电场方向,从低电势处返回高电势处,使导体两端的电势差保持恒定,从而形成恒定电流.

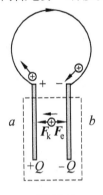

图 12.8

提供非静电力的装置称为**电源**.图 12.8 是电源装置的原理图.电源有两个电极,电势高的为正极,电势低的为负极.在电路中,电源以外的部分叫外电路,电源以内的部分叫内电路.当电源与外电路断开时,在电源内部作用于正电荷的非静电力 F_k 由负极板 b 指向正极板 a,因此正电荷由 b 向 a 运动,于是 a 板上就有正电荷的累积,而 b 板则带有等量负电荷.a、b 两极板上积累的正负电荷产生静电场,在电源内部其方向由 a 指向 b.因此,电源内部的每一个正电荷除受到非静电力 F_k 作用外,同时还受到静电力 F_e 的作用,方向与 F_k 相反.开始时,a、b 两板上积累的正负电荷不多,电源内部的静电场比较弱,因此 $F_k > F_e$,正电荷继续由 b 向 a 迁移.随着 a、b 上电荷的增加,F_e 逐渐增大.当 $F_k = F_e$ 时,电源内部不再有电荷的迁移,a、b 上正负电荷不再变化,两极板间的电势差亦保持恒定.

如果将电源与外电路接通,形成闭合电路,则在两极板电荷产生的电场的作用下,导线中形成了从 a 到 b 的电流.随着电荷在外电路中的定向移动,a、b 板上积累的正负电荷减少,使得电源内部的正电荷受到的静电力 F_e 又小于非静电力 F_k,于是电源内部又出现由 b 向 a 运动的正电荷.可见,外电路接通后,在电源内部也出现电流,方向是从低电势处流向高电势处.综上所述,在内电路,正电荷受非静电力作用从负极 b 移向正极 a;在外电路,正电荷受静电力作用从正极 a 移向负极 b,从而使电源正负极板上的电荷分布维持稳定,形成恒定电流.显然,**电源中非静电力的存在是形成恒定电流的根本原因**.

从能量观点看,非静电力移动电荷时必须反抗电场力做功.在这一过程中,被移动电荷的电势能增大,是由电能以外的其他形式的能量转换而来的.因此,电源是一种能够不断地把其他形式的能量转换为电能的装置.

电源的类型很多.不同类型电源中形成非静电力的过程不同,所以能量转换形式也不同.如在发电机中,非静电力是一种电磁作用,是将机械能转化为电能;在化学电源中,非静电力是一种化学作用,是将化学能转化为电能;在温差电源中,非静电力是与温差和浓度差相联系的扩散作用,是将热能转化为电能;太阳能电池则是直接把光能转变成电能的一种装置,等等.

12.2.2　电源的电动势

从上面的讨论可知,电源在电路中的作用是把其他形式的能量转换为电能. 衡量电源转换能量能力大小的物理量称为电源的**电动势**,它反映了电源中非静电力移动电荷做功本领的大小.

在电源内部,单位正电荷从负极移到正极的过程中,非静电力所做的功叫做电源的电动势,用 $\mathscr{E}$ 表示. 若 A_k 表示在电源内部将电量为 q 的正电荷从负极移到正极时非静电力所做的功,则电源的电动势定义为

$$\mathscr{E} = \frac{A_k}{q} \tag{12.9}$$

从场的观点看,可以把非静电力的作用等效为一种非静电性场的作用,这种场统称为外来场. 以 $\boldsymbol{E}_k$ 表示外来场的场强,则电荷 q 所受的非静电力 $\boldsymbol{F}_k = q\boldsymbol{E}_k$. 在电源内部,正电荷 q 由负极移到正极时非静电力做的功为

$$A_k = \int_{-\atop(\text{电源内})}^{+} \boldsymbol{F}_k \cdot \mathrm{d}\boldsymbol{l} = \int_{-\atop(\text{电源内})}^{+} q\boldsymbol{E}_k \cdot \mathrm{d}\boldsymbol{l}$$

将上式代入式(12.9),可得

$$\mathscr{E} = \int_{-\atop(\text{电源内})}^{+} \boldsymbol{E}_k \cdot \mathrm{d}\boldsymbol{l} \tag{12.10}$$

上式就是非静电力集中在一段电路内(如电池内)作用时电动势的表达式.

在有些情况下,非静电力存在于整个回路之中,这时整个回路的总电动势应为

$$\mathscr{E} = \oint_L \boldsymbol{E}_k \cdot \mathrm{d}\boldsymbol{l} \tag{12.11}$$

式中线积分遍及整个回路 L.

事实上,式(12.10)也可以表示成式(12.11)的形式. 因为在图 12.8 所示的回路中,外电路没有非静电力,所以单位正电荷绕回路一周,只有在电源内部才有非静电力做功. 由此可见,式(12.11)比式(12.10)具有更为普遍的意义.

电动势是标量,但它和电流强度一样规定有方向. 通常**规定从负极经电源内部指向正极的方向为电动势的方向**. 沿电动势方向,非静电力做正功,使正电荷的电势能增加.

电动势的单位名称是伏特,符号为 V.

12.2.3　电源的路端电压

电源两极之间的电势差称为电源的**路端电压**,简称端电压. 若端电压不随通过电源的电流而变化,这样的电源被定义为理想电压源,也称为恒压源. 因为所有实

际电源都具有内电阻,所以理想电压源就是忽略电源内电阻的电源,实际上是不存在的. 实际电源的端电压与通过它的电流有关,因为内电阻上的电势降总是随电流的变化而变化的,因此电源的端电压不是常量. 尽管如此,在电源的内电阻远小于外电路总电阻的情况下,可以近似地把实际电源看成恒压源. 恒压源在讨论电路问题中是非常有用的理想模型. 所有实际电源都可等效为一个恒压源 $\mathscr{E}$ 和一个电阻 r(电源的内电阻)串联的组合. 电源放电时,电流从负极经电源内部到正极;电源充电时,则电流的流向相反.

　　应当注意的是,电源的电动势和端电压的实质是不同的. 电动势是把单位正电荷从负极经电源内部移到正极时非静电力所做的功,它只取决于电源本身的性质,一定的电源具有一定的电动势,与外电路的性质以及是否接通外电路无关. 而端电压则是把单位正电荷从正极沿任意路径移到负极时静电力所做的功,其量值与外电路的情况有关. 显然在外电路断开(即开路)时,由于非静电力与静电力平衡,因而电动势与端电压量值相等.

12.3　欧姆定律　焦耳-楞次定律

12.3.1　电阻

　　我们知道,对于给定材料并且粗细均匀的导体,其电阻 R 与导体的横截面积 S 成反比,与导体的长度 l 成正比. 即

$$R = \rho \frac{l}{S} \tag{12.12a}$$

比例系数 ρ 只与导体的材料有关,称为该材料的**电阻率**. 有时也用 ρ 的倒数 $\gamma = 1/\rho$ 代替 ρ,写入上式,得

$$R = \frac{l}{\gamma S} \tag{12.12b}$$

γ 称为导体材料的**电导率**.

　　电阻率(或电导率)不但与材料的种类有关,而且还与温度有关. 在温度不太低时,几乎所有金属导体的电阻率 ρ 与温度 t(℃)近似地有如下关系:

$$\rho_t = \rho_0(1 + \alpha t)$$

式中 ρ_t 和 ρ_0 分别是 t℃和 0℃时的电阻率,α 叫做**电阻温度系数**,它随材料的不同而不同. 表 12.1 给出了几种常用材料的电阻率和电阻温度系数. 其中锰铜合金的 α 值只有 1×10^{-5}℃$^{-1}$,这说明锰铜合金的电阻率随温度的变化特别小,用它制作的电阻受温度的影响很小,因此常用这种材料作标准电阻.

表 12.1　几种常用材料的电阻率和电阻温度系数

材　　料	$\rho_0/\Omega\cdot\text{m}$	$\alpha/\text{℃}^{-1}$
银	1.5×10^{-8}	4.0×10^{-3}
铜	1.6×10^{-8}	4.3×10^{-3}
铝	2.5×10^{-8}	4.7×10^{-3}
钨	5.5×10^{-8}	4.6×10^{-3}
铁	8.7×10^{-8}	5×10^{-3}
铂	9.8×10^{-8}	3.9×10^{-3}
汞	94×10^{-8}	8.8×10^{-4}
碳	$3\ 500\times10^{-8}$	-5×10^{-4}
镍铬合金(60%Ni,15%Cr,25%Fe)	110×10^{-8}	1.6×10^{-4}
铁铬铝合金(60%Fe,30%Cr,5%Al)	140×10^{-8}	4×10^{-5}
镍铜合金(54%Cu,46%Ni)	50×10^{-8}	4×10^{-5}
锰铜合金(84%Cu,12%Mn,4%Ni)	48×10^{-8}	1×10^{-5}

　　用匀质材料制成的粗细均匀导体的电阻可以直接用式(12.12)进行计算,但对于截面积 S 或电阻率 ρ 不均匀的导体来说,其电阻的计算应采用以下积分形式,即

$$R = \int_L \rho\,\frac{\mathrm{d}l}{S} \tag{12.13}$$

　　电阻的倒数称为**电导**,用 G 表示,即 $G=1/R$.

　　电阻的单位名称是欧姆,符号为 Ω;电导的单位名称是西门子,符号为 S,$1\text{S}=1\Omega^{-1}$;电阻率的单位名称是欧姆米,符号为 $\Omega\cdot\text{m}$;电导率的单位名称是西门子每米,符号为 $\text{S}\cdot\text{m}^{-1}$.

　　金属导电的经典电子论可以解释为什么导体有电阻. 由于电子在导体中运动时要与晶格碰撞,碰撞时电子的定向运动被破坏,碰撞后电子的定向运动又从头开始,因此,碰撞是阻止电子定向运动速度增加的原因,其宏观反映就是导体有电阻.

12.3.2　一段均匀电路的欧姆定律

　　实验表明,当导体的温度一定时,通过导体的电流强度与导体两端的电势差成正比,即

$$I = \frac{U_1-U_2}{R} \tag{12.14}$$

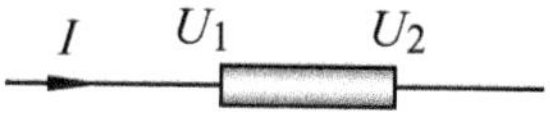

图 12.9

这是大家熟知的欧姆定律. R 是导体的电阻;U_1-U_2 是电阻两端的电势差,如图 12.9 所示. 可见,经过一个电阻,沿电流方向的电势降落等于电流与电阻的乘积.

　　需要指出的是,欧姆定律对于金属导体或电解液,在相当大的电压范围内都是适用的. 但对半导体二极管、真空二极管以及许多气体导电管等元(器)件都不成立,对于一段含电源的电路也不成立. 因此,式(12.14)又称为一段均匀电路的欧姆定律.

我们知道，导体中存在电场是形成电流的必要条件．因此，导体中的电流和电场必然密切相关．为了定量讨论导体中某点的电流密度与该点场强的关系，不妨在导体中某点附近取一个小圆柱体，如图 12.10 所示，其电阻率为 ρ，长为 $\mathrm{d}l$，底面积为 $\mathrm{d}S$，轴线与电流方向平行，两端的电势分别为 U 和 $U+\mathrm{d}U$．根据式（12.14），通过 $\mathrm{d}S$ 的电流应为

$$\mathrm{d}I = -\frac{\mathrm{d}U}{R}$$

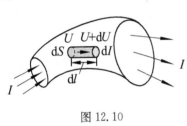

图 12.10

式中 $R = \rho\dfrac{\mathrm{d}l}{\mathrm{d}S}$ 为小圆柱体的电阻．于是

$$\mathrm{d}I = -\frac{1}{\rho}\cdot\frac{\mathrm{d}U}{\mathrm{d}l}\cdot\mathrm{d}S, \qquad \frac{\mathrm{d}I}{\mathrm{d}S} = -\frac{1}{\rho}\cdot\frac{\mathrm{d}U}{\mathrm{d}l}$$

将 $j = \dfrac{\mathrm{d}I}{\mathrm{d}S}, E = -\dfrac{\mathrm{d}U}{\mathrm{d}l}$ 代入上式，考虑到金属和电解液中 j 与 E 方向相同，故有

$$j = \frac{E}{\rho} = \gamma E \qquad\qquad (12.15)$$

式（12.15）是欧姆定律的微分形式．它表明了导体中某点的电流密度与该点场强和材料特性的点点对应关系．需要指出，欧姆定律的微分形式对于非恒定电场或非恒定电流的情况也是适用的，因此它比一段均匀电路的欧姆定律具有更深刻、更普遍的意义．

例 12.2　如图 12.11 所示，两个长度 $l = 1.00$ m 的同轴金属圆筒，内外筒的半径分别为 $r_A = 5.00 \times 10^{-2}$ m，$r_B = 1.00 \times 10^{-1}$ m，其间充满电阻率 $\rho = 1.00 \times 10^9$ $\Omega\cdot$m 的非理想电介质．设两筒间的电势差 $U_A - U_B = 1000$ V，求电介质内各点的场强 E、漏电流的电流密度 j 以及该电介质的漏电电阻 R．

解　设两个圆筒之间的总漏电流为 I，由于漏电流（从内筒流向外筒）沿径向对称分布，而且在距离圆筒轴线 r 处，总漏电流 I 通过的截面积 $S = 2\pi rl$，所以该面漏电流密度的大小为

$$j = \frac{I}{2\pi rl} \qquad\qquad ①$$

对于 $r \to r+\mathrm{d}r$ 的圆柱形薄层介质来说，相应的漏电电阻为

$$\mathrm{d}R = \rho\frac{\mathrm{d}r}{S} = \frac{\rho\mathrm{d}r}{2\pi rl}$$

于是，电介质的总漏电电阻为

$$R = \int\mathrm{d}R = \int_{r_A}^{r_B}\frac{\rho\mathrm{d}r}{2\pi rl} = \frac{\rho}{2\pi l}\ln\frac{r_B}{r_A}$$

$$= \frac{1.00 \times 10^9\ \Omega\cdot\mathrm{m}}{2\pi \times 1.00\ \mathrm{m}}\ln 2 = 1.10 \times 10^8\ \Omega$$

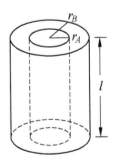

图 12.11

根据欧姆定律,可得漏电流的电流强度为

$$I = \frac{U_A - U_B}{R} = \frac{1000\text{ V}}{1.10 \times 10^8\ \Omega} = 9.09 \times 10^{-6}\text{ A}$$

将 I 代入式①,求得漏电流的电流密度大小为

$$j = \frac{I}{2\pi r l} = \frac{9.09 \times 10^{-6}\text{ A}}{2\pi \times 1.00\text{ m}} \cdot \frac{1}{r} = \frac{1.45 \times 10^{-6}\text{ A·m}^{-1}}{r}$$

由欧姆定律的微分形式(12.15),可得电介质中距轴线 r 处电场强度的大小为

$$E = \rho j = 1.00 \times 10^9\ \Omega\text{·m} \times \frac{1.45 \times 10^{-6}\text{ A·m}^{-1}}{r} = \frac{1.45 \times 10^3\text{ V}}{r}$$

E 和 j 的方向均沿径向向外.

12.3.3　一段含源电路的欧姆定律

如果电路中某一段含有电源,怎样计算其两端的电势差呢?

含有电源的电路也称**非均匀电路**. 我们以图 12.12 所示电路为例,计算一段含源电路的电压($U_A - U_B$). 由于在恒定电流电路中,每一点的电势都有确定值(相对电势零点),因此,($U_A - U_B$)应等于 $A \to B$ 电路上各段电势降落的代数和.

从 A 到 B 这段电路中电势有升有降,电路中实际的电流方向一时也无法确定,不妨先假设各路电流的方向,如图 12.12 所示. 在电路 ACB 上,选取电势降落的走向为从 A 经 C 到 B. 从 A 到 C 这一段,经 $\mathscr{E}_1$ 的正极到负极,电势降落为 $+\mathscr{E}_1$;在电阻 r_1 和 R_1 上的电势降落为 $I_1(r_1 + R_1)$. 故有

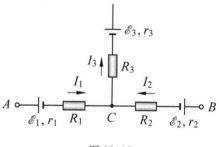

图 12.12

$$U_{AC} = U_A - U_C = \mathscr{E}_1 + I_1(r_1 + R_1)$$

从 C 到 B 这一段,在电阻 R_2 和 r_2 上的电势顺着所选取的走向,实际是升高的,写成电势降落则为 $-I_2(r_2 + R_2)$;经电源 $\mathscr{E}_2$ 的负极到正极,电势也是升高的,写成降落则为 $-\mathscr{E}_2$. 故有

$$U_{CB} = U_C - U_B = -\mathscr{E}_2 - I_2(r_2 + R_2)$$

于是 ACB 这段电路上总的电势降落为

$$U_{AB} = U_A - U_B = U_{AC} + U_{CB} = \mathscr{E}_1 - \mathscr{E}_2 + I_1(r_1 + R_1) - I_2(r_2 + R_2)$$

推广到一般电路,可将上式写成如下普遍形式:

$$U_A - U_B = \sum_i (\pm \mathscr{E}_i) + \sum_i (\pm I_i R_i) \tag{12.16}$$

上式称为一段含源电路的欧姆定律. 该定律表明,电路中 A、B 两点间的电势降落等于这两点间电路上各电源和各电阻电势降落的代数和.

必须指出,因为我们讨论的是电势降落,所以式(12.16)中各项的符号应按下述方法选定:沿着选取的电势降落的走向,经过电阻和电动势,凡是电势降低的就取正号,凡是电势升高的则取负号. 对于电阻来说,顺着电流方向电势降低;对于电动势来说,顺着电动势方向(从负极经电源内部指向正极)则电势升高. 电势降落的代数和可以为正、负、零,并由此可以判断所选两点的电势高低.

12.3.4 焦耳-楞次定律

我们知道,电流通过导体时,导体的温度要升高,内能也将增加,并以热传递的方式向周围放出热量,其规律遵从焦耳-楞次定律. 经典电子理论认为,电场力对自由电子做功,使电子的定向运动动能增大. 同时,自由电子又不断与晶格碰撞,把定向运动能量传递给晶格,使它的热振动加剧,因而导体的温度升高,并以焦耳热形式释放出来. 由此可见,一段纯电阻电路放出的热量与电场密切相关.

为了定量讨论导体放热和电场之间的关系,引入热功率密度的概念. 当导体内通有电流时,单位体积导体在单位时间内放出的热量称为**热功率密度**,以 w 表示. 设图 12.10 中的小圆柱体通有电流 dI,在 dt 时间内放出热量 dQ,则由焦耳-楞次定律,有

$$dQ = (dI)^2 R dt$$

式中小圆柱体的电阻 $R = \rho \dfrac{dl}{dS}$,体积 $V = dS \cdot dl$. 由热功率密度定义,有

$$w = \frac{dQ}{dt dS dl} = \frac{(dI)^2 R}{dS dl} = \left(\frac{dI}{dS}\right)^2 \cdot \left(\frac{dS}{dl}R\right) = \rho\left(\frac{dI}{dS}\right)^2$$

应用 $j = \dfrac{dI}{dS}$ 和 $j = \dfrac{E}{\rho} = \gamma E$,可得

$$w = \frac{E^2}{\rho} = \gamma E^2 \tag{12.17}$$

式(12.17)是焦耳-楞次定律的微分形式. 它表明了导体中某点的热功率密度与该点场强和材料特性的点点对应关系. 对于通有电流的导体,在电能不转换为其他形式能量(如化学能、机械能)的情况下,上式和欧姆定律的微分形式一样,对任意点都成立.

需要指出的是,我们有几处应用了金属导电的经典电子论. 这个理论能定性地描述金属中电子导电的微观图像,定性地解释电流的热效应,但不能给出满意的定量结果. 其主要缺陷在于它把适用于宏观物体的牛顿定律用于电子的运动,并把电子的能量视为连续的. 近代物理指出,只有用量子理论来研究金属导电理论,才能得到与实验符合得很好的结果.

12.4　基尔霍夫定律

前面讨论了一段电路的简单情况,在复杂电路中,各段支路的联结形成多个节点和多个回路,解决问题的一般方法是应用基尔霍夫定律. 该定律由两组方程组成. 第一组方程就是 12.1 节中的节点电流方程组,即对电路中的每一个节点有

$$\sum_i I_i = 0 \tag{12.18}$$

容易证明,对于共有 n 个节点的完整电路,可以写出 $n-1$ 个彼此独立的节点电流方程。

第二组方程是由式(12.16)得到的回路电压方程组. 令 A、B 两点重合,则有 $U_A - U_B = 0$,即

$$\sum_i (\pm \mathscr{E}_i) + \sum_i (\pm I_i R_i) = 0 \tag{12.19}$$

上式表明沿任一闭合回路一周,电势降落的代数和等于零.

显然,在求解一般电路问题时,对每个节点可以应用节点电流方程,而对每一个独立回路又可以应用回路电压方程. 对所列方程组联立求解,原则上可解决任何直流电路问题,可以说基尔霍夫定律为求解复杂的电路问题奠定了基础.

例 12.3　如图 12.13 所示,$\mathscr{E}_1 = 12$ V,$r_1 = 1$ Ω,$\mathscr{E}_2 = 8$ V,$r_2 = 0.5$ Ω,$R_1 = 3$ Ω,$R_2 = 1.5$ Ω,$R_3 = 4$ Ω. 求通过每个电阻的电流强度.

解　设通过各个电阻的电流强度分别为 I_1、I_2、I_3,各回路绕行方向如图 12.13 所示. 对于节点 A,依基尔霍夫第一方程,有

$$-I_1 + I_2 + I_3 = 0$$

对于回路 Ⅰ,依基尔霍夫第二方程,有

$$-\mathscr{E}_1 + I_1 r_1 + I_1 R_1 + I_3 R_3 = 0$$

对回路 Ⅱ,则有

$$\mathscr{E}_2 + I_2 r_2 + I_2 R_2 - I_3 R_3 = 0$$

联立以上三式,并代入已知数据,可得

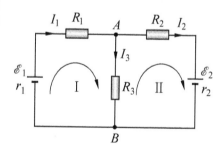

图 12.13

$$I_1 = 1.25 \text{ A}, \quad I_2 = -0.5 \text{ A}, \quad I_3 = 1.75 \text{ A}$$

上述结果中 I_1、I_3 为正值,说明电路中实际电流方向与所设方向相同;I_2 为负值,说明实际电流方向与图中所设方向相反.

例 12.4　四个相同的电源和四个相同的电阻串联成如图 12.14 所示的电路. 求 U_{AB}、U_{AC} 和 U_{AD}.

解　本题只有一个回路,不妨设 I 的方向为逆时针方向,同时也选逆时针方向为回路的绕行方向. 由基尔霍夫定律,有

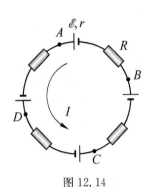

图 12.14

$$I(4R+4r)-4\mathscr{E}=0$$

解得

$$I=\frac{\mathscr{E}}{R+r}$$

所以

$$U_{AB}=U_A-U_B=\mathscr{E}-I(R+r)=0$$

同理有

$$U_{AC}=U_{AD}=0$$

事实上,由电路的对称性可知,A、B、C、D 四点在电路中的地位相同,所以它们的电势必然相等.

在含源电路中,由于有非静电力作用,因此可能出现一些均匀电路中不可能出现的情况. 例如上例中 $U_{AB}=0$,但 A、B 间 $I\neq0$. 另外,电路两端电压不为零,但是电路中却没有电流;电流从电路中电势低的一端流向电势高的一端等. 这些反常情况都可能在含源电路中出现,这里就不一一列举了.

内 容 提 要

1. 电流密度和电动势

电流密度：　$\boldsymbol{j}=\dfrac{\mathrm{d}I}{\mathrm{d}S_{\perp}}\boldsymbol{n}$,　电流强度：　$I=\dfrac{\mathrm{d}q}{\mathrm{d}t}=\displaystyle\int_S\boldsymbol{j}\cdot\mathrm{d}\boldsymbol{S}$

电源的电动势：　$\mathscr{E}=\displaystyle\int_{-\atop(电源内)}^{+}\boldsymbol{E}_k\cdot\mathrm{d}\boldsymbol{l}$,　$\mathscr{E}=\displaystyle\oint_L\boldsymbol{E}_k\cdot\mathrm{d}\boldsymbol{l}$

电源的端电压：　$U_+-U_-=\displaystyle\int_+^-\boldsymbol{E}\cdot\mathrm{d}\boldsymbol{l}$　（任意路径）

2. 恒定电流条件

$$\oint_S\boldsymbol{j}\cdot\mathrm{d}\boldsymbol{S}=0$$

3. 欧姆定律及其微分形式

一段均匀电路的欧姆定律：　$I=\dfrac{U_1-U_2}{R}$,　微分形式：　$\boldsymbol{j}=\dfrac{\boldsymbol{E}}{\rho}=\gamma\boldsymbol{E}$

一段含源电路的欧姆定律：　$U_A-U_B=\displaystyle\sum_i(\pm\mathscr{E}_i)+\sum_i(\pm I_iR_i)$

4. 焦耳-楞次定律及其微分形式

$$Q=I^2Rt,\quad w=\frac{E^2}{\rho}=\gamma E^2$$

5. 基尔霍夫定律

节点电流方程：　$\displaystyle\sum_i I_i=0$

回路电压方程：　$\displaystyle\sum_i(\pm\mathscr{E}_i)+\sum_i(\pm I_iR_i)=0$

习　题

(一)选择题和填空题

12.1　如图所示,在一个长直圆柱形导体外面套一个与它共轴的导体长圆筒,两导体的电导率可以认为是无限大.在圆柱与圆筒之间充满电导率为 γ 的均匀导电物质,当在圆柱与圆筒间加上一定电压时,在长度为 l 的一段导体上总的径向电流为 I,如图所示.则在柱与筒之间与轴线的距离为 r 的点的电场强度为[　]

(A) $\dfrac{2\pi rI}{l^2\gamma}$.　　　(B) $\dfrac{I}{2\pi rl\gamma}$.　　　(C) $\dfrac{Il}{2\pi r^2\gamma}$.　　　(D) $\dfrac{I\gamma}{2\pi rl}$.

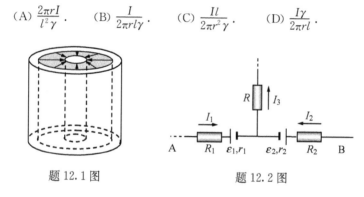

题 12.1 图　　　　　　　　　　　　　题 12.2 图

12.2　在如图所示的电路中,两电源的电动势分别为 ε_1、ε_2,内阻分别为 r_1、r_2,三个负载电阻阻值分别为 R_1、R_2、R,电流分别为 I_1、I_2、I_3,方向如图.则 A、B 间的电势差 U_B-U_A 为[　]

(A) $\varepsilon_2-\varepsilon_1-I_1R_1+I_2R_2-I_3R$.　　　(B) $\varepsilon_2+\varepsilon_1-I_1(R_1+r_1)+I_2(R_2+r_2)-I_3R$.

(C) $\varepsilon_2-\varepsilon_1-I_1(R_1+r_1)+I_2(R_2+r_2)$.　　(D) $\varepsilon_2-\varepsilon_1-I_1(R_1-r_1)+I_2(R_2-r_2)$.

12.3　两段不同金属导体电导率之比 $\gamma_1/\gamma_2=2$,横截面积之比 $S_1/S_2=1/4$,将它们串联在一起后两端加上电压 U,则各段导体内电流之比 $I_1/I_2=$＿＿＿＿＿,电流密度之比 $j_1/j_2=$＿＿＿＿＿,导体内场强之比 $E_1/E_2=$＿＿＿＿＿.

12.4　若将电压 U 加在一根电阻率为 ρ、截面直径为 d、长度为 L 的导线的两端,则单位时间内流过导线横截面的自由电子数为＿＿＿＿＿;若导线中自由电子数密度为 n,则电子平均漂移速率为＿＿＿＿＿.

12.5　一半径为 R、电导率为 γ 的均匀导线中沿轴向流有电流,电流密度为 $kr(k$ 为常量$)$,r 为导线内某点到轴线的距离,则导线内任意一点的热功率密度为＿＿＿＿＿,在长度为 l 的导线内单位时间产生的热量为＿＿＿＿＿.

(二)问答题和计算题

12.6　两个横截面不同、长度相同的铜棒串接在一起,两端加一定的电压 U.问:(1)通过两棒的电流强度是否相同?(2)通过两棒的电流密度是否相同?(3)两棒内的电场强度是否相同?(4)它们各自分得的电压是否相等?

12.7　(1)电源的电动势与端电压有什么区别?两者在什么情况下相等?(2)电源内部的

非静电力和静电力有什么不同?(3)导体中的恒定电场和静电场有何异同之处?(4)欧姆定律的微分形式在电源中是否适用?

12.8 两段均匀导体组成的电路,其电导率分别为 γ_1 和 γ_2,长度分别为 L_1 和 L_2,导体的截面积均为 S,通过导体的电流强度为 I.求两段导体:(1)内部的电场强度 E_1 和 E_2 的比值;(2)电势差 U_1 和 U_2.

12.9 在横截面积 $S=0.17\ \mathrm{mm^2}$ 的铜导线中通过的电流 $I=0.025\ \mathrm{A}$,试求电场对电子的作用力(常温下铜导线的电阻率 $\rho=1.7\times10^{-8}\ \Omega\cdot\mathrm{m}$).

12.10 把大地看成均匀的导电介质,电阻率为 ρ.一半径为 r_0 的半球形电极与大地表面相接,如图所示.电极本身的电阻可忽略,试求此电极的接地电阻.

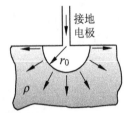

题 12.10 图

12.11 一铜棒的截面积为 $20\times80\ \mathrm{mm^2}$,长为 $2\ \mathrm{m}$,两端的电势差为 $50\ \mathrm{mV}$.已知铜的电导率 $\gamma=5.7\times10^7\ \mathrm{S}\cdot\mathrm{m}^{-1}$,铜内自由电子的体电荷密度为 $1.36\times10^{10}\ \mathrm{C}\cdot\mathrm{m}^{-3}$.求:(1)铜棒的电阻;(2)棒中的电流和电流密度;(3)棒内的电场强度;(4)棒内电子的漂移速度.

12.12 一电源的电动势为 $\mathscr{E}$,内电阻为 r,均为常量.将此电源与可变外电阻 R 连接时,电源供给的电流 I 将随 R 改变.试求:(1)电源端电压与外电阻 R 的关系;(2)电源消耗于外电阻的功率 P(称为输出功率)与 R 的关系;(3)欲使电源有最大输出功率,R 应为多大?(4)电源的能量一部分消耗于外电阻,另一部分消耗于内电阻.外电阻中消耗的功率与电源总的功率之比,称为电源的效率,记作 η.求 η 和 R 的关系.当有最大输出功率时,η 等于多少?

12.13 如图,一电缆的芯线是半径 $r_1=0.5\ \mathrm{cm}$ 的铜导线,铜线外包一层同轴绝缘层,绝缘层的外半径 $r_2=1.0\ \mathrm{cm}$,电阻率 $\rho=1.0\times10^8\ \Omega\cdot\mathrm{m}$.在绝缘层外面又用铅层保护起来,如图所示.(1)求 $100\ \mathrm{m}$ 长的这种电缆阻碍径向电流(即在电缆横截面内沿半径方向流动的电流)的电阻;(2)当芯线与铅层间的电势差为 $100\ \mathrm{V}$ 时,问 $100\ \mathrm{m}$ 长的电缆中沿径向漏去的电流为多大?

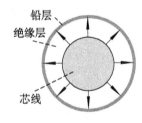

题 12.13 图

12.14 如图所示,求图中(a)、(b)两个电路中的电流强度 I 及 a、b 两点间的电势差.

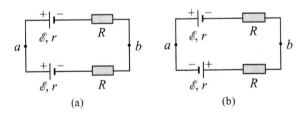

题 12.14 图

12.15 在如图所示的电路中,$\mathscr{E}_1=3\ \mathrm{V}$,$\mathscr{E}_2=1\ \mathrm{V}$,内阻均可忽略,$R_1=12\ \Omega$,$R_2=4\ \Omega$.在用导线连通 a、c 前后,通过 R_1 和 R_2 的电流有无变化?

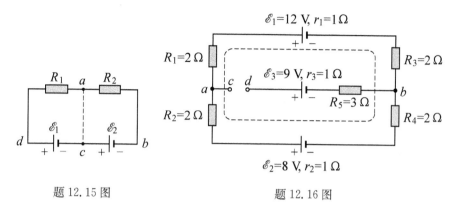

题 12.15 图　　　　　　　　　　　　　题 12.16 图

12.16　一电路如图所示.(1)求 a、b 两点间的电势差;(2)求 c、d 两点间的电势差;(3)如果 c、d 两点短路,则 a、b 两点间的电势差是多少?

12.17　一电路如图所示.设 R_1、R_2、R_3 和 $\mathscr{E}$ 都已知,电源内阻和安培计 Ⓐ 的内阻忽略不计.(1)求通过安培计的电流;(2)证明:电源和安培计的位置互相调换后,安培计的读数不变.

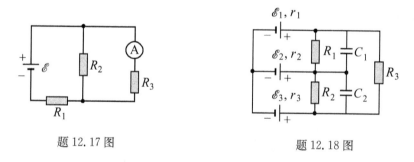

题 12.17 图　　　　　　　　　　　　　题 12.18 图

12.18　在如图所示的电路中,电池的电动势和内阻分别为 $\mathscr{E}_1=6.0$ V,$\mathscr{E}_2=4.5$ V,$\mathscr{E}_3=2.5$ V,$r_1=0.2$ Ω,$r_2=r_3=0.1$ Ω,电阻 $R_1=R_2=0.5$ Ω,$R_3=2.5$ Ω,电容器的电容 $C_1=C_2=2\mu$F.求通过电阻 R_1、R_2、R_3 中的电流强度以及电容器上所带的电量.

第 *13* 章　真空中的恒定磁场

在第 10 章中我们研究了静止电荷周围静电场的性质和规律.在运动电荷周围不仅存在电场,而且还存在磁场.恒定电流产生的磁场是不随时间变化的,称为恒定磁场或恒磁场.恒磁场和静电场是性质不同的两种场,但在研究方法上有很多相似之处.本章首先介绍恒定电流产生的磁场,然后讨论磁场对电流和运动电荷的作用.

13.1　磁场　磁感强度

13.1.1　磁现象

1. 磁现象

磁现象的发现比电现象早得多.人们最早发现并认识磁现象是从天然磁石(磁铁矿)能够吸引铁屑开始的.我国是最早发现和应用磁现象的国家.远在春秋战国时期,《吕氏春秋》一书中已有"磁石召铁"的记载.东汉著名的唯物主义思想家王充在《论衡》中描述的"司南勺"已被公认为最早的磁性指南器具.在 11 世纪,我国科学家沈括发明了指南针,并发现了地磁偏角,比欧洲哥伦布的发现早 400 年.12 世纪初,我国已有关于指南针用于航海的明确记载.

早期认识的磁现象包括以下几个方面:

(1) 天然磁铁能够吸引铁、钴、镍等物质,这种性质称为磁性.具有磁性的物体称为**磁体**.

(2) 条形磁铁两端磁性最强,称之为磁极.一只能够在水平面内自由转动的条形磁铁,在平衡时总是顺着南北指向.指北的一端称为北极或 N 极,指南的一端称为南极或 S 极.同性磁极相互排斥,异性磁极相互吸引.

(3) 把磁铁作任意分割,每一小块都有南北两极,任一磁铁总是两极同时存在.

(4) 某些本来不显磁性的物质,在接近或接触磁铁后就有了磁性,这种现象称为磁化.

在历史上很长的一段时间里,电学和磁学的研究一直彼此独立地发展着,直到 1820 年丹麦科学家奥斯特首先发现,位于载流导线附近的磁针会受到力的作用而发生偏转.随后,安培等人又相继发现磁铁附近的载流导线也受到力的作用,两载流导线之间有相互作用力,运动的带电粒子会在磁铁附近发生偏转等.

上述实验表明,磁现象是与电流或电荷的运动紧密联系在一起的.现在已经知道,无论是磁铁和磁铁之间的力,还是电流和磁铁之间的力,以及电流和电流之间的力,本质上都是一样的,统称为磁力.

2. 安培分子电流假说

1822 年,法国科学家安培提出了有关物质磁性本质的假说.安培认为,一切磁现象都起源于电流.他认为磁性物质的分子中,存在着小的回路电流,称为**分子电流**.这种分子电流相当于最小的基元磁体,物质的磁性就决定于物质中这些分子电流对外磁效应的总和.如果这些分子电流毫无规则地取各种方向,它们对外界引起的磁效应就会互相抵消,整个物体就不显磁性.当这些分子电流的取向出现某种有规则的排列时,就会对外界产生一定的磁效应,显现出物质的磁化状态.

在安培所处的年代,由于对分子、原子的内部结构还不清楚,以致对物质磁性本源的认识,只能停留在假说阶段.随着科学技术的发展,安培假说逐渐得到了证实.用近代的观点来看,安培假说中的分子电流,可以看成是由分子中电子绕原子核的运动和电子与核本身的自旋运动共同产生的.

综上所述,一切磁现象都来源于电荷的运动,磁力本质上就是运动电荷之间的一种相互作用力.

13. 1. 2　磁场　磁感应强度

运动电荷之间的相互作用是怎样进行的呢? 实验证实,在运动电荷周围的空间除了产生电场外,还产生磁场.运动电荷之间的相互作用就是通过磁场来传递的.因此,磁力作用的方式可表示为

运动电荷 ⟺ 磁　场 ⟺ 运动电荷

磁场和电场一样,也是物质存在的一种形态.磁场物质性的重要表现之一是磁场对磁体、载流导体有磁力的作用;表现之二是载流导体等在磁场中运动时,磁力要做功,从而显示出磁场有能量.

小磁针在磁场中受力时,力的方向一般随磁针的位置变化,但力的方向有确定的分布,这表明磁场具有方向特征.小磁针在磁场中的不同位置,其磁极所受磁力的大小一般也不相同,这又表明磁场具有强弱特征.由此可见,应该用一个既有大小又有方向的物理量来定量地描述磁场.

由于磁场对磁针的作用本质上是磁场对运动电荷的作用,因此,我们可以根据试验运动电荷在磁场中的受力情况研究磁场.将一电量为 q,速度为 v 的试验运动电荷引入磁场中,实验发现:

(1) 运动电荷所受的磁力 F,不仅与它的电量 q 和速率 v 有关,还与它运动的方向有关,并且 F 总是垂直于 v.

(2) 在磁场中的任一点存在着一个特征方向,当电荷沿此方向或其反方向运

动时所受磁力为零,与电荷本身性质无关,而且这个方向就是自由小磁针在该点平衡时 N、S 极的指向.

(3) 在磁场中的任一点,电荷沿与上述特征方向垂直的方向运动时所受磁力最大(记为 F_m),并且 F_m 与 qv 的比值是与 q、v 无关的确定值. 比值 $F_m/(qv)$ 可因场点不同而异,它是场中位置的函数.

由实验结果可以看出,磁场中任何一点都存在一个固有的特征方向和确定的比值 $F_m/(qv)$,与试验运动电荷的性质无关,它们分别客观地反映了磁场在该点的方向特征和强弱特征. 为了描述磁场的性质,据此可以定义一个矢量函数 **B**,规定它的大小为

$$B = \frac{F_m}{qv} \tag{13.1}$$

其方向为放在该点的小磁针平衡时 N 极的指向. **B** 矢量称为**磁感应强度**,简称**磁感强度**.

需要指出的是,定义磁感强度的方法不是唯一的. 通过后面的学习可以知道,利用电流元、载流小线圈在磁场中受到的作用也可以定义磁感强度.

在 SI 中磁感强度的单位名称是特[斯拉],符号为 T. 习惯上还用高斯(G)作为磁感强度的单位,1 G=10^{-4} T.

磁感强度 **B** 是描述磁场强弱和方向的物理量,它与电场中场强 **E** 的地位相当. 磁场中各点 **B** 的大小和方向都相同的磁场称为**均匀磁场**或匀强磁场,而场中各点的 **B** 都不随时间改变的磁场则称为**恒定磁场**,也称恒磁场. 需要注意的是,均匀磁场是对空间而言的,同一区域内的均匀磁场在不同时刻可以不一样;而恒定磁场则是对时间而言的, 场中各点的 **B** 都不随时间改变,并不意味各点的 **B** 相等.

地球的磁场是随位置变化的,赤道地磁的磁感强度约为(3~4)×10^{-5} T,两极地磁的磁感强度约为(6~7)×10^{-5} T. 一般永磁体的磁场约为 10^{-2} T,而大型电磁铁能产生 2 T 的磁场. 近年来,由于超导材料的新发展,已能获得 40 T 的强磁场.

13.2 毕奥-萨伐尔定律

恒定电流所产生的磁场不随时间变化,磁感强度只是空间位置的函数,这种磁场就是恒定磁场. 恒定电流与其产生的磁场之间有何关系呢?

13.2.1 毕奥-萨伐尔定律

计算任意带电体在某点的电场强度时,我们曾把带电体分成无限多个电荷元 dq,先求出每个电荷元在该点产生的电场强度 d**E**,再按场强叠加原理计算此带电体在该点的电场强度 **E**. 与此类似,我们可以把电流看作由许多微段电流组成,只

要求出微段电流在某点产生的磁感强度,再应用场的叠加原理,就可以计算出此电流在该点所产生的磁感强度.

在 19 世纪 20 年代,毕奥、萨伐尔两人对电流产生的磁场分布作了许多实验研究,最后总结出一条有关微段电流产生磁场的基本定律,称为毕奥-萨伐尔定律.

如图 13.1 所示,载流导线中的电流为 I,导线横截面的线度与到考察点 P 的距离相比可略去不计,这样的电流称为线电流.在线电流上取长为 dl 的定向线元 dl,规定 dl 的方向与线元内电流的方向相同,并将乘积 Idl 称为电流元.电流元 Idl 在给定点 P 所产生的磁感强度 dB 的大小和电流元的大小 Idl 成正比,和 Idl 到 P 点的径矢 r 与 Idl 之间夹角 θ 的正弦成正比,而与电流元到 P 点的距离 r 的平方成反比.在 SI 中可写成

$$dB = \frac{\mu_0}{4\pi} \cdot \frac{Idl\sin\theta}{r^2} \qquad (13.2)$$

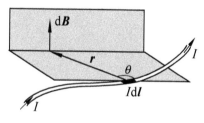

图 13.1

式中 μ_0 称为真空的**磁导率**,其值为 $\mu_0 = 4\pi \times 10^{-7}$ N·A^{-2}. dB 的方向沿矢积 d$l \times r$ 的方向.于是 dB 可用矢量式表示为

$$dB = \frac{\mu_0}{4\pi} \cdot \frac{Idl \times r^0}{r^2} \quad \text{或} \quad dB = \frac{\mu_0}{4\pi} \cdot \frac{Idl \times r}{r^3} \qquad (13.3)$$

式中 r^0 为 r 的单位矢量.式(13.3)就是毕奥-萨伐尔定律的数学表达式.

任意载流导线在 P 点的磁感强度 B 可由积分求得,即

$$B = \int dB = \frac{\mu_0}{4\pi} \int \frac{Idl \times r^0}{r^2} \qquad (13.4)$$

如果是体电流或面电流,可以看成是许多线电流的组合,再作进一步的计算.

13.2.2　毕奥-萨伐尔定律的应用

利用毕奥-萨伐尔定律,原则上可以计算任意电流系统产生的磁场的磁感强度.由于计算上的困难,我们只讨论几种基本而又典型的磁场.

1. 直电流的磁场

设直导线长为 L,通有电流 I,如图 13.2(a)所示.现计算距离导线为 a 处的 P 点的磁感强度.

按毕奥-萨伐尔定律,电流元 Idl 在 P 点产生的磁感强度大小为

$$dB = \frac{\mu_0}{4\pi} \cdot \frac{Idl\sin\theta}{r^2}$$

由于直电流上所有电流元在 P 点产生的磁感强度有相同的方向,均垂直于纸面向里,所以 P 点磁感强度 B 的方向应垂直于纸面向里,其大小等于 dB 的积分,即

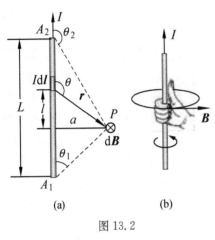

$$B = \int dB = \frac{\mu_0}{4\pi}\int \frac{Idl\sin\theta}{r^2}$$

式中 l、r、θ 都是变量,如图 13.2(a),它们之间的关系为

$$r = \frac{a}{\sin(\pi - \theta)} = \frac{a}{\sin\theta}$$

$$l = a\cot(\pi - \theta) = -a\cot\theta$$

因此有

$$dl = \frac{a}{\sin^2\theta}d\theta$$

$$B = \frac{\mu_0 I}{4\pi a}\int_{\theta_1}^{\theta_2}\sin\theta d\theta$$

可得

图 13.2

$$B = \frac{\mu_0 I}{4\pi a}(\cos\theta_1 - \cos\theta_2) \tag{13.5}$$

式中 θ_1 和 θ_2 分别为直导线两端的电流元与它们到 P 点径矢的夹角.

讨论以下特殊情形:

(1) 若载流导线可视为无限长,则 $\theta_1 \approx 0, \theta_2 \approx \pi$,这时式(13.5)变为

$$B = \frac{\mu_0 I}{2\pi a} \tag{13.6a}$$

由此可见,无限长载流直导线周围各点磁感强度 **B** 的大小,与各点到导线的垂直距离 a 成反比;**B** 的方向沿着以直导线为中心轴、a 为半径的圆周的切线,其指向与电流方向满足右手螺旋定则,如图 13.2(b)所示.

(2) 若载流导线可视为半无限长,且 P 点与导线一端的连线垂直于该导线,则有

$$B = \frac{\mu_0 I}{4\pi a} \tag{13.6b}$$

(3) 若 P 点位于导线的延长线上,则 $B = 0$.

对于(2)、(3)两种情形,只给出了结论,其原因留给读者自己思考.

2. 圆电流轴线上的磁场

设单匝圆线圈半径为 R,通有电流 I,现计算其轴线上任一点 P 的磁感强度.

选取如图 13.3 所示的坐标系.由于圆电流上任一电流元 $Idl \perp r$,因此电流元在 P 点产生的磁感强度 d**B** 的大小为

$$dB = \frac{\mu_0}{4\pi}\frac{Idl}{r^2}$$

其方向由 $Idl \times r$ 确定.显然,圆电流上各电流元在 P 点产生的磁感强度有不同的方向.由于圆电流有轴对称性,据此可将 d**B** 分解为平行于 Ox 轴的分量 $dB_\parallel$ 和垂直于 Ox 轴的分量 $dB_\perp$.可以看出,所有电流元的 $dB_\perp$ 分量逐对抵消,从而使总的

垂直分量为零，P 点 $\boldsymbol{B}$ 的大小就是所有电流元的 $\mathrm{d}B_{/\!/}$ 分量之和，即

$$B = \int \mathrm{d}B_{/\!/} = \int \mathrm{d}B\cos\theta = \frac{\mu_0 I}{4\pi} \int \frac{\mathrm{d}l\cos\theta}{r^2}$$

对于给定的 P 点来说，r、θ 都是常量，并且 $\cos\theta = R/r$，因此有

$$B = \frac{\mu_0 I}{4\pi r^2}\cos\theta \int_0^{2\pi R} \mathrm{d}l = \frac{\mu_0 I R^2}{2r^3}$$

或

$$B = \frac{\mu_0 I R^2}{2(R^2 + x^2)^{3/2}} \qquad (13.7)$$

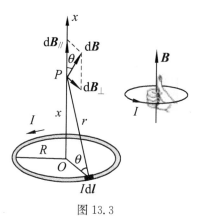

图 13.3

式中 x 是 P 点到圆心的距离. $\boldsymbol{B}$ 的方向垂直于圆电流平面，且沿 Ox 轴正方向，其指向与圆电流流向符合右手螺旋定则，即用右手弯曲的四指代表电流的流向，伸直的拇指即指向轴线上 $\boldsymbol{B}$ 的方向.

在圆心处，$x=0$，由式(13.7)知，圆电流圆心处磁感强度的大小为

$$B = \frac{\mu_0 I}{2R} \qquad (13.8)$$

3. 载流直螺线管轴线上的磁场

密绕在圆柱面上的螺旋线圈称为螺线管. 设螺线管的半径为 R，线圈中的电流为 I，沿管长方向每单位长度上匀绕 n 匝，每匝线圈可近似看作平面线圈. 下面计算轴线上任一点 P 的磁感强度.

如图 13.4 所示，取场点 P 为坐标原点，x 轴与螺线管的轴线重合，在 x 到 $x+\mathrm{d}x$ 的间隔内共有 $n\mathrm{d}x$ 匝线圈，将它看作电流为 $In\mathrm{d}x$ 的一个圆电流，它在 P 点产生的磁感强度 $\mathrm{d}\boldsymbol{B}$ 的大小可由式(13.7)得到，即

$$\mathrm{d}B = \frac{\mu_0 R^2 In\mathrm{d}x}{2(R^2 + x^2)^{3/2}}$$

为了便于积分运算，引入变量 β. 由图 13.4 可知

$$x = R\cot\beta$$

则有

$$\mathrm{d}x = -R\csc^2\beta\mathrm{d}\beta \quad \text{和} \quad R^2 + x^2 = R^2\csc^2\beta$$

将它们代入 $\mathrm{d}B$ 的表达式中，可得

$$\mathrm{d}B = -\frac{\mu_0}{2}nI\sin\beta\mathrm{d}\beta$$

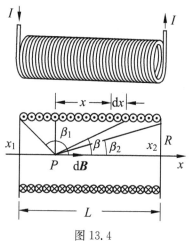

图 13.4

$\mathrm{d}\boldsymbol{B}$ 的方向与圆电流环绕方向呈右手螺旋关系，即沿 x 轴正方向. 整个螺线管电流可以看成由许多这样的圆电流组成，而各个圆电流产生的

磁感强度方向都相同,所以螺线管电流的磁场在 P 点的磁感强度的大小为

$$B = -\frac{\mu_0 nI}{2}\int_{\beta_1}^{\beta_2}\sin\beta d\beta = \frac{\mu_0 nI}{2}(\cos\beta_2 - \cos\beta_1) \qquad (13.9)$$

式中 β_1 和 β_2 分别为 P 点和螺线管两端的连线与 x 轴正向的夹角.

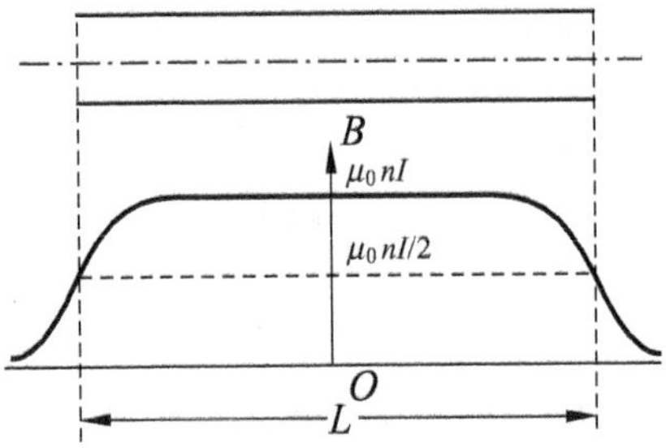

讨论两种特殊情形:

(1)螺线管为无限长,即管长 $L \gg R$,这时 $\beta_1 \approx \pi$, $\beta_2 \approx 0$,于是得到

$$B = \mu_0 nI \qquad (13.10a)$$

即轴线上各点有相同的磁感强度.

(2)在半无限长螺线管端点的圆心处,有 $\beta_1 = \pi/2, \beta_2 = 0$,或 $\beta_1 = \pi, \beta_2 = \pi/2$. 无论哪种情形都有

$$B = \frac{1}{2}\mu_0 nI \qquad (13.10b)$$

图 13.5

一个有限长载流螺线管轴线上各点的磁感强度值随 x 变化的情况如图 13.5 所示. 实际上当 $L \gg R$ 时,在螺线管中部很大范围内磁场近于均匀,其磁感强度的大小为 $\mu_0 nI$,方向与轴线平行. 只在端面附近才显著下降.

通过以上磁场的计算,不难看出,应用毕奥-萨伐尔定律求 $\boldsymbol{B}$ 时,在 d$\boldsymbol{B}$ 的表达式中往往有几个变量,这就需要根据几何关系统一积分变量,然后再进行积分运算.

4. 运动电荷的磁场

通电导线中的电流是导线中大量自由电子定向运动形成的. 因此,电流产生磁场的实质是运动电荷产生磁场. 我们仍然可以从毕奥-萨伐尔定律导出运动的带电粒子产生的磁场.

如图 13.6 所示,有一电流元 Idl,其横截面积为 S. 设此电流元中每单位体积内有 n 个作定向运动的正电荷,每个电荷的电量均为 q,且定向速度均为 v. 在单位时间内通过横截面 S 的电量就是电流强度,即

$$I = qnvS$$

根据毕奥-萨伐尔定律,电流元 Idl 在空间给定点 P 产生的磁感强度的量值为

$$dB = \frac{\mu_0}{4\pi}\frac{qnvSdl\sin\theta}{r^2}$$

设电流元 Idl 内共有 dN 个以速度 $\boldsymbol{v}$ 运动着的带电粒子,则有

$$dN = n\cdot dV = n\cdot Sdl$$

电流元在 P 点产生的磁感强度 d$\boldsymbol{B}$,应等于

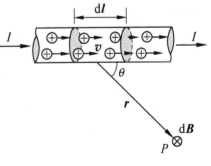

图 13.6

dN 个带电粒子在 P 点产生的磁感强度的矢量和. 由于这些粒子在 P 点产生的磁感强度的方向相同,因此每一个带电量为 q 的粒子以速度 v 通过电流元所在位置时,在给定点 P 处产生的磁感强度的量值为

$$B = \frac{dB}{dN} = \frac{\mu_0}{4\pi} \frac{qv\sin\theta}{r^2}$$

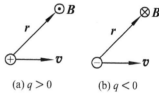

图 13.7

B 的方向垂直于由 **v** 和 **r** 组成的平面. 当 q>0 时,**B** 的方向为矢积 **v**×**r** 的方向;当 q<0 时,**B** 的方向与矢积 **v**×**r** 的方向相反,如图 13.7 所示. 据此可将磁感强度写成矢量式,即

$$\boldsymbol{B} = \frac{\mu_0}{4\pi} \frac{q\boldsymbol{v} \times \boldsymbol{r}^0}{r^2} \quad \text{或} \quad \boldsymbol{B} = \frac{\mu_0}{4\pi} \frac{q\boldsymbol{v} \times \boldsymbol{r}}{r^3} \quad (13.11)$$

式中 $\boldsymbol{r}^0$ 是从带电粒子指向场点方向的单位矢量.

直电流、圆电流、通电螺线管等产生的磁场是一些典型的磁场. 以它们为基础,加上对场的叠加原理的灵活运用,就能进一步求出一些其他载流体的磁场.

例 13.1　图 13.8 所示的是由一段导线弯成的平面图形,其中直线段 ab 和 ef 的长度比两个半圆的半径R_1 和 R_2 大得多. 设导线中的电流为 I,求圆心 O 处的磁感强度.

解　O 处的磁场应为直线段 ab、半圆 bc、直线段 cd、半圆 df 和直线段 ef 各段载流导线在该点产生的磁场的叠加. 因 O 点位于 ab 段和 cd 段的延长线上而有

$$B_{ab} = B_{cd} = 0$$

ef 段相对 O 点来说为半无限长载流直导线,因此

$$B_{ef} = \frac{\mu_0 I}{4\pi R_2}, \quad \text{方向垂直纸面向外}$$

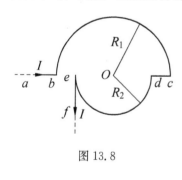

图 13.8

半圆形电流 bc 段和 de 段,在 O 点产生的磁场为

$$B_{bc} = \frac{1}{2} \frac{\mu_0 I}{2R_1} = \frac{\mu_0 I}{4R_1}, \quad \text{方向垂直纸面向里}$$

$$B_{de} = \frac{1}{2} \frac{\mu_0 I}{2R_2} = \frac{\mu_0 I}{4R_2}, \quad \text{方向垂直纸面向里}$$

所以 O 点的总磁场为

$$B_O = B_{bc} + B_{de} - B_{ef} = \frac{\mu_0 I}{4}\left(\frac{1}{R_1} + \frac{1}{R_2} - \frac{1}{\pi R_2}\right)$$

由于 $B_O > 0$,可知 O 点磁感强度的方向为垂直纸面向里.

例 13.2　一个半径为 R 的塑料薄圆盘,电量+q 均匀分布其上,圆盘以角速度 ω 绕通过圆盘中心且垂直于盘面的轴匀速转动. 求圆盘中心处的磁感强度.

解　将带电圆盘转动形成的电流看成由许多圆电流组成. 考虑距圆心为 r 处宽度为 dr 的圆环,如图 13.9 所示. 其上所带电量为

$$dq = \sigma \cdot 2\pi r dr$$

式中 $\sigma = q/(\pi R^2)$ 为圆盘上的面电荷密度. 因单位时间内圆盘转过的圈数为 $\omega/(2\pi)$，所以在此圆环的任一截面上，单位时间内通过的电量，亦即圆环上的电流强度为

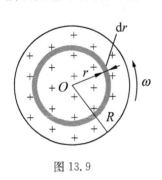

图 13.9

$$dI = \frac{\omega}{2\pi} dq = \omega \sigma r dr$$

应用圆电流在圆心处的磁感强度公式(13.8)，得到

$$dB = \frac{\mu_0 dI}{2r} = \frac{\mu_0 \omega \sigma}{2} dr$$

当圆盘作逆时针转动时，所有圆电流在 O 点产生的 $d\boldsymbol{B}$ 的方向都垂直纸面向外，故有

$$B = \int dB = \frac{\mu_0 \omega \sigma}{2} \int_0^R dr = \frac{1}{2} \mu_0 \omega \sigma R = \frac{\mu_0 \omega q}{2\pi R}$$

13.3 磁通量 磁场的高斯定理

13.3.1 磁感线

我们曾用电场线形象地描绘了静电场. 同样，我们也可以用**磁感线**形象地描绘恒定电流的磁场. 为此，在磁场中人为地画一些曲线，称为磁感线. 磁感线上任一点的切线方向与该点的磁场方向一致，并使穿过垂直于该点磁场方向的单位面积上的磁感线数等于该处磁感强度的大小，即磁感线的密度与磁感强度的数值相等. 因此，磁感线越密的地方，磁场越强；磁感线越稀的地方，磁场越弱. 这样的规定使得磁感线的分布能够形象地反映磁场的方向和大小特征.

磁感线可以用比较简便的实验方法显示出来. 例如，把一块玻璃板(或硬纸板)水平放置在有磁场的空间里，上面撒上一些铁屑，轻轻地敲动玻璃板，这些由铁屑磁化而成的小磁针，就会按磁感线的方向排列起来. 图 13.10(a)、(b)、(c)分别表示直电流、圆电流和载流螺线管的磁感线分布.

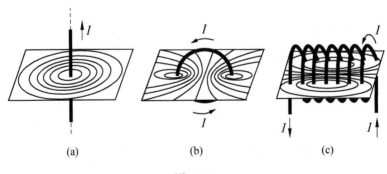

(a)   (b)   (c)

图 13.10

从磁感线的图示中,可以得到(由实验和理论都可证明)一个重要的结论:在任何磁场中,每一条磁感线都是环绕电流的无头无尾的闭合线,而且每条闭合磁感线都与闭合载流回路互相套合.与静电场中有头有尾不闭合的电场线相比较,是截然不同的.这一情况是与正负电荷可以被分离,而 N、S 磁极不能被分离的事实相联系的.磁感线无头无尾的性质,说明了磁场的涡旋性.

应该指出,磁感线环绕电流的方向与电流流动方向存在一定的关系,这个关系可用右手螺旋定则判定:用右手握载流导线,伸直的拇指与导线平行,以拇指指向表示电流方向,则其余四指的指向就表示磁感线环绕的方向,亦即电流周围各点磁感强度的方向.

13.3.2　磁通量

穿过磁场中任一给定曲面的磁感线总数,称为通过该曲面的**磁通量**,用 Φ 表示.如图 13.11 所示,S 表示某一磁场中任意给定的一个曲面,由磁感线的分布可知,这是一个不均匀的磁场.像求电通量那样,我们先求穿过曲面 S 上面积元的磁通量,然后再求总的磁通量.

在曲面 S 上任取面积元 $\mathrm{d}\boldsymbol{S}$,$\mathrm{d}\boldsymbol{S}$ 的法线方向的单位矢量 $\boldsymbol{n}$ 与该处磁感强度 $\boldsymbol{B}$ 之间的夹角为 θ.由磁感线疏密的规定可知,穿过面积元 $\mathrm{d}\boldsymbol{S}$ 的磁通量为

$$\mathrm{d}\Phi = B\cos\theta\mathrm{d}S = \boldsymbol{B}\cdot\mathrm{d}\boldsymbol{S}$$

而穿过给定曲面 S 的总磁通量应为穿过所有面积元磁通量的总和,即

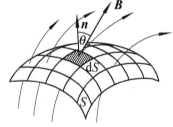

图 13.11

$$\Phi = \int\mathrm{d}\Phi = \int_S B\cos\theta\mathrm{d}S = \int_S \boldsymbol{B}\cdot\mathrm{d}\boldsymbol{S} \tag{13.12}$$

磁通量的单位名称是韦伯,符号为 Wb. 1 Wb $=$ 1 T·m^2.

13.3.3　磁场的高斯定理

静电场中的高斯定理反映了穿过任意闭合曲面的电通量与它所包围的电荷之间的定量关系.在恒定电流的磁场中,穿过任意闭合曲面的磁通量和哪些因素有关呢?

与计算闭合曲面的电通量类似,在计算磁通量时,我们仍规定闭合曲面的外法向为法线的正方向.这样,当磁感线从曲面内穿出时,磁通量为正;当磁感线从曲面外穿入时,磁通量则为负.根据磁感线闭合的特征,不难断定,穿入闭合曲面的磁感线必然要从闭合曲面内穿出,穿入的磁感线数一定等于穿出的磁感线数,从而使得**穿过磁场中任意闭合曲面的总磁通量恒等于零**.即

$$\oint_S \boldsymbol{B}\cdot\mathrm{d}\boldsymbol{S} = 0 \tag{13.13}$$

这一结论称为磁场的高斯定理.

　　静电场的高斯定理说明电场线有起点和终点,即**静电场是有源场**,该定理是正负电荷可以单独存在这一客观事实的反映.磁场的高斯定理则说明磁感线没有起点和终点,**磁场是无源场**,反映出自然界中没有单一磁极存在的事实.因为,如果自然界中有单一磁极,例如 N 极存在,根据它对小磁针 N 极的排斥作用,可知它的磁感线由该 N 极发出.如果作一个包围它的闭合面,就会得出穿过此闭合面的磁通量大于零的结论.这就违反了高斯定理.尽管如此,还是有人作了"磁单极"存在的推测,也进行了一些探索,不过至今尚未被实验证实.

13.4　安培环路定理

13.4.1　安培环路定理

　　在静电场中,电场强度 E 沿任一闭合路径的线积分恒为零,它反映了静电场是保守场这一重要性质.那么在恒定磁场中,磁感强度 B 沿任一闭合路径的线积分(称为 B 的环流)又如何呢? 它遵从的是安培环路定理.

　　真空中的安培环路定理表述为:**磁感强度沿任一闭合环路 L 的线积分,等于穿过该环路所有电流代数和的 μ_0 倍**.即

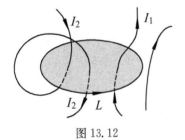

图 13.12

$$\oint_L \boldsymbol{B} \cdot \mathrm{d}\boldsymbol{l} = \mu_0 \sum_{L内} I_i \qquad (13.14)$$

其中电流的正负规定如下:当环路的绕行方向与穿过环路的电流方向成右手螺旋关系时,$I>0$,反之 $I<0$.如果电流不穿过回路,则在求和号中取为零.例如在图 13.12 中,$\sum_{L内} I_i = I_1 - 2I_2$.

　　在矢量分析中,把矢量的环流等于零的场称为无旋场,否则为有旋场.因此**静电场为无旋场,而恒定磁场为有旋场**.

　　我们用长直电流的磁场验证安培环路定理.

　　1. 安培环路包围电流

　　在 13.2 节中已算出与无限长载流直导线相距为 r 处的磁感强度 B 的大小为

$$B = \frac{\mu_0 I}{2\pi r}$$

在垂直于直导线的平面内,B 的方向与 r 垂直,如图 13.13所示.在该平面内取任意形状的闭合路径 L,考虑 L 上的一个有向线元 $\mathrm{d}\boldsymbol{l}$,它与该处 B 的夹角为

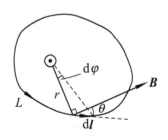

图 13.13

θ. 由图可见, $\mathrm{d}l \cdot \cos\theta = r\mathrm{d}\varphi$, 因此

$$\oint_L \boldsymbol{B} \cdot \mathrm{d}l = \oint_L B\cos\theta \mathrm{d}l = \oint_L Br\mathrm{d}\varphi = \int_0^{2\pi} \frac{\mu_0 I}{2\pi} \mathrm{d}\varphi = \mu_0 I$$

不难看出, 若 I 的流向相反, 则 $\boldsymbol{B}$ 反向, θ 为钝角, $\mathrm{d}l \cdot \cos\theta = -r\mathrm{d}\varphi$, 因而与上述积分结果相差一个负号.

2. 安培环路不包围电流

如图 13.14 所示, 这时对应于每个线元 $\mathrm{d}l$ 有另一线元 $\mathrm{d}l'$, 二者对 O 点张有相同的圆心角 $\mathrm{d}\varphi$, 但 $\mathrm{d}l$ 与该处 $\boldsymbol{B}$ 成锐角 θ, 而 $\mathrm{d}l'$ 与该处 $\boldsymbol{B}'$ 成钝角 θ'. 于是有

$$\boldsymbol{B} \cdot \mathrm{d}l + \boldsymbol{B}' \cdot \mathrm{d}l' = B\cos\theta \mathrm{d}l + B'\cos\theta' \mathrm{d}l'$$

$$= \frac{\mu_0 I}{2\pi r} r\mathrm{d}\varphi - \frac{\mu_0 I}{2\pi r'} r'\mathrm{d}\varphi = 0$$

所以 $\boldsymbol{B}$ 沿整个闭合路径的积分为零.

3. 多根载流导线穿过安培环路

设同时有多个长直电流, 其中 I_1、I_2、$\cdots$、I_n 穿过环路 L, 而 I_{n+1}、I_{n+2}、$\cdots$、I_m 不穿过环路 L. 令 $\boldsymbol{B}_1$、$\boldsymbol{B}_2$、$\cdots$、$\boldsymbol{B}_n$、$\boldsymbol{B}_{n+1}$、$\boldsymbol{B}_{n+2}$、$\cdots$、$\boldsymbol{B}_m$ 分别为各电流单独存在时产生的磁感强度, 则由前面的结论有

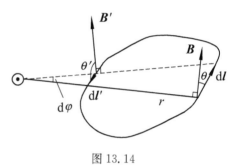

图 13.14

$$\oint_L \boldsymbol{B}_1 \cdot \mathrm{d}l = \mu_0 I_1, \quad \cdots, \quad \oint_L \boldsymbol{B}_n \cdot \mathrm{d}l = \mu_0 I_n$$

$$\oint_L \boldsymbol{B}_{n+1} \cdot \mathrm{d}l = 0, \quad \cdots, \quad \oint_L \boldsymbol{B}_m \cdot \mathrm{d}l = 0$$

因为总磁感强度为

$$\boldsymbol{B} = \boldsymbol{B}_1 + \boldsymbol{B}_2 + \cdots + \boldsymbol{B}_n + \boldsymbol{B}_{n+1} + \cdots + \boldsymbol{B}_m$$

所以有

$$\oint_L \boldsymbol{B} \cdot \mathrm{d}l = \oint_L (\boldsymbol{B}_1 + \boldsymbol{B}_2 + \cdots + \boldsymbol{B}_n + \boldsymbol{B}_{n+1} + \cdots + \boldsymbol{B}_m) \cdot \mathrm{d}l = \mu_0 \sum_{i=1}^{n} I_i = \mu_0 \sum_{L内} I_i$$

可见结论与安培环路定理一致.

通过以上验证, 我们可以更好地理解安培环路定理表达式中各物理量的含义. 式(13.14)右端的 $\sum_{L内} I_i$ 中只包括穿过闭合路径 L 的电流, 但是左端的 $\boldsymbol{B}$ 却是空间所有电流产生的磁感强度的矢量和, 其中也包括那些不穿过 L 的电流所产生的磁场, 只不过它们沿 L 的环流等于零罢了. 这与静电场中高斯面内外电荷对电场和对电通量贡献的分析完全类似.

可以证明, 不论积分路径的形状如何, 也不论电流的形状如何(包括面电流和体电流), 安培环路定理都是成立的.

应该指出,式(13.14)表述的**安培环路定理仅适用于恒定电流产生的磁场**.恒定电流本身总是闭合的,故安培环路定理仅适用于闭合的载流导线,而对于任意设想的一段载流导线则不成立.如果电流随时间变化,则还需对式(13.14)加以修正.

我们曾经指出,磁场的高斯定理说明磁场是无源场,磁感线具有闭合性.而安培环路定理则说明磁场是涡旋场,电流以涡旋的方式激发磁场.静电场的特性是有源无旋,而恒定磁场的特性是有旋无源.两个方程式各从一个侧面反映了恒定磁场的性质,两者共同给出了恒定磁场的全部特性,它们是恒定磁场的基本场方程.

13.4.2　安培环路定理的应用

安培环路定理是普遍成立的.但是能用该定理简便算出磁感强度却要求磁场分布具有对称性,因而要求电流分布有一定的对称性,这与用高斯定理求电场强度的分析类似.求解的一般步骤是:

(1) 分析磁场的对称性.

(2) 根据磁场的对称性,过场点选择适当的积分路径,使得 B 沿此路径的环流易于计算.

例如使其上 $B \perp \mathrm{d}l$,或 B 的量值恒定,且 B 与微元 $\mathrm{d}l$ 的夹角 θ 处处相同,从而能把 $\oint_L B\cos\theta \mathrm{d}l$ 中的 $B\cos\theta$ 提到积分号外.

(3) 用右手螺旋定则确定回路内电流的正负.最后由安培环路定理求出 B.

下面计算几个对称分布电流的磁场.

1. 无限长载流圆柱面的磁场

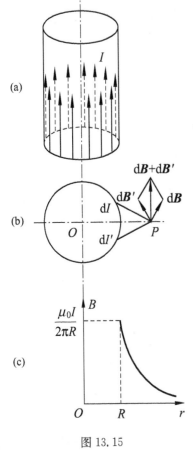

图 13.15

设半径为 R 的无限长导体圆柱面,沿纵向通以均匀的面电流,电流强度为 I,如图 13.15(a)所示.我们先求位于圆柱面外场点 P 的磁感强度.由电流分布的轴对称性可知,在通过 P 点并垂直于圆柱的平面内,在以 P 点到轴的距离 r 为半径且与圆柱同轴的圆周上,各点 B 的大小相同.为了分析 B 的方向,可在圆柱面上取平行于轴的细长直电流 $\mathrm{d}I$ 和 $\mathrm{d}I'$,使它们对连线 OP 对称,且 $\mathrm{d}I = \mathrm{d}I'$,如图 13.15(b)所示,则它们在 P 点产生的合磁场 $\mathrm{d}\boldsymbol{B} + \mathrm{d}\boldsymbol{B}'$ 一定沿圆周的切线方向.因为整个圆柱面电流可以这样对称地分割为许多细长直电流对,所以总电流在 P 点产生的 B 应沿着圆周的切线方向.

对于通过场点 P 的圆周,应用安培环路定理有

$$\oint_L \boldsymbol{B}\cdot\mathrm{d}\boldsymbol{l} = B\cdot 2\pi r = \mu_0 I$$

即得

$$B = \frac{\mu_0 I}{2\pi r} \quad (r > R) \tag{13.15}$$

可见,无限长载流圆柱面外的磁场等效于电流全部集中在轴线上的直电流的磁场.

对于柱内的点,可用同样的方法分析和计算.此时的闭合路径为过 P 点、半径为 r 的圆周,由于柱内没有电流,因而

$$\oint_L \boldsymbol{B}\cdot\mathrm{d}\boldsymbol{l} = B\cdot 2\pi r = 0$$

可得

$$B = 0 \quad (r < R)$$

柱面内外磁感应强度的分布如图 13.15(c)所示.

对于电流 I 均匀流过一个无限长实心圆柱体时周围的磁场分布,读者可自行计算.

2. 螺绕环电流的磁场

绕在空心圆环上的螺旋形线圈叫螺绕环.设环的平均半径为 R,线圈均匀密绕,总匝数为 N,通过导线的电流为 I,如图 13.16 所示.

根据对称性可知,在与环同轴的圆周上,各点磁感强度的大小都相等,方向均沿圆周切向.取与环同轴、半径等于 r 的圆周为积分路径,由于电流穿过此圆周 N 次,根据安培环路定理,有

$$\oint_L \boldsymbol{B}\cdot\mathrm{d}\boldsymbol{l} = B\cdot 2\pi r = \mu_0 NI$$

可得环内距 O 点为 r 处的磁感强度大小为

$$B = \frac{\mu_0 NI}{2\pi r} \tag{13.16a}$$

若环截面的线度远小于螺绕环半径,这时式中 r 可代以环的平均半径,即 $r \approx R$.以 $n = N/(2\pi r)$ 表示单位长度上的线圈匝数,则上式可写成

$$B = \mu_0 nI \tag{13.16b}$$

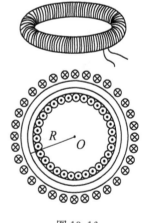

图 13.16

不难看出,环管内磁感强度的大小可近似为处处相等.

对于螺绕环以外的空间,也可作一与环同轴的圆周为积分路径,由于穿过这个圆周的总电流为零,因而

$$\oint_L \boldsymbol{B}\cdot\mathrm{d}\boldsymbol{l} = B\cdot 2\pi r = 0$$

可得

$$B = 0 \quad (环外)$$

可见,螺绕环的磁场全部限制在管内部.特别是,一个细环螺绕环(截面的线度远小于螺绕环半径)与无限长螺线管的磁感强度表达式相同,均为 $B = \mu_0 n I$.这个结果并不意外,因为当 $R \to \infty$ 时,螺绕环就过渡为一个无限长螺线管.

3. 无限大平面电流的磁场

设在无限大导体薄板中有均匀电流沿板平面流动,在垂直于电流的单位长度上流过的电流为 i(称为面电流密度).如图 13.17 所示,将无限大平面电流看作由无限多个平行排列的长直电流组成.考虑平面上方的场点 P,在其两侧对称位置上任取一对宽度 $\mathrm{d}x_1$、$\mathrm{d}x_2$ 相等的长直电流,由对称性可知,它们在 P 点的合磁场 $\mathrm{d}\boldsymbol{B}_1 + \mathrm{d}\boldsymbol{B}_2$ 的方向平行于电流平面指向左方.因此,整个无限大平面电流在 P 点的磁感强度 $\boldsymbol{B}$ 应平行于平面指向左方,而在平面下方的场点 P' 处,其磁场方向则应平行于平面指向右方.又由于平面的对称性,凡与平面等距离的场点,其 $\boldsymbol{B}$ 的大小应相等.对于平面上下的 P 点与 P' 点来说,磁场的方向虽相反,但只要它们与平面的距离相等,磁感强度的大小就相等.

按上述对称性分析,可取如图 13.17 所示的矩形回路 $abcd$ 作为积分路径.设 $ab = cd = l_1$,$da = bc = l_2$,由安培环路定理,有

$$\oint_L \boldsymbol{B} \cdot \mathrm{d}\boldsymbol{l} = \int_a^b \boldsymbol{B} \cdot \mathrm{d}\boldsymbol{l} + \int_b^c \boldsymbol{B} \cdot \mathrm{d}\boldsymbol{l} + \int_c^d \boldsymbol{B} \cdot \mathrm{d}\boldsymbol{l} + \int_d^a \boldsymbol{B} \cdot \mathrm{d}\boldsymbol{l} = \mu_0 i l_1$$

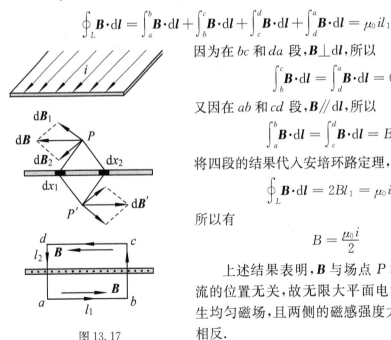

图 13.17

因为在 bc 和 da 段,$\boldsymbol{B} \perp \mathrm{d}\boldsymbol{l}$,所以

$$\int_b^c \boldsymbol{B} \cdot \mathrm{d}\boldsymbol{l} = \int_d^a \boldsymbol{B} \cdot \mathrm{d}\boldsymbol{l} = 0$$

又因在 ab 和 cd 段,$\boldsymbol{B} /\!/ \mathrm{d}\boldsymbol{l}$,所以

$$\int_a^b \boldsymbol{B} \cdot \mathrm{d}\boldsymbol{l} = \int_c^d \boldsymbol{B} \cdot \mathrm{d}\boldsymbol{l} = B l_1$$

将四段的结果代入安培环路定理,得

$$\oint_L \boldsymbol{B} \cdot \mathrm{d}\boldsymbol{l} = 2 B l_1 = \mu_0 i l_1$$

所以有

$$B = \frac{\mu_0 i}{2} \qquad (13.17)$$

上述结果表明,$\boldsymbol{B}$ 与场点 P 相对于平面电流的位置无关,故无限大平面电流在其两侧产生均匀磁场,且两侧的磁感强度大小相等,方向相反.

13.5 磁场对电流的作用

前面我们曾经指出,载流导线在磁场中要受到磁场力的作用,这个力遵循什么规律呢?

13.5.1 安培力

载流导体在磁场中受的力称为**安培力**.有关安培力的规律是安培根据实验总结出来的,称为**安培定律**,其表述为:在磁场中某点处的电流元 Idl 受到的磁场作用力 dF 的大小与电流元的大小、电流元所在处的磁感强度的大小以及电流元 Idl 和磁感强度 B 之间的夹角 θ 的正弦成正比.在 SI 中,其数学表达式为

$$dF = BIdl\sin\theta$$

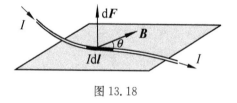

图 13.18

dF 垂直于 Idl 和 B 确定的平面,其指向与 Idl 和 B 符合右手螺旋定则,如图 13.18 所示.

将上式写成矢量式,则为

$$dF = Idl \times B \qquad (13.18)$$

值得一提的是,式(13.18)不仅是电流元 Idl 在外磁场 B 中受力的基本规律,也可作为定义磁感强度 B 的依据.

根据安培定律,原则上可以求出任意载流导体在磁场中所受的安培力,即

$$F = \int Idl \times B \qquad (13.19)$$

这是一个矢量积分.在一般情况下,各电流元所受安培力的方向并不一致,因此,常用上式的分量式计算,即先将各电流元受的力按选定的坐标方向进行分解,然后对各分量分别进行积分.

若磁场是均匀的,载流导体又是直的,则载流导体上每段电流元所受的安培力都具有相同的方向,并且每段电流元与磁场方向的夹角 θ 都相等.因此,由式(13.19)可以得到在均匀磁场中长为 L 的一段载流直导线所受的安培力为

$$F = \int_L IB\sin\theta dl = IBL\sin\theta \qquad (13.20)$$

需要指出,实际上并不存在孤立的一段载有恒定电流的导线.我们只是计算了闭合载流回路中的一段导线在磁场中所受的力.

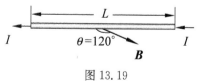

图 13.19

例 13.3 一均匀磁场 $B = 6.0 \times 10^3$ G,指向如图 13.19 所示(在纸面内),该磁场

中有一根直导线,通有电流 $I=3.0$ A.求该导线长 $L=0.20$ m 的一段上的受到的安培力.

解　由图可知,$\boldsymbol{B}$ 与载流导线 L 的夹角$\theta=120°$,根据式(13.20)得

$$F= IBL\sin\theta$$
$$= 3.0\ \text{A}\times0.6\ \text{T}\times0.20\ \text{m}\times\sin120° = 0.31\ \text{N}$$

由右手螺旋定则确定 $\boldsymbol{F}$ 的方向为垂直纸面向外.

例 13.4　在磁感强度为 $\boldsymbol{B}$ 的均匀磁场中,通过一半径为 R 的半圆形导线中的电流为 I,若导线所在平面与 $\boldsymbol{B}$ 垂直,求该导线所受的安培力.

解　建立如图 13.20 所示的坐标系.由题意可知,半圆形导线上任一处电流元均与该处磁场方向垂直,因此各段电流元受到的安培力量值上都可写成 $\mathrm{d}F=BI\mathrm{d}l$,但方向沿各自的径矢方向.将 $\mathrm{d}\boldsymbol{F}$ 分解为 x 方向与 y 方向的分力 $\mathrm{d}F_x$ 和

$\mathrm{d}F_y$,由于电流分布的对称性,各段 x 方向的分力相互抵消,因此合力沿 y 方向,有

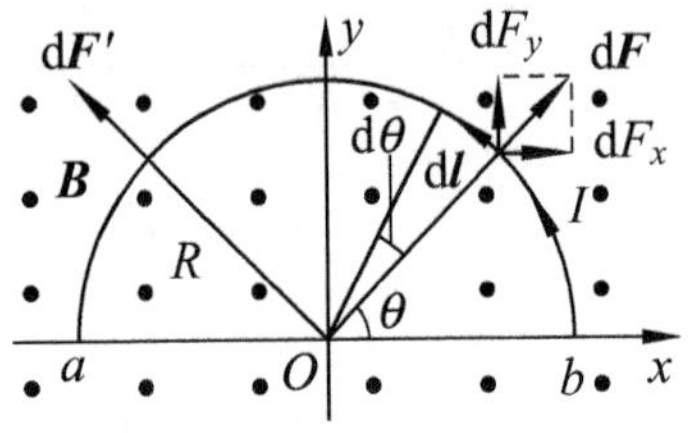

$$F = \int_L \mathrm{d}F_y = \int_L \mathrm{d}F\sin\theta = \int_L BI\mathrm{d}l\sin\theta$$

先统一变量,再进行积分.因为 $\mathrm{d}l=R\mathrm{d}\theta$,所以

$$F = BIR\int_0^\pi \sin\theta\mathrm{d}\theta = 2BIR$$

图 13.20

显然,合力 $\boldsymbol{F}$ 的作用线沿 Oy 轴,方向向上.

结果表明,半圆形载流导线所受的磁力与其两个端点相连的载流直导线所受的磁力相等.事实上,在均匀磁场中的一个任意形状的平面载流导线所受的磁力都与其起点和终点相连的一段载流直导线所受的磁力相等.当起点和终点重合时,载流导线就构成一闭合回路,所受合力必为零.读者可自行证明.

例 13.5　如图 13.21 所示,一根竖直放置的无限长直导线,通有电流 $I_1=10$ A.另一根水平放置的导线,长 $L=10$ cm,通有电流 $I_2=1.0$ A,它的一端到竖直导线的距离 $a=1.0$ cm,且两导线处于同一平面内.求水平导线所受的安培力 $\boldsymbol{F}$.

解　载流 I_1 的长直导线在其周围产生非均匀磁场,水平载流导线在该磁场中受力.

在水平导线上任取一电流元 $I_2\mathrm{d}l$,该电流元到电流 I_1 的距离为 l.由安培定律,其受力为

$$\mathrm{d}\boldsymbol{F} = I_2\mathrm{d}\boldsymbol{l}\times \boldsymbol{B}$$

式中 $\boldsymbol{B}$ 是载流 I_1 的长直导线在 $I_2\mathrm{d}l$ 处的磁感强度,其方向垂直纸面向里,大小为

$$B = \frac{\mu_0 I_1}{2\pi l}$$

因此,$\mathrm{d}\boldsymbol{F}$ 的方向竖直向上,大小为

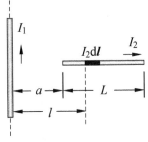

图 13.21

$$dF = I_2 B dl = \frac{\mu_0 I_1 I_2}{2\pi l} dl$$

由于水平导线上每一电流元所受安培力的方向都相同,因此合力 $\boldsymbol{F}$ 的方向竖直向上,大小为

$$F = \int_L dF = \int_a^{a+L} \frac{\mu_0 I_1 I_2}{2\pi l} dl = \frac{\mu_0 I_1 I_2}{2\pi} \ln\left(\frac{a+L}{a}\right)$$

$$= \frac{4\pi \times 10^{-7}\ \mathrm{N \cdot A^{-2}} \times 10\ \mathrm{A} \times 1.0\ \mathrm{A}}{2\pi} \ln\left(\frac{1.0+10}{1.0}\right) = 4.8 \times 10^{-6}\ \mathrm{N}$$

13.5.2　平行无限长直电流间的相互作用　电流单位"安培"的定义

如图 13.22 所示,真空中两条平行长直导线 AB 和 CD 间的垂直距离为 a,导线中的电流分别为 I_1 和 I_2,a 比导线的长度小得多,因此两导线可视为无限长.

我们先计算电流 I_2 所受的力. 此时,I_1 是产生磁场的电流,I_2 是在该磁场中受力的电流. 不妨设两电流方向相同. I_1 在 I_2 处产生的磁感强度处处与 I_2 垂直,大小为

$$B_{21} = \frac{\mu_0 I_1}{2\pi a}$$

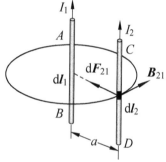

图 13.22

在通有 I_2 的导线 CD 上任取一电流元 $I_2 d\boldsymbol{l}_2$,根据安培定律,该电流元所受的力 $d\boldsymbol{F}_{21}$ 的大小为

$$dF_{21} = |I_2 d\boldsymbol{l}_2 \times \boldsymbol{B}_{21}| = B_{21} I_2 dl_2 = \frac{\mu_0 I_1 I_2}{2\pi a} dl_2$$

$d\boldsymbol{F}_{21}$ 的方向在直电流 I_1 和 I_2 所决定的平面内,并垂直指向 I_1.

显然,载流导线 CD 上各电流元受力的方向都与上述方向相同,故导线 CD 上每单位长度所受的力为

$$\frac{dF_{21}}{dl_2} = \frac{\mu_0 I_1 I_2}{2\pi a} \tag{13.21}$$

同理,可以算出通有 I_1 的导线 AB 每单位长度所受的力,其大小也等于 $\mu_0 I_1 I_2 / (2\pi a)$,方向垂直指向 I_2. 可见,**两个流向相同的平行直线电流,通过磁场的作用互相吸引**. 类似地,可以证明,**两个流向相反的平行直线电流,通过磁场的作用互相排斥**,而每一导线单位长度上所受斥力的大小也由式(13.21)确定.

在 SI 中,电流强度是基本量,其单位名称是安培,符号为 A."安培"就是根据式(13.21)定义的.

在真空中相距 1 m 的两根无限长平行直导线内,通以相等的恒定电流,调节电流的大小,使得两根导线上每米长度受到的安培力恰好为 2×10^{-7} N,这时导线上的电流就定义为 1 A.

13.5.3 磁场对载流线圈的作用

在磁式电流计和直流电动机中,一般都有处在磁场中的线圈,当线圈中有电流通过时,它们将在磁场的作用下发生转动. 我们应用安培定律研究磁场对载流线圈的作用.

1. 载流线圈的磁矩

为了方便,我们用右旋法向单位矢量 n 描述载流平面线圈的空间取向,即矢量

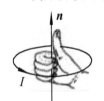

图 13.23

n 的指向和线圈中电流的回绕方向成右手螺旋关系,如图 13.23 所示. 这样一来,矢量 n 既可表示线圈平面在空间的取向,又可表示线圈中电流的回绕方向. 如果一个任意形状的平面载流线圈的面积为 S,电流为 I,那么矢量 ISn 能够描述该线圈本身的性质,称为该线圈的**磁矩**,用 p_m 表示,即

$$p_m = ISn \qquad\qquad (13.22)$$

例 13.6 求例 13.2 中转动的带电圆盘的磁矩.

解 如图 13.9 所示,圆盘可以看作由许多圆环组成. 圆盘转动时,其上半径为 $r \to r + dr$ 的圆环的等效圆电流为

$$dI = \frac{\omega\sigma}{2\pi} \cdot 2\pi r dr = \omega\sigma r dr$$

该圆电流的磁矩大小为

$$dp_m = \pi r^2 dI = \pi\omega\sigma r^3 dr$$

由于所有圆环的磁矩方向都相同(垂直纸面向外),所以圆盘总磁矩的方向垂直纸面向外,大小为

$$p_m = \int dp_m = \int_0^R \pi\omega\sigma r^3 dr = \frac{1}{4}\pi\omega\sigma R^4 = \frac{1}{4}\omega q R^2$$

2. 磁场对载流线圈的作用

在磁感强度为 B 的均匀磁场中,有一刚性矩形平面载流线圈,边长分别为 l_1 和 l_2,电流为 I,如图 13.24 所示. 设线圈平面的法向单位矢量 n 与磁场方向的夹角为 φ,并且 ab 边与 cd 边均与磁场方向垂直.

导线 bc 和 ad 所受的安培力分别为

$$F_1 = BIl_1\sin\theta$$

$$F_1' = BIl_1\sin(\pi - \theta) = BIl_1\sin\theta$$

式中 θ 为 bc 边电流方向与磁场方向的夹角. 这两个力大小相等,方向相反,且在同一直线上,故相互抵消.

导线 ab 和 cd 所受的安培力分别为 F_2 和 F_2',并且有

$$F_2 = F_2' = BIl_2$$

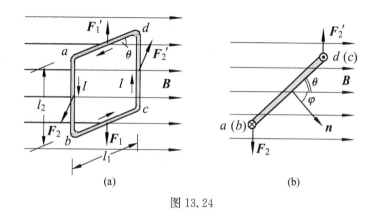

图 13.24

这两个力大小也相等,方向也相反,但不在同一直线上,因此形成一力偶.所以磁场作用在线圈上的力矩为

$$M = F_2 l_1 \cos\theta = BI l_1 l_2 \cos\theta = BIS \cos\theta$$

式中 $S = l_1 l_2$ 是线圈的面积.

由于 $\theta + \varphi = \pi/2$,若用 φ 代替 θ,则有

$$M = BIS \sin\varphi$$

式中的 IS 等于线圈磁矩 $\boldsymbol{p}_\mathrm{m}$ 的大小. 因为 $\boldsymbol{p}_\mathrm{m}$ 的方向就是载流线圈平面法线 $\boldsymbol{n}$ 的方向,所以上式可写成矢量式

$$\boldsymbol{M} = \boldsymbol{p}_\mathrm{m} \times \boldsymbol{B} \tag{13.23}$$

可以证明,式(13.23)不仅对矩形线圈成立,对于在均匀磁场中任意形状的平面线圈也同样成立,甚至带电粒子沿闭合回路运动以及带电粒子的自旋所具有的磁矩,在磁场中所受磁力矩也都可以用此式计算.

讨论以下几种特殊情形:

(1) $\varphi = \pi/2$. 此时线圈平面与磁场方向平行,磁矩 $\boldsymbol{p}_m$ 的方向与磁场 $\boldsymbol{B}$ 的方向垂直,线圈所受到的磁力矩最大. 这一磁力矩有使 φ 减小的趋势.

(2) $\varphi = 0$. 此时线圈平面与磁场方向垂直,磁矩 $\boldsymbol{p}_m$ 的方向与磁场 $\boldsymbol{B}$ 的方向相同,线圈所受磁力矩为零,线圈处于稳定平衡状态.

(3) $\varphi = \pi$. 此时线圈平面虽然也与磁场方向垂直,但 $\boldsymbol{p}_m$ 的方向与磁场 $\boldsymbol{B}$ 的方向相反,线圈所受磁力矩虽然也为零,但线圈处于非稳定平衡状态.稍有偏转,磁力矩就会使线圈转向稳定的平衡位置.

综上所述,任意形状不变的平面载流线圈,在均匀外磁场中所受的合力均为零,但受到一个力矩的作用,该力矩总是力图使线圈的磁矩 $\boldsymbol{p}_m$ 转向磁感强度 $\boldsymbol{B}$ 的方向.

不难看出,式(13.23)可以作为用载流小线圈定义磁感强度的依据.

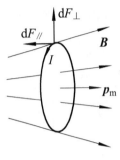

图 13.25

如果平面载流线圈处在非均匀磁场中,由于线圈上各个电流元所在处的 $\boldsymbol{B}$ 在量值上和方向上都不尽相同,各个电流元所受作用力的大小和方向一般也都不同. 因此,合力和合力矩一般都不为零,所以线圈除转动外还要平动.

为简单起见,用图 13.25 所示的辐射状磁场说明合力不为零的原因. 设圆线圈的磁矩 $\boldsymbol{p}_{\mathrm{m}}$ 与线圈中心所在处的 $\boldsymbol{B}$ 方向相同,取线圈上任一电流元 $I\mathrm{d}\boldsymbol{l}$,把电流元所在处的 $\boldsymbol{B}$ 分解为两个分量:垂直于线圈平面的分矢量 $\boldsymbol{B}_{\perp}$ 和平行于线圈平面的分矢量 $\boldsymbol{B}_{/\!/}$. 电流元 $I\mathrm{d}\boldsymbol{l}$ 受 $\boldsymbol{B}_{\perp}$ 作用的力为 $\mathrm{d}\boldsymbol{F}_{\perp}$,方向沿线圈的半径向外. 对整个线圈来说,作用在各个电流元上的这些力,只能使线圈发生形变,而不能使线圈的运动状态发生改变. 但是电流元 $I\mathrm{d}\boldsymbol{l}$ 还同时受到 $\boldsymbol{B}_{/\!/}$ 作用的力 $\mathrm{d}\boldsymbol{F}_{/\!/}$,方向垂直于线圈平面,指向左方. 对整个线圈来说,各电流元上的这些力,方向都相同,所以在合力作用下,线圈终将向磁场较强处移动.

13.5.4 磁力的功

载流导体和载流线圈在磁力的作用下运动时,磁力要做功. 我们从一些特例出发,导出磁力做功的公式.

1. 载流导线在磁场中运动时磁力的功

如图 13.26 所示,均匀磁场的磁感强度 $\boldsymbol{B}$ 的方向垂直于纸面向外. 磁场中有一通有恒定电流 I 的闭合回路 $abcd$,其平面与磁场垂直. 长度为 L 的直导线 ab 可以沿着 da 和 cb 滑动. 据安培定律,直导线 ab 在磁场中所受安培力 $\boldsymbol{F}$ 的方向向右,大小为

$$F = BIL$$

在力 $\boldsymbol{F}$ 作用下,导线 ab 从位置Ⅰ沿着力的方向移到位置Ⅱ时,磁力 $\boldsymbol{F}$ 做功为

$$A = F\,\overline{aa'} = BIL\,\overline{aa'} = IB\Delta S = I\Delta\Phi$$

即

$$A = I\Delta\Phi$$

式中 $\Delta S = L\,\overline{aa'}$,是直导线从位置Ⅰ移到位置Ⅱ时,闭合回路所围面积的增量,而 $\Delta\Phi = B\Delta S$,则

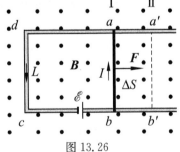

图 13.26

为这段时间内穿过该回路磁通量的增量. 上式表明,当载流导线在磁场中运动时,如果电流保持不变,磁力所做的功等于电流与穿过回路所围面积的磁通量增量的乘积. 也可以说,磁力所做的功等于电流与载流导线在移动过程中切割的磁感线数的乘积.

2. 载流线圈在磁场中转动时磁力矩的功

如图 13.27 所示，一电流恒定的矩形线圈在均匀磁场中转动，所受磁力矩 $M=BIS\sin\varphi$. 由于磁力矩做正功时，φ 变小，所以当线圈转过极小的角度 $\mathrm{d}\varphi$ 时，磁力矩所做的元功为

$$\mathrm{d}A = -M\mathrm{d}\varphi = -BIS\sin\varphi\mathrm{d}\varphi = I\mathrm{d}(BS\cos\varphi)$$

其中 $BS\cos\varphi$ 就是通过线圈的磁通量，而 $\mathrm{d}(BS\cos\varphi)$ 则为线圈转过 $\mathrm{d}\varphi$ 时磁通量的增量，所以上式可写成

$$\mathrm{d}A = I\mathrm{d}\Phi$$

当载流线圈从 φ_1 位置转到 φ_2 位置时，磁力矩所做的总功为

$$A = \int_{\Phi_1}^{\Phi_2} I\mathrm{d}\Phi = I(\Phi_2 - \Phi_1) = I\Delta\Phi \quad (13.24)$$

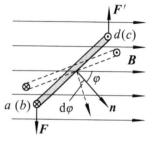

图 13.27

式中 Φ_2 和 Φ_1 分别为线圈在 φ_2 和 φ_1 位置时的磁通量.

可以证明，式(13.24)对任意闭合电流回路成立，但要求线圈中电流 I 保持不变. 如果回路中电流随时间变化，则磁力做功的一般表示式为

$$A = \int_{\Phi_1}^{\Phi_2} I\mathrm{d}\Phi \qquad (13.25)$$

例 13.7　如图 13.28 所示，矩形线圈 $Oabc$ 可绕 Oy 轴转动，其边长 $l_1=$ 6 cm，$l_2=8$ cm. 线圈中的电流 $I=10$ A，方向沿 $OabcO$. 线圈处在均匀磁场中，磁感强度的大小为 $B=0.02$ T，方向平行于 Ox 轴. (1) 如果使线圈平面与 $\boldsymbol{B}$ 的方向成 30°角，求此时线圈每边所受的安培力以及线圈所受的磁力矩；(2)当线圈由这个位置转至平衡位置时，求磁力做的功.

解　(1)根据安培定律，Oa 边所受磁力沿 Oz 轴负方向，大小为

$$F_{Oa} = BIl_2 = 0.02\text{ T}\times 10\text{ A}\times 0.08\text{ m} = 1.6\times 10^{-2}\text{ N}$$

bc 边所受磁力沿 Oz 轴正方向，大小为

$$F_{bc} = BIl_2 = 0.02\text{ T}\times 10\text{ A}\times 0.08\text{ m} = 1.6\times 10^{-2}\text{ N}$$

ab 边所受磁力沿 Oy 轴正方向，大小为

$$F_{ab} = BIl_1\sin\theta = BIl_1\sin30°$$
$$= 0.02\text{ T}\times 10\text{ A}\times 0.06\text{ m}\times 0.5 = 6\times 10^{-3}\text{ N}$$

cO 边所受磁力沿 Oy 轴负方向，大小为

$$F_{cO} = BIl_1\sin(\pi-\theta)$$
$$= 0.02\text{ T}\times 10\text{ A}\times 0.06\text{ m}\times \sin150° = 6\times 10^{-3}\text{ N}$$

由于 $\boldsymbol{F}_{ab}$ 和 $\boldsymbol{F}_{cO}$ 与 Oy 轴平行，它们对 Oy 轴的力矩为零，因此，线圈所受磁力矩就是 $\boldsymbol{F}_{Oa}$ 和 $\boldsymbol{F}_{bc}$ 对 Oy 轴的矩. 于是有

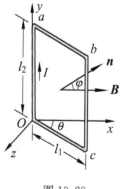

图 13.28

$$M = F_{bc}l_1\cos\theta = 1.6 \times 10^{-2}\text{N} \times 0.06\text{ m} \times \cos 30° = 8.3 \times 10^{-4}\text{ N·m}$$

磁力矩也可按载流平面线圈在均匀磁场中的力矩公式(13.23)计算,即

$$M = BIS\sin\varphi = 0.02\text{ T} \times 10\text{ A} \times 0.06\text{ m} \times 0.08\text{ m} \times \sin 60° = 8.3 \times 10^{-4}\text{ N·m}$$

由 $\boldsymbol{M} = \boldsymbol{p}_m \times \boldsymbol{B}$ 可以确定,磁力矩 $\boldsymbol{M}$ 的方向为 Oy 轴负方向,即逆着 Oy 轴方向看去,磁力矩使线圈磁矩 $\boldsymbol{p}_m$(与 $\boldsymbol{n}$ 同方向)按顺时针方向转向 $\boldsymbol{B}$ 的方向.

(2) $\theta = 30°$ 时,$\varphi_1 = 60°$,通过线圈平面的磁通量为

$$\Phi_1 = BS\cos\varphi_1 = 0.02\text{ T} \times 0.06\text{ m} \times 0.08\text{ m} \times \cos 60° = 4.8 \times 10^{-5}\text{ Wb}$$

线圈转至平衡位置时,$\varphi_2 = 0$,通过线圈平面的磁通量为

$$\Phi_2 = BS = 0.02\text{ T} \times 0.06\text{ m} \times 0.08\text{ m} = 9.6 \times 10^{-5}\text{ Wb}$$

在此过程中,磁力做功为

$$A = I(\Phi_2 - \Phi_1) = 10\text{ A} \times (9.6 \times 10^{-5}\text{ Wb} - 4.8 \times 10^{-5}\text{ Wb}) = 4.8 \times 10^{-4}\text{ J}$$

13.6 磁场对运动电荷的作用

上一节讨论了磁场对载流导体的作用. 载流导体在磁场中受到的作用,实质上是磁场对运动电荷的作用. 这是因为载流导体中的电流是由导体中自由电子定向运动形成的,这些定向运动的自由电子受到磁场的作用,并与导体中的晶格点阵碰撞,把磁场对它们的作用传递给导体,在宏观上就表现为载流导体在磁场中受到安培力的作用.

我们从安培定律出发,讨论磁场对运动电荷的作用.

13.6.1 洛伦兹力

根据安培定律,在磁感强度为 $\boldsymbol{B}$ 的磁场中,载流导线上任意一段电流元 $I\text{d}l$ 受到的安培力为

$$\text{d}\boldsymbol{F} = I\text{d}\boldsymbol{l} \times \boldsymbol{B}$$

设电流元的横截面积为 S,导体中单位体积内有 n 个正电荷,每个电荷的电量为 q,均以定向速度 $\boldsymbol{v}$ 沿 $\text{d}l$ 方向运动,形成导体中的电流,则电流强度为

$$I = qnvS$$

因 $q\boldsymbol{v}$ 与 $\text{d}l$ 同向,故

$$I\text{d}\boldsymbol{l} = qnS\text{d}l\boldsymbol{v}$$

因而

$$\text{d}\boldsymbol{F} = qnS\text{d}l\boldsymbol{v} \times \boldsymbol{B}$$

在线元 $\text{d}l$ 这段导体内的正电荷总数为

$$\text{d}N = nS\text{d}l$$

所以每一个运动电荷在磁场中所受的力为

$$f = \frac{\mathrm{d}\boldsymbol{F}}{\mathrm{d}N} = q\boldsymbol{v} \times \boldsymbol{B} \tag{13.26}$$

上式称为洛伦兹公式,磁场对运动电荷的作用力则称为**洛伦兹力**.由式(13.26)可知,洛伦兹力垂直于 $\boldsymbol{v}$、$\boldsymbol{B}$ 决定的平面.应当注意的是,q 为正电荷时,$\boldsymbol{f}$ 的方向就是 $\boldsymbol{v} \times \boldsymbol{B}$ 的方向;q 为负电荷时,$\boldsymbol{f}$ 的方向与 $\boldsymbol{v} \times \boldsymbol{B}$ 的方向相反.显然,因洛伦兹力 $\boldsymbol{f}$ 始终垂直于 $\boldsymbol{v}$,故**洛伦兹力不做功**.

洛伦兹力的大小为

$$f = |q| vB \sin\theta$$

式中 θ 是 $\boldsymbol{v}$ 与 $\boldsymbol{B}$ 的夹角.当 $\theta = 0$ 或 π 时,$f = 0$;当 $\theta = \pi/2$ 时,f 有最大值,这正是在 13.1 节定义磁感强度的依据.

13.6.2　带电粒子在均匀磁场中的运动

我们分三种情形讨论一个电量为 q、初始速度为 $\boldsymbol{v}$ 的粒子在磁感强度为 $\boldsymbol{B}$ 的均匀磁场中的运动.

1. $\boldsymbol{v}$ 与 $\boldsymbol{B}$ 平行

在这种情况下,由式(13.26)可知,粒子所受洛伦兹力为零,因此粒子的运动不受磁场影响,$\boldsymbol{v}$ 保持不变.

2. $\boldsymbol{v}$ 与 $\boldsymbol{B}$ 垂直

依据式(13.26),洛伦兹力 $\boldsymbol{f}$ 始终在垂直于 $\boldsymbol{B}$ 的平面内,而粒子的初速度 $\boldsymbol{v}$ 也在该平面内,因此,粒子的运动轨道不会越出这个平面.

由于洛伦兹力 $\boldsymbol{f}$ 始终与 $\boldsymbol{v}$ 垂直,只改变粒子运动的方向,而不改变其速率,因此粒子在上述平面内作匀速圆周运动,如图 13.29 所示.设粒子的质量为 m,圆周轨道半径为 R,则因维持粒子作圆周运动的力就是洛伦兹力,且 $\boldsymbol{v}$ 与 $\boldsymbol{B}$ 垂直,所以有

$$f = qvB = mv^2/R$$

得轨道半径为

$$R = \frac{mv}{qB} \tag{13.27}$$

上式表明,R 与 v 成正比,而与 B 成反比.

粒子在轨道上环绕一周所需要的时间 T 称为**回旋周期**.利用式(13.27)结果,可得

$$T = \frac{2\pi R}{v} = \frac{2\pi m}{qB} \tag{13.28}$$

可见,带电粒子沿圆形轨道运行的周期与运动速率无关.

粒子在单位时间内沿轨道运行的圈数为

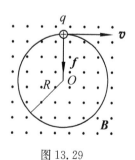

图 13.29

$$\nu = \frac{1}{T} = \frac{qB}{2\pi m} \tag{13.29}$$

ν 称为带电粒子在磁场中的**回旋共振频率**. 显然,回旋共振频率与粒子的运动速率及回旋半径无关.

3. v 与 B 成 θ 角

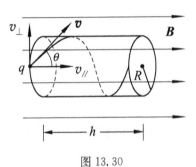

图 13.30

如图 13.30 所示,我们将速度 v 分解为平行于 B 的分量 $v_\parallel = v\cos\theta$ 和垂直于 B 的分量 $v_\perp = v\sin\theta$. 根据上面的讨论,在垂直于磁场的方向,粒子有速率 $v_\perp$,磁场力将使粒子在垂直于 B 的平面内作匀速圆周运动,半径为 $R = \frac{mv_\perp}{qB}$. 在平行于磁场的方向,粒子不受磁力作用,粒子将以 $v_\parallel$ 作匀速直线运动. 这两个分运动的合成轨道是一条螺旋线,**螺距**为

$$h = v_\parallel T = v_\parallel \frac{2\pi m}{qB} \tag{13.30}$$

上式表明,粒子沿螺旋线每旋转一周,在 B 方向前进的路程正比于 $v_\parallel$ 而与 $v_\perp$ 无关.

如果在均匀磁场中某点 A 处引入一发散角很小的带电粒子束,并且各粒子的速度大致相同,那么这些粒子沿磁场方向分速度的大小就几乎相等,因而它们的轨道有几乎相同的螺距. 这样,经过一个回旋周期后,这些粒子将重新会聚穿过另一点 A',如图 13.31(a)所示. 这种发散粒子束会聚到一点的现象叫**磁聚焦**. 这与光束经透镜后聚焦的现象有些类似.

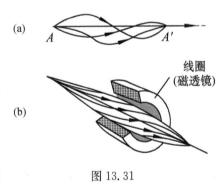

图 13.31

上述均匀磁场中的磁聚焦现象靠长螺线管来实现. 图 13.31(b)是短线圈产生的非均匀磁场的聚焦作用,这里的线圈作用与光学中的透镜相似,故称**磁透镜**. 磁聚焦的原理广泛应用于电真空器件,特别是电子显微镜中.

13.6.3 带电粒子在非均匀磁场中的运动

带电粒子在非均匀磁场中的运动比较复杂,这里不作一般讨论,仅对带电粒子的**磁约束**作一些介绍.

我们首先对带电粒子在非均匀磁场中所受洛伦兹力的情况作一定性分析. 如图 13.32 所示,非均匀磁场成轴对称分布. 这种磁场可以用两只圆形平面载流线圈来实现,线圈中通有方向相同的电流,在靠近载流线圈两端的区域磁场较强,而在中间区域磁场则较弱. 设磁场中的粒子带负电,正向右方磁场增强的方向运动,如图 13.33所示. 粒子所受洛伦兹力 f 的方向与轨道上的磁场方向垂直,将 f 分解

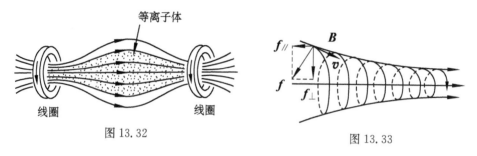

图 13.32 图 13.33

为与轨道中心处磁场 **B** 相垂直的分量 $f_\perp$ 和相平行的分量 $f_{/\!/}$,其中 $f_\perp$ 提供粒子作圆周运动的力, $f_{/\!/}$(称为轴向力)的方向指向磁场减弱的方向,使粒子向右的轴向运动减速. 随着磁场的增强,回旋半径和螺距逐渐减小. 若粒子向左方磁场增强的方向运动,同样的分析可知,粒子仍受到一指向磁场减弱方向的轴向分力,使粒子向左的轴向运动减速. 若粒子带正电,结论也是如此. 因此,带电粒子在非均匀磁场中运动时,所受的洛伦兹力 f 总有一个指向磁场减弱方向的轴向分力 $f_{/\!/}$. 在这个分力作用下,接近端部的带电粒子就像光线遇到镜面反射一样,沿一定的螺线向中部磁场较弱部分返回,这就是所谓的磁镜效应. 这样,带电粒子以及由大量自由的带电粒子组成的**等离子体**在磁场约束下只能在一定的区域内来回振荡. 在可控热核反应装置中,常应用这种磁场把高温等离子体约束在有限的空间区域内,以求实现热核反应.

磁约束现象还存在于自然界中. 例如地球磁场,两极附近磁场强而中间区域磁场弱,是一个天然的磁约束捕集器,使得来自宇宙射线的带电粒子在两磁极间来回振荡. 1958 年,探索者 1 号卫星在外层空间发现被地磁场俘获的来自宇宙射线和太阳风的质子层和电子层,称之为范·阿仑(Van Allen)辐射带,如图 13.34所示. 罩在地球上空的这两个带

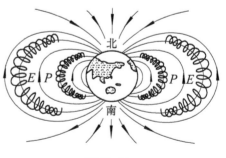

图 13.34

电粒子层,是地磁场磁约束效应的结果. 正是因为这种效应将来自宇宙空间的能致生物于死地的各种高能射线或粒子捕获住,才使人类和其他生物不被伤害,得以安全地生存下来.

13.6.4　回旋加速器

回旋加速器是用来获得高能带电粒子的重要设备. 这种设备虽然非常复杂, 但其基本原理就是使带电粒子在电场和磁场的作用下, 得以往复加速达到高能. 人们使用这种高能粒子去轰击原子核或其他粒子, 观察其中的反应, 从而研究原子核与基本粒子的特性.

回旋加速器的基本功能是: (1)使带电粒子在电场的作用下得到加速; (2)使带电粒子在磁场的作用下作回旋运动.

图 13.35 是回旋加速器的结构示意图. D_1 和 D_2 是密封在高度真空室中的两个半圆形扁金属盒, 常称为 D 形电极. 将 D_1 和 D_2 与交流电源连接, 在它们的缝隙间就形成一个交变电场. 将整个装置放在电磁铁的两磁极之间的均匀磁场中, 该磁场的方向垂直于 D 形电极的极板平面. 在电极中央有一离子源, 它可以向半圆形金属盒中注入带电粒子. 如果在电极 D_2 处于高电势的瞬时, 从离子源发出一个带正电的粒子, 该粒子将被加速, 以速率 v_1 进入 D_1 盒内部. D_1 内部无电场而有竖直方向的磁场 $\boldsymbol{B}$, 粒子在磁力作用下, 在 D_1 盒中沿半径为 $R=mv_1/(qB)$ 的半圆周运动. 从 D_1 盒中出来到达缝隙时, 缝隙中的电场恰已反向, 即此时 D_1 处于高电

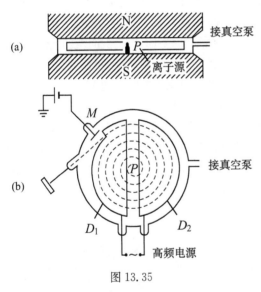

图 13.35

势, D_2 处于低电势, 于是粒子再被缝隙间的电场加速, 以较大的速率进入 D_2 盒, 在 D_2 盒中以较大的半径沿半圆周再一次回旋到极板的缝隙处. 如此继续下去. 因为带电粒子在磁场中沿圆形轨道运行的周期与运动速率无关, 所以它在 D_1 盒和 D_2 盒中绕过半个圆周所需的时间 τ 是相同的, 即 $\tau=\dfrac{T}{2}=\dfrac{\pi m}{qB}$, 因此只要电极缝隙处的交变电场以不变的频率 $\nu=\dfrac{1}{T}=\dfrac{qB}{2\pi m}$ 变化, 就可以保证粒子每次经过缝隙处都被加速. 这样, 不断被加速的粒子将沿着近似螺旋线样的轨道逐渐趋近于金属盒的外边缘, 最后用致偏电极 M 将这些高速粒子从窗口引出, 以便进行实验工作.

如果粒子被引出前最后半圈的半径为 R, 由 $R=\dfrac{mv}{qB}$ 可知, 粒子最终的速率为

$$v = \frac{q}{m}BR$$

于是,粒子的动能为

$$E_k = \frac{1}{2}mv^2 = \frac{q^2B^2R^2}{2m}$$

需要指出,应用这种回旋加速器获得的粒子能量有一定的限制.这是因为带电粒子的速度接近光速 c 时,它的质量将显著改变,因而 T 不再是恒定不变的,这时就不能再用固定频率的交变电场进一步加速粒子了.目前用回旋加速器可获得的质子的最大能量约为 30 MeV,氦核的最大能量约为 100 MeV.

新型加速器有很多种,如同步稳相回旋加速器、电子感应加速器、直线加速器等,都考虑了相对论效应,能把带电粒子加速到几百亿电子伏特的能量.

13.7　霍尔效应

如图 13.36(a)所示,在一个通有电流 I 的导体板上,若施加一垂直于板面的磁场,则在导体板的两侧 A_1 和 A_2 间会出现一定的电势差.这一现象是霍尔在 1879 年首先发现的,称为**霍尔效应**.电势差 $U_{A1} - U_{A2}$ 称为霍尔电压,记为 U_H.如果撤去磁场,或撤去电流,那么霍尔电压也随之消失.实验指出,在磁场不太强时,霍尔电压 U_H 与电流强度 I 和磁感强度 B 都成正比,与板的厚度 d 成反比,即

$$U_H = R_H \frac{BI}{d} \qquad (13.31)$$

式中 R_H 称为**霍尔系数**,是仅与导体材料有关的常量.

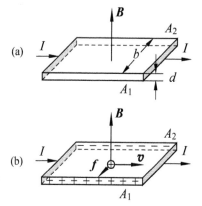

霍尔效应可用洛伦兹力来说明.因为磁场使导体内的运动载流子发生偏转,结果在 A_1、A_2 两侧分别聚集了正、负电荷,建立了横向电场 E_H,从而形成电势差.E_H 称为**霍尔电场**.

设导体中载流子的平均定向速率为 v,它们在磁场中受到的洛伦兹力为 qvB.当 A_1、A_2 之间形成电势差后,载流子还受到一个与洛伦兹力方向相反的电场力 qE_H.两力平衡时达到稳恒状态,即

$$qvB = qE_H = q\frac{U_{A1} - U_{A2}}{b}$$

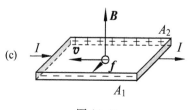

图 13.36

式中 b 为导电板的宽度.若载流子的数密度为 n,则电流强度 $I = qnbdv$.于是有

$$U_H = U_{A1} - U_{A2} = \frac{1}{nq} \cdot \frac{BI}{d} \qquad (13.32)$$

将上式与式(13.31)比较,即得霍尔系数为

$$R_H = \frac{1}{nq} \qquad (13.33)$$

上式表明,R_H 与载流子的数密度 n(也称浓度)有关.因此可以通过霍尔系数的测量,来确定导体内载流子的浓度.实验测得半导体的霍尔系数比金属导体大得多,而且半导体内载流子的浓度受温度、杂质等许多因素的影响,因此霍尔效应为研究半导体载流子浓度的变化提供了重要方法.式(13.33)还表明 A_1、A_2 两侧电势差的符号与载流子电荷的正负有关.因此,通过测量霍尔电压的正负,可以确定霍尔系数的正负,从而判断载流子的种类,如图 13.36(b)、(c)所示.半导体有电子型(n 型)和空穴型(p 型)两种,前者载流子为电子,后者载流子为"空穴",相当于带正电的粒子.所以根据 R_H 的正负就可以判断半导体的导电类型.

需要指出的是,式(13.32)仅对单价金属较为准确,对二价金属及半导体不尽适用,这说明上述理论还存在缺陷.对此,只有近代量子理论才能做出进一步解释.

利用半导体的霍尔效应制成的器件称为霍尔元件.霍尔元件由一个小的长方形的锗片,在四边焊上四个引线构成,一对引线用以送入电流,另一对引线用以输出霍尔电势差.将这样的元件放置在待测磁场中,使 B 的方向垂直于锗片平面,通过测量霍尔电势差就能在毫伏表上按磁感强度标度直接读出 B 的量值,这就是通常使用的磁强计.近年来霍尔效应和霍尔元件在科学技术的许多领域得到应用,例如可以用它测量电路中的强电流,实现信号转换等.目前霍尔效应在自动控制和计算技术等方面的应用也越来越多.

内 容 提 要

1. 基本定律

(1) 毕奥-萨伐尔定律

$$d\boldsymbol{B} = \frac{\mu_0}{4\pi} \cdot \frac{Id\boldsymbol{l} \times \boldsymbol{r}^0}{r^2}, \quad 式中 \boldsymbol{r}^0 = \frac{\boldsymbol{r}}{r}$$

(2) 安培定律

$$d\boldsymbol{F} = Id\boldsymbol{l} \times \boldsymbol{B}$$

2. 基本场方程

(1) 高斯定理

$$\oint_S \boldsymbol{B} \cdot d\boldsymbol{S} = 0 \quad (表明磁场是无源场)$$

（2）安培环路定理

$$\oint_L \boldsymbol{B}\cdot\mathrm{d}\boldsymbol{l} = \mu_0 \sum_{L内} I_i \quad （表明磁场是涡旋场）$$

3. 几种典型的磁场

（1）直电流的磁场

$$B = \frac{\mu_0 I}{4\pi a}(\cos\theta_1 - \cos\theta_2)$$

无限长直电流的磁场：$B = \frac{\mu_0 I}{2\pi a}$

（2）圆电流轴线上的磁场

$$B = \frac{\mu_0 I R^2}{2(R^2 + x^2)^{3/2}}$$

圆电流圆心处的磁场：$B = \frac{\mu_0 I}{2R}$

（3）均匀密绕长直螺线管内部的磁场

$$B = \mu_0 n I$$

（4）运动电荷的磁场

$$\boldsymbol{B} = \frac{\mu_0}{4\pi}\cdot\frac{q\boldsymbol{v}\times\boldsymbol{r}^0}{r^2}$$

4. 磁场对电流的作用

（1）载流导线在磁场中受安培力

$$\boldsymbol{F} = \int I\mathrm{d}\boldsymbol{l}\times\boldsymbol{B}$$

（2）载流平面线圈在均匀磁场中受磁力矩

$$\boldsymbol{M} = \boldsymbol{p}_\mathrm{m}\times\boldsymbol{B} = IS\boldsymbol{n}\times\boldsymbol{B}$$

（3）磁力的功

$$A = \int_{\Phi_1}^{\Phi_2} I\mathrm{d}\Phi$$

5. 磁场对运动电荷的作用

（1）洛伦兹力
$$\boldsymbol{f} = q\boldsymbol{v}\times\boldsymbol{B} \quad （洛伦兹力不做功）$$

回旋半径、回旋周期、螺距：

$$R = \frac{mv_\perp}{qB}, \quad T = \frac{2\pi R}{v_\perp} = \frac{2\pi m}{qB}, \quad h = v_{/\!/}\,T = v_{/\!/}\,\frac{2\pi m}{qB}$$

（2）霍尔效应

霍尔电势差：$U_\mathrm{H} = R_\mathrm{H}\dfrac{BI}{d} = \dfrac{1}{nq}\dfrac{BI}{d}$

习 题

(一)选择题和填空题

13.1 边长为 l 的正方形线圈中通有电流 I,线圈顶点处磁感强度大小为[　]

(A) $\dfrac{\sqrt{2}\mu_0 I}{4\pi l}$.　　(B) $\dfrac{\mu_0 I}{2\pi l}$.　　(C) $\dfrac{\sqrt{2}\mu_0 I}{\pi l}$.　　(D) 以上均不对.

13.2 如图所示,长直电流 I_2 与圆形电流 I_1 共面,并与其直径相重合,但两者间绝缘.设长直电流不动,则圆形电流将[　]

(A) 绕 I_2 旋转.　(B) 向左运动.　(C) 向右运动.　(D) 向上运动.　(E) 不动.

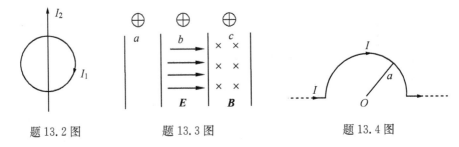

题 13.2 图　　　　　　　　题 13.3 图　　　　　　　　题 13.4 图

13.3 有三个质量相同的质点 a、b、c,带有等量的正电荷,它们从相同的高度自由下落,在下落过程中带电质点 b、c 分别进入如图所示的匀强电场与匀强磁场中.设它们落到同一水平面的动能分别为 E_a、E_b、E_c,则[　]

(A) $E_a < E_b = E_c$.　(B) $E_a = E_b = E_c$.　(C) $E_b > E_a = E_c$.　(D) $E_b > E_c > E_a$.

13.4 将一根无限长载流导线在一平面内弯成如图所示的形状,并通以电流 I,则圆心 O 点处的磁感应强度 B 的大小为＿＿＿＿.

13.5 若磁感应强度 $\boldsymbol{B} = (a\boldsymbol{i} + b\boldsymbol{j} + c\boldsymbol{k})$T,则通过一半径为 R、开口向 z 轴正方向的半球壳表面的磁通量为＿＿＿＿Wb.

提示 将半球壳面加一圆平面组成一闭合曲面,再根据磁场的高斯定理,半球面和圆平面的磁通量之和为零,即可算出.

13.6 如图所示,将半径为 R 的无限长导体薄壁管沿轴向抽去一宽度为 $h(h \ll R)$ 的无限长狭缝后,再使电流沿轴向均匀流过,其面电流密度为 i,则管轴线上磁感应强度的大小是＿＿＿＿.

提示 可用补偿法求解.

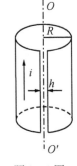

题 13.6 图

13.7 面积相等的载流圆线圈与载流正方形线圈的磁矩之比为 $2:1$,圆线圈在其中心处产生的磁感应强度为 $\boldsymbol{B}_0$,那么正方形线圈(边长为 a)在磁感强度为 $\boldsymbol{B}$ 的均匀外磁场中所受的最大磁力矩为＿＿＿＿.

提示 由两线圈面积相等和 $\boldsymbol{B}_0$ 可算出圆线圈中的电流、方形线圈的电流,即可求最大磁力矩.

(二)问答题和计算题

13.8　无限长直电流磁场的磁感应强度公式是 $B = \dfrac{\mu_0 I}{2\pi a}$，当场点无限接近导线，即 $a \to 0$ 时，$B \to \infty$，应当如何理解？

13.9　在圆形电流的附近取一个圆形的闭合线，两圆平面平行且同轴. 现将安培环路定理应用于该闭合线上. 由于对称性，圆电流在该闭合线上各点产生的 $\boldsymbol{B}$ 的量值应该相等，而且由于闭合线内没有电流流过，因而

$$\oint_L \boldsymbol{B} \cdot \mathrm{d}\boldsymbol{l} = B \oint_L \mathrm{d}l = 0$$

从而得出圆电流附近没有磁场存在的结论，对吗？ 应如何解释？

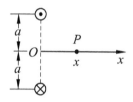

13.10　在静止的电子附近放一根载流金属导线，此时电子是否发生运动？ 如果以一束电子射线代替载流导线，结果又如何？

13.11　两根长直平行导线的俯视图如图所示，每根导线的电流为 I，两电流方向相反. 试求：(1) x 轴上任意点 P 处 $\boldsymbol{B}$ 的大小；(2)在 x 轴上什么位置磁场最强.

题 13.11 图

13.12　如图所示，被折成钝角的长导线中通有 $I = 20$ A 的电流. 求 A 点的磁感应强度. 设 $a = 2.0$ cm，$\varphi = 120°$.

13.13　与很远的电源相连的两根长直导线沿铜环的半径方向引向环上的 a、b 两点，如图所示. 设圆环由均匀导线弯曲而成，电源电流为 I. 求各段载流导线在环心 O 点产生的磁感强度以及 O 点的合磁场的磁感强度.

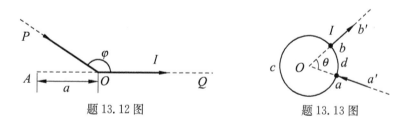

题 13.12 图　　　　　　　　　　　　题 13.13 图

13.14　两个半径为 R 的线圈平行地放置，相距为 l，并通以相等的同向电流，如图所示. (1)求两线圈中心 O_1 和 O_2 的磁感强度；(2)求距中心 O 点($O_1 O_2$ 的中点)为 x 的 P 点的磁感强度；(3)如线圈间的距离是一变量，证明当 $l = R$ 时(这样的线圈组合称为亥姆霍兹线圈)，O 点附近的磁场最为均匀. $\left(\text{提示：由} \dfrac{\mathrm{d}B}{\mathrm{d}x}\Big|_{x=0} = 0 \text{ 和 } \dfrac{\mathrm{d}^2 B}{\mathrm{d}x^2}\Big|_{x=0} = 0 \text{ 证明之.}\right)$

13.15　一螺线管的直径是它轴长的 4 倍，单位长度上的匝数 $n = 200$ 匝/cm，通过的电流 $I = 0.10$ A. 求螺线管轴线上中点和端点处的磁感强度.

13.16　在半径 $R = 1.0$ cm 的无限长半圆柱形金属薄片中，自上而下有电流 $I = 5.0$ A 均匀通过，如图所示(俯视图). 求半圆片轴线上 O 点的磁感强度.

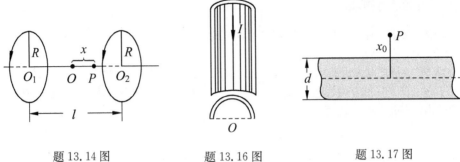

题 13.14 图   题 13.16 图   题 13.17 图

13.17 如图,在厚度为 d 的无限大平板中,均匀通过电流密度为 j 的电流,方向垂直纸面向外.试根据长直电流的磁场公式,由磁场叠加原理求距平板对称面为 $x_0(|x_0|>d/2)$ 的 P 点处的磁感强度.

13.18 半径为 R 的木球上绕有细导线,每圈彼此平行紧密相靠,并以单层盖住半个球面,共有 N 匝.设导线中通有电流 I,求球心处的磁感应强度.

13.19 一个半径为 R 的塑料圆盘,带电 q 均匀分布,圆盘绕通过圆心并垂直于盘面的轴转动,角速度为 ω.求:(1)半径在 $r\sim r+\mathrm{d}r$ 之间的圆环的磁矩;(2)整个圆盘在中心处的磁感强度.

13.20 两平行长直导线相距 $d=40$ cm,每根导线载有电流 $I_1=I_2=20$ A,如图所示.求通过两导线间矩形面积的磁通量($r_1=r_3=10$ cm,$l=25$ cm).

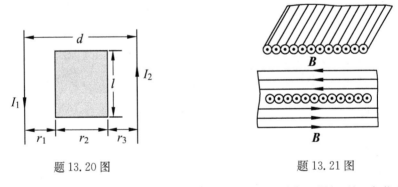

题 13.20 图   题 13.21 图

13.21 一导体由无限多根平行排列的细导线组成,每根导线都无限长,并且各载有电流 I.求证:(1)$\boldsymbol{B}$ 线将有如图所示的方向;(2)该电流片旁各处磁感强度的大小均为 $\mu_0 nI/2$,其中 n 表示单位长度上的导线数目.

13.22 空心长圆柱形导体的内、外半径分别为 a 和 b,均匀流过电流 I.求证导体内部与轴线相距 r 的各点($a<r<b$)的磁感强度为

$$B=\frac{\mu_0 I(r^2-a^2)}{2\pi(b^2-a^2)r}$$

13.23 一根长直圆柱形铜导体载有电流 I,均匀分布于截面上.在导体内部,通过圆柱中心轴线作一平面 S,如图所示.试计算通过每米长导线内 S 平面的磁通量.

13.24 有一根很长的同轴电缆,由两个筒状导体组成,内筒半径为 a,壁厚可略,外筒的内外半径分别为 b 和 c,如图所示.求通有电流 I 时,此电缆内外各区域磁感强度的大小.

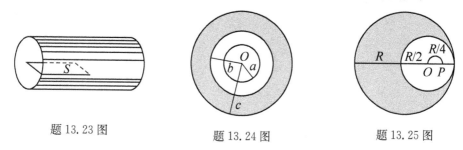

题 13.23 图　　　　　题 13.24 图　　　　　题 13.25 图

13.25 在半径为 R 的长直圆柱导体内挖去半径为 $R/2$ 的一部分长圆柱空间,如图所示.若导体中均匀流过电流密度为 j 的电流,方向垂直纸面向里,求空腔中离空腔中心 $R/4$ 的 P 点的磁感强度.

13.26 如图所示,在长直导线旁有一矩形线圈,导线中通有电流 $I_1=20$ A,线圈中的电流 $I_2=10$ A,求矩形线圈受到的合磁力.已知 $a=1.0$ cm,$b=9.0$ cm,$l=20$ cm.

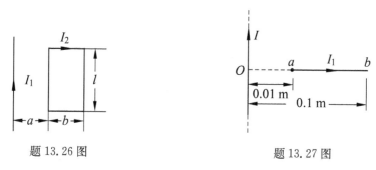

题 13.26 图　　　　　题 13.27 图

13.27 一长直导线载流 $I=20$ A,它的旁边放一导线 ab,通有电流 $I_1=10$ A,如图所示(未按比例).求导线 ab 所受的作用力及对 O 点的力矩.

13.28 电流 $I=7.0$ A,流过一直径 $D=10$ cm 的铅丝环.铅丝的截面积 $S=0.70$ mm²,此环放在 $B=1.0$ T 的均匀磁场中,磁场与环的平面垂直,求铅丝所受的张力、拉应力(单位面积上的张力)和磁力矩.

13.29 证明:任意形状的载流线圈在均匀磁场中所受的合力为零.

13.30 长直铜导线中部被弯成边长为 l 的正方形的三边,可以绕与所缺正方形一边重合的水平轴 OO' 转动,如图所示.导线放在方向铅直向上的均匀磁场 $\boldsymbol{B}$ 中,当导线中的电流为 I 时,导线离开原来铅直位置偏转一角度 α 而平衡,求载流导线对 OO' 轴的重力矩的大小.

13.31 在与均匀磁场 $\boldsymbol{B}$ 垂直的平面内有一任意形状的导线 ADC,A、C 之间的距离为 l,如图所示.若流过该导线的电流为 I,求它所受磁力的大小.

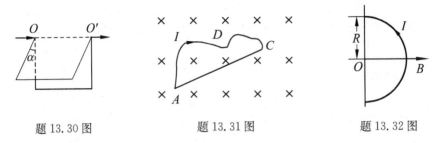

题 13.30 图   题 13.31 图   题 13.32 图

13.32 如图,一半圆形闭合线圈半径 $R=0.10$ m,通有电流 $I=10$ A,放在均匀磁场中.磁场方向与线圈平面平行,$B=5.0\times10^3$ Gs.求:(1)线圈所受力矩的大小和方向;(2)当此线圈受力矩的作用转到线圈平面与磁场垂直的位置时,力矩所做的功.

13.33 电子在 $B=20\times10^{-4}$ T 的均匀磁场中沿半径 $R=2.0$ cm 的螺旋线运动,螺距 $h=5.0$ cm,如图所示.求:(1)电子运动速度的大小;(2)磁场 B 的方向.

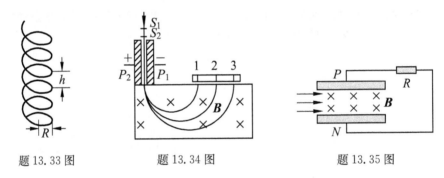

题 13.33 图   题 13.34 图   题 13.35 图

13.34 质谱仪是分析同位素的重要仪器,其原理如图所示.从离子源产生的离子经过狭缝 S_1 和 S_2 之间的电场加速后,进入速度选择器 P_1P_2(电场为 E,磁场为 B).从速度选择器射出的粒子进入与其速度方向垂直的均匀磁场中(也为 B),最后,不同质量的离子打在底片上不同位置处.冲洗底片,得到该元素的各种同位素排列的线系(质谱).试分析:(1)若底片上的线系有三条,则该元素有几种同位素?(2)速度多大的离子能通过速度选择器?(3)设离子的电量为 q,d 是底片上某条谱线位置与速度选择器轴线间的距离,试证明该元素的几种同位素的质量表示为 $m=\dfrac{qB^2}{2E}d$.

13.35 题图为磁流体发电机的示意图.将气体加热到很高温度(如 2500 K 以上)使之电离(这样一种高度电离的气体就是等离子体),并让它从平行板电极 P、N 之间通过.两平行板间有一垂直纸面向里的磁场 B,设气体流速为 v,电极距为 d,试求两极间产生的电压,并说明哪个电极是正极.

13.36 如图,高 l、宽 b 的铜片 AA' 内通有电流(图中×号表示电流方向),在与其垂直的方向上施加一个磁感强度为 B 的均匀磁场.已知铜片内电子数密度为 n,电子的平均漂移速度为 v.求:(1)铜片中的电流;(2)电子所受的洛伦兹力;(3)铜片中产生的霍尔电场的场强和霍尔电压,哪一端为正极?

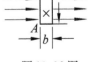

题 13.36 图

阅读材料 7

磁流体发电

磁流体发电是 20 世纪 50 年代末开始进行实验研究的一项新技术，实际上是霍尔效应在能源技术上的应用.

1. 等离子体 磁流体

什么是磁流体？我们知道，气态物质如果获得足够的能量，其分子和原子就会离解成离子，此过程称为电离.电离后的气体含有大量带正电的离子和带负电的电子，电导率变大.此时的气体已不再是原来意义上的气体，而是成了与固体、液体、气体并列的"物质第四态"——等离子体.在磁场中流动的等离子体称为磁流体，磁流体可用于发电.

2. 磁流体发电的基本原理

磁流体发电机的主要结构如图 13.37 所示.在燃烧室中利用燃料燃烧的热能加热气体使之成为等离子体（为了加速等离子体的形成，往往在气体中加一定量容易电离的碱金属，如钾元素做"种子"），温度约为 3000 K，然后使等离子体以超音速的速度进入发电通道.发电通道的两侧有磁极以产生磁场，其上、下两面安装有电极.速度与磁场垂直的等离子体通过通道时，等离子体中带有正、负电荷的高速粒子，在磁场中受洛伦兹力作用，分别向两极偏移，两电极间就有电动势产生，因而有电流流过等离子体.将正负电极通过外接负载连起来，就可以得到电功率输出.这样得到的是直流电，还需转变成交流电才能送入电网供电.

离开通道的气体成为废气，其温度仍然很高，可达 2300 K.废气可以导入普通发电厂的锅炉，以便进一步加以利用.废气不再回收的磁流体发电机称为开环系统.在利用核能的磁流体发电机内，气体-等离子体是在闭合管道中循环流动反复使用的，这样的发电机称为闭环系统.

3. 磁流体发电的特点

与普通发电方式相比，磁流体发电具有如下特点：

（1）发电效率提高

在普通发电机中，电动势由线圈在磁场中转动产生，为此必须先把初级能源（通常是化学燃料）燃烧放出的热能经过锅炉、热机等变成机械能，然后再变成电能，因而效率不高.如普通的火力发电，燃料燃烧释放的能量中，只有 20% 变成了电能.而且，人们从理论上推算出，火力发电的效率提高到 40% 就已达到了极限.在磁流体发电机中，利用热能加热等离子体，然后使等离子体通过磁场产生电动势而直接得到电能，不经过热能到机械能的转变，从而可以提高热能利用的效率.另外，还可以利用从磁流体发电管道喷出的废气，驱动另一台汽轮发电机，形成组合发电装置，这种组合发电的效率可以达到 50%.如果解决好一些技术上的问题，发电效率还有望进一步提高到 60% 以上.

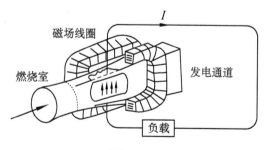

图 13.37

（2）环境污染少

利用火力发电,燃料燃烧产生的废气里含有大量的二氧化硫,这是造成空气污染的重要原因.利用磁流体发电,不仅使燃料在高温下燃烧得更加充分,它使用的一些添加材料还可以和硫化合,生成硫酸钾,并被回收利用,这就避免了直接把硫排放到空气中对环境造成的污染.另外,由于磁流体发电的热效率高,因而排放的废热少,产生的污染物自然减少.

（3）启动快

在几秒钟的时间内,磁流体发电就能达到满功率运行,这是其他任何发电装置无法相比的.因此,磁流体发电不仅可作为大功率民用电源,而且还可以作为高峰负荷电源和特殊电源使用,如作为风洞试验电源、激光武器的脉冲电源等.

（4）结构简单

因为没有转动的机械部分,噪声小,设备结构简单,流体通道可以做得很大,有利于大型化.

（5）输出功率调节方便

利用磁流体发电,只要加快磁流体的喷射速度,增加磁场强度,就能提高发电机的功率.人们使用高能量的燃料,再配上快速启动装置,就可以使发电机功率达到 1000 万 kW,从而满足了一些大功率电力用户的需要.

4. 磁流体发电存在的主要问题及解决方法

磁流体发电中的主要问题是发电通道效率低,目前只有 20%.其次,由于磁流体的温度高($2\sim3\times10^3$ K),喷射的速度大($800\sim1000$ m·s^{-1}),还混有约 1% 腐蚀性极强的腐蚀剂(钾离子),加上磁流体发电机启动速度快,这就要求通道和电极材料耐高温、耐碱腐蚀、耐化学烧蚀、耐骤冷骤热变化.目前所用材料的寿命都比较短,因而磁流体发电机不能长时间运行.

解决上述困难的途径可能有两条.一是研究和发现新材料.如果使陶瓷在保持抗腐蚀、耐高温、高硬度、耐冷热骤然变化优良性能的同时成为电的良导体,那么问题就有希望解决.目前,有人在氧化锆陶瓷中加入 10% 的氧化钇,制成一种耐高温、抗氧化的复合氧化物陶瓷,这种复合氧化物陶瓷具有良好的导电性能,它能像金属一样把电能转变为热能、光能,能耐 2000℃ 以上的高温,且寿命在 1000 小时以上.导电陶瓷的研制成功使磁流体发电机的研究工作前进了一大步.二是设法避开难以克服的"高温困难".近几年,一位以色列科学家发明了液态金属磁流体发电机,巧妙地避开了难以克服的"高温困难".这项新技术的特点是放弃带来许多工程困难的高温等离子体而以低熔点液态金属(如钠和钾、锡、水银等)为导电液体.这种低温磁流体发电机不仅保持了等离子体磁流体发电机的优点,而且可以使用低热源发电.同时,由于低熔点金属、易挥发液体种类较多,选择余地大,价格也不贵.从实验装置运行的情况估算,成本比目前商业用电还略低.若在工业生产中利用工厂废热发电,则成本可进一步降低.

5. 磁流体发电的近况

1959 年,美国阿夫柯公司建造了第一台磁流体发电机,功率为 115 kW.此后各国均有研究制造.美国与前苏联联合研制的磁流体发电机 U-25B 在 1978 年 8 月进行了第四次试验,气体-等离子体流量为 $2\sim4$ kg·s^{-1},温度为 2950 K,磁场为 5 T,输出功率 1300 kW,共运行了 50 小时.目前许多国家正在研制百万千瓦的利用超导磁体的磁流体发电机和燃煤磁流体发电机.

随着科学技术的迅速发展,磁流体发电这项新技术必将获得进一步提高,为合理而有效地利用化学燃料创出一条新路.

第 *14* 章 磁 介 质

上一章介绍了真空中恒定磁场的性质和规律,这一章我们讨论磁场与磁介质的相互作用.

14.1 磁介质 磁化强度

14.1.1 磁介质

我们知道,放在静电场中的电介质要被电场极化,极化了的电介质会产生附加电场,反过来对原电场产生影响.与此类似,磁场使置于其中的物质磁化,磁化了的物质也会产生附加磁场,反过来影响原磁场.这种影响原磁场的物质称为**磁介质**.

实验表明,不同的物质对磁场的影响有很大的差异.设没有磁介质时某点的磁感强度为 $\boldsymbol{B}_0$,放入磁介质后因磁介质被磁化而产生的附加磁感强度为 $\boldsymbol{B}'$,则该点的总磁感强度 $\boldsymbol{B}$ 应是 $\boldsymbol{B}_0$ 和 $\boldsymbol{B}'$ 的叠加,即

$$\boldsymbol{B} = \boldsymbol{B}_0 + \boldsymbol{B}' \tag{14.1}$$

在有些磁介质中,附加磁场 $\boldsymbol{B}'$ 与原来磁场 $\boldsymbol{B}_0$ 的方向相同,使得 $B > B_0$,这类磁介质称为**顺磁质**,如锰、铬、铂、氮、氧等都是顺磁质.另外一些磁介质中,$\boldsymbol{B}'$ 与 $\boldsymbol{B}_0$ 方向相反,使得 $B < B_0$,这类磁介质称为**抗磁质**,如水银、铜、铋、氯、氢、银等.但无论是顺磁质还是抗磁质,附加磁场的值 B' 都比 B_0 小得多(B' 约为 B_0 的几万分之一或几十万分之一),因此这两类磁介质对磁场的影响都很微弱,通常称为弱磁性物质.还有一类磁介质,如铁、镍、钴等,磁化后不仅 $\boldsymbol{B}'$ 的方向与 $\boldsymbol{B}_0$ 相同,而且 B' 的值要比 B_0 大许多,因而这类物质能显著地增强磁场,通常称它们为强磁性物质,或称**铁磁质**.

14.1.2 磁介质的磁化

顺磁质和抗磁质的磁化特性取决于它们的微观结构.物质分子中任何一个电子都同时参与两种运动,一种是环绕原子核的轨道运动,因此具有**轨道磁矩**;另一种是其本身的自旋运动,因而具有**自旋磁矩**.核也有自旋运动.这些运动都能产生磁效应.分子对外界产生的磁效应的总和可用一个等效圆电流来代替,这个等效圆电流称为分子电流.分子电流具有一定的磁矩,称为**分子磁矩**,用 p_m 表示.显然,分子磁矩等于电子的轨道磁矩与自旋磁矩以及核自旋磁矩的矢量和.无外磁场时,

顺磁质的分子磁矩 p_m 不为零,而抗磁质的分子磁矩 p_m 却为零.

没有外磁场时,虽然顺磁质的分子磁矩 p_m 不为零,但由于热运动的缘故,分子磁矩的取向杂乱无章,如图 14.1(a) 所示. 因此在磁介质中的任一宏观体积内,分子磁矩的矢量和为零,对外不显磁性,磁介质处于未被磁化的状态.

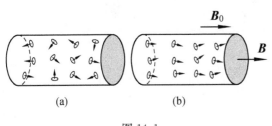

图 14.1

将顺磁质放入外磁场 B_0 后,它将受到以下两种作用:

一是在外磁场磁力矩的作用下,分子固有磁矩克服热运动的影响而转向外磁场方向排列(取向效应),如图 14.1(b)所示. 这样一来,分子磁矩将沿外磁场方向产生一附加磁场 B_1'.

二是外磁场 B_0 使分子固有磁矩 p_m 发生变化,即对每个分子产生一个附加磁矩 $\Delta p_m'$. 下面以电子的轨道运动为例,说明这个附加磁矩 $\Delta p_m'$ 的方向总是与外磁场 B_0 方向相反.

考虑分子中的一个电子以速度 v 沿圆轨道运动,其轨道磁矩为 p_m. 如图 14.2 所示,当外加磁场 B_0 的方向与 p_m 一致时,电子受到的洛伦兹力沿轨道半径向外,使向心力减小. 理论研究表明,在这种情况下,电子运动的轨道半径保持不变,因而电子运动的角速度将减小. 由于电子磁矩的大小与其运动角速度成正比(读者可自行证明),因此相应的电子磁矩也要减小,这就等效于产生了一个方向与 B_0 相反的附加磁矩 $\Delta p_m'$. 当外加磁场 B_0 的方向与 p_m 相反时,由类似的分析可知,等效

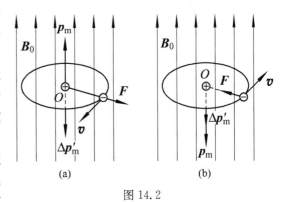

图 14.2

附加磁矩 $\Delta p_m'$ 的方向仍然和 B_0 方向相反. 可见,不论外磁场 B_0 的方向与电子磁矩 p_m 方向相同还是相反,加上外磁场 B_0 后,产生的附加磁矩 $\Delta p_m'$ 总是与 B_0 方向相反. 结果会产生一个与 B_0 方向相反的附加磁场 B_2'.

综上所述,对顺磁质而言,第一种作用产生一个与 B_0 方向相同的附加磁场 B_1',第二种作用则产生一个与 B_0 方向相反的附加磁场 B_2'. 由于 B_2' 的量值比 B_1' 的量值小得多,因此两者的总效果是置于外磁场 B_0 中的顺磁质产生一个和外磁场 B_0 方向相同的附加磁场 B'.

抗磁质中电子的轨道磁矩与自旋磁矩的矢量和即分子的固有磁矩 p_m 为零,

加上外磁场 $\boldsymbol{B}_0$ 后,分子磁矩的取向效应并不存在,但在外磁场 $\boldsymbol{B}_0$ 的作用下,如上所述,会产生一个与 $\boldsymbol{B}_0$ 方向相反的附加磁矩 $\Delta \boldsymbol{p}'_m$,因此,处于外磁场 $\boldsymbol{B}_0$ 中的抗磁质将产生一个与 $\boldsymbol{B}_0$ 方向相反附加磁场 $\boldsymbol{B}'$. 显然,外磁场引起的附加磁矩是抗磁质磁化的唯一原因.

关于铁磁质的磁化,我们将稍后进行讨论.

14.1.3 磁化强度矢量

由上面的讨论可以看出,介质的磁化实质上是分子磁矩的取向以及在外磁场作用下产生附加磁矩的综合效应. 无论哪种作用,均可用 $\boldsymbol{p}_m$ 表示介质磁化后分子电流的磁矩,这和电介质中分子在外电场作用下极化的情况相似. 因此,我们可以用磁介质中单位体积内所有分子磁矩的矢量和描写介质的磁化程度,称为**磁化强度矢量**,用 $\boldsymbol{M}$ 表示. 如果介质的磁化是均匀的,以 $\sum \boldsymbol{p}_m$ 表示体积 ΔV 内所有分子磁矩的矢量和,则有

$$\boldsymbol{M} = \frac{\sum \boldsymbol{p}_m}{\Delta V} \tag{14.2a}$$

如果磁化不均匀,则磁介质中某点的磁化强度为

$$\boldsymbol{M} = \lim_{\Delta V \to 0} \frac{\sum \boldsymbol{p}_m}{\Delta V} \tag{14.2b}$$

磁化强度矢量是磁介质中的宏观点函数. 当外磁场为零时,无论是顺磁质还是抗磁质,都有 $\sum \boldsymbol{p}_m = 0$,因而 $\boldsymbol{M} = 0$. 当有外磁场存在时,顺磁质中的磁化强度 $\boldsymbol{M}$ 与外磁场方向一致,抗磁质中的磁化强度 $\boldsymbol{M}$ 则与外磁场方向相反. 外磁场越强,分子磁矩的定向排列越整齐,$\sum \boldsymbol{p}_m$ 的量值就越大,从而 $\boldsymbol{M}$ 的量值也越大. $\boldsymbol{M} =$ 常矢量,则表示均匀磁化. 由此可见,$\boldsymbol{M}$ 确是一个能够反映介质磁化程度的物理量.

在 SI 中,磁化强度的单位名称是安培每米,符号为 $A \cdot m^{-1}$.

14.1.4 磁化电流

我们已经给出了磁化强度的定义,现在进一步讨论磁化强度与分子电流以及由分子电流产生的附加磁场的关系. 为简化讨论,我们用一个特例导出这种关系.

在一段被均匀磁化的圆柱形磁介质中,磁化强度的大小处处相等,其方向沿圆柱体轴线,如图 14.3(a)所示. 假定各分子磁矩的取向完全一致,都与磁化强度同方向. 磁介质的磁效应为每个分子磁矩磁效应的总和,而每个分子磁矩又等效于一个分子电流. 可以看出,对于各向同性的均匀介质,介质内部各分子电流相互抵消;而在介质表面,各分子电流相互叠加,以致在磁化圆柱的表面上出现一层电流,就像一个载流螺线管,我们称它为**磁化电流**,如图 14.3(b)所示.

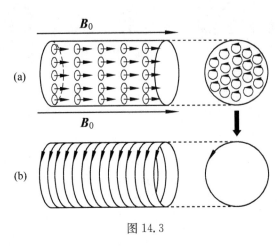

图 14.3

磁化电流是分子电流因磁化而呈现的宏观电流. 它是一种等效电流，并不伴随任何带电粒子的宏观位移，所以又称**束缚电流**. 对于抗磁质来说，磁化电流是与分子附加磁矩相应的等效圆电流形成的.

由于磁化电流的产生与介质的磁化紧密相关，因此磁化电流必然与磁化强度有关.

在图 14.3(b)中，设介质表面沿轴线方向单位长度上的磁化电流为 j'（称为**磁化面电流密度**），则长为 L、截面积为 S 的一段介质上的磁化电流强度为

$$I_S = j'L$$

因此，该段介质总磁矩 $\boldsymbol{P}_m$ 的大小为

$$P_m = I_S \cdot S = j'LS$$

其方向沿圆柱的轴线方向. 显然，$\boldsymbol{P}_m$ 也就是体积为 SL 的这段介质中所有分子磁矩的矢量和，即

$$\boldsymbol{P}_m = \sum \boldsymbol{p}_m$$

根据磁化强度的定义，介质磁化强度 $\boldsymbol{M}$ 的大小为

$$M = \frac{\left| \sum \boldsymbol{p}_m \right|}{\Delta V} = \frac{j'SL}{SL} = j'$$

即

$$M = j' \tag{14.3}$$

可见磁化强度 $\boldsymbol{M}$ 在量值上等于面磁化电流密度. 上式是在特殊情况下推出的，对于一般情形，介质表面与 $\boldsymbol{M}$ 不平行，这时磁化强度与面磁化电流密度之间的关系可用矢量式表示为

$$\boldsymbol{j}' = \boldsymbol{M} \times \boldsymbol{n} \tag{14.4}$$

式中 $\boldsymbol{n}$ 为介质表面外法向的单位矢量. 上式表明，面磁化电流密度的大小 j' 等于磁化强度 $\boldsymbol{M}$ 沿介质表面的切向分量. 不难看出，这一关系式与电介质中极化面电荷密度与极化强度 $\boldsymbol{P}$ 的关系 $\sigma' = \boldsymbol{P} \cdot \boldsymbol{n}$ 相对应.

对于非均匀磁介质，不仅在介质表面，而且在介质内部也要出现磁化电流，这与非均匀电介质极化也是类似的.

14.2　磁介质中的安培环路定理

14.2.1　磁介质中的安培环路定理　磁场强度

在 13.4 节曾经讨论过真空中的安培环路定理,其数学表达式为

$$\oint_L \boldsymbol{B}_0 \cdot \mathrm{d}\boldsymbol{l} = \mu_0 \sum I_0$$

式中 $\boldsymbol{B}_0$ 为不存在磁介质时电流的磁场. 放入磁介质后,由于介质磁化而出现的磁化电流也要产生磁场. 若考虑磁化电流对磁场的贡献,则安培环路定理应写成

$$\oint_L \boldsymbol{B} \cdot \mathrm{d}\boldsymbol{l} = \mu_0 \left(\sum_{L内} I_0 + \sum_{L内} I' \right) \tag{14.5}$$

式中 $\boldsymbol{B}$ 为磁介质中的总磁感强度,$\sum\limits_{L内} I_0$ 与 $\sum\limits_{L内} I'$ 分别表示穿过闭合路径 L 的传导电流的代数和与磁化电流的代数和. 磁化电流 I' 难以实验测量,能否设法避开它呢? 我们以无限长通电螺线管中充满均匀各向同性介质为例进行讨论.

由于上述螺线管中介质表面的磁化电流可以看成一个无限长载流螺线管,其单位长度上的磁化电流 j' 相当于螺线管单位长度的匝数 n 与电流强度 I' 的乘积,即 $j'=nI'$,因此,磁化电流所产生的附加磁场 $\boldsymbol{B}'$ 的大小为

$$B' = \mu_0 n I' = \mu_0 j'$$

由于 $j' = M$,考虑到 $\boldsymbol{B}'$ 的方向与 $\boldsymbol{M}$ 一致,故有

$$\boldsymbol{B}' = \mu_0 \boldsymbol{M}$$

因此,在无限长通电螺线管内部,总磁感强度为

$$\boldsymbol{B} = \boldsymbol{B}_0 + \boldsymbol{B}' = \boldsymbol{B}_0 + \mu_0 \boldsymbol{M}$$

将上式代入式(14.5)得

$$\oint_L (\boldsymbol{B}_0 + \mu_0 \boldsymbol{M}) \cdot \mathrm{d}\boldsymbol{l} = \mu_0 \left(\sum_{L内} I_0 + \sum_{L内} I' \right)$$

由于 $\oint_L \boldsymbol{B}_0 \cdot \mathrm{d}\boldsymbol{l} = \mu_0 \sum\limits_{L内} I_0$,于是

$$\oint_L \mu_0 \boldsymbol{M} \cdot \mathrm{d}\boldsymbol{l} = \mu_0 \sum_{L内} I' \tag{14.6}$$

可以证明,式(14.6)是一个普遍成立的关系式,将它代入式(14.5),得到

$$\oint_L \boldsymbol{B} \cdot \mathrm{d}\boldsymbol{l} = \mu_0 \sum_{L内} I_0 + \mu_0 \oint_L \boldsymbol{M} \cdot \mathrm{d}\boldsymbol{l}$$

上式中两边的线积分是在介质中同一闭合路径 L 上进行的,所以可移项合并,由此得到

$$\oint_L \left(\frac{\boldsymbol{B}}{\mu_0} - \boldsymbol{M} \right) \cdot \mathrm{d}\boldsymbol{l} = \sum_{L内} I_0$$

引入辅助矢量 H,称为磁场强度,定义为

$$H = \frac{B}{\mu_0} - M \tag{14.7}$$

则有

$$\oint_L H \cdot dl = \sum_{L内} I_0 \tag{14.8}$$

上式称为磁介质中的安培环路定理. 它表明,**磁场强度沿任意闭合路径的线积分等于穿过该路径的所有传导电流的代数和**.

根据电流密度定义,上式可写成

$$\oint_L H \cdot dl = \int_S j \cdot dS \tag{14.9}$$

式中 S 是以 L 为边界的任意曲面,j 为面元 dS 处的传导电流密度. 式(14.8)和式(14.9)告诉我们,产生恒定磁场的传导电流给定以后,无论磁场中是否有介质存在,对于场中不同位置,H 可以不同,但 H 的环流只取决于传导电流的分布,而与磁化电流无关. 可见,引入 H 这个物理量以后,为研究有介质存在时的磁场提供了方便.

14.2.2　磁场强度与磁感强度的关系

对于各向同性弱磁质,实验证明,磁化强度 M 与磁场强度 H 成正比,即

$$M = \chi_m H \tag{14.10}$$

式中比例系数 χ_m 只与磁介质的性质有关,是一个纯数,称为介质的**磁化率**. 将上式代入式(14.7),有

$$H = \frac{B}{\mu_0} - \chi_m H$$

或

$$B = \mu_0(1 + \chi_m)H$$

令

$$\mu_r = 1 + \chi_m, \quad \mu = \mu_0 \mu_r \tag{14.11}$$

则有

$$B = \mu_0 \mu_r H = \mu H \tag{14.12}$$

μ_r 称为磁介质的**相对磁导率**,μ 称为磁介质的磁导率. 显然,μ_0 与 μ 单位相同.

顺磁质的 $\chi_m > 0$,故 $\mu_r > 1$;抗磁质的 $\chi_m < 0$,故 $\mu_r < 1$. 弱磁质的 χ_m 值都很小,因此它们的相对磁导率的值都接近于 1.

磁场强度 H 与磁化强度 M 有相同的单位,在 SI 中都是安培每米,符号为 $A \cdot m^{-1}$. 磁场强度还常用奥斯特(Oe)为单位,它与 $A \cdot m^{-1}$ 的关系是

$$1 \ A \cdot m^{-1} = 4\pi \times 10^{-3} \ Oe$$

通过以上分析可以看出,计算有磁介质存在时的磁感强度时,可以先由式(14.8)或式(14.9)求 H,然后再根据式(14.12)算出 B. 当然,只有电流分布具有一定对称性时,H 才能方便地应用环路定理求出.

例 14.1　一无限长密绕直螺线管,单位长度上的匝数为 n,螺线管内充满相对磁导率为 μ_r 的均匀磁介质.设通过导线的电流为 I,求管内磁感强度和磁介质的面磁化电流密度.

解　如图 14.4 所示,由于密绕螺线管无限长,所以管外磁场为零,管内磁场均匀,并且 **B** 和 **H** 均与管的轴线平行.过管内任一点 P 作一矩形路径 $abcda$,其中 ab、cd 两边与管轴平行,长为 l,cd 边在管外.磁场强度 **H** 沿此路径 L 的环流为

$$\oint_L \boldsymbol{H} \cdot \mathrm{d}\boldsymbol{l} = \int_{ab} \boldsymbol{H} \cdot \mathrm{d}\boldsymbol{l} + \int_{bc} \boldsymbol{H} \cdot \mathrm{d}\boldsymbol{l} + \int_{cd} \boldsymbol{H} \cdot \mathrm{d}\boldsymbol{l} + \int_{da} \boldsymbol{H} \cdot \mathrm{d}\boldsymbol{l} = H \cdot \overline{ab} = Hl$$

此路径包围的传导电流为 nlI,根据 **H** 的环路定理有

$$Hl = nlI$$

由此得

$$H = nI$$

利用式(14.12),可得管内磁感强度的大小为

$$B = \mu_0 \mu_r H = \mu_0 \mu_r nI$$

由式(14.3)和式(14.10),求得面磁化电流密度

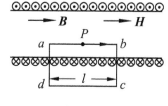

图 14.4

$$j' = M = \chi_m H = (\mu_r - 1)H = (\mu_r - 1)nI$$

由此结果可以看出,对于抗磁质,因 $\mu_r < 1$,而有 $j' < 0$,说明表面磁化电流和传导电流方向相反;对于顺磁质,因 $\mu_r > 1$,则有 $j' > 0$,说明表面磁化电流和传导电流方向相同.

例 14.2　一根长直单芯电缆的芯是一根半径为 R 的金属导体,它与导电外壁之间充满相对磁导率为 μ_r 的均匀介质,如图 14.5 所示.今有电流 I 均匀地流过芯的横截面并沿外壁均匀流回.求磁介质中磁感强度的分布和紧贴导体芯的磁介质表面上的磁化电流.

解　圆柱体电流所产生的 **B** 和 **H** 的分布均具有轴对称性.在垂直于电缆的平面内作一圆周 L,其圆心在轴上,半径为 r.对此圆周应用 **H** 的环路定理,有

$$\oint_L \boldsymbol{H} \cdot \mathrm{d}\boldsymbol{l} = 2\pi r H = I$$

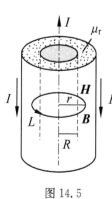

图 14.5

由此得

$$H = \frac{I}{2\pi r}$$

由式(14.12),可得磁介质中磁感强度的大小,即

$$B = \frac{\mu_0 \mu_r}{2\pi r} I$$

B 的方向沿圆周 L 的切线,其指向与电流成右手螺旋关系.利用 $M = j' = (\mu_r - 1)H$,求得磁介质内表面上的磁化电流密度为

$$j' = (\mu_r - 1)H \mid_{r=R} = \frac{\mu_r - 1}{2\pi R}I$$

如 $\mu_r > 1$，则 j' 的方向与芯中电流方向相同；如 $\mu_r < 1$，则方向相反. 磁介质内表面上的总磁化电流为

$$I' = j' \cdot 2\pi R = (\mu_r - 1)I$$

14.3 铁 磁 质

14.3.1 铁磁质的磁化规律

铁磁质是一类特殊的磁介质. 与弱磁质相比，它具有以下特点：

(1) 能产生很强的附加磁场 **B'**，其值千百倍于外场 **B₀**，甚至更高，并且方向相同.

(2) 当外磁场停止作用后，仍然保持其磁化状态.

(3) 相对磁导率 μ_r 与磁化率 χ_m 不是常数，而是随外磁场的变化而变化，并且由于铁磁质具有磁滞现象，**B** 和 **H** 之间不再具有简单的线性关系.

(4) 铁磁质都有一临界温度. 在此温度以上，铁磁性完全消失而成为顺磁质，这一温度称为**居里温度**或**居里点**. 不同的铁磁质有不同的居里点，如纯铁的居里点为 770℃，纯镍的居里点为 358℃.

用实验研究铁磁质的特性时，通常把未磁化过的均匀铁磁质试样充满一螺绕环，如图 14.6 所示. 线圈中通入电流，铁磁质即被磁化. 不难证明，当线圈中的电流为 I 时，环内的磁场强度 $H = nI$，式中 n 为环上单位长度线圈的匝数. 只要测出 I，即知 H，此时铁芯中的 **B** 可以通过一个接在磁通计上的次级线圈测出，于是得到一组对应的 H 和 B 的值. 改变电流 I，可依次测得许多

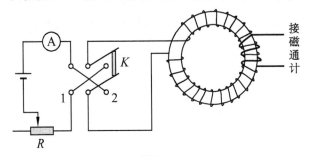

图 14.6

组 H、B 的值，从而给出一条关于试样的 H-B 关系曲线，以表示其磁化特点. 这样的曲线叫磁化曲线.

1. 起始磁化曲线

使螺绕环内的电流从零开始，此时 $B = H = 0$. 然后逐渐增大电流，以增大 H，测得 B 与 H 的对应关系如图 14.7 所示. 随着 H 的增大，B 先是缓慢增大(OA 段)；继而迅速增大(AB 段)；过 B 点后又趋缓慢(BC 段)；从 S 点开始 B 几乎不随

H 增大而增大,这时介质的磁化达到了饱和. 与
S 点对应的 H_S 称为**饱和磁场强度**,相应的 B_S 称
为**饱和磁感应强度**. 这段曲线称为起始磁化
曲线.

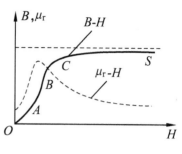

图 14.7

由图可见,铁磁质的 B-H 曲线的显著特点
是非线性. 根据 $\mu_r = B/(\mu_0 H)$,可以求出不同 H
值的 μ_r 值,μ_r 随 H 变化的关系曲线对应地画在
图 14.7 中.

2. 磁滞回线

铁磁质的另一重要特性是所谓磁滞现象,可由图 14.8 说明.

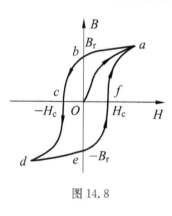

图 14.8

铁磁质达到磁饱和状态后,如果缓慢地减小电
流以减小 H 值,结果发现铁磁质中的 B 并不沿原曲
线 aO 返回,而是沿 ab 曲线减小. 当 $I=0$ 时,$H=0$,
但 B 并不等于 0,而是具有一定值,这说明磁化后的
铁磁质在去掉外磁场时仍保留有磁性. 这种现象称
为**剩磁**,相应的磁感强度常用 B_r 表示.

要想把剩磁完全消除,必须加反向磁场,即改变
电流的方向. $B=0$ 时磁场强度的值 H_c 称为铁磁质
的**矫顽力**. H_c 的大小反映了铁磁质保存剩磁状态
的能力.

继续增加反向电流,最后可以使铁磁质达到反向磁饱和状态 d. 然后逐渐减小
反向电流到零,铁磁质会达到 $-B_r$ 所代表的反向剩磁状态. 使电流恢复原来的方
向并逐渐增大,铁磁质又会经过 H_c 表示的状态而回到原来的饱和状态 a,形成闭
合的 B-H 曲线.

由闭合曲线可以看到,B 的变化总是落后于 H 的变化,这种现象称为**磁滞**现
象,上述闭合曲线称为**磁滞回线**. 由磁滞回线可知,B 与 H 的关系不仅不是线性
的,而且也不是单值的,即同一个 H 值可以对应若干个 B 值,B 值的大小和磁化的
具体过程有关.

铁磁质在交变磁场中被反复磁化时,由于磁滞效应,介质要发热而消耗能量,
这种能量的损失称为**磁滞损耗**. 可以证明,在缓慢磁化情况下,经历一次磁化过程
所损耗的能量与磁滞回线包围的面积成正比.

14.3.2　铁磁质的分类

按矫顽力 H_c 的大小,可把铁磁质分为两大类.

1. 软磁材料

纯铁、硅钢、坡莫合金、铁氧体等材料,矫顽力很小($H_C < 100$ A·m^{-1}),磁滞回线细而窄,所包围的面积小,磁滞特性不显著,如图 14.9(a)所示.软磁材料在磁场中很容易被磁化,但由于矫顽力小,所以也容易去磁,因而软磁材料常用作变压器、继电器、电磁铁、电动机和发电机的铁芯.

2. 硬磁材料

碳钢、钨钢、铝镍钴合金等材料矫顽力大、剩磁大、磁滞回线粗而宽,磁滞损耗大,如图 14.9(b)所示.这种材料磁化后能保留很强的磁性,适用于制成各种类型的永久磁铁.

铁磁材料除软磁和硬磁两大类外,还有矩磁材料和压磁材料等.矩磁材料的磁滞回线接近于矩形,如图 14.9(c)所示.其特点是剩磁 B_r 接近饱和值 B_s.若矩磁材料在不同方向的外磁场中磁化,当电流为零时,总是处于 B_s 或 $-B_s$ 两种不同的剩磁状态,因此可用作电子计算机的"记

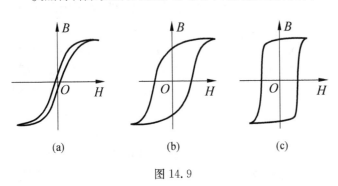

图 14.9

忆"元件.压磁材料具有较强的磁致伸缩效应,常用于制造超声波发生器.

14.3.3 铁磁性的起因

铁磁性的起源可以用"磁畴"理论来解释.在铁磁体内存在着无数个自发磁化的小区域,称为**磁畴**,其横向宽度约为 0.01~0.1 cm.在每个磁畴中,所有原子的磁矩都向着同一方向整齐排列.在未被磁化的铁磁质中,各磁畴磁矩的取向是无规则的,如图 14.10(a)所示,因而整块铁磁质在宏观上不显示磁性.

在外磁场作用下,磁畴将发生变化,磁矩与外磁场方向一致或接近的磁畴处于有利地位,这种磁畴向外扩展,磁畴的畴壁发生位移,如图 14.10(b)所示.当外磁场较强时,还会发生磁畴的转向,外场越强,转向作用亦越

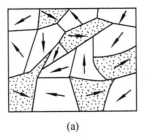
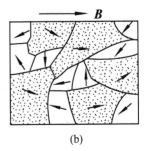

图 14.10

强,从而产生很强的附加磁场.当所有磁畴都转到其磁矩与外磁场相同的方向时,介质的磁化就达到了饱和.

　　由于磁畴的转向需要克服阻力(来自磁畴间的"摩擦"),因此当外磁场减弱或消失时磁畴并不按原来的变化规律退回原状,因而表现出磁滞现象.外磁场的作用停止后,磁畴的某种排列被保留下来,使得铁磁质仍然具有磁性.

　　温度升高时,分子热运动加剧,破坏了磁畴的整齐排列,因此铁磁质具有居里温度.高于此温度,磁畴即被瓦解,从而使铁磁质的特性消失,成为非铁磁性物质.

内 容 提 要

1. 磁介质的种类
　　(1) 顺磁质: $\mu_r > 1$,增强原磁场
　　(2) 抗磁质: $\mu_r < 1$,削弱原磁场
　　(3) 铁磁质: $\mu_r \gg 1$,大大增强原磁场
　　　　软磁材料: H_C 小,磁滞回线细而窄.
　　　　硬磁材料: H_C 大, B_r 大,磁滞回线粗而宽.

2. 磁介质的磁化
　　(1) 顺磁质和抗磁质的磁化
　　　　顺磁质以固有磁矩的取向磁化为主,抗磁质则产生附加磁矩,都使磁介质表面或内部出现磁化电流.

　　(2) 磁化强度矢量: $\boldsymbol{M} = \dfrac{\sum \boldsymbol{p}_m}{\Delta V}$

　　　　各向同性弱磁质: $\boldsymbol{M} = (\mu_r - 1)\boldsymbol{H} = \dfrac{\mu_r - 1}{\mu_0 \mu_r}\boldsymbol{B}$

　　(3) 磁化面电流密度: $\boldsymbol{j}' = \boldsymbol{M} \times \boldsymbol{n}$

3. 磁介质中的安培环路定理
　　(1) 磁场强度矢量: $\boldsymbol{H} = \dfrac{\boldsymbol{B}}{\mu_0} - \boldsymbol{M} = \dfrac{\boldsymbol{B}}{\mu_0 \mu_r} = \dfrac{\boldsymbol{B}}{\mu}$

　　(2) $\boldsymbol{H}$ 的环路定理: $\displaystyle\oint_L \boldsymbol{H} \cdot \mathrm{d}\boldsymbol{l} = \sum_{L内} I_0$　(用于恒定电流)

习 题

(一)选择题和填空题

14.1　如图,M、P、O 为软磁材料制成的棒,三者在同一平面内.当开关 K 闭合时,[　　]

(A) M 的左端出现 N 极.　　　　　(B) P 的左端出现 N 极.

(C) O 的右端出现 N 极.　　　　　(D) P 的右端出现 N 极.

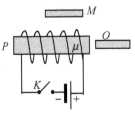

题 14.1 图

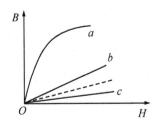

题 14.2 图

14.2　如图,a、b、c 中三条实线分别为三种不同磁介质的 $B\text{-}H$ 关系曲线,虚线表示 $B=\mu_0 H$ 关系,则 a 代表_____的 $B\text{-}H$ 关系曲线;b 代表_____的 $B\text{-}H$ 关系曲线;c 代表_____的 $B\text{-}H$ 关系曲线.

14.3　有很大的剩余磁化强度的软磁材料不能做成永磁体,这是因为软磁材料_____,如果做成永磁体_____.

(二)问答题和计算题

14.4　图中给出了两种不同磁介质的磁滞回线,问用哪一种制造永久磁铁较为合适? 用哪一种制造便于调节吸引力的电磁铁较为合适?

14.5　一均匀磁化的磁棒,直径为 25 mm,长为 75 mm,磁矩为 12 000 A·m². 求棒的磁化强度及棒侧面磁化电流密度.

14.6　一铁圆环的平均周长为 30 cm,截面积为 1.0 cm²,在环上均匀绕以 300 匝导线,当组内的电流为 0.032 A 时,穿过环截面的磁通量为 2.0×10^{-6} Wb. 试计算:(1)环内的磁感强度;(2)环内的磁场强度;(3)磁化面电流;(4)环内材料的磁导率、相对磁导率及磁化率;(5)环芯内的磁化强度.

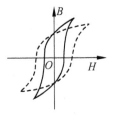

题 14.4 图

14.7　有一圆柱形无限长导体,磁导率为 μ,半径为 R,有电流 I 沿轴线方向均匀流过. 求导体内外的磁场强度和磁感应强度的大小.

14.8　如图,无限长圆柱形同轴电缆的半径分别为 R_1 和 R_2,其间充满磁导率为 μ 的均匀磁介质. 设电流 I 在内外导体中沿相反方向均匀流过,求外圆柱面内任一点的磁感强度(导体的 $\mu_r=1$).

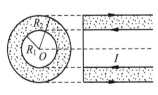

题 14.8 图

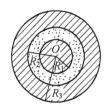

题 14.9 图

14.9　共轴圆柱形长电缆的截面尺寸如图所示,其间充满相对磁导率为 μ_r 的均匀磁介质,电流 I 在两导体中沿相反方向均匀流过. 设导体的相对磁导率为 1,求外圆柱导体内($R_2 < r < R_3$)任一点的磁感强度.

14.10　上题中设内导体的磁导率为 μ_1,介质的磁导率为 μ_2,求内导体中、介质中和电缆外面各处的磁感强度.

阅读材料8

粒子束武器

　　粒子束武器是利用高能加速器所产生并发射出的高能粒子束杀伤目标的定向能武器. 早在 1944 年,英国科学家就曾设想用高能粒子束作为武器,只是由于当时加速器及有关技术水平的限制,这种设想无法变成现实. 随着加速器技术的发展,已有可能研制出这种武器. 80 年代美国在制定定向能武器的研究计划中,把粒子束武器作为一个重要的研究方向. 90 年代以来,俄美加紧进行粒子束武器的研究试验工作. 这种武器在未来有可能成为一种重要的高技术武器.

1. 粒子束武器的基本原理及分类

　　粒子束武器的基本原理是:用高能强流粒子加速器,将注入其中的电子、质子、各种重离子一类的带电粒子加速到接近光速,使其具有极高的动能,然后用磁场将它们聚集成密集的高能束流,并直接(或去掉电荷后)射向目标,在极短时间内把巨大的能量传递给目标,通过它们与目标物质强烈的相互作用,达到杀伤、摧毁或识别目标的目的.

　　理论上粒子束武器有多种分类方法. 按射程可分为近程、中程、远程和超远程粒子束武器;按部署方式可分为陆基、舰基和天基粒子束武器;按粒子的性质可分为带电粒子束武器和中性粒子束武器等. 以下介绍第三种分类.

　　(1)带电粒子束武器

　　这种粒子束武器发射出的束流是带电的质子、电子、离子等粒子,其中研究得较多的是高能电子束武器.

　　由于高能带电粒子束很容易以高束流脉冲群的形式产生,对目标具有极强的穿透能力,因而被认为是一种很有前途的、杀伤率非常高的粒子束武器. 但是由于同性电荷之间的库仑排斥力和地球磁场的影响,使得带电粒子束在太空中传输无法达到所需要的射程、瞄准精度和束流强度,因而带电粒子束武器不适于部署在太空. 如果在大气层中使用,高能带电粒子束会和空气发生相互作用造成带电粒子束能量的损失,并使带电粒子束更加发散. 此外,带电粒子束在大气层中传输也必然受地球磁场的影响而发生偏转. 因此,需要采用激光产生等离子体通道导引电子束,以解决带电粒子束在大气层中的传输问题,这是一项非常复杂的技术.

　　(2)中性粒子束武器

　　这种粒子束武器发射的粒子束流是不带电的中性粒子. 由于高能中性粒子束与物质的相互作用非常强烈,因而无法在大气层中传输,所以中性粒子束武器只适于部署在太空.

　　目前考虑用作中性粒子束的主要是氢原子. 由于中性粒子束不可能被电磁力加速,为使氢原子获得高能,必须采用特殊的方法. 可用的技术途径是:先在加速器中加速负氢离子,而后设法将附加的电子去掉,使其成为中性的氢原子从加速器射出.

2. 粒子束武器的组成

粒子束武器作为一种武器系统,主要由五大部分组成:粒子束生成装置、能源系统、预警系统、目标跟踪与瞄准系统、指挥与控制系统.现简要介绍粒子束生成装置和能源系统.

(1)粒子束生成装置

高能粒子束生成装置是整个粒子束武器系统的核心部分.它用来产生高能粒子束,并聚集成狭窄的束流,使其具有足够的能量和足够的强度.

粒子束生成装置主要包括粒子源、粒子注入器、带电粒子加速器、粒子束诊断系统.若使用中性粒子束还应有粒子中性化装置等设备.目前,这些设备还存在着不少技术难点有待攻克.其中最主要的是研究适合武器系统使用的高能粒子加速器.感应直线加速器、电子感应加速器、射频直线加速器、强激光粒子加速器等都有可能作为高能粒子加速器.现有民用粒子加速器的技术虽可借鉴,但由于它过分笨重,根本无法作为武器系统使用.因此,研制适用的高能粒子加速器是粒子束武器发展的关键.

(2)能源系统

能源系统是粒子束武器各组成部分的动力源,它为武器系统提供动力.对以脉冲形式工作的粒子束武器,一般的发电机和一般的供电方法是不能满足需要的.要把大量的带电粒子加速到接近光速,并聚集成密集的束流,需要有强大脉冲电源.据资料介绍,要用粒子束流在导弹体上烧熔一个小孔,需要粒子束到达目标时的脉冲功率为 10^{13} W,脉冲能量为 10^7 J.按照这种需要计算,假如加速器的效率能达到 30% 的话,即使不考虑传输中的损失,也要求脉冲电源的功率至少为 $3×10^{13}$ W.这个功率相当于 3 万个 100 万 kW 的电站的总功率.也就是说,在同一瞬间(假设为 10^{-5} s),要求这 3 万个电站同时向该武器系统提供电力.显然,这是不可能的.而目前研究的特种发电机的脉冲功率仅能达到 10^{10} W,与要求相差甚远.因此,必须研究新的脉冲电源和储能系统.

3. 粒子束武器的主要特点

与一般常规武器相比,粒子束武器具有快速、高能、灵活的特点.粒子束武器发射出的高能粒子以接近光速的速度前进,比一般炮弹要快几万倍,用以拦截各种空间飞行器,可在极短的时间内命中目标,而无需考虑射击提前量.粒子束武器将巨大的能量以狭窄的束流形式高度集中到一小块面积上,是一种杀伤点状目标的武器,其高能粒子和目标材料的分子发生猛烈碰撞,产生高温和热应力,使目标材料熔化、损坏.高能粒子击穿飞行器的蒙皮后,还能继续破坏其内部机件和电子设备,使飞行器完全失控.

与核、生、化武器相比,粒子束武器具有干净的特点.这种武器使用后不会对环境造成污染,不会对生态造成破坏,也不会给己方带来什么不利的影响,对其他离开弹着点哪怕一点点距离的建筑、生物都不会毁伤.

与激光武器相比,粒子束武器具有全天候的特点.粒子束武器发射出去的粒子比光子具有更大的动能,受气候条件影响小.

粒子束武器发射出接近光速的高能定向强流亚原子束(带电粒子束和中性粒子束),用来击毁卫星和来袭的洲际弹道导弹,即使不直接破坏核弹头,它产生的强大电磁场脉冲,也会把导弹的电子设备烧毁,或利用目标周围发生的 γ 射线和 X 射线使目标的电子设备失效或受到破坏.

4. 粒子束武器在军事中可能的应用

粒子束武器在高技术战争中主要应用于地面、海上和空间的战术攻防.

粒子束武器可用来拦截入侵的精确制导武器.部署在陆地上可用来保卫作战指挥中心、导弹发射基地、机场、城市等重要目标;部署在舰船上可拦截反舰导弹,保卫己方的舰船,攻击入侵的飞机、导弹和航空母舰;若与激光武器配合使用,可取长补短,增加拦截的可靠性和攻击的效果.

天基粒子束武器可以有效地反击空间飞行目标,包括:攻击敌方的侦察、通信、定位、导航卫星;拦截来袭的弹道导弹,在其进入末制导之前将其毁伤;实施对空间站的攻击等.

虽然从理论上,粒子束武器可以应用于许多军事领域,但由于粒子束生成装置、能源系统及高能粒子束传输等问题的解决技术难度太大,因此,这种武器何时能进入实用阶段还难下结论.根据美国 20 世纪 80 年代以来的研究结果,将来把中性粒子束用于洲际弹道导弹的拦截和弹头飞行中段的识别,也许是唯一可行的应用.

洲际弹道导弹的中段防御既很重要又十分复杂,因为现代洲际导弹在飞行中段除了释放弹头之外,还释放出大量的诱饵假弹头,要进行中段防御,首先必须将真弹头从大量的假弹头中鉴别出来,而这是一项难度很大的技术.采用常用的成像技术和辐射测量技术以及低功率激光或微波检测技术等难以识别真假弹头,而中性粒子束能有效地进行这种识别.

中性粒子束用于中段识别的基本原理是:利用氢原子束对目标进行照射,受到射束照射的目标将产生中子、γ 射线和 X 射线,它们都可以进行遥测,而产生的中子数目、γ 射线和 X 射线的强度近似地与目标的质量成比例.我们知道,再入弹头的质量大致是假目标质量的 10 倍,因此,受到中性粒子束照射的再入弹头产生的中子数、γ 射线和 X 射线的强度也大致是假目标产生的中子数和射线强度的 10 倍.利用探测器对产生的中子数、有关射线进行遥测就能够把再入弹头从大量的假目标中鉴别出来.

显然,利用中性粒子束进行中段识别必须具备两种系统,一是天基中性粒子束系统,二是搜集目标产生的中子数、γ 射线和 X 射线的探测器系统.天基中性粒子束系统就是配置在几千千米高度的载有中性粒子束系统的卫星,它不断地对再入弹头和诱饵、假目标等发射氢原子束以激发目标产生中子、γ 射线和 X 射线.同时,在中性粒子束系统卫星的附近配置一定数目的探测器卫星,专门搜集受到中性粒子束照射的再入弹头、诱饵、假目标所产生的中子数、γ 射线和 X 射线,从而实现再入弹头中段识别并加以摧毁.

第 15 章 变化的电场和磁场

前几章分别讨论了静电场和恒定磁场,它们都是不随时间变化的场.事实上,电场和磁场有着密切的联系.自 1820 年奥斯特发现电流可以激发磁场以后,人们自然就联想到,利用磁场是否也能产生电流?许多科学家为此做了大量艰苦细致的工作,但都没有获得成功.英国科学家法拉第(M. Faraday)经过十年不懈的努力,于 1831 年 8 月 29 日首次发现了因磁场变化而产生感应电流的现象.这种电磁感应现象无论是从理论意义上还是从实践意义上说,都是一项伟大的发现,这一发现使人类有可能进入电气化时代.

麦克斯韦(J. C. Maxwell)在前人研究成果的基础上,特别是在法拉第"力线"概念的启示下,对电磁现象做了系统的研究.他提出了涡旋电场的假设,建立了变化的磁场和电场之间的联系;同时,又提出了位移电流的假设,建立了变化的电场与磁场之间的联系.在此基础上,麦克斯韦总结出描述电磁场的一组完整的方程式,即麦克斯韦方程组,建立了麦克斯韦电磁理论.该理论指出:静电场和恒定磁场是电磁场的特例,如果一开始由于电荷的运动或电流的变化在空间激发了变化的电场或磁场,则变化的电场和变化的磁场会互相激发,形成变化的电磁场在空间传播.由此,麦克斯韦预言了电磁波的存在,并计算出其传播速度等于光速.20 年后,赫兹(G. L. Hertz)首次用实验证实了电磁波的存在.

本章在总结电磁感应现象的基础上,讨论电磁感应现象的基本规律,介绍麦克斯韦电磁理论,揭示电场和磁场之间的相互联系.

15.1 电磁感应定律

15.1.1 电磁感应现象

图 15.1 表示几个典型的电磁感应实验.图(a)表示闭合导体回路附近有磁铁与它发生相对运动;图(b)表示闭合导体回路附近有变化的电流;图(c)表示闭合回路中的导体在磁场中运动和导体回路在磁场中转动.结果发现这几个闭合回路中都有电流产生.

在上述实验中,回路中产生电流的原因似乎不同,然而,仔细分析可以发现它们有一个共同的特点,就是穿过闭合导体回路的磁通量都发生了变化,而且磁通量变化越快,回路中的电流就越大;磁通量变化越慢,回路中的电流就越小.分析实验规律,得出如下结论:当穿过闭合导体回路的磁通量发生变化时(不管这种变化是由什么原因引起的),回路中就有电流产生.这种现象称为**电磁感应现象**.回路中产生的电流称为**感应电流**,相应的电动势称为**感应电动势**.

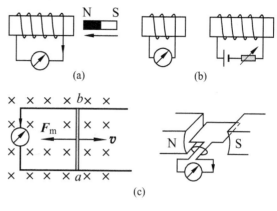

图 15.1

15.1.2　楞次定律

1834 年,楞次在大量实验的基础上,提出了判断感应电流方向的方法:**闭合导体回路中感应电流的方向,总是使得它所激发的磁场去阻碍引起感应电流的磁通量的变化.** 这个结论称为楞次定律.楞次定律还可表述为:**感应电流的效果总是反抗引起感应电流的原因.**

例如,在图 15.2 所示的磁铁与闭合导体回路发生相对运动的实验中,图 15.2(a)表示线圈 A 中的感应电流是由磁铁移近时穿过线圈的磁通量(实线表示)增加而产生的.按照楞次定律,感应电流所产生的磁场方向(虚线表示)应和外磁场的方向相反,以阻碍外磁场磁通量的增加.根据感应电流磁感线的方向,按右手螺旋定则即得图示的感应电流方向.如果感应电流是因磁铁离开线圈使磁通量减少而引起的,由楞次定律判断,感应电流的方向将与磁铁移近时相反,如图 15.2(b)所示.

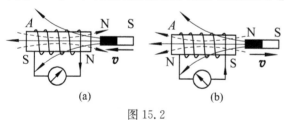

图 15.2

又如图 15.1(c)所示的导线在磁场中运动的实验,当导线 ab 右移时,穿过回路的磁通量增加,感应电流产生的磁场的方向就与原磁场方向相反,其磁感线由纸面向外.根据右手螺旋定则,可知感应电流的方向是逆时针的.

应该注意的是,感应电流所产生的磁场阻碍的是磁通量的变化,而不是磁通量本身.另外,阻碍也并不意味着抵消.

楞次定律可用能量守恒的观点予以解释.在上述例子中,如果磁铁靠近或远离线圈,线圈回路中就有感应电流产生,因而电路中就一定会消耗电能,放出焦耳热.这些能量是从哪里来的呢? 事实上,当图 15.2(a)的线圈中有感应电流流过时,它就相当于一个电磁铁.根据楞次定律,这时的线圈相当于右端为 N 极的电磁铁,它和磁铁的 N 极之间存在相互排斥力,所以当磁铁靠近线圈时,外力必须克服斥力做功.同样,如果磁铁 N 极远离线圈,则线圈中的感应电流方向相反,这时的线圈相当于右端为 S 极的电磁铁,它和磁铁 N 极之间的作用力为吸引力,磁铁作远离线圈运动时,必须克服引力做功.由此可见,在磁铁运动过程中外力所做的功就是回路中电流消耗能量的来源.

15.1.3　法拉第电磁感应定律

法拉第(M. Faraday)对电磁感应现象作了定量的研究. 他分析了大量实验,得出如下结论:**当穿过闭合导体回路的磁通量发生变化时,回路中产生的感应电动势的大小与磁通量对时间的变化率成正比**. 在 SI 中,这一规律可表示为

$$\mathscr{E}_i = \left| \frac{\mathrm{d}\Phi}{\mathrm{d}t} \right|$$

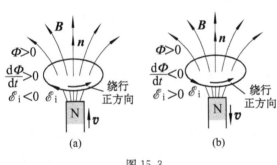

图 15.3

将上述结论和楞次定律结合起来,得到既反映电动势大小又反映电动势方向的电磁感应定律. 为此,先规定回路的绕行正方向,并根据这个方向按右手螺旋定则确定回路所围曲面的法线 n 的正方向. 若磁感线沿 n 方向穿过曲面,则磁通量 Φ 为正. 这时,若回路中磁通量增加,即 $\mathrm{d}\Phi > 0$,如图 15.3(a)所示,则由楞次定律,感应电流的磁通量应为负值,以阻碍原磁通量的增加,其磁感线只能逆 n 方向穿过曲面. 按右手螺旋定则,感应电流应沿回路的负方向流动,即与规定的回路正方向相反,所以感应电动势 $\mathscr{E}_i < 0$. 若回路中磁通量减少,即 $\mathrm{d}\Phi < 0$,如图 15.3(b)所示,则由楞次定律,感应电流的磁通量应为正值,以阻碍原磁通量的减少,其磁感线沿 n 方向穿过曲面. 按右手螺旋定则,感应电流应沿回路正方向流动,所以感应电动势 $\mathscr{E}_i > 0$. 如果在规定了回路的正方向以后,磁感线逆 n 方向穿过曲面,则 Φ 为负. 这种情况的讨论留给读者,结论是相同的. 即不论回路的磁通量如何变化,感应电动势的符号与 $\mathrm{d}\Phi$ 的符号相反. 因此,电磁感应的规律可写成

$$\mathscr{E}_i = -\frac{\mathrm{d}\Phi}{\mathrm{d}t} \tag{15.1}$$

上式称为法拉第电磁感应定律. 式中负号反映感应电动势的方向,是楞次定律的数学表示.

若闭合回路是 N 匝密绕线圈,则当磁通量发生变化时,其总电动势为

$$\mathscr{E}_i = -N\frac{\mathrm{d}\Phi}{\mathrm{d}t} = -\frac{\mathrm{d}\Psi}{\mathrm{d}t} \tag{15.2}$$

式中 $\Psi = N\Phi$ 称为线圈的**磁通链数**(简称磁链)或全磁通,表示通过 N 匝密绕线圈

的总磁通量.

15.1.4　感应电流和感应电量

设闭合导体回路中的总电阻为 R，由全电路欧姆定律，回路中的**感应电流**为

$$I_i = \frac{\mathscr{E}_i}{R} = -\frac{1}{R}\frac{\mathrm{d}\Phi}{\mathrm{d}t} \tag{15.3}$$

上式中的负号和式(15.1)中的负号具有相同的意义.

设在时刻 t_1 到 t_2 时间内，通过闭合导体回路的磁通量由 Φ_1 变为 Φ_2，那么，对式(15.3)积分，就可以求得在这段时间内通过回路导体任一截面的总电量 q_i. 该电量称为**感应电量**，即

$$q_i = \int_{t_1}^{t_2} I_i \mathrm{d}t = -\frac{1}{R}\int_{\Phi_1}^{\Phi_2}\mathrm{d}\Phi = \frac{1}{R}(\Phi_1 - \Phi_2) \tag{15.4}$$

上式表明，在一段时间 Δt 内，通过回路导体截面的感应电量 q_i 和这段时间内通过回路所围面积的磁通量的变化量成正比，而和磁通量的变化率无关. 如果测出在某段时间内通过回路导体任一截面的感应电量 q_i，而且回路电阻 R 为已知，则可求得在这段时间内通过回路所围面积的磁通量的变化量. 常用的磁通计就是根据这个原理设计制成的.

例 15.1　矩形框导体的一边 ab 可以平行滑动，长为 l. 整个矩形回路放在磁感强度大小为 B、方向与其平面垂直的均匀磁场中，如图 15.4 所示. 若导线 ab 以恒定的速率 v 向右运动，求闭合回路的感应电动势.

解　以固定边的位置为坐标原点，向右为 Ox 轴正方向. 设 t 时刻 ab 边的坐标为 x，取顺时针方向为 $baOdb$ 回路的绕行正方向，则该时刻穿过回路的磁通量为

$$\Phi = BS = Blx$$

当导线匀速向右移动时，穿过回路的磁通量将发生变化，回路的感应电动势为

$$\mathscr{E}_i = -\frac{\mathrm{d}\Phi}{\mathrm{d}t} = -Bl\frac{\mathrm{d}x}{\mathrm{d}t} = -Blv$$

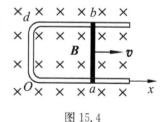

图 15.4

负号表示感应电动势的方向与回路的正方向相反，即沿回路的逆时针方向.

我们也可以由 $\left|\dfrac{\mathrm{d}\Phi}{\mathrm{d}t}\right|$ 算出感应电动势的大小，再根据楞次定律判断感应电动势的方向.

例 15.2　图 15.5 是一空心的密绕环形螺线管示意图，设其单位长度上匝数为 $n = 50\ \mathrm{cm}^{-1}$，横截面积为 $S = 20\ \mathrm{cm}^2$，其上套一线圈 A，共有匝数 $N = 5$. 线圈 A 与一电流计联成闭合回路，回路电阻为 $R = 5\ \Omega$. 如果环形螺线管中的电流 I 按 $0.2\ \mathrm{A\cdot s^{-1}}$ 的变化率增加，试求线圈 A 中的感应电动势和感应电流.

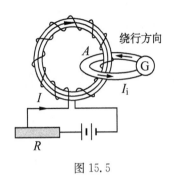

图 15.5

解 环形螺线管内部的磁感强度为

$$B = \mu_0 nI$$

因为磁场完全集中于环内,所以穿过线圈 A 的磁通链数为

$$\Psi = N\Phi = NBS = \mu_0 nISN$$

由此求得线圈 A 中的感应电动势的大小为

$$\mathscr{E}_i = \left| \frac{\mathrm{d}\Psi}{\mathrm{d}t} \right| = \mu_0 nSN \frac{\mathrm{d}I}{\mathrm{d}t}$$

即

$$\mathscr{E}_i = 4\pi \times 10^{-7} \ \mathrm{Wb \cdot A^{-1} \cdot m^{-1}} \times 50 \times 10^2 \ \mathrm{m^{-1}} \times$$
$$20 \times 10^{-4} \ \mathrm{m^2} \times 5 \times 0.2 \ \mathrm{A \cdot s^{-1}} = 1.26 \times 10^{-5} \ \mathrm{V}$$

回路的电阻 $R = 5 \ \Omega$,所以感应电流为

$$I_i = \frac{\mathscr{E}_i}{R} = \frac{1.26 \times 10^{-5} \ \mathrm{V}}{5 \ \Omega} = 2.5 \times 10^{-6} \ \mathrm{A}$$

根据楞次定律,线圈 A 中感应电动势和感应电流的方向与环形螺线管中电流的环绕方向相反,如图 15.5 所示.

15.2 感应电动势

上一节我们曾指出,不论什么原因,只要穿过回路中的磁通量发生变化,回路中就要产生感应电动势.欲使回路中磁通量发生变化,不外乎两种方式:一种是磁场不变化,而导体在磁场中运动;另一种是导体不动,而磁场变化.由前一种原因产生的感应电动势叫做**动生电动势**;由后一种原因产生的感应电动势则叫**感生电动势**.

15.2.1 动生电动势

1. 洛伦兹力产生动生电动势

如图 15.6 所示,恒定磁场中有一段导线 ab 正以速度 v 运动,导线中的自由电子也随导线运动,因而受洛伦兹力 F 的作用.由于电子受到导线表面的约束,所以在洛伦兹力作用下,电子只能沿导线从 b 端向 a 端运动,使 b 端积累正电荷,a 端积累负电荷,从而在导线内产生静电场.当作用于电子上的静电场力与洛伦兹力相平衡时,a、b 两端便有了恒定的电势差.这时若用另一导线将 a、b 两端连接起来构成闭合导体回路,在回路中就会出现感应电流,a、b 两端因电荷流动而减少的电荷会在洛伦兹力作用下不断地得到补充.可见,在磁场中运动的导线起着一个电源的作

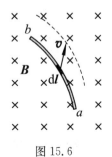

图 15.6

用,产生电动势的非静电力就是洛伦兹力.

设导线元 $\mathrm{d}l$ 以 $\boldsymbol{v}$ 相对磁场运动时,导线元所在回路中电子相对导线的漂移速度为 $\boldsymbol{u}$,则 $\mathrm{d}l$ 上电子相对磁场的速度为 $\boldsymbol{u}+\boldsymbol{v}$,于是电子所受的洛伦兹力为

$$\boldsymbol{f} = -e(\boldsymbol{u}+\boldsymbol{v}) \times \boldsymbol{B} \tag{15.5}$$

若以 $\boldsymbol{E}_k$ 表示非静电场强,则有

$$\boldsymbol{E}_k = \frac{\boldsymbol{f}}{-e} = (\boldsymbol{u}+\boldsymbol{v}) \times \boldsymbol{B}$$

根据电动势的定义,导线元 $\mathrm{d}l$ 上的电动势为

$$\mathrm{d}\mathscr{E}_i = \boldsymbol{E}_k \cdot \mathrm{d}l = [(\boldsymbol{u}+\boldsymbol{v}) \times \boldsymbol{B}] \cdot \mathrm{d}l = (\boldsymbol{u} \times \boldsymbol{B}) \cdot \mathrm{d}l + (\boldsymbol{v} \times \boldsymbol{B}) \cdot \mathrm{d}l$$

由于矢积 $\boldsymbol{u} \times \boldsymbol{B} \perp \boldsymbol{u}$,而 $\mathrm{d}l /\!/ \boldsymbol{u}$,所以

$$(\boldsymbol{u} \times \boldsymbol{B}) \cdot \mathrm{d}l = 0$$

因此

$$\mathrm{d}\mathscr{E}_i = (\boldsymbol{v} \times \boldsymbol{B}) \cdot \mathrm{d}l$$

于是导线 ab 上的动生电动势为

$$\mathscr{E}_i = \int_a^b \mathrm{d}\mathscr{E}_i = \int_a^b (\boldsymbol{v} \times \boldsymbol{B}) \cdot \mathrm{d}l \tag{15.6}$$

式(15.6)是一段导体在恒定磁场中运动时所产生的动生电动势的一般计算式.

因为 $\boldsymbol{v} \times \boldsymbol{B}$ 是正电荷的受力方向,所以,当矢积 $\boldsymbol{v} \times \boldsymbol{B}$ 与 $\mathrm{d}l$ 成锐角时,$\mathscr{E}_i$ 为正;成钝角时,$\mathscr{E}_i$ 为负. 因此,由式(15.6)算出的电动势有正负之分,$\mathscr{E}_i$ 为正时,表示电动势方向顺着 $\mathrm{d}l$ 的方向(a 端为负极,b 端为正极);$\mathscr{E}_i$ 为负时,则表示电动势的方向逆着 $\mathrm{d}l$ 的方向.

一个特例是直导线在均匀磁场 $\boldsymbol{B}$ 中的运动,并且其运动速度 $\boldsymbol{v} \perp \boldsymbol{B}$,如图 15.7 所示. 设导线长 $ab = l$,与 $\boldsymbol{v}$ 的夹角为 θ,由式(15.6)可得

$$\mathscr{E}_i = vBl\cos\left(\frac{\pi}{2} - \theta\right) = vBl\sin\theta = vBl_\perp \tag{15.7}$$

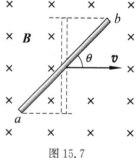

图 15.7

式中 $l_\perp$ 是导线 ab 在垂直于 $\boldsymbol{v}$ 方向的投影. 显然,在上述条件下,如果 $\boldsymbol{v}$ 与导线垂直,则有

$$\mathscr{E}_i = vBl$$

这是中学物理中熟知的公式.

对于导体回路,式(15.6)应改写为

$$\mathscr{E}_i = \oint_L (\boldsymbol{v} \times \boldsymbol{B}) \cdot \mathrm{d}l \tag{15.8}$$

若整个导体回路 L 都在磁场中运动,则上式就是回路中产生的总的动生电动势. 事实上,由 $\mathrm{d}\mathscr{E}_i = (\boldsymbol{v} \times \boldsymbol{B}) \cdot \mathrm{d}l$ 可知,在 $\boldsymbol{v} /\!/ \boldsymbol{B}$ 或 $\mathrm{d}l /\!/ \boldsymbol{B}$ 的那部分导体中都不产生电动势. 换句话说,只有在切割磁感线的那部分导体中才产生动生电动势,因此上式积分只需在这些导体上进行.

2. 动生电动势产生过程中的能量转换

在图 15.8 所示的闭合导体回路中,当导体棒 ab 运动而产生电动势时,在回路中就会有感应电流产生. 电流流动时,感应电动势要做功. 其做功的能量从哪里来? 考察导体棒运动时所受的力就可得出答案. 设电路中感应电流为 I,则感应电动势做功的功率为

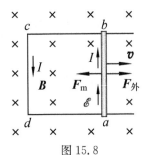

图 15.8

$$P = I\mathscr{E}_i = IBlv$$

通电导体棒 ab 在磁场中所受安培力的大小 $F_m = IlB$,方向向左. 为了使导体棒匀速向右运动,必须有外力 $F_{外}$ 与 F_m 平衡,它们大小相等,方向相反. 因此,外力的功率为

$$P_{外} = F_{外}v = IlBv$$

这正好等于感应电动势做功的功率. 由此可知,电路中感应电动势提供的电能是由外力做功所消耗的机械能转换而来的,这正是发电机的能量转换过程.

现在我们再来分析洛伦兹力做功的问题. 由上面的讨论得知,洛伦兹力是产生动生电动势的原因,也就是说,洛伦兹力沿导线对电荷做功. 这岂不与前述洛伦兹力对运动电荷不做功的结论相矛盾? 事实上,由式(15.5)可知,电子所受的洛伦兹力 f 包括两个分力,不妨写为

$$f_1 = -e\boldsymbol{v} \times \boldsymbol{B}$$

$$f_2 = -e\boldsymbol{u} \times \boldsymbol{B}$$

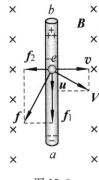

图 15.9

如图 15.9 所示. f_1 作为产生动生电动势的非静电力对电子做正功,而大量自由电子因定向运动受到的力 f_2(宏观上表现为安培力)则因与导线运动方向相反而做负功. 故洛伦兹力做功的功率为

$$P = (f_1 + f_2) \cdot (\boldsymbol{u} + \boldsymbol{v}) = f_1 u - f_2 v = evBu - euBv = 0$$

结果表明,洛伦兹力 f 做功为零,或者说,f_1 和 f_2 两者做功的代数和为零. 因此,洛伦兹力的作用并不提供能量,而只是传递能量. 即外力克服 f_2 所做的功,通过 f_1 转化为感应电流的能量.

3. 动生电动势的计算

计算动生电动势一般有以下两种方法:

(1) 对于导体回路,可应用公式

$$\mathscr{E}_i = \oint_L (\boldsymbol{v} \times \boldsymbol{B}) \cdot \mathrm{d}\boldsymbol{l} \quad 或 \quad \mathscr{E}_i = -\frac{\mathrm{d}\Phi}{\mathrm{d}t}$$

(2) 对于不成回路的导体,可应用公式

$$\mathscr{E}_{i} = \int_{a}^{b} d\mathscr{E}_{i} = \int_{a}^{b} (\boldsymbol{v} \times \boldsymbol{B}) \cdot d\boldsymbol{l}$$

或者设想一个合理的回路以便用法拉第电磁感应定律计算.

例 15.3 长为 L 的铜棒在磁感强度为 $\boldsymbol{B}$ 的均匀磁场中,以角速度 ω 在与磁场方向垂直的平面内绕棒的一端 O 匀速转动,如图 15.10 所示.求棒中的动生电动势.

解 在铜棒上距 O 点为 l 处取线元 $d\boldsymbol{l}$,其方向沿 O 指向 A,其运动速度的大小为 $v = \omega l$. 显然 $\boldsymbol{v}$、$\boldsymbol{B}$、$d\boldsymbol{l}$ 相互垂直,所以 $d\boldsymbol{l}$ 上的动生电动势为

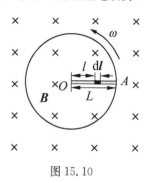

$$d\mathscr{E}_{i} = (\boldsymbol{v} \times \boldsymbol{B}) \cdot d\boldsymbol{l} = -vB dl$$

由此可得金属棒上总电动势为

$$\mathscr{E}_{i} = \int_{L} d\mathscr{E}_{i} = -\int_{0}^{L} vB dl = -\int_{0}^{L} B\omega l\, dl = -\frac{1}{2} B\omega L^2$$

因为 $\mathscr{E}_{i} < 0$,所以 $\mathscr{E}_{i}$ 的方向为 $A \to O$,即 O 点电势较高. 事实上由 $\boldsymbol{v} \times \boldsymbol{B}$ 的指向即可判断 O 点电势较高.

图 15.10

如果这个问题中的铜棒换成半径为 L 的铜圆盘,结果如何,请读者思考.

例 15.4 直导线 ab 以速率 v 沿平行于长直载流导线的方向运动,ab 与直导线共面,且与它垂直,如图 15.11(a)所示.设直导线中的电流强度为 I,导线 ab 长为 L,a 端到直导线的距离为 d,求导线 ab 中的动生电动势,并判断哪一端电势较高.

解 (1)应用动生电动势定义式求解

在导线 ab 所在的区域,长直载流导线在距其 r 处的磁感强度 $\boldsymbol{B}$ 的大小为

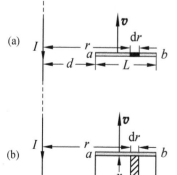

$$B = \frac{\mu_0 I}{2\pi r}$$

$\boldsymbol{B}$ 的方向垂直纸面向外.

在导线 ab 上距载流导线 r 处取一线元 $d\boldsymbol{r}$,方向向右. 因 $\boldsymbol{v} \times \boldsymbol{B}$ 方向也向右,所以该线元中产生的电动势为

$$d\mathscr{E}_{i} = (\boldsymbol{v} \times \boldsymbol{B}) \cdot d\boldsymbol{r} = vB dr = \frac{\mu_0 Iv}{2\pi r} dr$$

故导线 ab 中的总电动势为

$$\mathscr{E}_{ab} = \int_{a}^{b} d\mathscr{E}_{i} = \int_{d}^{d+L} \frac{\mu_0 Iv}{2\pi r} dr = \frac{\mu_0 Iv}{2\pi} \ln \frac{d+L}{d}$$

图 15.11

由于 $\mathscr{E}_{ab} > 0$,表明电动势的方向由 a 指向 b,b 端电势较高.

(2)应用电磁感应定律求解

假想一个 U 形导体框与 ab 组成一个闭合回路,先算出回路的感应电动势. 由

于 U 形框架不动,不产生动生电动势,因而,回路的感应电动势就是导线 ab 在磁场中运动时所产生的动生电动势.

设某时刻导线 ab 到 U 形框底边的距离为 x,如图 15.11(b)所示.取顺时针方向为回路的正方向,则该时刻通过回路 $abOO'a$ 的磁通量为

$$\Phi = \int_S \boldsymbol{B} \cdot \mathrm{d}\boldsymbol{S} = \int_d^{d+L} -\frac{\mu_0 I}{2\pi r} x \mathrm{d}r = -\frac{\mu_0 Ix}{2\pi} \ln \frac{d+L}{d}$$

导线 ab 上的动生电动势为

$$\mathscr{E}_{ab} = -\frac{\mathrm{d}\Phi}{\mathrm{d}t} = \frac{\mu_0 I}{2\pi} \ln\left(\frac{d+L}{d}\right) \frac{\mathrm{d}x}{\mathrm{d}t} = \frac{\mu_0 Iv}{2\pi} \ln \frac{d+L}{d}$$

$\mathscr{E}_{ab} > 0$ 表示电动势的方向与所选回路正方向相同,即沿顺时针方向.因此,在导线 ab 上,电动势由 a 指向 b,b 端电势较高.这与解法(1)的结果是一致的.

15.2.2 感生电动势

1. 感生电动势

如前所述,若导体回路不动,因磁场变化引起磁通量改变而产生的感应电动势叫做感生电动势.产生感生电动势的非静电力显然不是洛伦兹力.实验表明,在导体回路、变化磁场和周围环境诸因素中,感生电动势的出现只和磁场的变化有关.麦克斯韦首先分析了这种情况,认为变化的磁场会在它的周围空间激发一种场,这种场对静止电荷有作用力,因此,本质上是电场.这种电场称为**感生电场**.正是这种感生电场提供的非静电力,驱使导体中的电子定向运动,产生感生电动势,并在导体回路中形成感应电流.

以 $\boldsymbol{E}_i$ 表示感生电场的场强,根据电动势的定义及电磁感应定律,则有

$$\mathscr{E}_i = \oint_L \boldsymbol{E}_i \cdot \mathrm{d}\boldsymbol{l} = -\frac{\mathrm{d}\Phi}{\mathrm{d}t} \tag{15.9}$$

又有

$$\frac{\mathrm{d}\Phi}{\mathrm{d}t} = \frac{\mathrm{d}}{\mathrm{d}t} \int_S \boldsymbol{B} \cdot \mathrm{d}\boldsymbol{S}$$

式中 S 是回路 L 围成的曲面,S 的正法线方向与 L 回路的绕行方向成右手螺旋关系.因回路不动,磁通量的变化仅由磁场 $\boldsymbol{B}$ 的变化引起,故上式 $\boldsymbol{B}$ 对曲面的积分和对时间的求导可以互换顺序.同时,考虑到 $\boldsymbol{B}$ 一般既是时间 t 的函数,又是空间位置的函数,在回路位置不变的情况下,应该用 $\frac{\partial \boldsymbol{B}}{\partial t}$ 代替 $\frac{\mathrm{d}\boldsymbol{B}}{\mathrm{d}t}$,所以,式(15.9)可写成

$$\mathscr{E}_i = \oint_L \boldsymbol{E}_i \cdot \mathrm{d}\boldsymbol{l} = -\int_S \frac{\partial \boldsymbol{B}}{\partial t} \cdot \mathrm{d}\boldsymbol{S} \tag{15.10}$$

2. 感生电场

式(15.10)说明了感生电场与激发它的变化磁场之间的内在联系,也揭示了

感生电场的一些性质. 我们知道静电场的环流 $\oint_L \boldsymbol{E} \cdot d\boldsymbol{l} = 0$, 表明静电场是保守场,

并因此引入电势的概念. 然而, 在一般情况下, 感生电场的环流 $\oint_L \boldsymbol{E}_{\mathrm{i}} \cdot d\boldsymbol{l}$ 并不为零

(等于回路的感生电动势), 从而表明感生电场不是保守场, 不能引入电势的概念.

从电场线的特征来说, 静电场的电场线总是由正电荷出发到负电荷终止, 而感生电

场的电场线却始终是闭合的. 正因为如此, 感生电场亦称为**涡旋**

电场. 式中负号表明, 当 $\dfrac{\partial \boldsymbol{B}}{\partial t}$ 沿 S 面的正法线方向时, $\oint_L \boldsymbol{E}_{\mathrm{i}} \cdot d\boldsymbol{l} < 0$,

表明 $\boldsymbol{E}_{\mathrm{i}}$ 的电场线逆着 L 回路的方向绕行, 即 $\boldsymbol{E}_{\mathrm{i}}$ 的电场线与 $\dfrac{\partial \boldsymbol{B}}{\partial t}$

的方向成**左手螺旋关系**, 如图 15.12 所示. 将式(15.10)与磁场

的安培环路定理相比较, 形式上只相差一负号, 正说明这一点.

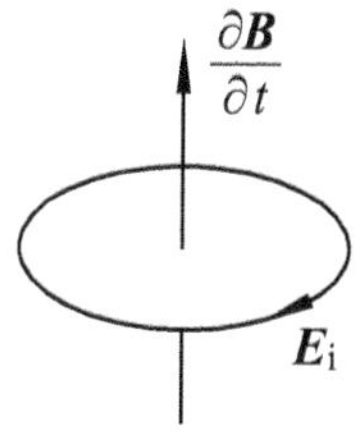

图 15.12

综上所述, 自然界中存在着两种不同方式激发的电场:由静

止电荷激发的静电场 $\boldsymbol{E}$ 和由变化磁场激发的涡旋电场 $\boldsymbol{E}_{\mathrm{i}}$. 它们虽然有本质差别,

但也存在共同之处, 即对处于电场中的电荷都施加作用力.

涡旋电场是由麦克斯韦作为假说提出的, 但它的存在及其性质已为近代科学

实验所证实.

应该指出, 由法拉第建立的电磁感应定律是针对导体回路的, 而麦克斯韦的假

说却更具普遍意义, 即使空间不存在导体, 变化的磁场也要在空间产生感生电场,

只是不会形成电流罢了.

感生电场的计算一般比较困难. 下面仅就一些特殊情况, 说明其计算方法.

例 15.5　如图 15.13(a)所示, 在半径为 R 的圆柱形区域内存在着垂直于纸面

向里的均匀磁场 $\boldsymbol{B}$, 当 $\boldsymbol{B}$ 以 dB/dt 的恒定速率增强时, 求空间各处感生电场的场强

$\boldsymbol{E}_{\mathrm{i}}$ 和同心圆回路的感生电动势.

解　由磁场变化的对称性和感生电场线的闭合性可知, 电场线是一些以圆柱

轴线为轴的同心圆, 圆上各点场强的大小相等.

取顺时针方向为上述圆形回路的正方向, 如图 15.13(a)所示. 依题意 dB/dt

的方向与 $\boldsymbol{B}$ 的方向相同, 因此与回路所围平面的正法线方向相同. 设感生电场的

场强 $\boldsymbol{E}_{\mathrm{i}}$ 的方向和回路的正向相同, 于是由式(15.9)有

$$\oint_L \boldsymbol{E}_{\mathrm{i}} \cdot d\boldsymbol{l} = 2\pi r E_{\mathrm{i}} = -\frac{d}{dt}\oint_S B\,dS$$

因为圆柱形区域内的磁场是均匀的, 所以有

$$2\pi r E_{\mathrm{i}} = -\frac{d}{dt}(BS) = -\frac{dB}{dt} \cdot S$$

当圆形回路半径 $r < R$ 时, 上式变为

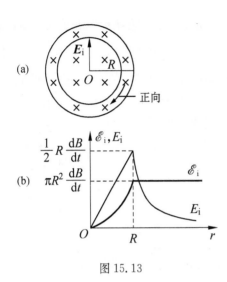

图 15.13

当 $r>R$ 时,同理有

$$2\pi r E_i = -\frac{dB}{dt}\pi R^2$$

$$E_i = -\frac{1}{2}\frac{R^2}{r}\frac{dB}{dt}$$

相应地感生电动势为

$$\mathscr{E}_i = \oint_L \boldsymbol{E}_i \cdot d\boldsymbol{l} = 2\pi r E_i = -\pi R^2 \frac{dB}{dt}$$

可见,圆柱形区域外 $\mathscr{E}_i$ 为一常量,与 r 无关. $\boldsymbol{E}_i$、$\mathscr{E}_i$ 的方向也都沿圆形回路逆时针方向.

$E_i(r)$ 和 $\mathscr{E}_i(r)$ 的关系曲线,如图 15.13(b)所示.

上述计算结果表明,E_i 与 $d\boldsymbol{B}/dt$ 有关,与 $\boldsymbol{B}$ 本身无直接关系. 而且,场中某点的 E_i 并不只由该点的 $d\boldsymbol{B}/dt$ 决定. 如在圆柱外($r>R$)空间,B 和 $d\boldsymbol{B}/dt$ 都等于零,但 E_i 却不为零.

例 15.6　在上题以 $d\boldsymbol{B}/dt$ 变化的圆柱形区域内的均匀磁场中,沿与磁场垂直的方向有一长为 $L(L<2R)$ 的金属细棒,如图 15.14 所示. 求棒中感生电动势的大小,并判断两端电势的高低.

解　(1) 应用电动势的定义求解

由上题结果,感生电场的电场线是一系列以圆柱轴线为轴的同心圆,方向为逆时针. 在棒上任取一线元 $d\boldsymbol{l}$,如图 15.14 所示,该线元处的感生电场强度的大小为

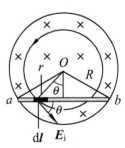

图 15.14

（右栏顶部）

$$2\pi r E_i = -\frac{dB}{dt}\pi r^2$$

得

$$E_i = -\frac{1}{2}r\frac{dB}{dt}$$

式中负号表示感生电场的方向与所设方向相反,即为逆时针方向. 回路的感生电动势为

$$\mathscr{E}_i = \oint_L \boldsymbol{E}_i \cdot d\boldsymbol{l} = 2\pi r E_i = -\pi r^2 \frac{dB}{dt}$$

回路的感生电动势亦可由电磁感应定律算出,即

$$\mathscr{E}_i = -\frac{d\Phi}{dt} = -\frac{d}{dt}(BS) = -\pi r^2 \frac{dB}{dt}$$

可见圆柱形区域内圆形回路上的 $\mathscr{E}_i$ 与 r^2 成正比,其方向也是逆时针的.

$$| \boldsymbol{E}_i | = \frac{1}{2} r \frac{dB}{dt}$$

线元 d$\boldsymbol{l}$ 上感生电动势为

$$d\mathscr{E}_i = \boldsymbol{E}_i \cdot d\boldsymbol{l} = | \boldsymbol{E}_i | | d\boldsymbol{l} | \cos\theta = \frac{1}{2} r \frac{dB}{dt} \cos\theta dl$$

由图中几何关系,有

$$r\cos\theta = \sqrt{R^2 - (L/2)^2}$$

所以棒中的感生电动势为

$$\mathscr{E}_{ab} = \int_0^L \frac{1}{2} r \frac{dB}{dt} \cos\theta dl = \frac{1}{2} \frac{dB}{dt} \sqrt{R^2 - \left(\frac{L}{2}\right)^2} \int_0^L dl = \frac{L}{2} \frac{dB}{dt} \sqrt{R^2 - \frac{L^2}{4}}$$

由于 $\mathscr{E}_{ab} > 0$,所以 b 端电势较高.

（2）应用电磁感应定律求解

如图,作连线 Oa 和 Ob,组成一个假想的 $OabO$ 三角形回路,以顺时针方向为回路正方向.因磁场均匀,故穿过回路的磁通量为

$$\Phi = BS = B \cdot \frac{L}{2} \sqrt{R^2 - \left(\frac{L}{2}\right)^2}$$

根据电磁感应定律,回路的感应电动势为

$$\mathscr{E}_i = -\frac{d\Phi}{dt} = -\frac{L}{2} \frac{dB}{dt} \sqrt{R^2 - \left(\frac{L}{2}\right)^2}$$

该回路由 Ob、ba 和 aO 三段导线组成,故可写成

$$\mathscr{E}_i = \oint_L \boldsymbol{E}_i \cdot d\boldsymbol{l} = \int_O^b \boldsymbol{E}_i \cdot d\boldsymbol{l} + \int_b^a \boldsymbol{E}_i \cdot d\boldsymbol{l} + \int_a^O \boldsymbol{E}_i \cdot d\boldsymbol{l}$$

由于在 Ob 和 aO 段上,$\boldsymbol{E}_i \perp d\boldsymbol{l}$,因此这两段的电动势为零.于是有

$$\mathscr{E}_i = \int_b^a \boldsymbol{E}_i \cdot d\boldsymbol{l} = -\mathscr{E}_{ab} = -\frac{L}{2} \frac{dB}{dt} \sqrt{R^2 - \frac{L^2}{4}}$$

因 $\mathscr{E}_i < 0$,故知 b 端电势较高,与上面的结果一致.

例 15.7　如图 15.15 所示,磁场 $\boldsymbol{B}$ 中有一弯成 θ 角的金属架 COD,导体细棒 $MN \perp OD$,并以恒定速度 $\boldsymbol{v}$ 向右滑动.设 $t = 0$ 时,$x = 0$.试就下列情况求框架内的感应电动势 $\mathscr{E}_i$.（1）$\boldsymbol{B}$ 为均匀场,方向垂直纸面向外;（2）$\boldsymbol{B}$ 为非均匀交变磁场,$B = kx\cos\omega t$,其中 k 和 ω 为正值常量.

解　设框架回路绕行正方向为逆时针方向,即 $O \to N \to M \to O$.

（1）任一时刻 t,穿过框架回路的磁通量为

$$\Phi = BS = B \cdot \frac{x}{2} \cdot x\tan\theta = \frac{1}{2} x^2 B\tan\theta$$

根据法拉第电磁感应定律,有

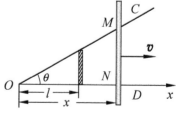

图 15.15

$$\mathscr{E}_i = -\frac{\mathrm{d}\Phi}{\mathrm{d}t} = -x\,\frac{\mathrm{d}x}{\mathrm{d}t}B\tan\theta$$

代入 $x=vt$，$\mathrm{d}x/\mathrm{d}t=v$，可得 t 时刻框架回路内的感应电动势为

$$\mathscr{E}_i = -v^2 tB\tan\theta$$

"—"号表明回路中感应电动势的方向为顺时针方向(MN 上电动势为 M 指向 N).

(2) 磁场非均匀，且随 t 变化. 如图 15.15 所示，在距 O 点 l 处作一宽为 $\mathrm{d}l$ 的面元 $\mathrm{d}S$，则在时刻 t，穿过 $\mathrm{d}S$ 的磁通量为

$$\mathrm{d}\Phi = B\mathrm{d}S = Bl\tan\theta \cdot \mathrm{d}l = kx\cos\omega t \cdot l\tan\theta\mathrm{d}l = kl^2\cos\omega t \cdot \tan\theta\mathrm{d}l$$

此时刻细棒 MN 位于 x 处，穿过框架回路的磁通量为

$$\Phi = \int\mathrm{d}\Phi = \int_0^x k\cos\omega t \cdot \tan\theta \cdot l^2\,\mathrm{d}l = \frac{1}{3}kx^3\cos\omega t \cdot \tan\theta$$

根据法拉第电磁感应定律，框架回路中的感应电动势为

$$\mathscr{E}_i = -\frac{\mathrm{d}\Phi}{\mathrm{d}t} = kv^3\tan\theta\left(\frac{1}{3}\omega t^3\sin\omega t - t^2\cos\omega t\right)$$

若 $\mathscr{E}_i>0$，则电动势方向为逆时针方向；若 $\mathscr{E}_i<0$，则为顺时针方向.

15.2.3　关于感应电动势相对性的说明

感应电动势分为动生和感生两种，在一定程度上只有相对的意义. 例如，图 15.16(a)所示的情形，若在相对线圈静止的参考系中观察，看到的是磁场变化引起的感生电动势；而在随磁棒一起运动的参考系中观察，则是由于线圈在磁场中运动产生的动生电动势. 可见，由于运动的相对性，有时在一个参考系中，感应电动势是动生的，而在另一个参考系中看来，就变成感生的了. 这就是说，在某些情况下，可以通过坐标变换把感应电动势从一种类型变成另一种类型. 然而，还应该看到，由坐标变

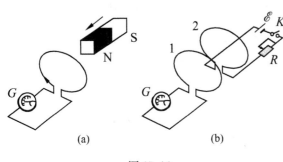

(a)　　　　　　(b)

图 15.16

换消除两种感应电动势的界限并非总是可能的. 例如，在图 15.16(b)中，通过改变线圈 2 中的电流在线圈 1 中产生的电动势，就无法通过坐标变换归为动生电动势.

15.3　自感和互感

电磁感应定律指出，当穿过一个回路的磁通量发生变化时，回路中就有感应电动势产生. 在大多数情况下，磁通量的变化是由电流变化引起的. 回路自身电流的

变化可以引起穿过它的磁通量的变化,邻近回路电流的变化也可以引起穿过它的磁通量的变化.本节对这两种情况分别进行讨论,由于铁磁质的磁性十分复杂,在以下讨论中如不加说明,均假定空间不存在铁磁质.

15.3.1　自感

1. 自感电动势和自感系数

因回路中电流变化而在自身回路中产生感应电动势的现象叫做自感现象,这种感应电动势叫做**自感电动势**.

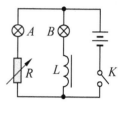

自感现象可以通过实验观察到.在图 15.17 所示的电路中,A,B 为两个相同的灯泡,L 为线圈,电阻 R 可调,以确保两个支路的电阻相等.在开关 K 合上的瞬间,尽管两灯泡同时与电源相联,却发现灯泡 B 比灯泡 A 后达到稳定的相同亮度.这是由于灯泡 B 与线圈串联,当流过它的电流"从无到有"增加时,穿过线圈的磁通量也随之增加.根据楞

图 15.17

次定律,线圈中的自感电动势要阻碍电流的增加,从而使灯泡 B 亮得缓慢些.

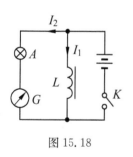

图 15.18 的电路可用来观察电路断开时的自感现象.G 是一个中间指零的电流计.设灯泡 A 的电阻远大于线圈 L 的电阻,在接通电源较长时间后,$I_1 > I_2$.在断开电源的瞬间,会看到电流计指针反向偏转,灯泡 A 发出短暂强光,然后才逐渐熄灭.这是因为,在断开电源时,线圈 L 中的磁通量突然减少,根据电磁感应定律,线圈中将激起较大的自感电动势,阻碍电流的减小,力图维持原方向电流 I_1 不变.但由于开关 K 已断开,只能在两个支路间形成电流回路,流

图 15.18

过灯泡 A 的电流与原来 I_2 的方向相反,强度也较 I_2 大得多,从而发出短暂的强光.

根据毕奥-萨伐尔定律,任何一个给定的闭合回路在空间任一点产生的磁感强度的大小都与回路的电流 I 成正比.因此,穿过回路本身的磁通量也与 I 成正比,即

$$\Phi = LI \tag{15.11}$$

式中 L 叫做回路的**自感系数**,简称**自感**,它由回路的大小、形状、匝数以及周围磁介质的性质决定.如果这些因素不发生变化,则 L 为一常量.

根据电磁感应定律,回路中的自感电动势为

$$\mathscr{E}_L = -\frac{\mathrm{d}\Phi}{\mathrm{d}t} = -L\frac{\mathrm{d}I}{\mathrm{d}t} - I\frac{\mathrm{d}L}{\mathrm{d}t}$$

若 L 保持不变,则有

$$\mathscr{E}_L = -L\frac{\mathrm{d}I}{\mathrm{d}t} \tag{15.12}$$

若回路由 N 匝相同的线圈串联而成,且穿过每匝的磁通量都等于 Φ,则穿过回路的磁通链数 Ψ 也和电流 I 成正比,即

$$\Psi = N\Phi = LI$$

当 L 不变时,仍有

$$\mathscr{E}_L = -\frac{\mathrm{d}\Psi}{\mathrm{d}t} = -L\frac{\mathrm{d}I}{\mathrm{d}t}$$

不过这里的 L 是 N 匝线圈回路的自感系数.

由式(15.11)和式(15.12)可以分别得到

$$L = \frac{\Phi}{I} \tag{15.13}$$

$$L = -\frac{\mathscr{E}_L}{\mathrm{d}I/\mathrm{d}t} \tag{15.14}$$

以上两式表明,回路的自感系数 L 在量值上等于通过单位电流时穿过自身回路的磁通量,也等于电流的时间变化率为一个单位时,回路中自感电动势的大小.

需要指出,式(15.14)是由 $\Phi = LI$ 在 L 不变的情况下得到的.因此,只有在 L 不变的条件下它们才是等价的.自感系数一般不易计算,常由实验测定.根据式(15.14),只要测出回路的自感电动势 $\mathscr{E}_L$ 和 $\mathrm{d}I/\mathrm{d}t$ 就可算出回路的自感.在存在铁磁质的情况下,由于磁导率 μ 可变,故 L 还可能是电流 I 的函数.

在 SI 中,自感的单位为亨利,符号为 H,1 H=1 Wb·A^{-1}.自感的常用单位还有毫亨(mH)和微亨(μH),它们的关系是

$$1\text{ H} = 10^3\text{ mH} = 10^6\ \mu\text{H}$$

2. 电磁惯性

自感作为一种电磁感应现象,当然也遵从楞次定律.$\mathscr{E}_L = -L\dfrac{\mathrm{d}I}{\mathrm{d}t}$ 中的负号正是表示了楞次定律的内容.事实上,当我们用 $\Phi = LI$ 表示磁通量与回路电流的关系

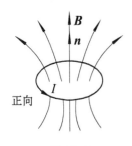

图 15.19

时,如果认定 Φ 为正,磁感线与电流成右手螺旋关系,就已经选定了电流的方向为回路的绕行正方向,如图 15.19 所示.$\mathscr{E}_L = -L\mathrm{d}I/\mathrm{d}t$ 中的负号表明,当 I 增大时,$\mathscr{E}_L < 0$,即 $\mathscr{E}_L$ 与原电流方向相反;当 I 减小时,$\mathscr{E}_L > 0$,即 $\mathscr{E}_L$ 与原电流方向相同.显然,自感电动势总是阻碍回路中电流的变化.而且,由 $\mathscr{E}_L = -L\mathrm{d}I/\mathrm{d}t$ 还可以看到,L 越大,在同样的电流变化条件下 $\mathscr{E}_L$ 就越大,即阻碍作用越强,回路电流越不容易改变.可见,自感总是企图使回路电流保持不变,这一性质与力学中物体的惯性有些相似,故称为**电磁惯性**.L 就是回路电磁惯性的量度.

自感作用有其有利的一面.利用自感维持原有电路状态的特性,可以用来稳定

电路中的电流,制作高频扼流圈等.但是,自感作用也有其不利的一面,例如,具有很大自感系数的电路断开时,因电路中的电流变化很快,能产生很大的自感电动势,以致可能击穿线圈的绝缘层,或者在断开的间隙中产生强电弧,烧坏开关.特别是在大功率的电机、大电流的电力系统中尤为严重.因此,在实用中应该采取适当的措施,消除自感作用的不利影响.

例 15.8　一长为 l 的空心密绕直螺线管,其横截面半径为 $R(l \gg R)$,共绕有 N 匝.求自感系数.

解　设螺线管通有电流 I,忽略漏磁和边缘效应,可以认为管内磁场均匀分布,磁感强度为

$$B = \mu_0 nI = \mu_0 \frac{N}{l} I$$

磁链为

$$\Psi = N\Phi = NBS = \mu_0 \frac{N^2}{l} I \pi R^2$$

由自感系数的定义可得

$$L = \frac{\Psi}{I} = \mu_0 \frac{N^2}{l} \pi R^2 = \mu_0 \left(\frac{N}{l}\right)^2 \pi R^2 l = \mu_0 n^2 V$$

式中 $n = N/l$ 为螺线管单位长度上的匝数,$V = \pi R^2 l$ 为螺线管的体积.

不难看出,如果将一根导线对折后再平行密绕成螺线管,则可消除管内磁场,也就消除了自感.

例 15.9　两个厚度可略的同轴圆筒状导体组成的"无限长"电缆,其间充满了磁导率为 μ 的磁介质,内、外圆筒的半径分别为 R_1 和 R_2,均匀流过大小相等方向相反的电流 I,如图 15.20 所示.求单位长度电缆的自感系数.

解　根据安培环路定理,在内圆筒之内和外圆筒之外的空间,磁感强度都为零,而在两圆筒之间距轴线 r 处磁感强度的大小为

$$B = \frac{\mu}{2\pi r} I$$

电缆的电流回路是电缆纵截面在两圆筒上截出的平行往返回路.考虑长为 l 的回路部分,穿过距轴线 $r \sim r + \mathrm{d}r$ 微小截面的磁通量为

$$\mathrm{d}\Phi = \boldsymbol{B} \cdot \mathrm{d}\boldsymbol{S} = Bl\mathrm{d}r = \frac{\mu}{2\pi} Il \frac{\mathrm{d}r}{r}$$

总磁通量为

$$\Phi = \int \mathrm{d}\Phi = \int_{R_1}^{R_2} \frac{\mu}{2\pi} Il \frac{\mathrm{d}r}{r} = \frac{\mu}{2\pi} Il \ln \frac{R_2}{R_1}$$

由 $\Phi = LI$,可得长为 l 的电缆的自感系数为

$$L = \frac{\Phi}{I} = \frac{\mu}{2\pi} l \ln \frac{R_2}{R_1}$$

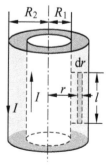

图 15.20

于是,单位长度电缆的自感系数为 $\dfrac{\mu}{2\pi}\ln\dfrac{R_2}{R_1}$.

由于 L 均匀分布于整个电缆,所以叫做**分布电感**. 对于一般尺寸的电缆,计算结果表明,分布电感比较小. 电流变化的频率较低时(如一般的电力传输),分布电感引起的自感电动势常可以忽略不计. 但是,当电流变化的频率很高时,如通信、微波和计算机技术中涉及的高频信号,由于 $\mathrm{d}I/\mathrm{d}t$ 很大,可以产生不可忽视的自感电动势,以致干扰信号的正常传输.

15.3.2　互感

一个回路中电流变化在另一个回路中产生感应电动势的现象,叫做互感现象,这种感应电动势叫做**互感电动势**. 工程和实验室中经常用的变压器、感应圈等,都是根据这一原理制成的.

设有两个邻近的载流导线回路 1 和 2,分别通有电流 I_1 和 I_2,如图 15.21 所示. 用 Φ_{21} 表示回路 1 中电流 I_1 产生的磁场穿过回路 2 的磁通量. 根据毕奥-萨伐尔定律,在 I_1 产生的磁场中,任一点的磁感强度都与 I_1 成正比,因此,穿过回路 2 的磁通量 Φ_{21} 也必然和 I_1 成正比,写成等式为

$$\Phi_{21} = M_{21}I_1$$

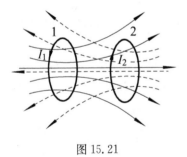

图 15.21

式中比例系数 M_{21} 叫做回路 1 对回路 2 的**互感系数**,简称**互感**. 它和两回路的大小、形状、匝数、相对位置及周围磁介质的分布有关. 如果这些因素不变,M_{21} 就是一个常量. 当 I_1 发生变化时,回路 2 中产生的感应电动势为

$$\mathscr{E}_{21} = -\frac{\mathrm{d}\Phi_{21}}{\mathrm{d}t} = -M_{21}\frac{\mathrm{d}I_1}{\mathrm{d}t}$$

同理,由回路 2 中电流 I_2 产生的磁场穿过回路 1 的磁通量 Φ_{12} 和因 I_2 变化在回路 1 中产生的感应电动势 $\mathscr{E}_{12}$ 分别为

$$\Phi_{12} = M_{12}I_2$$

$$\mathscr{E}_{12} = -\frac{\mathrm{d}\Phi_{12}}{\mathrm{d}t} = -M_{12}\frac{\mathrm{d}I_2}{\mathrm{d}t}$$

可以证明,对给定的一对导体回路,有

$$M_{12} = M_{21} = M$$

M 叫做这两个导体回路的互感系数,简称互感. 这样,便有

$$\begin{cases} \Phi_{12} = MI_2 \\ \Phi_{21} = MI_1 \end{cases} \tag{15.15}$$

$$\begin{cases} \mathscr{E}_{12} = -M\dfrac{\mathrm{d}I_2}{\mathrm{d}t} \\[2mm] \mathscr{E}_{21} = -M\dfrac{\mathrm{d}I_1}{\mathrm{d}t} \end{cases} \tag{15.16}$$

由这两组式子可以看出,互感在量值上等于一个回路通以一个单位电流时穿过另一个回路的磁通量,也等于一个回路电流的时间变化率为一个单位时,在另一回路中激起的感应电动势. 如果回路不是单匝线圈,式中相应的磁通量应为磁通链数. 和讨论自感的情况类似,仅当 M 为常量时,式(15.15)和式(15.16)才是等价的.

互感系数是描述两个回路之间相互影响、耦合程度或互感能力的物理量. M 的值越大,两回路之间的互感作用就越强. 互感系数和自感系数具有相同的单位,也是亨利.

一般说来,回路 1 的电流产生的磁场通过自身回路的磁通量 Φ_{11} 与它通过回路 2 的磁通量 Φ_{21} 是不相等的. 通常 $\Phi_{21}\leqslant\Phi_{11}$,等号表示回路自身的磁通量全部通过另一个回路,这种情况称为无漏磁. 据此,Φ_{21} 和 Φ_{11} 之间的关系可表示为

$$\Phi_{21} = K_1\Phi_{11} \qquad (0\leqslant K_1\leqslant 1)$$

同理

$$\Phi_{12} = K_2\Phi_{22} \qquad (0\leqslant K_2\leqslant 1)$$

因为

$$\Phi_{21} = MI_1, \quad \Phi_{12} = MI_2$$

又有

$$\Phi_{11} = L_1I_1, \quad \Phi_{22} = L_2I_2$$

可得

$$M = \sqrt{K_1K_2}\cdot\sqrt{L_1L_2} = K\sqrt{L_1L_2} \qquad (0\leqslant K\leqslant 1)$$

式中 $K=\sqrt{K_1K_2}$,称为回路 1 和回路 2 之间的**耦合系数**. 显然,仅当无漏磁时,$K=1$. 在这种情况下,$M=\sqrt{L_1L_2}$,而在一般情况下,$M<\sqrt{L_1L_2}$.

需要指出的是,在一般情况下,当所讨论的回路附近有其他回路存在时,应该同时考虑自感和互感这两个因素. 当一种效应较之另一种效应占明显优势时,才可近似地作为单一的自感或互感问题处理.

例 15.10　一长直导线与一单匝矩形回路共面,如图 15.22所示. 设线圈的长和宽分别为 a 和 b,长边与直导线平行,近距为 d,求互感系数.

解　长直导线可看作是在无限远处闭合的回路的一部分. 由于 $M_{12}=M_{21}=M$,为方便起见,我们计算长直导线对矩形回路的互感. 设长直导线中的电流为 I,其周围空间

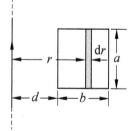

图 15.22

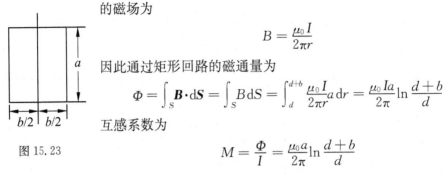

的磁场为

$$B = \frac{\mu_0 I}{2\pi r}$$

因此通过矩形回路的磁通量为

$$\Phi = \int_S \boldsymbol{B} \cdot d\boldsymbol{S} = \int_S B\, dS = \int_d^{d+b} \frac{\mu_0 I}{2\pi r} a\, dr = \frac{\mu_0 Ia}{2\pi} \ln \frac{d+b}{d}$$

互感系数为

图 15.23

$$M = \frac{\Phi}{I} = \frac{\mu_0 a}{2\pi} \ln \frac{d+b}{d}$$

若本题中的矩形线圈以直导线为对称轴放置,如图 15.23 所示,容易算出 $M=0$.
这是消除直导线与矩形线圈互感的方法之一. 不难看出,只要使回路 1 中电流产生
的磁通量不通过回路 2,或使通过回路 2 的磁通量代数和为零,就可以消除互感.
反之亦然.

15.4 磁 场 能 量

15.4.1 自感储能

我们知道,一个充电的电容器具有能量. 实验表明,一个通电的线圈也具有能
量. 在前面讨论的图 15.18 所示的电路中,在断开电源后,灯泡 A 还能发出短暂强
光,然后才逐渐熄灭. 这能量从何而来? 电源已不再供给电路能量,灯泡发光所需
的能量只能来自通电的线圈. 通电线圈之所以具有能量,是因为在建立线圈电流的
过程中,总是伴随着自感现象的发生,电源必须克服自感电动势做功. 根据能量守
恒与转化定律,这个功应转化为通电线圈所具有的能量.

将自感为 L 的线圈接通电源,在线圈中的电流由零增加到稳定值的过程中,
假定某时刻线圈中的电流为 i,自感电动势 $\mathcal{E}_L = -L\, di/dt$,那么,在 dt 时间内,电源
克服自感电动势所做的元功为

$$dA = -\mathcal{E}_L i\, dt = Li\, di$$

线圈中电流从零增大到 I 的过程中,电源克服自感电动势所做的总功为

$$A = \int dA = \int_0^I Li\, di = \frac{1}{2}LI^2$$

这个功就等于通电线圈电流为 I 时储存的能量,用 W_m 表示,有

$$W_m = \frac{1}{2}LI^2 \tag{15.17}$$

上式表明,自感线圈中储存的能量与自感系数及通过的电流有关.

15.4.2　磁能和磁能密度

我们知道,线圈通电后,其周围将建立起磁场. 电源克服自感电动势做功的过程,就是磁场逐步建立的过程. 当线圈电流变化时,磁场强弱也随之变化. 因此可以说,通电线圈的能量就是磁场的能量,简称**磁能**. 既然式(15.17)就是通电线圈中磁场能量的表达式,那么用磁场的场量如何表示这一能量呢?

由例 15.8 的讨论可知,通电螺线管内磁感强度和螺线管的自感系数分别为

$$B = \mu n I$$
$$L = \mu n^2 V$$

将它们代入式(15.17)中,则有

$$W_{\mathrm{m}} = \frac{1}{2}\mu n^2 V \left(\frac{B}{\mu n}\right)^2 = \frac{B^2}{2\mu} V$$

式中 V 为所讨论的螺线管的体积. 上式表明,磁场能量不仅和磁感强度的大小有关,还和磁场占有的体积有关. 也就是说,磁能定域于磁场的整个体积之中.

我们把单位体积磁场的能量称为**磁能密度**,用 w_{m} 表示. 由于一个长直通电螺线管的磁场基本限制在管内,且管内磁场近乎均匀,因此有

$$w_{\mathrm{m}} = \frac{W_{\mathrm{m}}}{V} = \frac{B^2}{2\mu}$$

利用 $H = B/\mu$,上式还可写成

$$w_{\mathrm{m}} = \frac{1}{2}BH = \frac{1}{2}\mu H^2 \tag{15.18}$$

需要指出,式(15.18)虽然是从特例导出的,但可以证明,在任何磁场中任一点的磁能密度都可用上式表示. 因此,磁场储存的总能量为

$$W_{\mathrm{m}} = \int_V w_{\mathrm{m}} \mathrm{d}V = \int_V \frac{1}{2}BH \mathrm{d}V \tag{15.19}$$

上式积分应遍及所讨论的磁场分布的空间.

例 15.11　求例 15.9 中同轴电缆单位长度内的磁能.

解　根据安培环路定理,在内外圆筒之间的空间内,距轴线 r 处的磁场强度为

$$H = \frac{I}{2\pi r}$$

而在其余空间 $H = 0$.

根据磁场分布的对称性,取一个与电缆同轴的薄圆筒状体积元 $\mathrm{d}V$,它由半径为 r 和 $r + \mathrm{d}r$、长为 l 的两个圆柱围成,则 $\mathrm{d}V = 2\pi r l \mathrm{d}r$. 该体元中的磁能密度和磁能为

$$w_{\mathrm{m}} = \frac{1}{2}\mu H^2 = \frac{\mu I^2}{8\pi^2 r^2}$$

$$dW_m = w_m dV = \frac{\mu I^2}{8\pi^2 r^2} 2\pi r l\, dr$$

因此,长为 l 的一段电缆的总磁能为

$$W_{lm} = \int dW_m = \int_{R_1}^{R_2} \frac{\mu l I^2}{4\pi} \frac{dr}{r} = \frac{\mu l I^2}{4\pi} \ln \frac{R_2}{R_1}$$

单位长度电缆内的磁能为

$$W_m = \frac{W_m}{l} = \frac{\mu I^2}{4\pi} \ln \frac{R_2}{R_1}$$

由磁能与自感的关系式(15.17),即得单位长度电缆的自感系数

$$L = \frac{2W_m}{I^2} = \frac{\mu}{2\pi} \ln \frac{R_2}{R_1}$$

结果与例 15.9 相同.

15.5　电磁感应的应用

电磁感应现象在工程技术、电磁测量和科学研究等方面,有着极为广泛的应用.这里仅举几例简要说明电磁感应在高新科学技术中的应用.

15.5.1　电子感应加速器

电子感应加速器是一种利用变化磁场产生的感生电场对电子进行加速,以获得高速电子束的装置.电子感应加速器的主要部分如图 15.24 所示.圆形电磁铁两极间有一环形真空室,在频率为每秒数十至数百周的强交变电流的激励下,在环形真空室内产生交变磁场,从而产生感生电场,其电场线为一系列同心圆.由电子枪注入其中的电子,在洛伦兹力作用下作圆周运动,同时在圆周上被涡旋电场加速.如磁场按一定的规律增强,电子就会在速度不断增加的过程中,仍然绕一稳定的圆形轨道运动.

由于磁场和电场都是交变的,因此在电流变化的一个周期内,只有当电场的方向与电子绕行方向相反时,电子才能得到加速.电场方向一变,电子反而要减速.所以在每次电子束注入并得到加速后,一定要在电场方向变化之前把电子束引出使用.因为电子注入真空室的初速度相当大,在电场未改变方向之前,电子已绕行数十万圈并一直受到电场

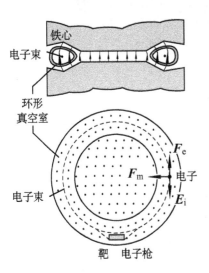

图 15.24

加速,故能获得相当高能量的电子.目前采用的电子感应加速器,小的可将电子加速到数十万 eV,大的可达数百万 eV.

利用电子感应加速器得到的高能电子束轰击靶,可产生硬 X 射线及人工 γ 射线,用于研究某些核反应和制备一些放射性同位素.此外,由于电子感应加速器结构较简单,造价较低,因此在工业及医疗等方面还常用来作无损探伤、射线治疗等.

15.5.2　涡流及其应用

当大块导体,特别是金属导体处在变化的磁场中时,由于通过金属块的磁通量发生变化,因此在金属块中产生感应电动势,从而产生电流.这些电流在金属内部形成一个个闭合回路,故称作涡电流,又叫**涡流**.

1. 高频感应炉

如果在一个圆柱形的金属导体上绕以线圈,当线圈中通以交变电流时,导体将处在交变磁场中.由于圆柱形金属导体可以看成套在一起的一层一层的圆筒,每层圆筒都相当于一个回路,因此在交变磁场的激发下,每一层都会产生交变的感生电动势(或涡旋电场).导体中的载流子在涡旋电场的作用下,形成环形感应电流,这就是**涡流**.因为整块金属导体的电阻很小,所以涡流很大,能产生大量的焦耳热.这就是感应加热的原理.

涡流产生的热量还与交流电的频率有关.我们知道,感应电动势的大小与磁通量随时间的变化率成正比,因此,涡流与交流电的频率成正比.在涡流产生的磁场可以忽略的条件下,根据焦耳-楞次定律,电流产生的热量与电流的平方成正比,所以涡流产生的热量也与交流电频率的平方成正比.工厂中冶炼合金时常用的高频感应炉,就是利用金属块中产生的涡流所放出的热量使金属块熔化的,如

接高频交流电源

图 15.25

图 15.25所示.这种方法具有加热速度快、易控制、材料不受沾污等优点.

涡流的热效应应用很广.除上述应用以外,还可以用来进行表面淬火、焊接;在半导体材料和器件的制备中也常用到.

2. 阻尼摆

金属导体在非均匀磁场中运动时也会产生涡流.如图 15.26 所示,由一块厚铜片做成的摆锤,可以在电磁铁两极的间隙中摆动.电磁铁的线圈没有通电时,摆锤可以自由摆动;电磁铁的线圈通电后,摆锤的摆动就会很快停止下来,好像是在某种黏性很大的液体中运动似的,这种现象叫做**电磁阻尼**.电磁阻尼的原理,就是导体在非均匀磁场中运动时产生涡流,根据楞次定律,涡流的方向总是使其产生的磁

图 15.26

场阻碍产生涡流的原因,即阻碍导体和磁场的相对运动.

在一些电磁仪表中,常利用电磁阻尼使摆动的指针迅速地停止在平衡位置.电度表中的制动铝盘,也利用了电磁阻尼效应;电气火车的电磁制动器等也都是根据电磁阻尼的原理设计的.

事物总是一分为二的,在有些情况下涡流是有害的.例如,变压器和电机中的铁芯由于处在交流电的变化磁场中,因而铁芯内部要产生涡流,使铁芯发热.这不仅浪费了电能,而且由于不断发热,导致铁芯温度升高,使得导线间绝缘材料性能下降.温度过高时,绝缘材料会被烧坏,损坏变压器或电机,造成事故.因此,对变压器、电机这类设备,应当尽量减少涡流.为此,一般电机和变压器中的铁芯都不是整块的铁,而是用一片片彼此绝缘的硅钢片叠合而成.减少涡流的另一措施是选择电阻率较高的材料做铁芯.电机、变压器的铁芯用硅钢片而不用铁片的原因之一,就是硅钢片的电阻率比铁大得多.对于高频器件,如收音机中的磁性天线、中频变压器等,由于线圈中电流变化的频率很高,为了减少涡流损耗,均采用电阻率很高的半导体磁性材料(铁氧体)做磁芯.

15.6 麦克斯韦电磁场理论简介

到现在为止,我们已经学习了静电场、恒定磁场以及电磁感应的一系列重要规律.本节是电磁理论的总结,介绍麦克斯韦方程组.

麦克斯韦电磁理论是物理学中最伟大的成就之一,它奠定了经典电动力学的基础,也为无线电技术的进一步发展开辟了广阔前景.

15.6.1 位移电流

在 15.2 节,介绍了变化的磁场能产生涡旋电场,那么,变化的电场能否产生磁场呢?

我们知道,恒定电流的磁场遵从安培环路定理,即

$$\oint_L \boldsymbol{H} \cdot \mathrm{d}\boldsymbol{l} = \sum_{L\text{内}} I_i$$

等式右边是穿过以 L 为边界的任意曲面的传导电流的代数和.如图 15.27(a)所示,闭合回路 L 环绕着电流 I,该电流通过以 L 为边线的平面 S_1,也同样通过以 L 为边线的口袋形曲面 S_2.由于恒定电流是闭合的,所以对于确定的闭合回路,安培环路定理与曲面 S 的形状无关.

现在我们考察图 15.27(b)所示的含有电容器的电路.由于电容器的充放电,

电路中的电流不再恒定.在这种情况下,安培环路定理是否还成立呢? 容易看出,对于 S_1 面,$\oint_L \boldsymbol{H}\cdot\mathrm{d}l \neq 0$;而对于 S_2 面,却有 $\oint_L \boldsymbol{H}\cdot\mathrm{d}l = 0$. 显然,两者是互相矛盾的.为了克服这一矛盾,修正安培环路定理,麦克斯韦于 1864 年提出了一个重要的假设——**位移电流**.在实验证实了电磁波的存在后,为位移电流的假设提供了最有力的证据.

在图 15.27(b) 的充放电电路中,无论是充电,还是放电,导体中的传导电流都在极板处中断并导致回路中传导电流不连续.虽然电容器极板间没有传导电流,但其间却存在变化的电场.设某一时刻电容器 A 板的带电量为 $+q$,面电荷密度为 σ;B 板的带电量为 $-q$,面电荷密度为 $-\sigma$,则极板间电位移矢量的大小为

$$D = \sigma = \frac{q}{S}$$

极板间的电位移通量为

$$\Phi_D = DS = q$$

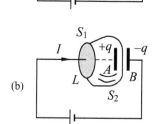

由于在充放电的非恒定过程中,q、D 和 Φ_D 都随时间 t 变化,因而有

$$\frac{\mathrm{d}D}{\mathrm{d}t} = \frac{\mathrm{d}\sigma}{\mathrm{d}t}, \quad \frac{\mathrm{d}\Phi_D}{\mathrm{d}t} = \frac{\mathrm{d}D}{\mathrm{d}t}\cdot S = \frac{\mathrm{d}q}{\mathrm{d}t}$$

根据电荷守恒定律,电容器极板上自由电荷随时间的变化率应等于导线中的传导电流 I,即

$$\frac{\mathrm{d}q}{\mathrm{d}t} = I$$

所以,极板间电位移通量随时间的变化率和传导电流 I 在量值上相等,即

$$\frac{\mathrm{d}\Phi_D}{\mathrm{d}t} = I$$

图 15.27

根据以上分析,虽然极板间的传导电流为零,但在任何时刻,极板间电位移 D 的时间变化率 $\mathrm{d}D/\mathrm{d}t$ 和电位移通量 Φ_D 的时间变化率 $\mathrm{d}\Phi_D/\mathrm{d}t$ 都分别等于传导电流密度 j 和传导电流 I.

再看方向.由于电容器充电时,电容器两极板间的电场增强,因此 $\mathrm{d}D/\mathrm{d}t$ 的方向与 $\boldsymbol{D}$ 的方向相同,也与导线中传导电流的方向相同;电容器放电时,两极板间的电场减弱,故 $\mathrm{d}D/\mathrm{d}t$ 与 $\boldsymbol{D}$ 的方向相反,但仍和导线中传导电流的方向一致.

麦克斯韦提出位移电流的假设,并定义:电场中某一点**位移电流密度** j_D 等于该点电位移矢量对时间的变化率;通过电场中某一截面的**位移电流** I_D 等于通过该截面的电位移通量 Φ_D 随时间的变化率.即

$$j_D = \frac{\partial \boldsymbol{D}}{\partial t}, \quad I_D = \frac{\mathrm{d}\Phi_D}{\mathrm{d}t} \tag{15.20}$$

式中应用了偏导数是考虑到电位移 D 不一定只是 t 的函数.

可见,引入位移电流以后,在电容器极板处中断了的传导电流 I,被间隙中的位移电流 I_D 所接替,从而使电路中的电流保持连续性.

传导电流和位移电流之和称为全电流,记为 I_S,即

$$I_S = I + I_D \tag{15.21}$$

由以上讨论可知,引入位移电流以后,使得全电流在电流非恒定情况下也保持连续.因此,在电流非恒定情况下,安培环路定理应推广为

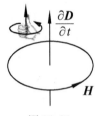

$$\oint_L \boldsymbol{H} \cdot \mathrm{d}\boldsymbol{l} = I + I_D = I_S \tag{15.22a}$$

或

$$\oint_L \boldsymbol{H} \cdot \mathrm{d}\boldsymbol{l} = \int_S \left(\boldsymbol{j} + \frac{\partial \boldsymbol{D}}{\partial t} \right) \cdot \mathrm{d}\boldsymbol{S} \tag{15.22b}$$

图 15.28

上式称为**全电流安培环路定理**.它表明,位移电流和传导电流一样,能在其周围空间产生磁场.磁场强度 $\boldsymbol{H}$ 沿任意闭合回路的环流等于通过此回路所围曲面的全电流.不难看出,位移电流所激发的有旋磁场,与回路 L 中的 $\frac{\partial \boldsymbol{D}}{\partial t}$ 也成右手螺旋关系,如图 15.28所示.

应当指出,位移电流本质上就是变化着的电场,并没有真实的电荷在空间运动.我们之所以称之为电流,仅仅是因为其磁效应与传导电流等效.显然,形成位移电流不需要导体,因此它不产生焦耳热.

例 15.12 极板半径 $R=0.2$ m 的圆形平行板电容器,某一时刻正以 $I=10$ A 的电流充电.求此时在距极板轴线 $r_1=0.1$ m 处和 $r_2=0.3$ m 处的磁感强度（忽略边缘效应）.

解 如图 15.29(a)所示.由于两极板间的电场对圆形平板具有轴对称性,因此磁场的分布也具有轴对称性,磁感线都是垂直于电场而圆心在圆板中心轴线上的同心圆,其绕向与 $\frac{\partial \boldsymbol{D}}{\partial t}$ 的方向成右手螺旋关系;同一圆周上磁场强度 $\boldsymbol{H}$ 的大小处处相等.

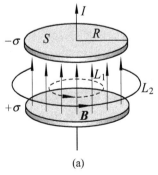

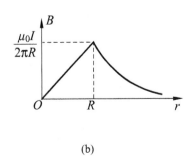

(a)   (b)

图 15.29

在和极板间电场垂直的平面上取半径为 $r_1(<R)$ 的圆周作为积分回路 L_1，$\boldsymbol{H}$ 的环流为

$$\oint_{L_1} \boldsymbol{H}_1 \cdot \mathrm{d}\boldsymbol{l} = H_1 \cdot 2\pi r_1 = I_D \qquad ①$$

式中 I_D 为回路 L_1 所包围的位移电流. 因极板间电场均匀，并且 $D = \sigma = \dfrac{q}{\pi R^2}$，故有

$$I_D = j_D S_1 = \frac{\mathrm{d}D}{\mathrm{d}t} S_1 = \frac{1}{\pi R^2} \frac{\mathrm{d}q}{\mathrm{d}t} \pi r_1^2 \qquad ②$$

式中 S_1 为回路 L_1 所围圆的面积. 将式②代入式①，得

$$H_1 = \frac{I_D}{2\pi r_1} = \frac{I r_1}{2\pi R^2}$$

由此得

$$B_1 = \mu_0 H_1 = \frac{\mu_0 I r_1}{2\pi R^2} = \frac{4\pi \times 10^{-7}\,\mathrm{N \cdot A^{-2}} \times 10\,\mathrm{A} \times 0.1\,\mathrm{m}}{2\pi \times (0.2\,\mathrm{m})^2} = 5 \times 10^{-6}\,\mathrm{T}$$

再取半径为 $r_2(>R)$ 的圆周作为积分回路 L_2，注意到极板外 $D=0$，则回路 L_2 所包围的位移电流 I_D' 为

$$I_D' = j_D \cdot \pi R^2 = \frac{\mathrm{d}q}{\mathrm{d}t} = I$$

因此有

$$B_2 = \mu_0 H_2 = \frac{\mu_0 I_D'}{2\pi r_2} = \frac{\mu_0 I}{2\pi r_2} = \frac{4\pi \times 10^{-7}\,\mathrm{N \cdot A^{-2}} \times 10\,\mathrm{A}}{2\pi \times 0.3\,\mathrm{m}} = 6.7 \times 10^{-6}\,\mathrm{T}$$

磁场方向如图 15.29(a) 中所示. 图 15.29(b) 画出了极板间磁感强度的大小随 r（场点到中心轴距离）变化的关系.

15.6.2　麦克斯韦方程组

回顾我们学过的静电场和恒定磁场的基本性质和规律，有如下四条重要定理：

（1）静电场的高斯定理

$$\oint_S \boldsymbol{D}^{(1)} \cdot \mathrm{d}\boldsymbol{S} = q \qquad (15.23)$$

它表明静电场是有源场，电荷是产生电场的源.

（2）静电场的环路定理

$$\oint_L \boldsymbol{E}^{(1)} \cdot \mathrm{d}\boldsymbol{l} = 0 \qquad (15.24)$$

它表明静电场是保守（无旋、有势）场.

（3）恒定磁场的高斯定理

$$\oint_S \boldsymbol{B}^{(1)} \cdot \mathrm{d}\boldsymbol{S} = 0 \qquad (15.25)$$

它表明恒定磁场是无源场.

(4) 恒定磁场的环路定理

$$\oint_L \boldsymbol{H}^{(1)} \cdot \mathrm{d}\boldsymbol{l} = I \tag{15.26}$$

它表明恒定磁场是非保守(有旋)场. 上面四个方程中 $\boldsymbol{D}^{(1)}$、$\boldsymbol{E}^{(1)}$、$\boldsymbol{B}^{(1)}$ 和 $\boldsymbol{H}^{(1)}$ 各量分别表示由静止电荷和恒定电流产生的场, q 为高斯面 S 内自由电荷的代数和, I 为穿过闭合回路 L 的传导电流的代数和.

此外, 还有磁场变化时的规律, 即法拉第电磁感应定律

$$\mathscr{E}_i = -\frac{\mathrm{d}\Phi_B}{\mathrm{d}t} = -\frac{\mathrm{d}}{\mathrm{d}t}\int_S \boldsymbol{B} \cdot \mathrm{d}\boldsymbol{S}$$

这些规律是在不同的实验条件下得到的, 它们的适用范围各不相同.

为了获得普遍情况下相互协调一致的电磁规律, 麦克斯韦全面考察了这些规律, 提出了"位移电流"和"涡旋电场"的假设, 揭示了电场和磁场的内在联系, 即变化的电场能产生磁场, 变化的磁场能产生电场, 变化的电场和变化的磁场总是互相联系在一起, 形成统一的电磁场. 麦克斯韦归纳出描述统一电磁场的一组方程.

麦克斯韦认为, 在一般情况下, 电场既包括自由电荷产生的静电场, 也包括变化磁场产生的涡旋电场, 总电场是两种电场的矢量和. 同样, 磁场既包括传导电流产生的磁场, 也包括位移电流产生的磁场, 总磁场是两种磁场的矢量和. 我们以上标(2)标记涡旋电场和位移电流产生的磁场, 则有

$$\boldsymbol{E} = \boldsymbol{E}^{(1)} + \boldsymbol{E}^{(2)}, \quad \boldsymbol{D} = \boldsymbol{D}^{(1)} + \boldsymbol{D}^{(2)}$$

$$\boldsymbol{B} = \boldsymbol{B}^{(1)} + \boldsymbol{B}^{(2)}, \quad \boldsymbol{H} = \boldsymbol{H}^{(1)} + \boldsymbol{H}^{(2)}$$

其中涡旋电场的环流和变化磁场的关系可表示为

$$\oint_L \boldsymbol{E}^{(2)} \cdot \mathrm{d}\boldsymbol{l} = -\frac{\mathrm{d}\Phi_B}{\mathrm{d}t} = -\int_S \frac{\partial \boldsymbol{B}}{\partial t} \cdot \mathrm{d}\boldsymbol{S} \tag{15.27}$$

位移电流在其周围空间产生磁场, 该磁场的环流为

$$\oint_L \boldsymbol{H}^{(2)} \cdot \mathrm{d}\boldsymbol{l} = I_D = \int_S \frac{\partial \boldsymbol{D}}{\partial t} \cdot \mathrm{d}\boldsymbol{S} \tag{15.28}$$

在此基础上, 麦克斯韦还假定电场和磁场的高斯定理在一般情况下仍然成立. 这样就得到了一般情况下电磁场必须满足的麦克斯韦方程组的积分形式

$$\begin{cases} \oint_S \boldsymbol{D} \cdot \mathrm{d}\boldsymbol{S} = q = \int_V \rho \mathrm{d}V \\[2mm] \oint_L \boldsymbol{E} \cdot \mathrm{d}\boldsymbol{l} = -\int_S \frac{\partial \boldsymbol{B}}{\partial t} \cdot \mathrm{d}\boldsymbol{S} \\[2mm] \oint_S \boldsymbol{B} \cdot \mathrm{d}\boldsymbol{S} = 0 \\[2mm] \oint_L \boldsymbol{H} \cdot \mathrm{d}\boldsymbol{l} = I + I_D = \int_S \left(\boldsymbol{j} + \frac{\partial \boldsymbol{D}}{\partial t} \right) \cdot \mathrm{d}\boldsymbol{S} \end{cases} \tag{15.29}$$

式中 ρ 为自由电荷密度, $\boldsymbol{j}$ 为传导电流密度.

为了能够描述电磁场中各点的情况,我们不加证明地给出麦克斯韦方程组的微分形式

$$\begin{cases} \nabla \cdot \boldsymbol{D} = \rho \\[4pt] \nabla \times \boldsymbol{E} = -\dfrac{\partial \boldsymbol{B}}{\partial t} \\[6pt] \nabla \cdot \boldsymbol{B} = 0 \\[4pt] \nabla \times \boldsymbol{H} = \boldsymbol{j} + \dfrac{\partial \boldsymbol{D}}{\partial t} \end{cases} \qquad (15.30)$$

式中 $\boldsymbol{D}$ 和 $\boldsymbol{E}$、$\boldsymbol{B}$ 和 $\boldsymbol{H}$、$\boldsymbol{j}$ 和 $\boldsymbol{E}$ 不是彼此独立的,都与介质的性质有关. 对于各向同性介质有如下关系式:

$$\begin{cases} \boldsymbol{D} = \varepsilon \boldsymbol{E} = \varepsilon_0 \varepsilon_r \boldsymbol{E} \\[4pt] \boldsymbol{B} = \mu \boldsymbol{H} = \mu_0 \mu_r \boldsymbol{H} \\[4pt] \boldsymbol{j} = \gamma \boldsymbol{E} \end{cases} \qquad (15.31)$$

我们知道,静止电荷和恒定电流所产生的场的场量只是空间坐标的函数,而与时间 t 无关. 但是,在一般情况下,方程组(15.29)中各场量都是空间坐标和时间的函数,因此,它比式(15.23)~式(15.26)具有更为丰富的意义. 应用麦克斯韦方程组,再加上 $\boldsymbol{E}$ 和 $\boldsymbol{H}$ 所满足的边界条件以及初始条件,便可确定空间某一点在某一时刻的电磁场.

不难看出,当存在随时间变化的电场或磁场时,由于变化的电场、磁场互相激发,并以有限的速度在空间由近及远地传播出去,离场源一定距离处的场并不由该时刻场源的情况决定,而是由此时刻之前的某一时刻场源的情况决定,所以即使场源消失,电磁场还可以继续存在. 有场的地方就有能量,这就证明了场是能量的携带者,能量定域于场中. 这是**场的物质性**的最有力的证明.

麦克斯韦方程组完整、系统地反映了电场和磁场的本质及其内在的联系,它们的关系可用图 15.30 表示. 自然界的特征之一是具有对称性,麦克斯韦方程组正是反映了电磁场具有明显的对称性.

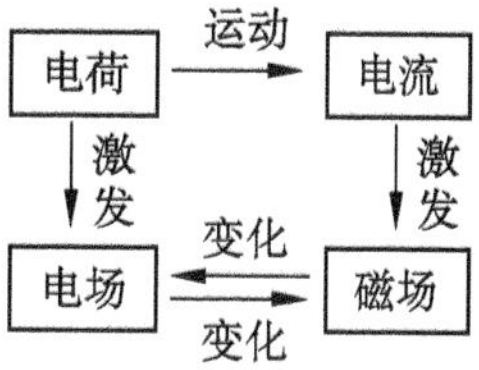

图 15.30

需要指出,麦克斯韦电磁理论是从宏观电磁理论总结出来的,可以应用在各种宏观电磁现象中. 然而,在分子原子等微观过程中的电磁现象,需要用更普遍的量子电动力学来解决.

15.6.3　电磁波

按照麦克斯韦电磁理论,若在空间某区域有交变的电场,则在它邻近的区域就会产生交变的磁场;交变的磁场又在较远的区域产生新的交变电场. 如此继续下去,其结果是变化的电场和变化的磁场不断地交替产生,并且由近及远地传播出

去,这种变化的电磁场在空间以一定的速度传播的过程就是**电磁波**.

1. 电磁振荡

如上所述,电磁波实际上就是变化的电磁场在空间的传播,是电流、电压、电场或磁场强度的周期性变化传播出去的结果. 我们把迅速的周期性变化称为电磁振荡. 因此,讨论电磁波如何产生,首先必须研究电磁振荡.

考虑一个由自感线圈 L 和电容器 C 组成的回路,若回路中电阻 $R=0$,则这个回路称为 LC 回路. 将电容器 C 充电后与自感线圈 L 连接,由于 $R=0$,又无辐射及阻尼存在,所以振荡过程没有能量损失,任何时刻电场能和磁场能总和保持不变,即

$$\frac{1}{2C}Q^2 + \frac{1}{2}LI^2 = 常量$$

式中 Q 为某一时刻电容器极板所带的电量,I 为该时刻回路中的电流. 将上式对 t 求导,可得

$$\frac{Q}{C}\frac{\mathrm{d}Q}{\mathrm{d}t} + LI\frac{\mathrm{d}I}{\mathrm{d}t} = 0$$

因为 $I=\dfrac{\mathrm{d}Q}{\mathrm{d}t}$,所以上式可写成

$$\frac{\mathrm{d}^2Q}{\mathrm{d}t^2} + \frac{1}{LC}Q = 0$$

令 $\omega^2 = \dfrac{1}{LC}$,则有

$$\frac{\mathrm{d}^2Q}{\mathrm{d}t^2} + \omega^2 Q = 0 \tag{15.32}$$

这个方程和简谐运动微分方程形式完全相同. 它的解为

$$Q = Q_0\cos(\omega t + \varphi) \tag{15.33}$$

可见电量作周期性变化,其固有角频率为

$$\omega = \frac{1}{\sqrt{LC}} \tag{15.34}$$

式中电量振幅 Q_0 和初相 φ 由电路的初始条件确定.

将式(15.33)两边对 t 求导数,即得电路中电流随时间作周期性变化的规律.

2. 电磁波的产生与传播

要想有效地把电路中的电磁能量发射出去,除了电路中必须有不断的能量补充之外,还需要具备以下条件:

(1) 频率必须足够高.

理论已经证明,振荡偶极子在单位时间内辐射的能量与频率的四次方成正比,只有振荡电路的固有频率足够高,才能有效地把电磁能量发射出去. 式(15.34)表

明,要增大振荡频率,必须减小电路中的 L 和 C 的值.

(2) 电路必须开放.

LC 振荡电路是集中性元件的电路,即电场和电能都集中在电容元件中,磁场和磁能都集中在自感线圈中.为了能将电磁能量发射出去,需要改造电路.设想按图 15.31 所示的趋势改造电路,使电容器极板面积越来越小,而极板间的距离越来越大,同时减少自感线圈的匝数,最后振荡电路完全退化为一根直导线.这样,电场和磁场便分散到周围空间,并且由于 L 和 C 的减小,也提高了电路的振荡频率.所以在直线形的电路上引起电磁振荡,其两端就会交替出现等量异号电荷,这就是**振荡偶极子**,或称偶极振子.这样的电路可作为发射电磁波的振源.广播电台或电视台的天线,实际上都可以看成是这类偶极振子.

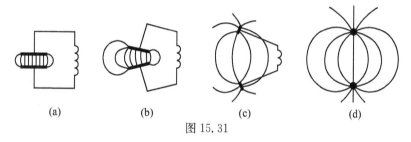

(a)　　　　(b)　　　　(c)　　　　(d)

图 15.31

1888 年,赫兹应用与上述相类似的振荡偶极子产生了电磁波,从而用实验证实了电磁波的存在.

我们以振荡偶极子为例,说明电磁波的产生与传播.设振荡偶极子的电偶极矩 p 可用下式表示:

$$p = p_0\cos\omega t \tag{15.35}$$

式中 p_0 是电矩的振幅,ω 是角频率.

振荡偶极子产生的电场和磁场的函数表达式可由麦克斯韦方程计算得到(推导从略).我们只给出离振荡偶极子足够远的区域内的结果.

如图 15.32 所示,振荡偶极子位于原点 O,电矩 $\boldsymbol{p}_0$ 的方向沿图中极轴方向.在球面上任取一点 Q,其径矢 $\boldsymbol{r}$(也是波的传播方向)与极轴方向的夹角为 θ,计算结果表明:Q 点的 $\boldsymbol{E}$、$\boldsymbol{H}$ 和 $\boldsymbol{r}$ 三个矢量互相垂直,并成右手螺旋关系.Q 点的 $\boldsymbol{E}$ 和 $\boldsymbol{H}$ 的量值分别为

$$E(r,t) = \frac{\mu p_0 \omega^2 \sin\theta}{4\pi r}\cos\omega\left(t - \frac{r}{u}\right) \tag{15.36}$$

$$H(r,t) = \frac{\sqrt{\varepsilon\mu}\, p_0 \omega^2 \sin\theta}{4\pi r}\cos\omega\left(t - \frac{r}{u}\right) \tag{15.37}$$

式中 u 为电磁波的传播速度,它与介质的电容率 ε 和磁导率 μ 的关系为

$$u = \frac{1}{\sqrt{\varepsilon\mu}} \tag{15.38a}$$

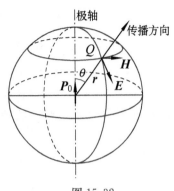

图 15.32

真空中 u 的量值为

$$u = \frac{1}{\sqrt{\varepsilon_0 \mu_0}} = 2.998 \times 10^8 \text{ m·s}^{-1}$$

(15.38b)

该值等于光在真空中的速率,表明**光波是一种电磁波**.

由式(15.36)和式(15.37)可知,E 和 H 的量值都与 θ 角有关,表明振荡偶极子的辐射具有明显的方向性.

振荡偶极子辐射的电磁波是球面波,但在距偶极子足够远处,则可看作是平面波,其波函数为

$$E = E_0 \cos\omega\left(t - \frac{r}{u}\right)$$

(15.39)

$$H = H_0 \cos\omega\left(t - \frac{r}{u}\right)$$

(15.40)

上述结论虽然是从振荡偶极子得出的,但具有普遍性,适用于任何作加速运动的电荷所辐射的电磁波.

3. 电磁波的性质

根据以上讨论,在距振源足够远的区域内,电磁波有如下基本性质:

(1) 电磁波的 E、H 和传播速度 u 三者相互垂直,说明电磁波是横波.

(2) E 和 H 的振动相位相同,并且 E 和 H 幅值间的关系为 $\sqrt{\varepsilon}E = \sqrt{\mu}H$.

(3) 沿给定方向传播的电磁波,E 和 H 分别在各自的平面内振动,这一特性称为偏振性.

(4) E 和 H 以相同的波速 $u = \dfrac{1}{\sqrt{\varepsilon\mu}}$ 传播. 在真空中电磁波的速度与光速相等.

4. 电磁波的能量

我们知道,电磁场具有能量,随着电磁波的传播,就伴随着能量的传播. 这种以电磁波形式传播出去的能量叫做**辐射能**. 显然,在各向同性介质中,辐射能传播的速度和方向就是电磁波传播的速度和方向.

在电场和磁场共存的空间,总能量密度应为电场和磁场的能量密度之和,即电磁波的能量密度为

$$w = w_e + w_m = \frac{1}{2}\varepsilon E^2 + \frac{1}{2}\mu H^2$$

(15.41)

电磁波的能流密度也称电磁波的强度,是指单位时间内通过垂直于传播方向单位面积的能量,用 S 表示. 其大小为

$$S = wu$$

(15.42)

将式(15.38)和式(15.41)代入上式,可得

$$S = \frac{1}{\sqrt{\varepsilon\mu}}\left(\frac{1}{2}\varepsilon E^2 + \frac{1}{2}\mu H^2\right) = \frac{1}{2}\left(\sqrt{\frac{\varepsilon}{\mu}}E^2 + \sqrt{\frac{\mu}{\varepsilon}}H^2\right)$$

将 $\sqrt{\varepsilon}E = \sqrt{\mu}H$ 代入上式,化简可得

$$S = EH \qquad\qquad (15.43)$$

能流密度是矢量,电磁波的能流密度也称为坡印亭矢量. 由于能量的传播方向就是波的传播方向,并且 $\boldsymbol{E}$、$\boldsymbol{H}$ 和传播方向构成右手螺旋关系,因此可用矢量表示为

$$\boldsymbol{S} = \boldsymbol{E} \times \boldsymbol{H} \qquad\qquad (15.44)$$

将式(15.36)和式(15.37)代入式(15.43),得振荡偶极子辐射的电磁波的能流密度为

$$S = EH = \frac{\sqrt{\varepsilon\mu^3}\,p_0^2\omega^4\sin^2\theta}{16\pi^2 r^2}\cos^2\omega\left(t - \frac{r}{u}\right)$$

振荡偶极子在单位时间内辐射出去的能量,叫做辐射功率,用 P 表示. 将上式在以振荡偶极子为中心、半径为 r 的球面上积分,并把所得结果取时间平均值,则得振荡偶极子的平均辐射功率为

$$\bar{P} = \frac{\mu p_0^2\omega^4}{12\pi u}$$

上式表明,平均辐射功率与振荡偶极子频率的四次方成正比. 可见,振荡偶极子的辐射功率随着频率的增高而迅速增大.

5. 电磁波谱

自从赫兹用电磁振荡的方法产生了电磁波,并证明它的性质和光波的性质完全相同之后,物理学家又做了许多实验,不仅证明了光波是电磁波,而且证明了后来发现的伦琴射线、γ 射线等都是电磁波,它们在真空中的传播速度都等于光速,并具有电磁波的共性.

电磁波的范围很广,为了便于比较,对各种电磁波有较全面的了解,我们按照波长(或频率)大小,把它们依次排列成谱,称为电磁波谱,如图 15.33 所示.

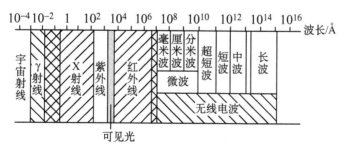

图 15.33

　　在电磁波谱中,波长最长的是无线电波.一般的无线电波是由电磁振荡通过天线发射的,波长可从几千米到几毫米,其间又分为长波(3000 m 以上)、中波(3000～200 m)、中短波(200～50 m)、短波(50～10 m)、超短波(10～1 m)和微波(1～0.001 m)几个波段.长波主要用于远洋长距离通信和导航;中波多用于航海和航空定向,以及一般无线电广播;短波多用于无线电广播、电报通信等;超短波、微波多用于电视、雷达、无线电导航以及其他专门用途等.

　　红外线,可见光和紫外线的波长比无线电波短得多.能引起视觉的电磁波称为可见光,其波长在 0.76～0.40 μm 之间.波长在 600～0.76 μm 之间的为红外线,它不能引起视觉.波长在 0.40～0.005 μm 之间的为紫外线,也不能引起视觉.

　　红外线的波长比红光长,主要由炽热物体辐射,普通白炽灯除辐射可见光外,也辐射红外线,它最显著的性质是热作用.在生产中常用红外线的热效应烘烤物体和食品等.在国防上,可利用红外线通过特制的透镜或棱镜(氯化钠或锗等材料做成)成像或色散,使特制的底片感光等特性,制造夜视器材和进行红外照像,用作夜间侦察.红外雷达、红外通信等都是利用定向发射的红外线,在军事上有重要用途.

　　紫外线波长比紫光的波长更短,有明显的生理作用.可用来杀菌、诱杀昆虫,在医疗上应用也很广.炽热物体的温度很高时就会辐射紫外线,太阳光和汞灯中都有大量的紫外线.

　　X 射线又叫伦琴射线,波长从 5 nm 到 4×10^{-2} nm,是由于原子中内层电子的跃迁发射出来的.X 射线具有很强的穿透能力,广泛用于人体透视和晶体结构分析.

　　γ 射线的波长比 X 射线的波长更短,其波长在 4×10^{-2} nm 以下,是从放射性原子核中发射出来的.γ 射线具有比 X 射线更强的穿透本领,许多放射性同位素都发射 γ 射线,它广泛应用于金属探伤和研究原子核的结构.

　　各种电磁波的波长(或频率)范围不同,它们的特性也有很大差别,从而导致各自的特殊功能.这种由于频率的不同,而引起各种电磁波特性的质的区别,是自然现象中量变引起质变这一辩证规律的生动实例之一.

内 容 提 要

1. 法拉第电磁感应定律

感应电动势：　$\mathscr{E}_i = -\dfrac{\mathrm{d}\Phi}{\mathrm{d}t}, \quad \mathscr{E}_i = -N\dfrac{\mathrm{d}\Phi}{\mathrm{d}t} = -\dfrac{\mathrm{d}\Psi}{\mathrm{d}t}$

感应电流：　$I_i = \dfrac{\mathscr{E}_i}{R} = -\dfrac{1}{R}\dfrac{\mathrm{d}\Phi}{\mathrm{d}t}$

感应电量：　$q_i = \displaystyle\int_{t_1}^{t_2} I_i \mathrm{d}t = \dfrac{1}{R}(\Phi_1 - \Phi_2)$

2. 动生电动势(非静电力是洛伦兹力)

$$\mathscr{E}_i = \int_a^b (\boldsymbol{v} \times \boldsymbol{B}) \cdot \mathrm{d}\boldsymbol{l}, \quad \mathscr{E}_i = \oint_L (\boldsymbol{v} \times \boldsymbol{B}) \cdot \mathrm{d}\boldsymbol{l} = -\frac{\mathrm{d}\Phi}{\mathrm{d}t}$$

3. 感生电动势(非静电力是涡旋电场力)

$$\mathscr{E}_i = \int_a^b \boldsymbol{E}_i \cdot \mathrm{d}\boldsymbol{l}, \quad \mathscr{E}_i = \oint_L \boldsymbol{E}_i \cdot \mathrm{d}\boldsymbol{l} = -\frac{\mathrm{d}\Phi}{\mathrm{d}t}$$

4. 自感和互感

$$L = \frac{\Phi}{I}, \quad \mathscr{E}_L = -L \frac{\mathrm{d}I}{\mathrm{d}t} \quad (L \text{ 不变})$$

$$M = \frac{\Phi_{21}}{I_1} = \frac{\Phi_{12}}{I_2}, \quad \mathscr{E}_{21} = -M \frac{\mathrm{d}I_1}{\mathrm{d}t}, \quad \mathscr{E}_{12} = -M \frac{\mathrm{d}I_2}{\mathrm{d}t} \quad (M \text{ 不变})$$

$$M \leqslant \sqrt{L_1 L_2} \quad (\text{无漏磁时取等号})$$

5. 磁能密度　磁场能量

$$w_m = \frac{1}{2} BH = \frac{1}{2} \mu H^2 = \frac{1}{2\mu} B^2$$

$$W_m = \int_V w_m \mathrm{d}V, \quad W_m = \frac{1}{2} LI^2$$

6. 麦克斯韦方程组

(1) 麦克斯韦的两个假设——涡旋电场和位移电流

位移电流密度和强度：$\quad j_D = \dfrac{\partial \boldsymbol{D}}{\partial t}, \quad I_D = \dfrac{\mathrm{d}\Phi_D}{\mathrm{d}t}$

(2) 麦克斯韦方程组的积分形式

$$\oint_S \boldsymbol{D} \cdot \mathrm{d}\boldsymbol{S} = \int_V \rho \mathrm{d}V \quad (\text{电场的高斯定理})$$

$$\oint_L \boldsymbol{E} \cdot \mathrm{d}\boldsymbol{l} = -\int_S \frac{\partial \boldsymbol{B}}{\partial t} \cdot \mathrm{d}\boldsymbol{S} \quad (\text{电场的环路定理})$$

$$\oint_S \boldsymbol{B} \cdot \mathrm{d}\boldsymbol{S} = 0 \quad (\text{磁场的高斯定理})$$

$$\oint_L \boldsymbol{H} \cdot \mathrm{d}\boldsymbol{l} = I + I_D = \int_S \left(\boldsymbol{j} + \frac{\partial \boldsymbol{D}}{\partial t} \right) \cdot \mathrm{d}\boldsymbol{S} \quad (\text{全电流的安培环路定理})$$

7. 电磁波的性质

(1) 电磁波的 $\boldsymbol{E}$、$\boldsymbol{H}$ 和传播速度 u 三者相互垂直,电磁波是横波.

(2) $\boldsymbol{E}$ 和 $\boldsymbol{H}$ 的振动相位相同,并且 $\boldsymbol{E}$ 和 $\boldsymbol{H}$ 幅值间的关系为 $\sqrt{\varepsilon} E = \sqrt{\mu} H$.

(3) 给定方向传播的电磁波,$\boldsymbol{E}$ 和 $\boldsymbol{H}$ 分别在各自的平面内振动——偏振性.

(4) $\boldsymbol{E}$ 和 $\boldsymbol{H}$ 以相同的速度 $u = \dfrac{1}{\sqrt{\varepsilon\mu}}$ 传播.真空中电磁波的速度等于光速.

电磁波的能流密度：$\quad \boldsymbol{S} = \boldsymbol{E} \times \boldsymbol{H}.$

习　题

(一)选择题和填空题

15.1　尺寸相同的铁环和铜环所包围的面积中有相同变化率的磁通量,两环中感应电动势 ε 和感应电流 I 的关系为〔　〕

(A) $\varepsilon_{铁} \neq \varepsilon_{铜}$,$I_{铁} \neq I_{铜}$.　　　　(B) $\varepsilon_{铁} = \varepsilon_{铜}$,$I_{铁} = I_{铜}$.

(C) $\varepsilon_{铁} \neq \varepsilon_{铜}$,$I_{铁} = I_{铜}$.　　　　(D) $\varepsilon_{铁} = \varepsilon_{铜}$,$I_{铁} \neq I_{铜}$.

15.2　圆柱形空间内有磁感应强度为 $\boldsymbol{B}$ 的均匀磁场,$\boldsymbol{B}$ 的大小以速率 dB/dt 变化.在磁场中有 C、D 两点,其间可放置直导线和弯曲导线,如图所示,则〔　〕

(A) 电动势只在直导线中产生.

(B) 电动势只在弯曲导线中产生.

(C) 直导线中的电动势等于弯曲导线中的电动势.

(D) 直导线中的电动势小于弯曲导线中的电动势.

题 15.2 图

提示　在圆柱形空间内的感生电场是涡旋场,电场线是与圆柱同轴的同心圆.

15.3　在感应电场中电磁感应定律可以写成 $\oint_L \boldsymbol{E}_k \cdot d\boldsymbol{l} = -\dfrac{d\Phi}{dt}$,式中 $\boldsymbol{E}_k$ 为感应电场的电场强度.此式表明〔　〕

(A) 闭合曲线 l 上 $\boldsymbol{E}_k$ 处处相等.

(B) 感应电场是保守场.

(C) 感应电场的电力线不是闭合曲线.

(D) 在感应电场中不能像对静电场那样引入电势的概念.

15.4　将条形磁铁插入与冲击电流计串联的金属环中时,有 $q = 2.0 \times 10^{-5}$ C 的电荷通过电流计,若连接电流计的电路总电阻 $R = 25$ Ω,则穿过金属环的磁通量变化 $\Delta\Phi$ 为_____.

15.5　长为 l 的单层密绕管,共绕有 N 匝导线,其自感为 L.若换用直径比原来导线直径大一倍的导线密绕,自感为原来的_____.

15.6　两个共轴圆线圈,半径分别为 R 和 r,匝数分别为 N_1 和 N_2,相距为 l,设 r 很小,且小线圈所在处磁场可以视为均匀,则线圈的互感系数为_____.

(二)问答题和计算题

15.7　灵敏电流计的线圈处于永久磁铁的磁场中,通入电流,线圈就发生偏转.切断电流后线圈在回复原来位置前总要来回摆动好多次.这时如果用导线把线圈的两个接头短路,则摆动很快停止.这是什么缘故?

15.8　有两个金属环,一个的半径略小于另一个.为了得到最大互感,你把两环面对面放置还是一环套在另一环中? 如何套?

15.9　若通过某线圈各匝的磁通量相同,则线圈的自感可由 $L = N\Phi/I$ 计算.如果通过各匝的磁通量不一样,L 应当如何计算?

15.10　什么叫位移电流? 它和传导电流有何异同?

15.11　如图所示,一长直导线与边长为 l_1 和 l_2 的矩形导线框共面,且与它的一边平行,线框以恒定速率 v 沿与长直导线垂直的方向向右运动.(1)若长直导线中的电流为 I,求线框与直导线相距 x 时穿过线框的磁通量、线框中感应电动势的大小和方向;(2)若长直导线中通以交变电流 $I=I_0\sin\omega t$,求任意位置任意时刻线框中的感应电动势.

15.12　如图,一电路中电池的电动势 $\mathscr{E}=1.5$ V,与一电阻 $R=5.0$ Ω 串联,导线的电阻可以略去不计.电路平面与磁场垂直,$B=0.10$ T,MN 为一可滑动导线,长 $l=0.50$ m.当 MN 以 $v=10$ m·s^{-1} 的速度向右移动时,求电路中电流的大小.

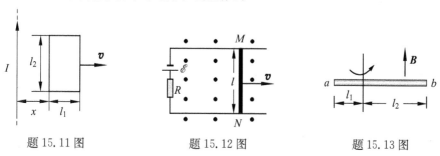

题 15.11 图　　　　　题 15.12 图　　　　　题 15.13 图

15.13　如图,水平放置的导体棒 ab 绕竖直轴旋转,角速度为 ω,棒两端离转轴的距离分别为 l_1 和 $l_2(l_1<l_2)$.已知该处的磁场在竖直方向的分量为 B,求导体 a、b 两端的电势差.哪端的电势较高?

15.14　法拉第圆盘发电机是一个在磁场中转动的导体圆盘.设圆盘的半径为 R,它的轴线与均匀外磁场 $\boldsymbol{B}$ 平行,圆盘以角速度 ω 绕轴线旋转,如图所示.(1)求圆盘边缘与中心的电势差;(2)当 $R=15$ cm,$B=0.60$ T,$\omega=30$ r·s^{-1}(转/秒)时,电势差为多少? (3)盘边缘与中心哪处电势高? 当盘改变转动方向时,电势高低的位置是否也反过来?

15.15　如图所示,导体可沿倾斜的金属框架无摩擦地下滑.回路总电阻为 R,导体长为 l,框架倾角为 θ,竖直方向磁场的磁感强度 B 以及导体质量 m 均已知,求导体下滑达到的稳定速度.

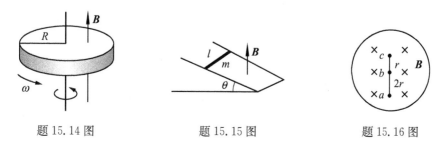

题 15.14 图　　　　　题 15.15 图　　　　　题 15.16 图

15.16　图中所示的是一限定在圆柱体内的均匀磁场,磁感强度为 B,圆柱半径为 R.B 以 0.010 T·s^{-1} 的恒定速率减小.把电子分别放在 a、b、c 点时,它们获得的加速度各是多少? 假定 $r=0.05$ m,b 在圆柱轴线上.

15.17　电子感应加速器中的磁场在直径为 0.50 m 的圆柱形区域内是均匀的,磁场的变化率为 1.0×10^{-2} T·s^{-1},在此圆柱外部磁场为零.试计算距轴线 0.10 m、0.50 m、1.00 m 处的感生电场强度.

15.18 一电子在加速器中沿半径为 1.00 m 的轨道作圆周运动,如它每转一周动能增加 700 eV,试计算轨道内磁场的变化率.

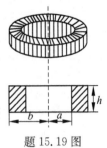

15.19 一横截面为 S 的螺绕环,尺寸如图所示,共绕有 N 匝,求它的自感系数.

15.20 两根半径为 r_0、轴线相距为 d 的平行长直导线,通有等值反向的电流,组成一两线式传输线.忽略导线内部的磁场,求长为 l 的一对导线的自感;若 $r_0=2.0$ mm,$d=20.0$ cm,求单位长度传输线上的分布电感.

题 15.19 图

15.21 两个长为 l 的共轴套装的长直密绕螺线管,半径分别为 R_1 和 $R_2 (R_1 < R_2)$,匝数分别为 N_1 和 N_2,试分别计算它们的互感系数 M_{12} 和 M_{21},并验证 $M_{12}=M_{21}$.

15.22 两线圈的自感分别为 $L_1=5.0$ mH,$L_2=3.0$ mH,当它们顺接串联时,总自感 $L=11.0$ mH.(1)求它们之间的互感系数;(2)设两线圈的形状和位置都不改变,求它们反接后的总自感.

15.23 如图,求长直导线和与其共面的等边三角形线圈之间的互感系数.设三角形高为 h,平行于直导线的一边到直导线的距离为 b.

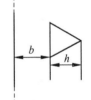

15.24 一同轴导线由很长的两个同轴薄圆筒构成,内筒半径为 1.0 mm,外筒半径为 7.0 mm,有 100 A 的电流由外筒流去,内筒流回.两筒间介质的相对磁导率 $\mu_r=1$.求:(1)介质中的磁能密度;(2)单位长度(1 m)同轴线储存的磁能.

题 15.23 图

15.25 半径为 R 的圆柱形长直导体,均匀流过电流 I,求单位长度导体内储存的磁能.

15.26 在玻尔氢原子模型中,电子绕原子核作圆周运动,最小轨道半径 $r=5.3\times10^{-11}$ m,频率 $\nu=6.8\times10^{15}$ r·s^{-1}(周/秒),求轨道中心的磁能密度.

15.27 有一线圈,电感 $L=2.0$ H,电阻 $R=10\ \Omega$. 现将它突然接到电动势 $\mathscr{E}=100$ V、内阻可略的电池组上,求:(1)线圈的稳定电流;(2)任意时刻线圈中的电流和电流随时间的变化率.

15.28 半径为 r 的小导线圆环置于半径为 R 的大导线圆环的中心,二者在同一平面内,且 $r\ll R$. 若小导线圆环中通有电流 $I=I_0\sin\omega t$,求任意时刻大导线圆环中的感应电动势.

15.29 (1)证明平行板电容器两极板之间的位移电流可写成 $I_D=C\dfrac{dU}{dt}$;(2)要在 1 μF 的电容器内产生 1A 的位移电流,则加在电容器上的电压变化率应有多大?

15.30 半径 $R=0.10$ m 的两块圆板,构成平行板电容器,放在真空中.今对电容器匀速充电,使两板间电场变化率为 $\dfrac{dE}{dt}=1.0\times10^{13}$ V·m^{-1}·s^{-1}. 求板间位移电流,并计算电容器内离两板中心连线 $r (r < R)$ 处以及 $r=R$ 处的磁感强度.

15.31 试证明麦克斯韦方程组中蕴含了电荷守恒定律.

15.32 已知自由空间中向 z 轴正方向传播的 $\boldsymbol{E}=E_m \sin\omega\left(t-\dfrac{z}{c}\right)\boldsymbol{i}$,试求 $\boldsymbol{D}$、$\boldsymbol{B}$ 和 $\boldsymbol{H}$.

15.33 真空中,一平面电磁波的电场由下式给出:

$$E_y = 6.0 \times 10^{-2} \cos\left[2\pi \times 10^8 \left(t - \frac{x}{c}\right)\right] \text{(SI)}, \; E_x = E_z = 0$$

求：(1)波长和频率；(2)传播方向；(3)磁感强度的大小和方向.

15.34　一平面电磁波电场强度的最大值是 1.00×10^{-4} V·m^{-1}，求磁场强度的最大值.

15.35　一广播电台的广播辐射功率为 10 kW，假定辐射场均匀地分布在以电台为中心的半球面上.(1)求距离电台 $r = 10$ km 处的坡印亭矢量的平均值；(2)若在上述距离处的电磁波可以看作平面波，求该处电场强度和磁场强度的振幅.

电 磁 炮

　　电磁炮是利用电磁力代替传统火药高速发射弹丸的一种新概念动能武器. 与传统的火炮相比，电磁炮的不仅具有高初速(弹丸初速可与火箭匹敌)、射弹质量范围大、能源简易的优点，而且无声响、无烟尘、易操作、生存力强. 这使它在战略和战术领域都有着广阔的应用前景. 可望用于反卫星、反导弹、反装甲和战术防空等.

　　按发射方式，电磁炮可分为以下三类.

1. 导轨炮

　　导轨炮又称为轨道炮. 简单的轨道炮实质上就是一台单匝直流直线电动机. 如图 15.34 所示，两条与高功率脉冲电源相连接的直导轨和位于导轨之间的电枢(推动弹丸)构成导体回路，开关 S 一闭合，就有强大的电流从一导轨流经电枢后再从另一导轨流回，电流产生强磁场，通有电流的电枢在电磁力作用下被加速，它推动弹丸以超高速飞出炮口. 这就是轨道炮的发射原理.

　　电枢由导电物质构成，可以是固态金属块，也可以是等离子体，或者是两者组成的混合体，若是固体电枢，则所受电磁力称为安培力，若为等离子体电枢，则称为洛伦兹力. 电枢起滑动开关和电短路作用. 由于电枢运动时需与导轨保持良好的电接触，所以在超高速(>3km/s)时采用等离子态电枢. 根据任务不同，弹丸可以选择不同的形状和材料. 金属导轨必须是良导体，具有好的机械强度和刚性，并且耐烧蚀和磨损. 导轨的作用是在传导大电流的同时引导电枢和弹丸运动. 高功率脉冲电源提供的脉冲电压在 10^4 V 数量级，电流在 $100 \sim 1000$ kA 范围，脉宽需几个毫秒；电源 G 通过开关 S 与导轨电连接.

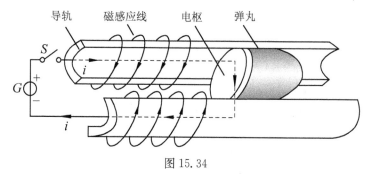

图 15.34

如电枢电流密度为 J,则作用在电枢上的电磁力的大小和方向取决于 $J \times B$;因电枢电流密度 J 和磁感强度 B 均正比于电流 i,所以弹丸受到的加速力正比于 i^2. 由此可见,要想获得弹丸的高速度,必须供给轨道强大的电流. 通常该电流的数值在兆安级,相应的电流的脉冲宽度在毫秒数量级.

在强脉冲电流的作用下,导轨炮中弹丸的加速度可达重力加速度的几十万倍. 因此,导轨炮只需要较短的导轨就能够获得很高的速度. 其优点是结构简单,适用范围广. 例如可用于天基战略反导;发射质量为 $1 \sim 10$ g 的弹丸,能使其速度达到 20 km/s 以上,以拦截战略导弹;也可用于地面战术武器,反装甲和防空等. 但是,导轨炮也存在缺点,一是效率低,一般约 10% 左右;二是大电流对导轨的烧蚀严重,影响其使用寿命. 为此,近些年来又出现了一些改进型的电磁轨道炮,例如,有的轨道炮为了减小电流,在轨道炮的外面与轨道并行走向绕多匝线圈以增强磁场,称为加强型轨道炮;有的轨道炮采用分段储能、供电或多级串联使用以提高效率等.

1980 年,美国威斯汀豪研究中心试制的一门轨道炮,将一枚 317 g 的弹体加速到 4.2 km·s^{-1}. 1982 年,澳大利亚国立大学试制的一门轨道炮,将一枚 2.2 g 的弹体加速到 15.9 km·s^{-1},大大超过了普通火炮弹丸速度的极限.

2. 线圈炮

线圈炮是一种基于直线电动机原理工作、用脉冲或交变电流产生磁场以驱动弹体的发射装置.

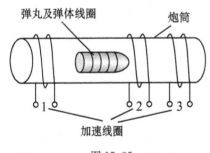

图 15.35

如图 15.35 所示,炮筒上固定有若干个线圈,称为驱动线圈,依次向这些线圈,如线圈 1,加脉冲或交变电流,则在弹丸的弹体线圈中产生感应电流. 根据电磁感应定律,感应电流和驱动线圈 1 的电流方向相反,因此驱动线圈 1 中电流产生的磁场对弹体线圈即弹丸施以斥力. 在该力作用下,弹丸得以加速,从线圈 1、2 之间进入线圈 2、3 之间. 当弹丸离开线圈 1、2 之间进入线圈 2、3 之间时,驱动线圈 2 接通,弹丸又一次受斥力作用,从而再次被加速. 如此继续下去,弹丸终因受一系列驱动线圈电流磁场的驱动而获得很高的发射速度. 显然,驱动线圈与弹体线圈之间的相互作用,相当于两个磁体间的相互作用,既可以相斥也可以相吸,既可使弹丸加速也可使弹丸减速. 因此,在上述过程中,必须保证驱动线圈产生的磁场与弹体线圈的运动位置精确同步.

线圈炮除具有电磁炮的特点外,还有三个特别的优点:一是炮膛中存在磁悬浮力,弹体线圈在加速过程中可不与驱动线圈接触,相应的与炮管的接触摩擦不存在;二是线圈炮的效率高,理论值可达 100%;三是适合发射较大质量的载荷,特别适合作远程炮、反坦克炮、航天发射器、飞机弹射器等. 目前,正在研制的主要有电刷换向线圈炮、同步感应式线圈炮、异步感应线圈炮等.

1976 年,原苏联有人用线圈炮把一个 1.3 g 的金属环加速到 4.9 km·s^{-1}. 美国正在试验用线圈炮发射人造卫星,他们计划安装一个具有 10 级绕组、口径为 76.2 cm、长度达百米的线圈炮,预计可将一个 270 kg 的卫星送至 200 km 高空,然后再用小火箭将卫星推至 1850 km 外的运行轨道上.

3. 重接炮

这种炮综合了轨道炮和线圈炮的优点,是一种多级加速的无接触电磁发射装置.在结构上有新颖之处,没有炮管,但要求弹丸在进入重接炮之前应有一定的初速度.目前,实验室制作尚未完成,仍处于理论探索阶段.

重接炮实质上也是一种感应型线圈炮,它与线圈炮的区别在于:驱动线圈排列方式和极性与一般的线圈炮不同;其次,重接炮的弹丸没有弹丸线圈,而是使用抗磁性良好的实心弹丸;还有,重接炮是利用所谓的磁感应线"重接"工作.

板状弹丸单级重接炮由上下两个长方形同轴线圈组成,其间有一间隙,发射体为一长方体,可穿过两线圈的间隙作加速运动.如图 15.36 所示.当弹丸尚未进入线圈间隙时,不接电源,此时线圈内没有磁场.弹丸以一初速度进入到重接炮,当到达两线圈间隙并达到图 A_1 状态时,即弹丸面积刚遮住线圈横截面口径时,弹丸与线圈的耦合范围最大,此时用电流激励线圈,电流上升,产生磁场,在弹丸中感生的涡流有排除和隔断磁场的作用,或者说弹丸割断了磁感应线,强迫它们沿上下线圈各成回路.当电流达到峰值后去掉电源,线圈电流以线圈回路的时间常数保持着磁能(电流).当弹丸前进到其尾部与线圈口径左侧拉开缝隙时,如图 A_2 状态时,磁隔断状态被取消,被板状弹丸"截断"的磁感应线在缝隙中"重接"、伸展,使原来弯曲的磁感应线有机会重接、拉紧和变直,像弹弓皮条复原那样作用于弹丸后缘使其向前运动,如图 A_3 状态.此时存储在线圈中的磁能转变为弹丸的动能,这是弹丸后缘受到重接磁感应线强有力加速所致.弹丸离开线圈后,一级加速完毕,可进入下一级再加速,如图 15.36 中 B.

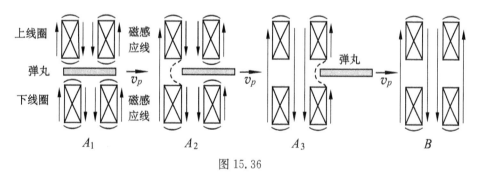

图 15.36

从形式上看,重接炮是以磁感应线"重接"工作的.从本质上看,重接炮的工作原理是:变化的磁场对弹丸感生涡流,弹丸尾部涡流与重接的磁场相互作用产生电磁力而作用于弹丸.

重接炮中,每单位长度传给弹丸的能量比其他电磁炮多,效率较高,有更大的稳定性.重接炮综合了线圈炮能发射大质量弹丸和轨道炮能发射超高速弹丸的优点,可赋予弹丸更高的加速力峰值,被认为是未来天基超高速电磁炮的结构形式.

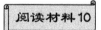

超 导 电 性

随着科学技术的发展,人们对超导体的认识越来越深化,超导技术的应用也越来越广泛.

1. 超导现象

实验发现,金属的电阻(或电阻率)在常温下与温度成线性关系,低温时随绝对温度的 5 次方线性降低;在接近绝对零度时,某些金属,如汞、钒、铅、铌等的电阻将消失.实验还发现,某些金属合金和化合物在较低温度下,电阻也会急剧下降,直至为零.这种**电阻突然变为零的现象称为超导现象**.超导是超导电性的简称.

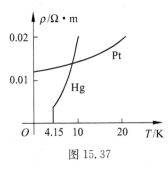

图 15.37

超导最早发现于 1911 年.荷兰科学家昂尼斯(H. K. Onnes)在测量一个固态汞样品的电阻与温度的关系时惊奇地发现,在 4.2 K 附近时,汞的电阻突然减小到仪器无法测量出的一个值(约为 1×10^{-5} Ω).在图 15.37 中,实线反映了由实验测出的在 4.2 K 附近汞的电阻率的变化情况,在温度低于 4.15 K 时,汞的电阻为零;虚线反映的是正常金属铂的电阻率随温度变化的情况.昂尼斯称电阻为零的状态为超导态.由于液化了氦并发现了超导态,昂尼斯于 1913 年获得了诺贝尔物理学奖.

具有超导电性的物质,称为超导材料.到目前为止,人们已发现正常压力下有 28 种元素、约 5000 种合金和化合物具有超导电性.在这些化合物中,陶瓷化合物占绝大多数.

超导材料从具有一定电阻的正常状态转变为电阻为零的超导态时,所处的温度 T_c 称为临界温度,又称转变温度.不同材料有不同的转变温度.表 15.1 列出了一些超导材料的转变温度.

表 15.1　一些超导材料的转变温度

材　料	T_c/K	材　料	T_c/K	材　料	T_c/K
铝	1.20	钽	4.48	V_3Ga	14.4
铟	3.40	钒	5.30	Nb_3Sn	18.0
锡	3.72	铅	7.19	Nb_3Al	18.6
汞	4.15	铌	9.26	Nb_3Ge	23.2
				钡基氧化物	～ 90

2. 超导体的特性

(1) 直流零电阻效应

电阻消失是超导体最显著的特性.将一超导环放在磁场中,突然撤去磁场,那么环内产生的感应电流会毫不衰减地维持下去,这种"永久电流"已在多次实验中观察到.曾经有人在超导铅环中激发了几百安培的电流,持续两年半未观察到电流的变化.可见,超导体处于超导态时,体内电场为零.

应该指出,只是在直流情况下才有零电阻效应.如果电流随时间变化,就会有功率耗散,但在低频时功率耗散很小,当频率高于 10^{11} Hz 时,其电阻将达到正常情况下的金属电阻值.

(2) 迈斯纳效应

超导体的另一特征是磁感线不能从它的体内穿过,也就是说,超导体处于超导态时,体内的磁场恒为零.超导体的这种排斥磁感线的现象是 1933 年迈斯纳(W. Meissner)发现的,故称为迈斯纳效应.该效应表明,超导体具有完全的抗磁性.

理论和实验都证明,磁感应强度 B 并非在超导体的几何表面突然下降为零,而是渗入表面一薄层后再变为零的,透入深度一般为 10^{-7} m 左右.应当强调,迈斯纳效应是对块状超导体而言的,如果超导薄膜的厚度小于透入深度,就不可能发生迈斯纳效应.

(3) 临界磁场与临界电流

1914 年,昂尼斯从实验中发现:当磁场强到一定程度时,超导体内就会产生电阻,超导态即被破坏.例如在绝对零度附近,0.041 T 的磁场就足以破坏汞的超导电性;而接近临界温度,更弱的磁场也对超导性具有破坏作用.破坏超导电性的最小磁场 H_c 称为临界磁场.临界磁场的存在也限制了超导体中能够通过的电流.在绝对零度附近,直径 0.2 cm 的汞超导线,最大只允许通过 200 A 的电流,否则将失去超导电性.破坏超导电性的最小电流 I_c 称为临界电流.当电流大于 I_c 时,其产生的磁场就会破坏超导态.

(4) 约瑟夫森效应

1962 年,英国牛津大学研究生约瑟夫森(B. D. Josephson)首先从理论上预言:电子对可以通过两块超导金属间的薄绝缘层.绝缘层的厚度约为 $1.0 \times 10^{-9} \sim 3.0 \times 10^{-9}$ m,这一结构称为约瑟夫森结,简称超导结.这种电子对穿过绝缘层的隧道效应称为超导隧道效应,也称约瑟夫森效应.约瑟夫森的预言不久就被实验所证实.

约瑟夫森效应有直流效应和交流效应两种.直流电通过超导隧道结时,只要电流小于某一临界电流 I_c,则结上不存在任何电压,流过结的是超导电流.即超导结允许一个零电压的电流通过,这就是直流约瑟夫森效应.如在超导结的结区两端加一直流电压(当然,这时电流大于 I_c),在结区就会出现高频的交变超导电流,其频率与所加的直流电压成正比,从而能辐射电磁波,这就是交流约瑟夫森效应.

3. BCS 理论简介

超导电性是一种宏观量子现象,经典理论对它产生的原因无法解释.1957 年,巴丁(J. Bardeen)、库柏(L. Cooper)和施里弗(J. R. Schrieffer)联合提出的微观理论——BCS 理论成功地解释了超导现象.该理论认为,产生超导现象的关键在于超导体中的电子形成了电子对,叫做"库柏对"."库柏对"由两个动量方向相反、大小相等的电子结合而成,每个电子对总动量为零.其形成是由于电子之间存在着一种与晶格点阵振动密切相关的特殊吸引力所致.一旦加上外电场,从整体上分析,大量电子对都在零动量的基础上获得相同的动量,从而发生高度有序的运动,表现出超导电性.从微观上分析,电子对中的两个电子同时受到晶格的散射而发生相反的动量改变,但电子对的总动量不变,因而晶格对电子运动无阻力作用,在宏观上就表现为直流电阻为零.

BCS 理论是超导物理发展的里程碑,巴丁、库柏、施里弗因此获得了 1972 年诺贝尔物理学奖.

4. 高温超导

由于超导体的转变温度很低,致使该项技术长期停留在研究阶段.为了使超导电性得到大规模的实际应用,高温超导材料的研制就成了科学家们的重要目标.几十年来,T_c 的每一点提高都受到人们的重视.20 世纪 60 年代,T_c 已提高到 20 K 以上;1973 年,伽伐里(Gavale)做出了 T_c 为 23.2 K 的 Nb_3Ge 超导薄膜;1986 年瑞士苏黎世 IBM 实验室的柏诺兹(J. G. Bednorz)和缪勒(K. A. Müllen)研制出 Ba-La-Cu-O 系新材料,将 T_c 由 23.2 K 提高到 30 K,打破了提高 T_c 工作停滞不前的局面,并由此引发了空前的高温超导研究热.

我国是世界上独立发现液氮温区超导体的国家之一.1987 年 2 月 24 日,中国科学院物理所赵忠贤领导的研究组宣布已制成 Y-Ba-Cu-O 系高温超导材料,其 T_c 为 78.5 K;同年,美籍华人朱经武教授得到 $T_c=98$ K 的转变温度.在 Y-Ba-Cu-O 系高温超导体的基础上,中、美、日等国的科学家又广泛地用 La 系稀土元素代替 Y 获得了巨大的成功,形成了 T_c 为 90~100 K 的超导群体,使得高温超导体的研究领域发生了革命性的转变.

近年来,高温超导实验令人振奋的发展给理论研究提出了一个严峻的课题.根据 BCS 理论,声子机制的超导最高临界温度不超过 40 K,但事实上却已远远超过.为此,物理学家们正在努力寻找新的超导材料的超导机制,且众说纷纭,尚无定论.

5. 超导的应用

超导材料的应用前景十分诱人.普遍认为,超导材料的广泛应用必将导致一场新的技术革命.

(1)强磁场

超导技术最主要的应用是做成电磁铁的超导线圈以产生强磁场.在高能加速器、受控热核反应实验中已有很多应用,在电力工业、现代医学等方面也已显示出良好的前景.例如强度高达 10 T 的超导电磁铁,能提高回旋同步加速器带电粒子的功率,减小电磁铁的体积.超导电磁铁还可用作核磁共振波谱仪的关键部件.此外,现在许多国家试验性运行的超导发电机的定子是用超导材料制成的,不仅大大提高了发电机的输出功率,而且减小了体积.

(2)低损耗电能传输

目前所用的电能传输线多为铜、铝材料制成.由楞次-焦耳定律可知,输电线路越长,能量损耗越多,通常长距离输电线路能量损失可达 20%~30%.由超导材料制成的传输线,由于电阻为零,故线路上的能量损耗大大减小,适用于长距离直流输电.这方面的研究,目前已进入实用化阶段.

(3)超导储能系统

超导材料具有高载流能力和零电阻的特点,可长时间无损耗地储存大量电能,需要时储存的能量可以连续释放出来.在此基础上可制成超导储能系统.1987 年美国"战略防御计划"办公室就提出建立超导储能工程实验模型(ETM)的计划,并投资 2000 万美元建成了一个储能系统,其最大储量可达到 204 兆千瓦时(7.35×10^{10} J).超导储能系统容量虽大得惊人,体积却很小.

(4)超导磁悬浮

利用超导体的抗磁性,可以将列车悬浮在轨道上.其结构是在车厢下面靠近铁轨处安装超导线圈,当列车达到一定速率时,轨道中的感应电流使列车悬浮起来.目前德国、日本等国都有磁悬浮列车在做实验性短途运行,车速可达 500 km·h^{-1}.我国上海已建成全球首条商用磁悬浮列车,全长 35 km,最大速度达到 430 km·h^{-1}.另外应用超导体的抗磁性,还可制成无摩擦轴承,这种轴承不仅可减少摩损,而且还可大大提高轴承的转速,达每分钟数十万转.这对提高加工精度大有好处.

(5)超导计算机

利用约瑟夫森效应,在约瑟夫森结上加电源,当电流低于某一个临界值时,绝缘层上不出现电压降,此时结处于超导态;当电流超过临界值时,结呈现电阻,并产生几毫伏的电压降,即转变为正常态.如在结上加一个控制极以控制通过结的电流或利用外加磁场,可使结在两个工作状态之间转换,这就成了典型的超导开关.利用超导开关可制成超导存储器、超导大规模集成电路,是计算机中理想的超高速器件.超导计算机与普通计算机相比,具有诸多优势:一是运行速度快.超导开关的开关速度目前已达几微微秒(1 微微秒$=10^{-12}$秒),使得超导计算机的运行速度比目前的计算机快 100 倍.二是功耗低,集成度高.由于电流在超导体中流动时不发热,也无损耗,超导集成电路的功耗仅为硅集成电路的几百分之一,为一般晶体管的二千分之一,因此其集成度可望做得很高.计算机中元器件之间的信号传输可用超导传输线来完成.日本 ETL 研究所已于 1991 年研制成世界上第一台超导计算机.

(6) 超导的军事应用前景

超导储能系统容量大、体积小,若用以替换军车、坦克上笨重的油箱和内燃机,这对军用武器装备来说将是一次革命.利用超导器件制成的超导量子干涉仪的磁异常探测系统,不但可探测敌方的地雷、潜艇,而且还能制成灵敏度极高的磁性水雷.利用超导器件还可制成大型红外聚焦阵列探测器,用它们装备部队,必将极大地提高部队的电子侦察能力,并让隐身武器平台“原形毕露”.超导发动机储能大、损耗小、重量轻、体积小,能用来驱动飞机、轮船、潜艇和鱼雷等,并且噪声小,隐蔽性好.超导技术使超导电磁炮拥有体积小、重量轻、可重复使用的电源,同时减少导轨的磁性损失和焦耳热损耗,提高系统效率.高能加速器使粒子束武器和自由电子激光武器这两种原本威力巨大的新概念武器,又倍添灵活,前景甚为可观.应用超导体的抗磁特性,可制成超导陀螺仪,大大提高飞机的飞行精度.用超导材料制成的超导电磁推进系统可望取代舰艇的传统推进系统,具有推进速度快、效率高、控制性能好、结构简单、易于维修和噪声小等特点,使舰艇的航速和续航能力倍增,并可大大提高舰艇的机动作战能力和生存能力.超导计算机也为军事 C^3I 系统的开发应用展现了美好前景.

从发展情况来看,超导新材料在军事上的应用研究还处于初始阶段,超导体的实际应用还有许多技术问题需要解决.

第 *16* 章　几何光学基础

光学是一门古老而又不断发展的学科. 最初, 人们从物体成像规律的研究中, 总结出光的直线传播规律, 并以此为基础建立了几何光学. 19 世纪后期, 由于麦克斯韦电磁场理论的建立和赫兹用实验证实了电磁波的存在, 使人们认识到光是一种电磁波, 光沿直线传播只是波动效应可忽略时的一种近似, 由此建立了光的波动理论, 并获得了广泛的应用. 20 世纪初, 又深入到对发光原理、光与物质相互作用的研究, 发现了光在这一领域明显地表现出粒子性, 从而最终使人们认识到光不但具有波动性, 也具有粒子性, 即光具有波粒二象性.

根据光的发射、传播、接收以及光与物质相互作用的性质和规律, 人们通常把光学分成几何光学、波动光学和量子光学三个研究分支. 本章讨论几何光学, 主要内容为几何光学基本定律、光在平面上的反射与折射、光在球面上的反射与折射, 以及光学仪器的原理及其应用.

16.1　几何光学基本定律

几何光学是用光的直线传播性质研究光在透明介质中的传播规律及其应用的学科, 其理论基础是由观察和实验得到的几个基本定律, 它们是成像原理和光学仪器设计的基础.

16.1.1　发光点　光线　实像　虚象

在自然界中, 任何能发光的物体都可称为**光源**, 如太阳、电灯、点燃的蜡烛、激光器等都是光源. 如果一个光源可看成理想的几何点, 则称之为**发光点**. 发光点发出的光在空间传播, 在几何光学中用一条带箭头的直线表示光的传播方向, 并称之为**光线**. 我们把有一定关系的一些光线的集合称为**光束**. 一光束中各光线或其延长线相交于一点的则称为**同心光束**, 如图 16.1 所示.

如果自物点(物体上的发光点)发出的光束, 经光学系统后仍保持为同心光

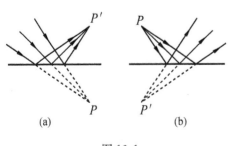

图 16.1

束,则这个经过系统后的光束的心称为光学系统对该物点所成的像点.当光束实际通过心时,则为**实像**,如图 16.1(a)中的 P';若是光线延长线的交点与该同心光束的心重合,则为**虚像**,如图 16.1(b)中的 P'.事实上,虚像所在处根本没有光线通过.若把观察屏置于实像点,有亮点出现,而虚像点不能在屏上显现出来.

需要指出,发光点是一个概念,光线也不是实际存在的东西,它们都是科学的抽象,并由此可借助几何学的方法较为简捷地研究光的传播和成像问题.

16.1.2　光的直线传播定律与独立传播定律

由生活经验可知,**光在均匀介质中沿直线传播**,这就是光的直线传播定律.**几条光线相遇时,彼此可以毫无干扰地相互穿越、独立传播**,即为光的独立传播定律.

日常生活中的影子就是光直线传播定律的具体体现,如图 16.2 所示.如果在屏前有另外的光线与形成影的光线相遇,屏上的影并不因此而改变,体现了光的独立传播定律.

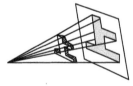

图 16.2

16.1.3　光的反射定律与折射定律

当光线由介质 1 进入介质 2 时,在两个介质的分界面上光线将改变方向,一部分返回介质 1,称为反射;一部分进入介质 2,称为折射,如图 16.3 所示.图中 i、i'、r 分别为入射角、反射角和折射角.一般把入射光线和分界面法线所决定的平面称为**入射面.**

1. 光的反射定律

实验表明,反射光线总是位于入射面内,并且与入射光线分居法线两侧,而反射角等于入射角,即

$$i = i' \tag{16.1}$$

这一规律称为光的反射定律.

需要指出,当光束遇到两种介质的分界面时,每条光线均遵从反射定律,反射光束的方向取决于界面情况.若界面光滑,则平行光束的反射光中各光线仍然相互平行,这种反射称为**镜面反射**;若界面粗糙,反射光束中的各光线方向不同,则称为**漫反射.**

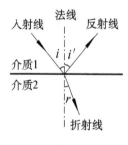

图 16.3

例 16.1　两平面镜垂直放置,一束光(平行光束)以小于 90° 的入射角 i 入射,求该光束在另一镜面的反射方向.

解　根据光的反射定律,由几何作图法容易证明,当光束的入射角小于 90°

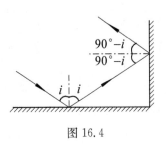

图 16.4

时,经过两次反射后,反射光将按原方向返回,如图 16.4所示.

设想将三块平面镜两两垂直放置,构成立体直角,则无论从何方来的光都将按原方向返回.汽车的尾灯罩就是由许多小塑料立体直角组合而成的,它将入射光反射回来,使后面车上的驾驶员可以发现前面的车辆.军事上反雷达侦察用的角反射器也是按照此原理设计的.角反射器将雷达波沿着入射方向反射回去,虽然它的尺寸很小,但在雷达接收机屏幕上可形成强烈的回波光斑,能有效地发挥隐真示假作用.

2.光的折射定律

实验表明,折射线总是位于入射面内,并且与入射线分居法线两侧,入射角 i 与折射角 r 的关系为

$$\frac{\sin i}{\sin r} = \frac{n_2}{n_1} \qquad\qquad (16.2a)$$

或写成

$$n_1 \sin i = n_2 \sin r \qquad\qquad (16.2b)$$

式中 n_1 和 n_2 分别为入射方介质和折射方介质的**绝对折射率**.这一规律称为光的折射定律.可见,对于一定的入射角 i,n_2 相对 n_1 越大,折射角 r 就越小.

光在真空中的速率 c 与其在某种均匀介质中的速率 v 的比值定义为该种介质相对于真空的折射率,这就是绝对折射率,简称**折射率**.即

$$n = \frac{c}{v} \qquad\qquad (16.3)$$

显然,真空的折射率等于1.表 16.1 列出了其他几种介质的折射率.

表 16.1　几种介质的折射率

介　质	折射率	介　质	折射率
金刚石	2.42	酒精	1.36
二氧化碳	1.63	乙醚	1.35
玻璃	1.5~1.9	水	1.33
水晶	1.55	空气	1.0003

实验表明,不同颜色的光在同一介质中的传播速率不同,因而折射率不同.当复合光遇到两种介质分界面时,折射光线将按颜色分散开来,形成彩色光带,称为**光谱**.这种现象称为**色散**.

不难看出,如果光线逆着原反射光或折射光的方向入射,根据反射定律和折射定律,其反射光和折射光必定沿着原入射光的逆方向传播.这种**当光线沿着和原来相反的方向传播时,其路径不变**的规律称为光路可逆原理,这在讨论光学仪器成像问题时会经常用到.

16.1.4　全反射

不同介质的折射率不同,不同颜色的光在同一介质的折射率也不同. 通常把 n 相对较大的介质称为**光密介质**,n 相对较小的介质称为**光疏介质**. 例如,水对玻璃来说是光疏介质,而对空气来说却是光密介质.

由式(16.2a)可知,当光线从光密介质射入光疏介质,即 $n_1 > n_2$ 时,折射角 r 将大于入射角 i,并且折射角随着入射角的增大而增大,如图 16.5 所示. 当入射角增大到某一角度时,折射角达到 $90°$,此时折射光线完全消失,入射光线完全不能进入分界面的另一侧. 这种现象称为**全反射**.

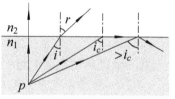

图 16.5

折射角等于 $90°$ 时的入射角称为**临界角**,以 i_c 表示. 当光线从光密介质射到与光疏介质的交界面时,如果入射角 $i \geqslant i_c$,就会发生全反射现象. 若忽略介质的吸收,则反射光的能量等于入射光的能量.

根据折射定律式(16.2a),当 $r = 90°$ 时,临界角 i_c 满足

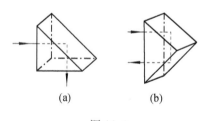

图 16.6

$$\sin i_c = \frac{n_2}{n_1} \qquad (16.4)$$

如 $n_1 = 1.5$ 的玻璃对于 $n_2 = 1$ 的空气而言,临界角 $i_c = 41.8°$.

在许多光学仪器中,在不损失光能的条件下,常利用全反射原理改变光的行进方向. **反射棱镜**就是常用的器件之一. 反射棱镜是等腰直角三角形棱镜,有两种基本使用方法. 图 16.6(a)进行了一次全反射,出射光线的方向改变了 $90°$;图 16.6(b)进行了两次全反射,出射光线的方向改变了 $180°$.

全反射现象的另一个重要应用是用光导纤维来传递各种信号. 光导纤维简称**光纤**,是很细的特制玻璃丝或透明塑料丝,由内芯和外套两层材料组成,内层材料的折射率比外层材料的折射率大,光线在内外两层的界面上发生多次全反射,如图 16.7 所示. 如果把光导纤维聚集成束,并使其两端纤维排列的相对位置相同,这样的光导纤维束就可以传送图像.

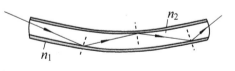

图 16.7

一根光导纤维束中可以有数千根纤维,每根纤维的直径仅为 $0.002 \sim 0.01$ mm. 医学上用光导纤维束制成的内窥镜可以观察人体内部胃、肠、支气管等器官的病变,在通信领域中则利用光导纤维制成的光缆进行信息传输.

16.2 光在平面上的反射和折射

从几何光学角度来看,光学系统可分为平面系统和球面系统. 本节从平面这个最简单的光学系统入手,讨论成像问题,这是研究实际光学系统的基础.

16.2.1 平面反射成像

在一块玻璃的底面上镀一层水银就成为**平面镜**. 光在水银面上单向反射而成像,这是一种最简单且最常见的光学成像器件. 如图 16.8,物体 P_1P_2 位于平面镜 MM' 前. 我们首先研究该物体上的一个发光点 P_1 对平面镜所成的像. 根据反射定律,物点 P_1 发出的光束经镜面反射,其反射光线的反向延长线相交于 P_1' 点,P_1' 点就是 P_1 点的虚像点,它位于镜后,与 P_1 点在镜面的同一法线上,并有

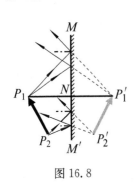

图 16.8

$$P_1N = P_1'N$$

即像点 P_1' 与物点 P_1 相对镜面来说是对称的. 由此可见,平面镜反射不会破坏光束的同心性. 即从一个发光点发出的光线,经反射后,反射光线的反向延长线也相交于一点,能形成清晰的虚像. 由于物体 P_1P_2 可以看作由许多发光点组成,每个发光点对平面镜都有自己的虚像点,这些虚像点的集合就构成了整个 P_1P_2 的虚像. 由几何学不难证明,**物体在平面镜中所成的虚像与物大小相等,且像与物关于镜面对称.**

16.2.2 平面折射成像

与光的平面反射不同,平面折射将破坏光束的同心性. 如图 16.9,发光点 P 在折射率为 n_1 的介质中发出一束光线,经分界面折射进入折射率为 n_2 的介质. 设 $n_1 > n_2$,根据折射定律,虽是同一发光点发出的光,但经折射后,各折射线的反向延长线并不交于一点,如图中的三条光线分别交于 P_1、P_2 和 P'. 显然同心性被破坏了,不能形成清晰的像,这种现象称为**像散**. 这就是说,发光点发出的同心光束经平面折射后不再交于一点而成为像散光束,即平面折射一般不能成像.

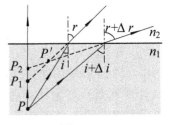

图 16.9

当 P 所发出的光束几乎垂直于界面时,即图 16.9 中的 $i=0$ 时,这时 P_1、P_2 和 P' 三点几乎重合在一起,折射光束近似保持同心性,此时便可讨论平面折射的成像问题. 例如在水面上沿竖直方向观看水中物体时能看到比较清晰的像. 我

们把所见像的深度称为**视深**,物的实际深度称为**物深**,如图 16.10 中的 AP' 是视深,而 AP 则为物深.

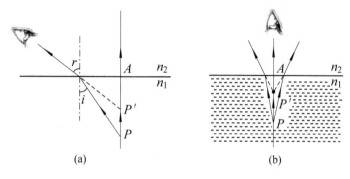

图 16.10

图 16.10(a)中的 i、r 是入射角和折射角,由几何关系可得

$$AP'\tan r = AP\tan i$$

由折射定律 $n_1\sin i = n_2\sin r$,得

$$AP' = AP\,\frac{n_2}{n_1}\cdot\frac{\cos r}{\cos i}$$

若从水面竖直向下观看,如图 16.10(b)所示,i、r 都近似为 $0°$,则视深近似为

$$AP' \approx AP\,\frac{n_2}{n_1} \tag{16.5}$$

上式给出了水面上沿竖直方向观看水中物体时,视深与物深的关系. 当然,入射方向越倾斜,折射光束的像散就越显著,像的清晰度也因此而受到破坏.

例 16.2 如图 16.11,紧贴矩形玻璃砖右端插一颗大头针,在距左端 $l_1 = 3$ cm 处观察大头针 P 的像 P'. 若测出像距右端 $l_2 = 4$ cm,玻璃砖厚度 $L = 14$ cm,试估算玻璃砖的折射率.

解 根据式(16.5),$AP' \approx AP n_2/n_1$,式中 $AP = L$,$AP' = L - l_2$,$n_2 = 1$,可得玻璃砖折射率

$$n_1 = \frac{AP\cdot n_2}{AP'} = \frac{L}{L - l_2} = 1.4$$

可见,只要垂直观察,视深与观察点的位置无关.

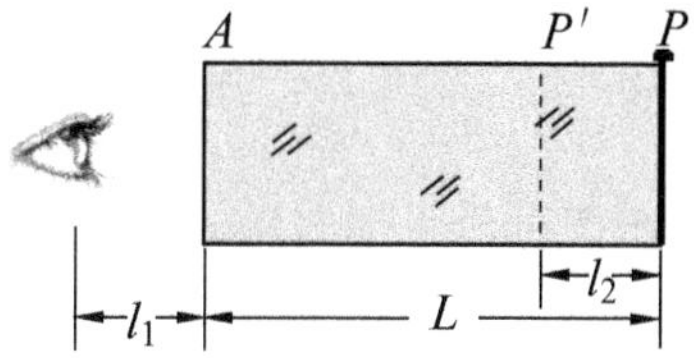

图 16.11

16.2.3 棱镜

棱镜是由许多折射平面组成的透明棱柱体. 常用的棱镜是横截面为三角形的三棱镜. 如图 16.12,三棱镜的两个折射面 AB 和 AC 分别叫做第一和第二分界面,它们之间的交角 α 叫做**顶角**,出射线和入射线之间的交角 δ 称为**偏向角**.

棱镜的主要用途有两个方面,一是色散,即将复合光束在空间上分散开来;二是偏向,即改变光线的传播方向.在现代光学测量中,棱镜是获得单色光及研究光谱成份的主要器件之一.

1. 棱镜的色散

白光是由多种颜色的光混合而成.当一束白光(平行光束)射向棱镜时,会在折

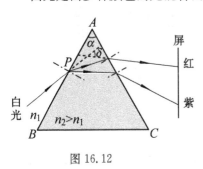

图 16.12

射时发生色散现象,两次折射使得不同颜色的光出射方向不同而在空间分散开来,在屏上自上而下形成一条红、橙、黄、绿、青、蓝、紫的彩色光谱,如图 16.12 所示.棱镜的色散作用表明,不同色光有不同的偏向角.这就是说,棱镜材料对不同色光的折射率不同.由折射定律可知,折射率越小,偏折就越小.图中红光的偏折最小,紫光的偏折最大,故折射率按红光到紫光的顺序递增.由 $n=c/v$ 可知,因为不同色光在真空中的速度都等于 c,所以各色光在同一介质中的速度按红光到紫光的顺序递减.

2. 偏向角和最小偏向角

现在我们来研究偏向角与折射率的关系.由图 16.13 不难看出

$$\delta = \beta_1 + \beta_2 = (i_1 - r_1) + (i_2 - r_2)$$

因 $r_1 + r_2 = \alpha$,所以

$$\delta = i_1 + i_2 - \alpha \qquad (16.6)$$

对于给定棱镜,顶角 α 是定值,偏向角 δ 随入射角 i_1 的改变而改变.由实验得知,对于某一 i_1 值,偏向角有一最小值 δ_{min}.

由式(16.6)两边对 i_1 求导,得

$$\frac{\mathrm{d}\delta}{\mathrm{d}i_1} = 1 + \frac{\mathrm{d}i_2}{\mathrm{d}i_1}$$

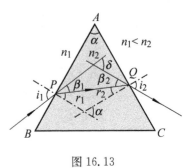

图 16.13

要想产生最小偏向角 δ_{min},必要条件是 $\dfrac{\mathrm{d}\delta}{\mathrm{d}i_1}=0$,故有

$$\frac{\mathrm{d}i_2}{\mathrm{d}i_1} = -1 \qquad (16.7)$$

取空气的折射率为 1,玻璃的折射率为 n,按折射定律,在两个折射面上有

$$n\sin r_1 = \sin i_1, \quad n\sin r_2 = \sin i_2 \qquad (16.8)$$

微分后得

$$n\cos r_1 \, \mathrm{d}r_1 = \cos i_1 \, \mathrm{d}i_1, \quad n\cos r_2 \, \mathrm{d}r_2 = \cos i_2 \, \mathrm{d}i_2$$

两式相除,考虑到 $r_1 + r_2 = \alpha$,有 $\mathrm{d}r_1 = -\mathrm{d}r_2$,可得

$$\frac{\mathrm{d}i_2}{\mathrm{d}i_1} = \frac{\cos i_1 \cos r_2}{\cos i_2 \cos r_1} \cdot \frac{\mathrm{d}r_2}{\mathrm{d}r_1} = -\frac{\cos i_1 \cos r_2}{\cos i_2 \cos r_1}$$

将式(16.7)代入上式,于是产生最小偏向角的条件变成

$$\frac{\cos i_1 \cos r_2}{\cos i_2 \cos r_1} = 1$$

将上式平方,并利用式(16.8),可得

$$\frac{1 - \sin^2 i_1}{n^2 - \sin^2 i_1} = \frac{1 - \sin^2 i_2}{n^2 - \sin^2 i_2}$$

要使上式成立,只有

$$i_1 = i_2 \tag{16.9}$$

这就是说,光线在棱镜第一折射面上的入射角在数值上应等于光线在第二折射面上的折射角. 此时,入射光和出射光对棱镜是对称的. 这样,在最小偏向角的情况下,并由式(16.6)有

$$r_1 = r_2 = \frac{\alpha}{2}, \quad i_1 = \frac{\alpha + \delta_{\min}}{2}$$

将上面两式代入式(16.8),可得

$$n = \frac{\sin \dfrac{\alpha + \delta_{\min}}{2}}{\sin \dfrac{\alpha}{2}} \tag{16.10}$$

由式(16.10)可知,只要测得三棱镜的顶角 α 和最小偏向角 $\delta_{\min}$,就可算出棱镜材料的折射率.若把实心棱镜换成装有透明液体的空心棱镜,也可测定该液体的折射率.

偏向角是折射棱镜的主要特征量. 用最小偏向角法测定固态和液态光学介质的折射率是一种较为简便而又精确的方法.

16.3 光在球面上的反射和折射

单球面是仅次于平面的简单光学系统,也是组成多数光学系统的基本组元. 研究光通过单球面的反射和折射是研究一般光学系统成像的基础.

16.3.1 光在单球面上的反射成像

1. 傍轴光线条件下的球面反射物像公式

在球面上镀反射层就成了球面镜. 它是工程上常用的一种反射镜,有凸面镜和凹面镜两种类型,其成像服从反射定律. 我们以凹面镜为例进行成像分析.

如图 16.14 所示,AOB 是球面的一部分,其中心点 O 称为球面的**顶点**,C 是曲率中心,R 为曲率半径,过顶点 O 和曲率中心 C 的直线称为**主光轴**. 设物点 P 位于

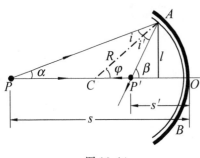

图 16.14

主光轴上,物点 P 到 O 的距离 s 称为**物距**,像点 P' 到 O 的距离 s' 称为**像距**.

现在研究 $s>R$ 时的球面反射成像光路.从物点 P 发出光束中的一条光线 PO 沿主光轴传播,在顶点 O 反射后沿原路返回;另一条光线 PA 沿与主光轴夹角为 α 的方向传播,反射点 A 的法线和反射光线与主光轴的夹角分别为 φ 和 β.需要指出,对于同一物点 P 发出的诸多光线,经球面反射后一般不相交于同一点,即出现像散现象.但当入射光线和主光轴的夹角 α 很小时,光线都靠近主光轴,称为**傍轴光线**,此时 β 和 φ 值也很小,反射光线近似相交于同一点 P',P' 即为 P 的像点.根据图 16.14 的几何关系有 $\varphi=\alpha+i$,$\beta=\varphi+i'$;由反射定律又有 $i=i'$,因此可得

$$\alpha+\beta=2\varphi \tag{16.11}$$

因为 α、β 和 φ 值都很小,近似有

$$\alpha\approx\tan\alpha\approx\frac{l}{s},\ \beta\approx\tan\beta\approx\frac{l}{s'},\ \varphi\approx\tan\varphi\approx\frac{l}{R}$$

式中 l 是反射点 A 到主光轴的垂直距离.将它们代入式(16.11),得到

$$\frac{1}{s}+\frac{1}{s'}=\frac{2}{R} \tag{16.12}$$

可见在傍轴光线条件下,对于 R 一定的球面,s' 和 s 一一对应,即物点和像点一一对应,这种理想像点称为**高斯像点**.

不难看出,若 P 和 P' 之一为物,则另一点为其相应的像.物和像的这种关系称为**共轭**,相应的点称为**共轭点**.物像共轭是光路可逆原理的必然结果.

当物点 P 距球面无限远($s\to\infty$)时,入射光束可看成傍轴平行光,如图 16.15 所示.平行光束经球面反射后,会聚于主光轴上某点,该点称为球面镜的**焦点**,用 F 表示;F 到顶点 O 的距离称为**焦距**,用 f 表示.由物像关系式(16.12),可得 $s'=\dfrac{R}{2}$,亦即

$$f=\frac{R}{2} \tag{16.13}$$

于是物像关系又可写成

$$\frac{1}{s}+\frac{1}{s'}=\frac{1}{f} \tag{16.14}$$

以上讨论了凹面镜在物距 $s>R$ 时的成像情况.研究发现,如果规定一套适当的符号法则,那么对于

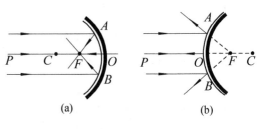

(a)　　　　　(b)

图 16.15

凹面镜、凸面镜的所有成像情况都可统一应用式(16.12)或(16.14)求解.这两个式子称为在傍轴光线条件下的**球面反射物像公式**.其符号法则规定如下：

(1) 物点、像点在镜前时,物距、像距为正;在镜后时,物距、像距为负.

(2) 物、像在主光轴上方时,高为正;在主光轴下方时,高为负.

(3) 凹面镜的曲率半径为正;凸面镜的曲率半径为负.

由于 P 和 P' 在镜前时分别为实物和实像,其物距和像距取正;在镜后分别为虚物和虚像,其物距和像距取负.因此常把符号法则(1)说成是"**实正虚负**".

由式(16.12)可知,对于凸面镜来说,因曲率半径 R 取负,所以,无论物点在镜前什么位置,都有 $s'<0$,即像点总是在镜后,且为虚像.

由图16.15可见,凹面镜能会聚光线,凸面镜能发散光线.据光线可逆原理,若将点光源置于凹面镜焦点处,经镜面反射后又可获得平行光.日常使用的太阳灶就是利用凹面镜实现入射平行光的聚焦而获得太阳能;汽车的前大灯是利用凹面镜实现光线的平行出射照亮远处,而汽车后视镜则是利用凸面镜扩大视野.

2. 球面镜成像的作图法

因为在傍轴条件下球面成像的物点和像点一一对应,所以我们可以用作图法来确定像的位置.由于确定一个交点只需两条光线,因此可以在物体上选取几个有代表性的点,从这些点出发各引两条"特征光线",经球面反射后的光线或其反向延长线的交点即为相应物点的像,从而确定整个像的位置和大小.为了作图方便,一般从如下三条特征光线中选择：

(1) 平行主光轴的傍轴入射光线经球面反射后过焦点,或反向延长线过焦点.

(2) 过焦点的入射光线经球面反射后平行于主光轴.

(3) 过球面曲率中心的光线(或其延长线)经球面反射后按原路返回.

根据上述法则作出的光路图并不唯一,但物像关系是唯一确定的.图16.16分别给出了凹面镜和凸面镜的成像光路图.图(a)中 $P'Q'$ 是倒立缩小的实像,而图(b)中 $P'Q'$ 是正立缩小的虚像.

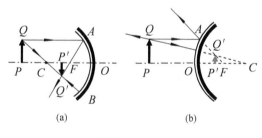

图16.16

3. 球面镜的横向放大率

由球面反射成像光路分析可知,在傍轴光线条件下,垂直于主轴的物所成的像也垂直于主轴,成像的大小和虚实取决于物点相对于顶点的位置.设某物与其像相对于主光轴的垂直高度分别为 h 和 h',我们把像高与物高之比定义为**横向放大率**,或称**垂轴放大率**,用 m 表示.

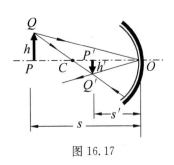

图 16.17

由图 16.17 中的相似三角形对应边的比例关系,考虑到像倒立时像高 h' 为负,有 $-h'/h = s'/s$,所以横向放大率可表示为

$$m = \frac{h'}{h} = -\frac{s'}{s} \qquad (16.15)$$

由上式结果可以判断像的性质: $m>0$ 表示成正立虚像, $m<0$ 成倒立实像; $|m|>1$ 表示像是放大的, $|m|<1$ 像是缩小的.

例 16.3 一个曲率半径为 20 cm 的凹面镜,试求物距分别为 25 cm、10 cm、5 cm 时所成像的位置,并分析像的性质.

解 将曲率半径 $R=20$ cm、物距 $s_1=25$ cm 代入球面反射成像公式(16.12),可得

$$\frac{1}{s_1'} = \frac{2}{R} - \frac{1}{s_1} = \frac{2}{20 \text{ cm}} - \frac{1}{25 \text{ cm}} = \frac{3}{50 \text{ cm}}$$

$$s_1' = 16.7 \text{ cm}$$

将 s_1、s_1' 代入式(16.15),得到横向放大率

$$m_1 = -\frac{s_1'}{s_1} = -\frac{16.7 \text{ cm}}{25 \text{ cm}} = -0.668$$

可见,物在镜前 25 cm 时,像在镜前 16.7 cm 处,为倒立缩小的实像.

当 $s_2=10$ cm、$s_3=5$ cm 时,类似的计算可得 $s_2'=\infty$; $s_3'=-10$ cm, $m_3=2$. 可知,物在镜前 10 cm 时,像在无穷远处,即反射后成为一束平行光;物在镜前 5 cm 时,像在镜后 10 cm 处,是放大 2 倍且正立的虚像.

不难总结出凹面镜的成像特点:当物体位于焦点外侧时,成倒立的实像;位于焦点时,成像在无穷远处;位于焦点内侧时,成正立的虚像.

16.3.2 光在单球面上的折射成像

1. 傍轴光线条件下的单球面折射物像公式

现在研究球面折射成像.与球面反射成像一样,一般情况下球面折射也会破坏光束的同心性,出现像散现象.我们仅讨论傍轴条件下的球面折射成像问题.

如图 16.18 所示,AOB 是折射率为 n_1 和 n_2 的两种透明介质的球面界面,R 为曲率半径,C 为曲率中心,O 为球面顶点.从物点 P 发出的光线 PA 经球面 A 点折

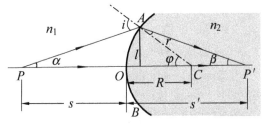

图 16.18

射后与主光轴相交于 P'，即为像点．

因入射角 i 和折射角 r 都很小，所以折射定律 $n_1\sin i=n_2\sin r$ 可近似为

$$n_1 i = n_2 r$$

再利用三角形内角和外角的关系，有

$$i=\alpha+\varphi,\quad \varphi=r+\beta$$

联立以上三式，解得

$$n_1\alpha+n_2\beta=(n_2-n_1)\varphi \tag{16.16}$$

因为傍轴条件，近似有

$$\alpha\approx\tan\alpha\approx\frac{l}{s},\quad \beta\approx\tan\beta\approx\frac{l}{s'},\quad \varphi\approx\tan\varphi\approx\frac{l}{R}$$

代入式(16.16)，得到

$$\frac{n_1}{s}+\frac{n_2}{s'}=\frac{n_2-n_1}{R} \tag{16.17}$$

这就是傍轴光线条件下的**单球面折射物像公式**．

如图 16.19 所示，在傍轴条件下，$\sin i\approx\tan i=h/s$，$\sin r\approx\tan r=-h'/s'$．代入折射定律 $n_1\sin i=n_2\sin r$，可得球面折射成像的横向放大率

$$m=\frac{h'}{h}=-\frac{n_1 s'}{n_2 s} \tag{16.18}$$

式中 n_1 和 n_2 为物方和像方介质的折射率．

必须指出，球面折射成像与反射成像的符号法则规定有不同之处：**当物点发出入射光束遇到的界面为凸球面时，曲率半径为正；界面为凹球面时，曲率半径为负**．如图 16.18 中，按原来的"实正虚负"法则，物距 s、像距 s' 都为正，而曲率半径 R 则应按折射成像规定取正值．

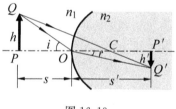

图 16.19

2. 光焦度

式(16.17)的右端仅与介质的折射率及球面的曲率半径有关，因而对于一定的介质和球面来说是一个不变量，称为该面的**光焦度**，以 Φ 表示，即

$$\Phi=\frac{n_2-n_1}{R} \tag{16.19}$$

光焦度是表征球面光学特性的物理量，反映球面折射光线的本领．当式中 R 以米计算时，光焦度的单位是屈光度，符号为 D．例如，对于 $R=0.1$ m 的球面，当 $n_1=1.0$、$n_2=1.5$ 时，其光焦度 $\Phi=5D$，即 5 屈光度．人们配制眼镜时所谓的度数就是用屈光度乘以 100 得到的．

例 16.4　一个直径为 2 cm 的硬币嵌在半径为 30 cm 的玻璃球中．玻璃的折射率为 1.5，硬币距球面 20 cm，求硬币像的位置和直径．

解　如图 16.20 所示，依题意，$n_1=1.5$，$n_2=1$；按照符号法则，$s=20$ cm，

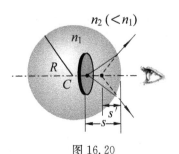

图 16.20

$R = -30 \text{ cm}, h = 2 \text{ cm}$. 应用球面折射的物像公式 (16.17),可得

$$\frac{1}{s'} = \frac{n_2 - n_1}{R} - \frac{n_1}{s} = \frac{1 - 1.5}{-30 \text{ cm}} - \frac{1.5}{20 \text{ cm}}$$

$$s' = -17.1 \text{ cm}$$

负号表明为虚像,且与硬币位于界面的同侧. 即硬币发出的光线经界面折射后向外发散,故成虚像于玻璃中.

硬币像的直径即为像高,利用横向放大率计算式(16.18),可得

$$h' = mh = -h \frac{n_1 s'}{n_2 s}$$

代入相关数值,得硬币像的直径为 2.57 cm.

16.3.3 薄透镜成像

透镜是用透明材料(如玻璃、塑料等)制成的一侧或两侧为球面的光学元件. 如果透镜的中间部分比边缘厚,则称为**凸透镜**;如果中间部分比边缘薄,则称为**凹透镜**. 如图 16.21 所示. 透镜两表面在其主轴上的间隔称为透镜的厚度,若透镜的厚度与球面的曲率半径相比可忽略不计,则称为**薄透镜**,否则为厚透镜. 我们以凸透镜为例对薄透镜的成像规律进行讨论.

图 16.21

1. 傍轴光线条件下薄透镜的物像公式

如图 16.22,薄透镜由两个曲率半径分别为 R_1 和 R_2 的折射球面组合而成,因

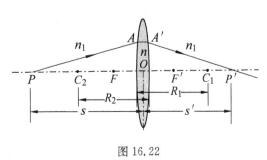

图 16.22

透镜很薄,两个顶点可近似看成重合在 O 点,O 点附近可视为平面,所以通过 O 点的光线方向不变. O 点称为透镜的**光心**. 设透镜的折射率为 n,周围环境介质的折射率为 n_1,主轴上物点 P 对第一球面所成的像正是第二球面的物,经第二球面折射,最后成像于主光轴上的 P' 点.

当物点 P 在主光轴上的无限远处时,入射光束可看成傍轴平行光,经薄透镜折射后的会聚点或折射光线反向延长线的会聚点称为透镜的焦点,焦点位于主光轴上. 与球面反射不同的是,入射光可从左、右两个不同方向入射,所以透镜有两个焦点,用 F 和 F' 表示,如图 16.23 所示. 焦点到透镜光心的距离称为焦距,用 f 和 f' 表示. 如果来自无限远处的傍轴平行光与主光轴有一夹角,此时像点偏离焦点,位于过焦点且垂直于主光轴的平面上,该平面称为**焦面**.

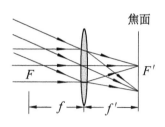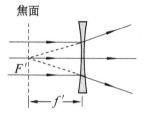

图 16.23

在傍轴光线条件下,可得薄透镜的物像公式(推证从略)

$$\frac{1}{s} + \frac{1}{s'} = \frac{n-n_1}{n_1}\left(\frac{1}{R_1} - \frac{1}{R_2}\right) \tag{16.20}$$

根据焦点和焦距的定义,由上式可得薄透镜的焦距计算式

$$\frac{1}{f} = \frac{1}{f'} = \frac{n-n_1}{n_1}\left(\frac{1}{R_1} - \frac{1}{R_2}\right) \tag{16.21}$$

可见当薄透镜两侧介质相同时,有 $f'=f$. 若透镜的折射率 n 大于周围环境介质的折射率 n_1,根据球面折射的符号法则,对于凸透镜(参阅图 16.22),R_1 为正,R_2 为负,则焦距 f 为正,是实焦点;对于凹透镜,R_1 为负,R_2 为正,所以 f 为负,是虚焦点. 一般情况下,玻璃透镜置于空气中,满足 $n>n_1$,此时,凸透镜是会聚透镜,凹透镜是发散透镜. 当 $n<n_1$ 时,情况如何? 读者不妨自行分析.

将焦距计算式(16.21)代入式(16.20),得到

$$\frac{1}{s} + \frac{1}{s'} = \frac{1}{f} \tag{16.22}$$

这就是著名的**高斯透镜物像公式**.

2.薄透镜成像的作图法

薄透镜成像也可用作图法确定,与球面镜成像作图法一样,对每一个物点只须从以下三条特征光线中任选两条,它们的交点即为像点.

(1) 自物点发出的平行于主光轴的光线,折射后通过像方焦点 F';

(2) 自物点发出并通过光心的光线方向不变;

(3) 自物点发出通过物方焦点 F 的的光线,折射后平行于主光轴.

图 16.24(a)和(b)分别画出了凸透镜和凹透镜的成像特征光线.

由图容易看出,薄透镜的横向放大率与球面反射的表达式相同,即

$$m = \frac{h'}{h} = -\frac{s'}{s}$$

式中物距 s、像距 s' 的符号仍然是"实正虚负". m 的意义也与式(16.15)相同:$m>0$ 表示成正立虚像,$m<0$ 成倒立实像;$|m|>1$ 表明像是放大的,$|m|<1$ 像是缩小的.

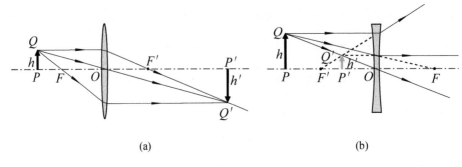

图 16.24

例 16.5   一焦距为 10 cm 的会聚透镜,当物距分别为 30 cm、10 cm 和 5 cm 时,试求像距,并描述像的性质.

解   将焦距 $f=10$ cm、物距 $s_1=30$ cm 代入高斯透镜公式(16.22),可得

$$\frac{1}{s_1'} = \frac{1}{f} - \frac{1}{s_1} = \frac{1}{10 \text{ cm}} - \frac{1}{30 \text{ cm}} = \frac{1}{15 \text{ cm}}$$

$$s_1' = 15 \text{ cm}$$

横向放大率为

$$m_1 = -\frac{s_1'}{s_1} = -\frac{15 \text{ cm}}{30 \text{ cm}} = -0.50$$

可见,物距为 30 cm 时,像距为 15 cm;像缩小为物的一半,且为倒立的实像.

当 $s_2=10$ cm,$s_3=5$ cm 时,类似的计算可得 $s_2'=\infty$;$s_3'=-10$ cm,$m_3=2$. 可知,物距为 10 cm 时,像在无穷远处;物距为 5 cm 时,像距为 -10 cm,负号表明为虚像,且位于入射光一侧,是放大 2 倍且正立的虚像.

表 16.2 给出了凸透镜的成像规律. 可以看出,大体上存在两种情况. 当物体位于焦点外侧时,成倒立实像;当物体在焦点内侧时,则成正立放大的虚像. 至于凹透镜,读者可根据成像公式得出结论:无论物体位于镜前何处,都在焦点以内成正立缩小的虚像.

表 16.2   凸透镜成像规律

物距 s	像距 s'	像的大小	像的性质	应用实例
$=\infty$	f	极小	倒立实像	
$>2f$	$f<s'<2f$	缩小	倒立实像	照相机
$=2f$	$=2f$	等大	倒立实像	
$f<s<2f$	$s'>2f$	放大	倒立实像	幻灯机
$=f$	不成像			
$<f$	与物同侧	放大	正立虚像	放大镜

16.4 助视光学仪器

许多光学仪器是为了提高人眼的观察能力而设计的,如放大镜、显微镜和望远镜等.它们都是应用几何光学原理制成的助视仪器,其主要部件是一个透镜或透镜组.本节讨论几种常见的助视光学仪器的基本原理.

16.4.1 视角与仪器的放大率

视角是人观察物体时,物体两端对于眼睛光心所张的角度.人眼实际上是一台高度自动化的照相机,视网膜就是它的"成像底片".人眼对于物体的分辨能力与视角有关.为看清楚微小的物体或物体的细节,需要把物体移近眼睛以增大视角,使在视网膜上形成一个较大的实像.但当物体与眼的距离太近时,反而看不清楚.这就是说,要明察秋毫,不但应使物体对眼有足够大的张角,而且还应取合适的距离.对眼睛来说,这两个要求相互制约,需要配置助视仪器解决这一问题.设用肉眼在明视距离(一般取 25 cm)直接观察物体的视角为 θ_0,而加助视仪器后视角增大为 θ,视角的放大倍数为

$$\gamma = \frac{\theta}{\theta_0} \tag{16.23}$$

式中 γ 称为该仪器的**视角放大率**.

16.4.2 几种光学仪器的成像原理

1. 放大镜

凸透镜是一个最简单的放大镜,现在计算它的放大率.如图 16.25(a)所示,将高为 h 的物置于明视距离处,眼睛直接观察物体时的视角为

$$\theta_0 \approx \frac{h}{0.25}$$

如图 16.25(b),使用放大镜时,物体置于物方焦点之内且靠近焦点,于是物体经透镜成一放大的虚像.为了便于观察,通常使像位于明视距离处.若像高为 h',则像对眼睛的视角近似为

$$\theta \approx \frac{h'}{0.25} = \frac{h}{f}$$

所以放大镜的视角放大率为

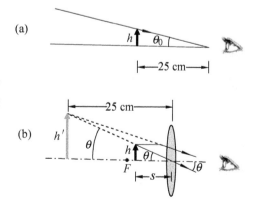

图 16.25

$$\gamma = \frac{\theta}{\theta_0} = \frac{0.25}{f} \quad (f \text{以 m 为单位}) \tag{16.24}$$

若凸透镜焦距为 0.1 m,则放大率为 2.5 倍,写成 2.5×.如果仅从放大本领来考虑,焦距应该取得小一些.但在实际应用中,焦距过小时,透镜曲率太大,使得视场过小并造成像差太大.一般单透镜的放大率约为 3× 左右,如果采用复式放大镜(如目镜),则可减少像差,并提高放大本领.

2. 显微镜

放大镜的放大率不高,要观察微小物体或物体局部表面的细节时,必须用放大率比放大镜高得多的显微镜.显微镜由两组透镜构成,靠近被观察物的一组称为**物镜**,靠近眼睛的一组称为**目镜**.两组透镜等效于两个会聚透镜(凸透镜),物镜的焦距很短,目镜的焦距较长.

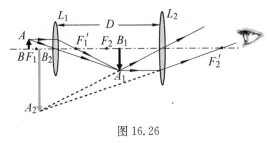

显微镜的原理光路如图16.26所示.待观察物 AB 置于物镜 L_1 的物方焦点 F_1 之外,接近 F_1,经物镜折射,形成倒立放大的实像 A_1B_1,该实像恰在目镜焦点 F_2 以内,成为目镜 L_2 的物,再经目镜折射,在明视距离处形成放大的虚像 A_2B_2.

图 16.26

显微镜的总放大率 M 等于物镜的横向放大率 m 与目镜的视角放大率 γ 之积,即 $M = m\gamma$.证明从略.如在显微镜物镜和目镜上分别刻有 10×、20×,我们就知道显微镜的总放大率为 200×.

3. 望远镜

顾名思义,望远镜是帮助人眼观察远处物体的光学仪器.伽利略于 1609 年制成世界上第一架天文望远镜.望远镜的发明极大地拓展了人类的视野.望远镜也是由物镜和目镜组成,和显微镜不同的是,望远镜的物镜焦距大于目镜焦距.物镜用反射镜的称为**反射式望远镜**,物镜用透镜的称为**折射式望远镜**.目镜也有两种基本类型,是会聚透镜的称为**开普勒望远镜**,是发散透镜的称为**伽利略望远镜**.我们以开普勒望远镜为例说明望远镜的成像原理.

开普勒于 1611 年首先提出由两个会聚薄透镜分别作为物镜和目镜,构成天文望远镜,这种望远镜由透镜折射成像,所以是折射望远镜.

折射式望远镜原理如图 16.27 所示,物镜 L_1 的像方焦点 F_1' 和目镜 L_2 的物方焦点 F_2 几乎重合,因此,镜筒长度即为两透镜的焦距之和.从远处物点 A 射来的平行光束经物镜会聚,在焦面上成实像 A_1,再经目镜折射后又成为一束平行光,最后在无限远处成放大的虚像 A_2.用望远镜看放大虚像的视角为 $\theta \approx h'/f_2$,而直接用眼睛看远处物体的视角为 $\theta_0 = -h'/f_1$,所以望远镜的视角放大率为

$$\gamma = \frac{\theta}{\theta_0} = -\frac{f_1}{f_2} \tag{16.25}$$

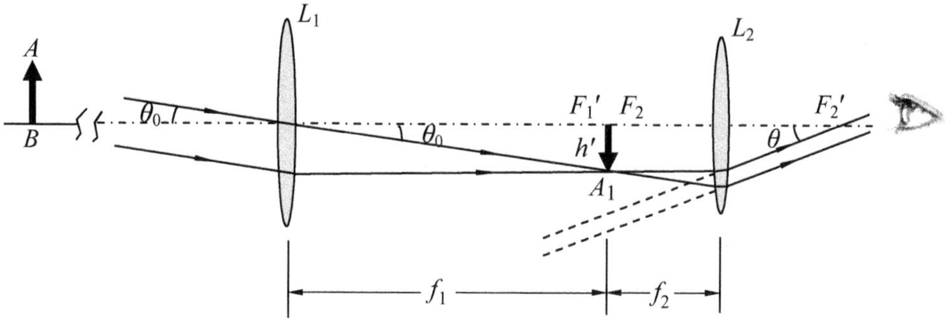

图 16.27

开普勒望远镜的两个焦距均为正,故 γ 为负,形成倒立的虚像,并且物镜的焦距 f_1 越长,目镜的焦距 f_2 越短,放大率越大.伽利略望远镜用发散透镜来做目镜,两个焦距一正一负,所以放大率为正,形成正立的虚像.

由图 16.27 看出,观察者是以对望远镜像空间的观察代替对物空间的观察,所观察的像实际上并不比原物大,只是把远物移近而增大了视角,从而能看清物体.

另外,望远镜的孔径越大,其分辨率越高.由于在技术上制造大孔径的反射镜比制造大孔径的透镜相对容易,以及反射镜有反射光谱范围比较宽而不致产生色差等优点,因此大型天文望远镜的物镜都是由大孔径的反射镜制成的.目前最大的反射式望远镜物镜的孔径已超过 10 m,而最大的折射式望远镜物镜的孔径仅 1 m 多.图 16.28 为牛顿反射式望远镜示意图.

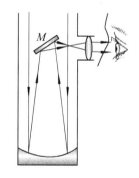

有趣的是,如果把望远镜倒过来使用可以实现光的扩束.激光扩束器就是倒过来使用的望远镜.在我国人造卫星激光测距技术中,发射激光用的望远镜系统正是采用这种

图 16.28

"倒装"的伽里略望远镜.近代望远镜在遥感技术、宇航、导弹跟踪系统、高空摄影等方面都有广泛的应用,有兴趣的读者可以查阅相关资料.

内 容 提 要

1. 几何光学的基本定律

（1）光的直线传播定律与独立传播定律

(2) 光的反射定律

$$i = i'$$

(3) 光的折射定律

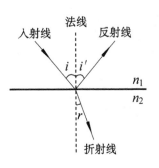

$$\frac{\sin i}{\sin r} = \frac{n_2}{n_1}$$

全反射：光线从光密介质射向光疏介质时，若入射角 $i \geqslant i_c$，则发生全反射. 临界角 i_c 满足

$$\sin i_c = \frac{n_2}{n_1} \quad (n_1 \rightarrow n_2)$$

2. 光在平面上的反射和折射

平面反射所成虚像与物大小相等，且像与物关于镜面对称.

平面折射将破坏光束的同心性，一般不能成像. 当入射光线近似垂直介质界面时，折射光束近似保持同心性，视深 h' 与物深 h 的关系为

$$h' \approx h \frac{n_2}{n_1} \quad (n_1 \rightarrow n_2)$$

三棱镜有色散和偏向作用. 最小偏向角与折射率的关系为

$$n = \frac{\sin\left[(\alpha + \delta_{\min})/2\right]}{\sin(\alpha/2)}$$

3. 光在球面上的反射和折射

(1) 符号法则

物距和像距"实正虚负"；物高和像高在主光轴上方为正，在主光轴下方为负；反射成像时的曲率半径凹面取正，凸面取负；折射成像时的曲率半径凸面取正，凹面取负.

(2) 傍轴光线条件下的球面反射物像公式和横向放大率

$$\frac{1}{s} + \frac{1}{s'} = \frac{1}{f} = \frac{2}{R} \ , \quad m = \frac{h'}{h} = -\frac{s'}{s}$$

(3) 傍轴光线条件下的球面折射物像公式和横向放大率

$$\frac{n_1}{s} + \frac{n_2}{s'} = \frac{n_2 - n_1}{R} \ , \quad m = \frac{h'}{h} = -\frac{n_1 s'}{n_2 s} \quad (n_1 \rightarrow n_2)$$

(4) 薄透镜的物像公式和横向放大率

$$\frac{1}{s} + \frac{1}{s'} = \frac{1}{f} \ , \quad m = \frac{h'}{h} = -\frac{s'}{s}$$

4. 放大镜、显微镜和望远镜

凸透镜是最简单的放大镜；显微镜由焦距较短的物镜和焦距较长的目镜组成；望远镜由焦距较长的物镜和焦距较短的目镜组成.

凸透镜的视角放大率：$\gamma = \dfrac{\theta}{\theta_0} = \dfrac{0.25}{f}$ （f 以 m 为单位）

显微镜的总放大率：　$M=m\gamma$

望远镜的视角放大率：　$\gamma=\dfrac{\theta}{\theta_0}=-\dfrac{f_1}{f_2}$

习　题

(一) 选择题和填空题

16.1　如图所示，一细束红光和一细束蓝光平行射到同一个三棱镜上，经折射后交于光屏上的同一点 M，若用 n_1 和 n_2 分别表示三棱镜对红光和蓝光的折射率，下列说法中正确的是[　]

(A) $n_1<n_2$，a 为红光，b 为蓝光.　　　(B) $n_1<n_2$，a 为蓝光，b 为红光.

(C) $n_1>n_2$，a 为红光，b 为蓝光.　　　(D) $n_1>n_2$，a 为蓝光，b 为红光.

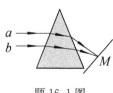

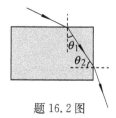

题 16.1 图　　　　　　　　　　　题 16.2 图

16.2　如图所示，用透明材料做成一长方体形的光学器材，要求从上表面射入的光线可能从右侧面射出，那么所选材料的折射率应满足[　]

(A) 折射率必须大于 $\sqrt{2}$.　　　(B) 折射率必须小于 $\sqrt{2}$.

(C) 折射率可取大于 1 的任意值.　　(D) 无论折射率多大都不可能.

16.3　一凸透镜焦距为 f，实物从距透镜 $3f$ 处沿光轴移动到距透镜 $1.5f$ 处的过程中，像性质的变化规律之一是[　]

(A) 像先正立，后倒立.　　　(B) 像先倒立，后正立.

(C) 像始终正立.　　　　　　(D) 像始终倒立.

16.4　双凹透镜的折射率为 n，置于折射率为 n' 的介质中，下列说法正确的是[　]

(A) 若 $n>n'$，透镜是发散的.　　　(B) 若 $n>n'$，透镜是会聚的.

(C) 若 $n'>n$，透镜是发散的.　　　(D) 双凹薄透镜是发散的，与周围介质无关.

16.5　全反射的条件是_____大于_____，光从光密介质射向光疏介质时，_____产生全反射.

16.6　某种透明物质对于空气的临界角为 $45°$，该物质的折射率等于_____.

16.7　一放大镜的视角放大率为 2.5 倍，则其焦距为_____.

16.8　一台显微镜物镜标有"10×"，表示_____；如果要求该显微镜的放大率为 200，应该选择_____的目镜.

(二) 问答题和计算题

16.9 如图,A 为观察者,BC 为障碍物,D 为与地面平行的平面镜,且相对位置不变.画出 A 通过平面镜看到的 BC 后面地面上的区域,作出光路图.

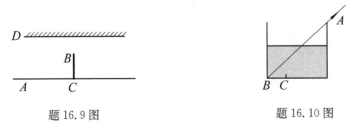

题 16.9 图   题 16.10 图

16.10 如图,一储油桶底面直径和高均为 d,桶内无油时,从某点 A 恰能看到桶底边缘上的某点 B,当油的深度等于桶高一半时,从 A 沿 AB 方向看去,看到桶底上的 C 点,C、B 两点相距 $d/4$.求油的折射率和光在油中的速率.

16.11 把一高为 3 cm 的物置于焦距为 8 cm 的凸面镜前 20 cm 处.求成像位置、像的大小与性质.

16.12 已知凹面镜所成的实像高度是实物高度的 5 倍,将镜向物体移近 2 cm,仍成实像,但像高为物体高度的 7 倍,求这个凹面镜的曲率半径和焦距.

16.13 一折射率为 1.52 的圆柱体玻璃棒置于空气中,设玻璃棒的一端是半径为 2.0 cm 的球面,一个小物体位于棒顶点左侧 8.0 cm 的 P 处,如图所示.求此物体的像距和横向放大率.

题 16.13 图

16.14 一会聚透镜($n = 1.52$)处于空气中时,焦距为 40 cm,求把它浸入水中时的焦距,已知水的折射率为 1.33.

16.15 一会聚透镜的焦距为 15 cm,物体置于透镜一侧 20 cm 处.求:(1)像的位置、放大率和成像性质;(2)如果物距为 7.5 cm,情况如何? (3)画出以上两种情况的光路图.

16.16 有一半径为 10 cm、折射率为 1.5 的玻璃半球,其平面镀铝,在球面前 10 cm 处有一物点,求像点的位置和性质.

16.17 空气中有一焦距为 10 cm 的凸透镜 L_1,高 1 cm 的物 AB 正立在 L_1 左方 15 cm 处.(1)求物经 L_1 后成像的位置和性质;(2)另有两个透镜,分别为凸透镜和凹透镜,焦距长均为 12 cm,试问将哪个透镜放在 L_1 右方何处,才能使物经 L_1 和此透镜后最终获得放大 12 倍的倒立像.

第 **17** 章　光　的　干　涉

从 19 世纪末光是一种电磁波,到 20 世纪初光的粒子性,人们对光本性的认识向前迈进了一大步. 在光学研究领域中,基于光的波动性研究光在传播过程中发生的现象及规律的学科称为波动光学,基于光的粒子性研究光与物质相互作用的微观机制及遵从规律的学科称为量子光学,二者统称为物理光学.

波动光学主要介绍光的干涉、衍射和偏振. 本章学习光的干涉,主要讨论双缝干涉、薄膜干涉,简要介绍迈克耳孙干涉仪的工作原理及其应用.

17.1　光矢量　光程

17.1.1　光

作为电磁波谱中的一部分,光与无线电波、X 射线和 γ 射线等其他电磁波的区别只是频率不同,其中能引起人眼视觉的那部分电磁波称为**可见光.**

光的颜色由光的频率决定,频率一般只由光源决定,而与介质无关,因而光通过不同介质时,虽然波速和波长要改变,但频率通常不变. 由于光的频率 ν 和它在真空中的波长 λ 以及真空中光速 c 的关系为 $c=\lambda\nu=$ 常量,因而人们常用真空中的波长反映光的颜色. 光的波长常用纳米(nm)或埃(Å)作单位. 它们和米的关系为

$$1\ \text{nm}=10^{-9}\ \text{m}, \quad 1\ \text{Å}=0.1\ \text{nm}=10^{-10}\ \text{m}$$

可见光的波长范围无严格界线,图 17.1 中提供的数据可作为参考. 只含有单一波长的光称为**单色光**,不同波长单色光的混合称为**复色光**. 波动光学中所谓的**白光**是复色光,白光中含有可见光范围内所有波长的光. 太阳光就是一种波长值连续分布的白光.

光在真空中的速率等于 c,根据**折射率**的定义式(16.3),可得光在折射率为 n 的均匀介质中的速率

$$v=\frac{c}{n} \tag{17.1}$$

真空的折射率等于 1,空气的折射率略大于 1,无特别说明时,也取为 1. 一般介质的折射率都大于 1. 两种介质相比较,n 较大的称为**光密**

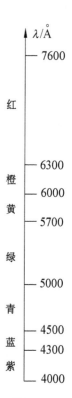

图 17.1

介质,n 较小的称为**光疏介质**. 如水相对于空气是光密介质,但相对于玻璃则为光疏介质. 显然,n 越大,v 越小.

17.1.2 光矢量

一个复杂的波在一般情况下可看成由频率不同的简谐波叠加而成,我们仅限于讨论平面简谐电磁波的情况.

由于光是一种电磁波,所以在光到达的每一处,都伴有作高频同相位简谐运动而方向相互垂直的电场强度 E 和磁场强度 H. 实验证明,电磁波中能引起视觉和使感光材料感光的主要是电场强度 E. 因此,我们只关心 E 的振动,并把 E 的简谐运动称为**光振动**,场强 E 称为**光矢量**. 事实上,光振动并不是真实点在振动,而是电场强度按简谐运动的规律作周期性变化.

需要指出,波动光学中常常涉及的光强,通常是指光的相对强度. 因为在做波动光学实验时,重要的是比较各处光的相对强弱,并不需要知道各处光强的绝对数值是多少. 根据波的强度与其振幅平方成正比的关系,光强可表示为

$$I = E_0^2 \tag{17.2}$$

式中 E_0 是光矢量 E 的振幅.

17.1.3 光程

设频率为 ν 的单色光在折射率为 n 的介质中的传播速率为 v,波长为 λ',则 $v = \lambda'\nu$. 而该光在真空中的速率 $c = \lambda\nu$,将 v、c 代入式(17.1)可得

$$\lambda' = \frac{\lambda}{n} \tag{17.3}$$

由于 $n > 1$,因此同一光波在介质中的波长要比在真空中的波长短. 并且,因不同介质 n 不同,故单色光的波长并非定值。

光波在传播过程中相位的变化,与介质的性质以及传播的距离有关. 无论是在真空中还是在介质中,光波每传播一个波长的距离,相位都要改变 2π. 如果光波通过几种不同的介质,则因波长的改变而给相位变化的计算增加麻烦. 不过,在引入光程概念后,这种麻烦可以避免.

当真空中波长为 λ 的光通过折射率为 n、厚度为 r 的均匀介质时,波长变为 $\lambda' = \lambda/n$,在介质中的波长数为 $r/\lambda' = nr/\lambda$,因而相位改变量为 $2\pi nr/\lambda$,通过介质所用时间 $t = r/v = nr/c$. 当该光波在真空中通过几何路程 nr 时,波长数亦为 nr/λ,相位改变量同样为 $2\pi nr/\lambda$,所用时间也是 $t = nr/c$. 从这种等量关系出发,我们将介质折射率 n 与光在该介质中通过的几何路程 r 的乘积定义为**光程**,用 L 表示,即

$$L = nr \tag{17.4}$$

由上述分析可知,光程可理解为光在真空中通过的几何路程,它实际上起着折

算作用. 即光在折射率为 n 的介质中以速率 v 通过几何路程 r 时,相当于同一时间内在真空中以速率 c 通过了几何路程 nr. 这种折算方法所包含的等量关系是相同时间内的相位改变量相同.

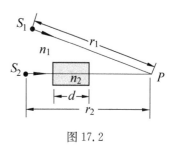

图 17.2

两列光波的光程之差称为**光程差**,记为 δ. 在图 17.2 所示的介质中,当两光波从相位相同的 S_1 和 S_2 处分别经历不同的路程传到 P 点时,它们的光程差为

$$\delta = L_2 - L_1 = [n_1(r_2 - d) + n_2 d] - n_1 r_1 = n_1(r_2 - r_1) + (n_2 - n_1)d$$

17.1.4 薄透镜的等光程性

中央厚度比球面半径小得多的透镜称为**薄透镜**. 这是常用的光学元件,它可以改变光的传播方向,对光进行会聚、发散,或产生平行光. 在图 17.3 中,近轴平行光经透镜后,会聚于焦平面的 P 点. P 点的位置可由作图确定:因通过透镜光心的光线方向不变,故可作通过透镜光心 O 且平行于入射光的辅助线(图中虚线),该线与焦平面的交点即为 P 点.

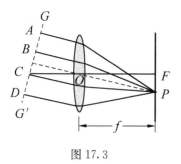

图 17.3

理论和实验都证明,薄透镜具有等光程性. 即当光路中放入薄透镜后,通过透镜的近轴光线不会因为透镜而产生附加光程差. 在图 17.3 中,垂直于平行光的 GG' 面是同相面,从同相面上的 A、B、C、D 各点经透镜到达 P 点的各光线,虽然几何路程长度不等,但几何路程较长的在透镜内的路程较短,而几何路程较短的在透镜内的路程较长,其总的效果是:从同相面上各点到达 P 点的光程总是相等的.

17.2　光的干涉现象　相干光

17.2.1 光的干涉现象

干涉现象是波动过程的基本特征之一. 根据波的独立传播原理,当两束波相遇时,在相遇处要发生波的叠加. 叠加结果有两种,一种是发生干涉,另一种是不发生干涉. 因此,波的叠加不一定能发生干涉,而干涉则必定是在一定条件下波的叠加结果.

与机械波的干涉相似,光的干涉现象表现为在相遇区域中形成稳定的有强有弱的光强分布. 这种有强有弱的光强分布,不论是以明暗条纹形式出现,还是以没有明暗条纹的光强重新分布形式出现(如后文中的增反膜、增透膜以及偏振光的干涉等情况),它们都是干涉的结果,是光的干涉造成了光能重新分布的具体表现.

若两束光波相遇后能发生干涉,则称它们为**相干光**,相应的光源称为**相干光源**.

17.2.2 相干条件

1. 相干叠加和非相干叠加

根据机械波一章中关于同频率简谐运动的合成规律,两束频率相同、振动方向平行的简谐光波在相遇点的光矢量合振幅 E_0 满足

$$E_0^2 = E_{10}^2 + E_{20}^2 + 2E_{10}E_{20}\cos\Delta\varphi$$

式中 E_{10}、E_{20} 分别为两束光波单独存在时的光矢量振幅,$\Delta\varphi$ 是两束光波在相遇点的相位差. 由于实际观察到的光强是在一段较长时间内的平均光强, 因此,需将上式对一段时间求平均值,即

$$I = \frac{1}{\tau}\int_0^\tau E_0^2 \, \mathrm{d}t$$

通过计算,可得两束光在相遇点的平均光强为

$$I = I_1 + I_2 + 2\sqrt{I_1 I_2}\,\overline{\cos\Delta\varphi} \tag{17.5}$$

式中 $I_1 = E_{10}^2$,$I_2 = E_{20}^2$,是两束光在相遇点单独存在时的平均光强,$\overline{\cos\Delta\varphi}$ 是 $\Delta\varphi$ 的余弦在 τ 时间内的平均值. 右边第三项称为干涉项,它决定两束光叠加的性质.

若相位差 $\Delta\varphi$ 可取一切可能的值并随时间迅速变化,则有 $\overline{\cos\Delta\varphi}=0$. 在这种情况下,$I=I_1+I_2$. 这意味着在相遇点合成光波的光强简单地等于两束光单独存在时的光强之和,并不出现光强有强有弱的稳定分布,因而没有干涉现象发生. 这样的叠加称为**非相干叠加**.

若两束光在相遇点的相位差 $\Delta\varphi$ 不随时间变化,则 $\overline{\cos\Delta\varphi}=\cos\Delta\varphi$. 在这种情况下,合成光波的光强随各点相位差的不同而出现稳定的有强有弱的分

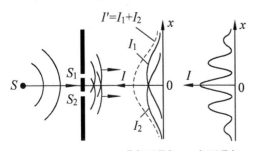

非相干叠加   相干叠加

图 17.4

布. 这样的叠加称为**相干叠加**. 图 17.4 表示了这两种叠加的区别.

2. 相干条件

由式(17.5)可见,两束相干光在相遇点合成波的光强在 I_1、I_2 一定时仅由相位差 $\Delta\varphi$ 确定. 当 $\Delta\varphi=\pm 2k\pi(k=0,1,2,\cdots)$ 时, 光强最大,有

$$I_{\max} = I_1 + I_2 + 2\sqrt{I_1 I_2}$$

当 $\Delta\varphi=\pm(2k+1)\pi(k=0,1,2,\cdots)$ 时,光强最小,有

$$I_{\min} = I_1 + I_2 - 2\sqrt{I_1 I_2}$$

当 $I_1 = I_2$ 时，则有

$$I = 2I_1(1 + \cos\Delta\varphi) = 4I_1\cos^2\frac{\Delta\varphi}{2}$$

此时 $I_{\max} = 4I_1$，$I_{\min} = 0$. 显然，当两束光强度相等时，合成波光强的强弱对比最为明显.

根据以上讨论，对光的干涉可以得出如下结论：

（1）频率相同、振动方向平行且相位差恒定的两束光是相干光；

（2）相长干涉（光强最大）和相消干涉（光强最小）的条件为

$$\Delta\varphi = \begin{cases} \pm 2k\pi, & k = 0,1,2,\cdots \quad \text{（相长干涉）} \\ \pm(2k+1)\pi, & k = 0,1,2,\cdots \quad \text{（相消干涉）} \end{cases} \tag{17.6}$$

显然，这也是明暗纹条件.

（3）因为光在传播过程中每经历一个波长距离相位改变 2π，所以相位差 $\Delta\varphi$ 与光程差 δ 之间的关系为

$$\Delta\varphi = 2\pi\frac{\delta}{\lambda} \tag{17.7}$$

由此得到用波长表示的相长干涉和相消干涉的条件为

$$\delta = \begin{cases} \pm k\lambda, & k = 0,1,2,\cdots \quad \text{（相长干涉）} \\ \pm(2k+1)\dfrac{\lambda}{2}, & k = 0,1,2,\cdots \quad \text{（相消干涉）} \end{cases} \tag{17.8}$$

应用式（17.7）时需要注意以下几点：

（1）引入光程概念意味着把光在介质中的传播折算为在真空中的传播，因此与光程差相联系的应该是光在真空中的波长.

（2）若两束光的初相位不同，则在计算光程差时，除了计入两束光因传播路径不同而产生的光程差外，还应计入与初相位差相对应的光程差.

（3）若遇到光有半波损失时，则应计入相应的光程差 $\lambda/2$.

17.2.3 获得相干光的方法

在 1960 年发明第一台激光器之前，历史上观察光的干涉现象时，用的都是普通光源，如白炽灯、钠光灯、太阳等光源. 大量实验发现，两个独立的普通光源或同一光源的不同部分发出的光不是相干光，因此它们不能产生干涉. 这是由普通光源的发光机理确定的.

当普通光源中大量的原子（或分子）受外来激励而处于激发态时，由于处于激发态的原子是不稳定的，它要自动地向低能态跃迁，并同时向外辐射电磁波. 当这种电磁波的波长在可见光范围内时，即为可见光波. 原子的每一次跃迁经历的时间极短，约为 10^{-8} s，因此，每个原子每一次发光只能发出频率一定、振动方向一定而长度有限的光波，这一段光波称为一个**波列**. 由于原子发光的无规则性，同一原子

先后发出的波列之间,以及不同原子发出的波列之间都没有固定的相位关系,且振动方向和频率也不尽相同,这就决定了两个独立的普通光源发出的光不是相干光,因而不能产生干涉.

要想由普通光源获得相干光,一类方法是设法从光源发出的同一波列的波阵面上取出两个子波源,另一类方法是设法把同一波列的波分为两束光波. 前一类称为**分波阵面法**,后一类称为**分振幅法**. 经分波阵面或分振幅后所得的两束光,不仅频率相同、振动方向平行,并且在相遇时总有恒定的相位差,因而在叠加区域能观察到稳定的干涉图样.

17.3 双缝干涉

17.3.1 杨氏双缝干涉实验

1. 用分波阵面法获得相干光

实验装置如图 17.5 所示,由单色光源 S_0 发出的光经透镜成平行光后,垂直射到开有单狭缝 S 的板上. 单缝后放置开有双狭缝 S_1 和 S_2 的板,两缝等宽,均与缝 S 平行,且 $\overline{SS_1}=\overline{SS_2}$. 当这些缝的宽度足够小时,在屏上就能呈现出一组明暗相间的条纹.

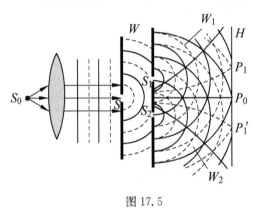

图 17.5

根据惠更斯原理,单缝 S 的每一点都可看成是新的波源,并发出柱面波 W 传到双缝 S_1 和 S_2. 双缝作为两个新的波源,各自发出柱面波 W_1 和 W_2. 显然,这对新的波源取自同一波阵面,是相干光源. 这种获得相干光的方法就是分波阵面法.

2. 干涉条纹的特征

杨氏双缝干涉的条纹有什么特征? 由干涉的明暗纹条件式(17.8)可知,相同的光程差对应于同一级条纹. 因此,要定量讨论条纹的特征,关键是写出光程差 δ.

如图 17.6 所示,O 为屏幕中心,即 $\overline{OS_1}=\overline{OS_2}$. 设双缝间距为 d,双缝各自到屏的垂直距离为 D,且 $D\gg d$. S_1 和 S_2 到屏上 P 点的距离分别为 r_1 和 r_2,P 到 O 点的距离为 x. 因整个装置置于真空或空气中,两波源间无相位差,故两光波在 P 点的光程差 $\delta=r_2-r_1\approx d\sin\theta$. 因 $d\ll D$,且 θ 很小,$\sin\theta\approx\tan\theta=x/D$,故有

$$\delta=r_2-r_1=\frac{d}{D}x \tag{17.9}$$

根据式(17.8),P 点处产生明纹的条件是

$$\delta = \frac{d}{D}x = \pm k\lambda$$

由此得到明纹中心的位置

$$x = \pm k\frac{D}{d}\lambda$$

$$k = 0,1,2,\cdots \quad (17.10\text{a})$$

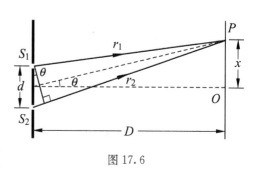

图 17.6

式中正负号表示屏上干涉条纹在 O 点两侧呈对称分布. $k=0$, $x=0$, 表示屏幕中心为零级明纹, 也称中央明纹, 它所对应的光程差 $\delta=0$. $k=1,2,\cdots$ 的明纹分别称为第一级、第二级、……明纹.

P 点处产生暗纹的条件为

$$\delta = \frac{d}{D}x = \pm(2k+1)\frac{\lambda}{2}$$

由此得到暗纹中心的位置为

$$x = \pm(2k+1)\frac{D}{d}\cdot\frac{\lambda}{2}, \qquad k = 0,1,2,\cdots \quad (17.10\text{b})$$

条纹间距指的是相邻明纹中心或相邻暗纹中心之间的距离, 它反映干涉条纹的疏密程度. 由式(17.10)可得明纹间距和暗纹间距均为

$$\Delta x = \frac{D}{d}\lambda \quad (17.11)$$

可见, 条纹间距与级次 k 无关.

由式(17.10)和式(17.11)可见, 双缝干涉条纹有以下特征:

(1) 当干涉装置和入射光波长一定, 即 D、d、λ 一定时, Δx 也一定, 表明双缝干涉条纹是明暗相间的等间距的直条纹.

(2) 当 D、λ 一定时, Δx 与 d 成反比. 所以观察双缝干涉条纹时, 双缝间距要足够小, 否则因条纹过密而不能分辨. 例如, 当 $\lambda=500$ nm、$D=1$ m, 而要求 $\Delta x >$ 0.5 mm时, 必须有 $d<1$ mm.

(3) 因条纹中心位置 x 和条纹间距 Δx 都与 λ 成正比, 所以当用白光照射时, 除中央因各色光重叠仍为白光外, 两侧则因各色光波长不同而呈现出彩色条纹, 并且同一级明条纹是一个内紫外红的彩色光谱.

若将双缝干涉装置置于折射率为 n 的介质中, 则有

$$\delta = n(r_2 - r_1) = \begin{cases} \pm k\lambda & \text{(明纹)} \\ \pm(2k+1)\dfrac{\lambda}{2} & \text{(暗纹)} \end{cases} \quad (17.12)$$

或用入射光在介质中的波长 λ' 表示为

$$r_2 - r_1 = \begin{cases} \pm k\dfrac{\lambda}{n} = \pm k\lambda' \\ \pm(2k+1)\dfrac{\lambda}{2n} = \pm(2k+1)\dfrac{\lambda'}{2} \end{cases}$$

例 17. 1 用白光作双缝干涉实验时,能观察到几级清晰可辨的彩色光谱?

解 用白光照射时,除中央明纹为白光外,两侧形成内紫外红的对称彩色光谱. 当 k 级红色明纹位置 $x_{k红}$ 大于 $k+1$ 级紫色明纹位置 $x_{(k+1)紫}$ 时,光谱就发生重叠. 根据式(17.10a),由 $x_{k红} = x_{(k+1)紫}$ 的临界条件可得

$$k\lambda_红 = (k+1)\lambda_紫$$

将 $\lambda_红 = 760$ nm, $\lambda_紫 = 400$ nm 代入得 $k=1.1$. 因 k 只能取整数,所以取 $k=1$.

这一结果表明,在中央白色明纹两侧,只有第一级彩色光谱清晰可辨.

例 17. 2 当双缝干涉装置的一条狭缝后面盖上折射率为 n 的云母薄片时,观察到屏幕上干涉条纹移动了 9 个条纹间距. 已知 $\lambda = 550$ nm,求云母片的厚度 b.

解 如图 17.7 所示,未盖云母片时,零级明纹在 O 点. 当 S_1 缝盖上云母片后,光线 1 的光程增大. 因零级明纹所对应的光程差为零,所以这时零级明纹只有移到 O 点上方才有可能使光线 1 和 2 的光程差为零. 依题意, S_1 盖上云母片后,零级明纹由 O 点向上移到了原来第九级明纹所在的 P 点. 由于 $D \gg d$,且屏幕上一般只能在 O 点两侧有限的范围内才呈现清晰可辨的干涉条纹,即 x 值较小,因此,由 S_1 发出的光可近似看作垂直通过云母片,即其光程增大值可视为 $(n-1)b$,从而有

$$(n-1)b = k\lambda, \quad k = 9$$

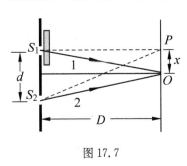

图 17.7

由此解得

$$b = \frac{9\lambda}{n-1} = \frac{9 \times 5500 \times 10^{-10} \text{ m}}{1.58 - 1} = 8.53 \times 10^{-6} \text{ m}$$

当两束光的光程差改变时,屏上的明暗分布将发生改变. 在光程差改变一个真空波长的过程中,原来明纹之处由明变暗后再变明,原来暗纹之处则由暗变明后再变暗,看起来好像是干涉条纹移动了一个条纹间距. 因此,随着光程差的不断改变,屏上将形成此亮彼暗、此暗彼亮的交替过程. 由此可见,例 17.2 中所说的条纹移动,只是光程差改变的外在表现,是屏上各处明暗交替过程引起的视觉效应.

除了杨氏双缝干涉实验是用分波阵面法获得相干光之外,还有菲涅耳双面镜实验、菲涅耳双棱镜实验、劳埃德镜实验等也是用分波阵面法获得相干光,它们的干涉条纹与杨氏双缝干涉条纹分布有相似的特征.

17.3.2 菲涅耳双面镜干涉实验

实验装置如图 17.8 所示. 光源 S 发出的光波(挡板 B 使光不能直接射到屏上)被两块夹角 ε 很小的平面镜 M_1 和 M_2 反射而分成两部分,从而获得相干光,显然属于分波阵面干涉. 两束光在屏幕上的重叠区域将产生干涉条纹. 图中 S_1、S_2 分别为 S 在 M_1 和 M_2 镜中所成的虚像,因而经反射的两束光可看作是由虚光源 S_1

和 S_2 发出. 把相位相同的虚光源 S_1 和 S_2 比作杨氏干涉装置中的两条狭缝,那么,
杨氏双缝干涉公式就可用于双面镜干涉,只是这里的 $d \approx 2r\sin\varepsilon \approx 2r\varepsilon$, r 为光源到

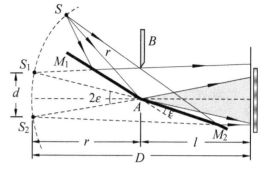

两镜面交点 A 的距离,而 $D = r + l$.
式中 l 是 A 至屏幕的距离.

菲涅耳双棱镜是由两个顶角 ε
很小、底面相接的薄棱镜组合而成.
通过双棱镜的折射可将一个光源
发出的波阵面分成两部分,相当于两个
相干的虚光源发出的光,在重叠区内
产生干涉. 读者可自行分析.

图 17.8

17.3.3　劳埃德镜实验

实验装置如图 17.9 所示,M 为一平面镜,S 为一与 M 平行的狭缝光源. 由光
源 S 发出的波阵面一部分直接射到屏上,另一部分以接近于 $90°$ 的入射角射向平面
镜后被反射到屏上,从而在屏上出现干
涉条纹.S 和它在镜 M 中的虚像 S' 可看
作一对相干光源.

在劳埃德镜实验中,当将屏移到镜
面的一端而处于图中虚线位置时,在屏
与镜面接触点 B 处,入射光和反射光的
光程相等,应该出现明纹,但实验中观
察到的却是暗纹. 这个相反的结论可由
电磁理论作出解释. 根据这种解释,当

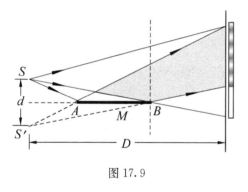

图 17.9

光以 $i = 0°$ 或接近于 $90°$ 的入射角由光疏介质(折射率较小)射向光密介质(折射
率较大)时,反射光要发生 π 的相位突变. 从光程的角度看,相当于改变了半个波
长. 这一现象称为**半波损失**. 需要指出,当光从光密介质射向光疏介质时,反射光
没有半波损失.

17.4　薄膜的等倾干涉

17.4.1　薄膜干涉概述

薄膜是指透明介质形成的厚度很薄的一层介质膜. 在日光照射下,肥皂膜、油
膜或金属表面氧化层薄膜等表面上会出现彩色花纹,这些都是薄膜上的干涉现象
引起的.

1. 用分振幅法获得相干光

当一束光射到两种透明介质的分界面上时,将被分成两束,一束为反射光,另一束为折射光. 从能量守恒角度来看,反射光和折射光的振幅都小于入射光的振幅,这相当于振幅被"分割"了,因而这种方法被称为分振幅法. 各种薄膜干涉都属于用分振幅法获得相干光.

2. 薄膜干涉的光程差

如图 17.10 所示,有一厚度 e 处处相等、折射率为 n_2 的平行平面薄膜,薄膜上方介质的折射率为 n_1,下方介质的折射率为 n_3,设 $n_1 < n_2$,$n_2 > n_3$. 有一单色面光源,其上 S 点发出的光束以入射角 i 射到薄膜上表面 A 点后,分成两束光,一束是直接由上表面反射的光束 a_1,另一束是以折射角 r 折入薄膜后,由下表面 E 点反射到达 B 点,再折射到原介质而成的光束 a_2. a_1 和 a_2 平行,由透镜会聚于焦平面的屏幕上的 P 点. a_1 和 a_2 来自光源上同一波列,为相干光,可在屏幕上产生干涉图样. 从 B 点作 $BB' \perp AB'$. 由于透镜不产生附加光程差,所以由 B 和 B' 到 P 点的光程相等. a_1 和 a_2 的光程差仅为 a_1 从 A 点反射后到 B' 的光程和 a_2 从 A 到 E 再到 B 的光程之差,即

$$\delta = n_2(\overline{AE} + \overline{EB}) - n_1 \overline{AB'} + \frac{\lambda}{2}$$

式中 $\lambda/2$ 是因为光 a_1 在 A 点反射时存在半波损失而另外计入的附加光程差. 据几何关系,有

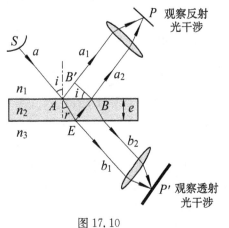

图 17.10

$$\overline{AE} = \overline{EB} = \frac{e}{\cos r}$$

$$\overline{AB'} = \overline{AB}\sin i = 2e\tan r\sin i$$

可得

$$\delta = 2n_2 \overline{AE} - n_1 \overline{AB'} + \frac{\lambda}{2} = 2n_2 \frac{e}{\cos r} - 2n_1 e\tan r\sin i + \frac{\lambda}{2}$$

$$= 2n_2 \frac{e}{\cos r}(1 - \sin^2 r) + \frac{\lambda}{2} = 2n_2 e\cos r + \frac{\lambda}{2}$$

由折射定律 $n_1\sin i = n_2\sin r$,上式又可写成

$$\delta = 2e\sqrt{n_2^2 - n_1^2\sin^2 i} + \frac{\lambda}{2} \tag{17.13}$$

由此得 P 点的明暗纹条件为

$$\delta = 2e\sqrt{n_2^2 - n_1^2\sin^2 i} + \frac{\lambda}{2} = \begin{cases} k\lambda, & k = 1,2,3,\cdots \quad (\text{明纹}) \\ (2k+1)\dfrac{\lambda}{2}, & k = 0,1,2,\cdots \quad (\text{暗纹}) \end{cases} \tag{17.14}$$

需要指出,在式(17.14)的 δ 中的 $\lambda/2$ 这一项是在一个反射点有半波损失时产生的附加光程差. 如果两束相干光在反射点都有或都没有半波损失,那么在计算光程差 δ 时,就不会出现 $\lambda/2$ 项. 据此,可以得出如下规律:

(1) 当 $n_1 < n_2 < n_3$ 或 $n_1 > n_2 > n_3$ 时, δ 中不计入 $\lambda/2$ 项.

在这两种情况下,两束光都从光疏到光密介质界面上反射,或者都从光密到光疏介质界面上反射,反射条件相同,显然 δ 中不出现 $\lambda/2$ 项.

(2) 当 $n_1 < n_2, n_2 > n_3$ 或 $n_1 > n_2, n_2 < n_3$ 时, δ 中应计入 $\lambda/2$ 项.

在这两种情况下,两束光分别从光疏到光密介质界面和从光密到光疏介质界面上反射,反射条件不同. 一个反射点上有半波损失时,另一个反射点上一定没有半波损失,因此 δ 中必然出现 $\lambda/2$ 这一项.

另外,在图 17.10 中,两束透射光 b_1 和 b_2 也是相干光,也能产生干涉. 由透射光的光程差及半波损失的判断方法可以得到与式(17.14)类似的公式. 只不过在反射光干涉中,一次在 A 点反射,另一次在 E 点反射,而透射光则分别在 E 点和 B 点反射. 由于 A 点和 B 点的反射条件总是不同的,即在 A 点的反射若是由光疏介质到光密介质,则在 B 点的反射必定是由光密介质到光疏介质. 因此,若在反射光光程差中出现 $\lambda/2$ 项,则在透射光光程差中就不出现 $\lambda/2$ 项,反之亦然. 这意味着反射光的干涉图样与透射光的干涉图样是互补的,即同一膜厚处,或对同一入射角,若反射光干涉得暗纹,则透射光干涉得明纹,反之亦然.

一般的薄膜干涉问题比较复杂. 由式(17.14)可见,当薄膜的折射率和周围介质确定后,对某一波长来说,两相干光的光程差取决于膜厚 e 和入射角 i,因此薄膜干涉有两种简单的特例. 一种是薄膜厚度均匀,干涉条纹仅由入射角 i 确定,这种干涉称为**等倾干涉**;另一种是以平行光入射,干涉条纹仅由膜厚 e 确定,这种干涉称为**等厚干涉**. 这两种干涉虽然简单,但实际应用较多,我们将着重对它们进行讨论.

17.4.2 薄膜的等倾干涉

为了获得等倾干涉条纹,必须具备两个条件:一是要有厚度均匀的薄膜,二是入射到薄膜上的光束要有各种不同的入射角. 图 17.11 是观察反射光的等倾干涉条纹的实验装置. 图中 S 是点光源,M 是成 $45°$ 放置的半反射镜,可以使入射光一半反射一半透射,L 是会聚透镜,其光轴与薄膜表面垂直. 为了便于说明,图 17.11 (a) 只画出了光源 S 发出的一条光线,这条光线由 M 反射,并以入射角 i 入射到薄膜上,经薄膜上下表面反射后,形成一对平行的相干光,其条纹定域在无穷远处,可借助于透镜 L 在焦平面上进行观察. 在焦平面上的会聚点 P' 的位置可由虚线所示的副光轴 PP'(通过透镜光心且与反射的一对相干光平行的直线)与焦平面的交点确定. 当入射角 i 改变时,P' 与中心 O' 的距离随之改变. 由图 17.11(b)可见,以同一倾角(入射角) i 入射到薄膜上的光线有许多条,它们构成了一个圆锥面,这些入射线各自经薄膜上下表面的反射、透镜的会聚,最后在透镜的焦平面上形成一个以 O' 为中心、$O'P'$ 为半径的圆环. 对应不同的倾角,则形成半径不同的同心圆环. 因此,我们观察到的是一组同心的环状条纹,如 17.11(c)所示.

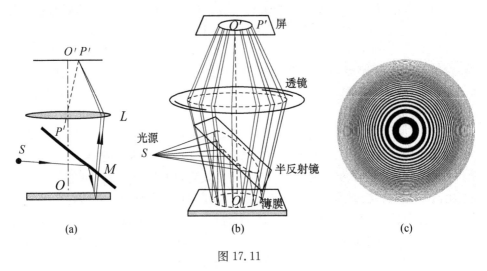

图 17.11

由式(17.14)不难看出,入射角越小的光线形成的圆环的级次越高,即半径小的圆环的级次比半径大的圆环的级次高. 此外,因级次 k 与入射角 i 不呈线性关系,故等倾干涉条纹的间距不等. 因此等倾干涉条纹是一系列**内疏外密的同心环状条纹**.

如果使用面光源,其上每一点在透镜焦平面的屏上各自产生一组干涉条纹. 入射角为 i 的所有光线,它们的反射光经透镜会聚后都落在同一级干涉圆环上,因此面光源上各点发出的光所产生的等倾干涉条纹相互重合,其结果使明纹更加明亮. 需要指出的是,这只是非相干叠加的结果. 因为来自普通面光源上不同点的光不是相干光,它们在相遇点不能产生干涉现象.

例 17.3 如图 17.12 所示,在折射率为 1.50 的平板玻璃表面有一层厚度为 300 nm、折射率为 1.22 的均匀透明油膜. 用白光垂直射向油膜. 问(1)哪些波长的可见光在反射光中产生相长干涉?(2)哪些波长的可见光在透射光中产生相长干涉?(3)若要使反射光中 $\lambda=550$ nm 的光产生相消干涉,油膜的最小厚度为多少?

解 (1)因 $n_1 < n_2 < n_3$,两束光的反射条件相同,故反射光的光程差中不出现 $\lambda/2$ 项. 垂直入射时 $i=0$,可得反射光相长干涉的条件为

$$\delta_{反} = 2n_2 e = k\lambda$$

若 $k=0$,则对应厚度 $e=0$,没有意义,故取 $k=1,2,\cdots$. 由上式得

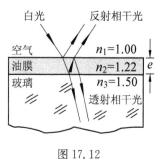

图 17.12

$$\lambda = \frac{2n_2 e}{k}$$

$k=1$ 时，$\lambda_1 = 2 \times 1.22 \times 300 \text{ nm} = 732 \text{ nm}$，是红光；$k=2$ 时，$\lambda_2 = 1.22 \times 300 \text{ nm} = 366 \text{ nm}$，不是可见光. 故反射光中红光产生相长干涉.

（2）因透射的两束光的反射条件不同，故透射光的光程差中应有 $\lambda/2$ 项，则透射光相长干涉的条件为

$$\delta_{透} = 2n_2 e + \frac{\lambda}{2} = k\lambda$$

可得

$$\lambda = \frac{4n_2 e}{2k-1}, \qquad k = 1,2,3,\cdots$$

$k=1$ 时，$\lambda_1 = 4n_2 e = 4 \times 1.22 \times 300 \text{ nm} = 1464 \text{ nm}$，不是可见光；$k=2$ 时，$\lambda_2 = \lambda_1 / 3 = 488 \text{ nm}$，是青色光；$k=3$ 时，$\lambda_3 = \lambda_1 / 5 = 293 \text{ nm}$，不是可见光. 故透射光中青色光产生相长干涉.

（3）由反射光相消干涉条件

$$\delta_{反} = 2n_2 e = (2k+1)\frac{\lambda}{2}$$

得

$$e = \frac{(2k+1)\lambda}{4n_2}, \qquad k = 0,1,2,\cdots$$

显见 $k=0$ 时所对应的厚度最小，故

$$e_{\min} = \frac{\lambda}{4n_2} = \frac{550 \text{ nm}}{4 \times 1.22} = 113 \text{ nm}$$

17.4.3　增透膜和增反膜

在现代光学仪器中，为减少入射光能量在透镜等光学元件的玻璃表面上反射引起的损失，常在镜面上镀一层厚度均匀的透明薄膜（如氟化镁 MgF_2），其折射率介于空气和玻璃之间. 膜的厚度适当时，可使某种波长的反射光因干涉而减弱，从而使更多的光透过元件. 这种使透射光增强的薄膜称为增透膜.

在照相机、电视摄像机、潜望镜等光学仪器的镜头表面镀上 MgF_2 薄膜后，能使对人眼视觉最灵敏的黄绿光反射减弱而透射增强. 这样的镜头在白光照射下，常给人以蓝紫色的视觉，这是因为其反射光中缺少了黄绿光的缘故.

与增透膜相反，当镜面上镀上透明薄膜后，能使某些波长的反射光因为发生干涉而增强，从而使该波长的光能得到更多的反射，这种使反射光增强的薄膜称为增反膜.

为了达到更好的增反效果，现代光学仪器中常采用在玻璃表面交替镀上高折

射率和低折射率的膜层,这样的多层膜称为**高反射膜**. 图 17. 13 表示用 MgF₂（折射率为 1. 38）和 ZnS（折射率为 2. 32）交替镀于玻璃表面,这时入射光在三个膜层中的任一层膜的两个表面上反射时,因反射条件不同而都有 $\lambda/2$ 的附加光程差. 入射光垂直入射时,各层膜两个表面上反射光的光程差分别为

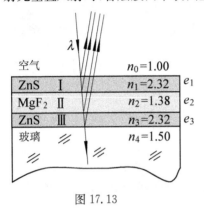

空气　　　　　　　　$n_0 = 1.00$

ZnS	I	$n_1 = 2.32$	e_1
MgF₂	II	$n_2 = 1.38$	e_2
ZnS	III	$n_3 = 2.32$	e_3

玻璃　　　　　　　$n_4 = 1.50$

图 17. 13

$$\delta_1 = 2n_1e_1 + \lambda/2$$
$$\delta_2 = 2n_2e_2 + \lambda/2$$
$$\delta_3 = 2n_3e_3 + \lambda/2$$

按相长干涉条件 $\delta = k\lambda$, δ_1、δ_2、δ_3 均应为 λ 的整数倍. 若 e_1、e_2、e_3 代表各层膜的最小厚度,则各层膜的最小厚度之间,以及与入射光波长之间应满足关系

$$n_1e_1 = n_2e_2 = n_3e_3 = \lambda/4$$

玻璃表面不镀膜时,反射率小于 5%. 镀上如图 17. 13 所示的三层膜时,反射率可达 70%.

有些光学器件的镀膜多达 15 层,反射率可高达 99%,入射光几乎全部被反射.

17.5　薄膜的等厚干涉

上节我们讨论了薄膜厚度均匀时的等倾干涉现象,本节讨论等厚干涉,即对某一波长 λ 来说,两相干光的光程差 δ 只由薄膜的厚度 d 决定,因此膜厚相同处的反射相干光将有相同的光程差,产生同一干涉条纹. 或者说,同一干涉条纹是由薄膜上厚度相同处所产生的反射光形成的,这样的条纹称为等厚干涉条纹.

薄膜等厚干涉是测量和检验精密机械零件或光学元件的重要方法,在现代科学技术中有广泛的应用.

17.5.1　劈尖干涉

劈尖是指薄膜两表面互不平行,且成很小角度的劈形膜,如图 17. 14 所示. 图(a)所示的是干涉条纹在劈尖的下方 P 处,而图(b)则说明干涉条纹在劈尖上方的 P 处. 当劈形膜很薄时,只要光在膜面的入射角不大,则可认为条纹位于膜的表面.

用单色平行光垂直照射折射率为 n 的劈尖时,由式(17.14),代入 $i = 0$,可得因干涉而产生的明暗

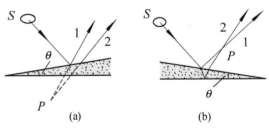

图 17. 14

纹条件为

$$\delta = 2ne + \frac{\lambda}{2} = \begin{cases} k\lambda, & k = 1,2,\cdots(\text{明纹}) \\ (2k+1)\dfrac{\lambda}{2}, & k = 0,1,2,\cdots(\text{暗纹}) \end{cases} \quad (17.15)$$

由于等厚干涉条纹的形状取决于薄膜上厚度相同处的轨迹,因此劈尖的等厚干涉条纹是一系列**明暗相间的与棱边平行的等间距的直条纹**,如图 17.15 所示.

设相邻明纹或相邻暗纹之间劈形膜的厚度差为 Δe,则由式(17.15),可得

$$\Delta e = e_{k+1} - e_k = \frac{\lambda}{2n} \quad (17.16)$$

在没有半波损失即 $\delta = 2ne$ 时,上式也成立.

设明纹或暗纹间距为 l,则有

$$\Delta e = l\sin\theta \approx l\theta$$

由此得

$$l = \frac{\lambda}{2n\theta} \quad (17.17)$$

图 17.15

显然,劈尖角 θ 越大则条纹越密,条纹过密则不能分辨.通常 $\theta < 1°$.

图 17.16(a)表示用两块平板玻璃以很小夹角使其间的空气形成空气劈尖.因空气的折射率 $n=1$,故有 $\Delta e = \lambda/2$.这表明相邻明纹或相邻暗纹所对应的空气层厚度差等于半个波长.空气劈尖的条纹间距为 $l = \lambda/2\theta$.

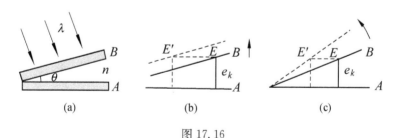

图 17.16

空气劈尖的棱边即两玻璃板相交处,$e=0$,$\delta=\lambda/2$,所以棱边呈现暗纹.当将玻璃板 B 向上平移时,如图 17.16(b)所示,空气层厚度增大,原来处在厚度 e_k 处的条纹 E 向左移到了 E' 位置.所以,当空气层厚度增加时,等厚干涉条纹向棱边方向移动.反之,当厚度减小时,条纹将向远离棱边方向移动.当玻璃板 B 绕棱边向上转动时,如图 17.16(c)所示,条纹在向棱边移动的同时,间距也在缩小.

例 17.4　在折射率为 2.35 的介质板上涂有一层均匀的透明保护膜,其折射率为 1.76.为测出保护膜的厚度,将其磨成劈尖状,如图 17.17 所示.当用波长为 589 nm 的钠光垂直照射时,观察到膜层劈尖部分的全部范围内共有 6 条等厚干涉暗纹,其中 A 端为暗纹,B 端为明纹.求保护膜的厚度 e_A.

解　由 $n_1 < n_2 < n_3$ 知,两反射相干光的反射条件相同,故不计半波损失.由式

(17.15),得暗纹条件为

$$\delta = 2n_2 e = (2k+1)\frac{\lambda}{2}, \quad k = 0,1,2,3,4,5$$

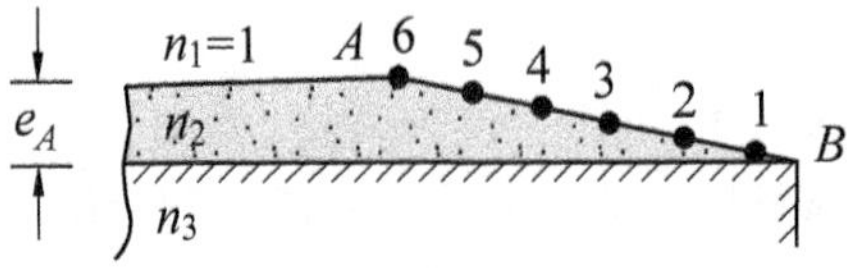

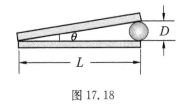

式中 $\lambda = 589\ \text{nm}, n_2 = 1.76. k = 0$ 时为第 1 条暗纹,故 A 点处的第 6 条暗纹对应于 $k = 5$,因此有

图 17.17

$$e_A = \frac{(2k+1)\lambda}{4n_2} = \frac{11\lambda}{4n_2} = 920\ \text{nm}$$

此题也可利用 Δe 求解. 由图可知劈尖上共有 5.5 个条纹间距,因相邻条纹间保护膜的厚度差为 $\Delta e = \lambda/(2n_2)$,所以 $e_A = 5.5\Delta e = 11\lambda/(4n_2)$.

例 17.5 为了测量一根金属细丝的直径 D,按图 17.18 的方法形成空气劈尖. 用单色光照射形成等厚干涉条纹,用读数显微镜测出干涉条纹的间距就可以算出 D. 已知 $\lambda = 589.3\ \text{nm}$,测量的结果是:金属丝距劈尖棱边 $L = 28.880\ \text{mm}$,第 1 条明纹到第 31 条明纹的距离为 4.295 mm,求 D.

解 由题意得相邻明纹的间距为

$$l = \frac{4.295\ \text{mm}}{30} = 0.143\ 17\ \text{mm}$$

因劈尖角 θ 很小,故可取 $\sin\theta \approx D/L$. 由式(17.17),有

$$l\sin\theta = l\frac{D}{L} = \frac{\lambda}{2}$$

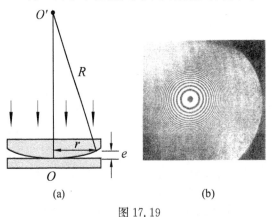

图 17.18

故金属细丝的直径为

$$D = \frac{L}{l} \cdot \frac{\lambda}{2} = \frac{28.880}{0.143\ 17} \times \frac{1}{2} \times 589.3 \times 10^{-6}\ \text{mm} = 0.059\ 44\ \text{mm}$$

17.5.2 牛顿环

将一曲率半径很大的平凸透镜的曲面与一平板玻璃接触,其间形成一层平凹球面形的薄膜,如图 17.19(a)所示. 显然,这种薄膜厚度相同处的轨迹是以接触点为中心的同心圆. 因此,若以单色平行光垂直投射于透镜上,则会在反射光中观察到一系列以接触点 O 为中心的明暗相间同心圆环. 这种等厚干涉条纹称为**牛顿环**,如图 17.19(b)所示.

(a)   (b)

图 17.19

设透镜球面的球心为 O',半

径为 R, 距 O 为 r 处薄膜厚度为 e. 由几何关系得

$$(R-e)^2 + r^2 = R^2$$

因 $R \gg e$, 故上式展开后略去高阶小量 e^2, 可得

$$e = \frac{r^2}{2R} \tag{17.18}$$

设薄膜折射率为 n, 则在有半波损失时 δ 与 r 的关系为

$$\delta = 2ne + \frac{\lambda}{2} = \frac{nr^2}{R} + \frac{\lambda}{2} \tag{17.19}$$

将相长干涉条件 $\delta = k\lambda$ 及相消干涉条件 $\delta = (2k+1)\lambda/2$ 分别代入上式, 可得牛顿环半径为

$$r = \begin{cases} \sqrt{\left(k-\frac{1}{2}\right)\dfrac{R\lambda}{n}}, & k = 1,2,3,\cdots\text{(明环)} \\[3mm] \sqrt{k\dfrac{R\lambda}{n}}, & k = 0,1,2,\cdots\text{(暗环)} \end{cases} \tag{17.20}$$

由此可见, 暗环的半径与 k 的平方根成正比, 随着 k 的增大, 相邻明环或暗环的半径之差越来越小, 所以牛顿环是一系列内疏外密的同心圆环.

根据式 (17.19) 和式 (17.20), e 值大对应的 k 值也大, 表明级次高的圆环条纹半径大, 这与等倾干涉条纹相反. 如果连续增大或减小平凸透镜的曲面与平板玻璃间的距离, 则能观察到圆环条纹向内收缩, 不断向中心湮没, 或者观察到圆环条纹一个个从中心冒出, 并向外扩张.

在实验室中, 常用牛顿环测定光波波长或平凸透镜的曲率半径.

例 17.6　观察牛顿环的装置如图 17.20 所示. 波长 $= 589$ nm 的钠光平行光束, 经半反半透平面镜 M 反射后, 垂直入射到牛顿环装置上. 今用读数显微镜 T 观察牛顿环, 测得第 k 级暗环半径 $r_k = 4.00$ mm, 第 $k+5$ 级暗环半径 $r_{k+5} = 6.00$ mm. 求平凸透镜 A 的球面曲率半径 R 及暗环的 k 值.

解　按题意, 这是空气薄膜牛顿环, 其折射率 $n = 1$. 据式 (17.20), 暗环半径为

$$r_k = \sqrt{kR\lambda}, \quad r_{k+5} = \sqrt{(k+5)R\lambda}$$

消去 k 可得

$$R = \frac{r_{k+5}^2 - r_k^2}{5\lambda} = \frac{(6.00^2 - 4.00^2) \times 10^{-6}\ \text{m}^2}{5 \times 589 \times 10^{-9}\ \text{m}} = 6.79\ \text{m}$$

将此结果代入 $r_k = \sqrt{kR\lambda}$ 中, 得

$$k = \frac{r_k^2}{R\lambda} = 4$$

即半径为 4.00 mm 的暗环是第 4 级暗环.

例 17.7　设平凸透镜的凸面是一标准样板, 其曲

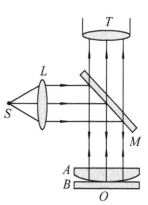

图 17.20

率半径 $R_1=102.3$ cm,而另一凹面是一待测面,半径为 R_2,如图 17.21 所示. 若在牛顿环实验中,垂直入射的单色光波长 $\lambda=589.3$ nm,测得第 4 级暗环的半径 $r_4=2.250$ cm,求 R_2.

解 如图所示,在与第 k 级暗条纹所对应的空气膜处,先计算两个高度 h_1 和 h_2.利用球面—平面间距关系式(17.18),有

$$h_1 = \frac{r_k^2}{2R_1}, \quad h_2 = \frac{r_k^2}{2R_2}$$

式中 r_k 为第 k 级暗环半径. 由此可得该处空气膜厚度为

$$e_k = h_1 - h_2 = \frac{r_k^2}{2}\left(\frac{1}{R_1} - \frac{1}{R_2}\right) \quad ①$$

由暗纹条件

$$2e_k + \frac{\lambda}{2} = (2k+1)\frac{\lambda}{2}$$

则有

$$e_k = \frac{k\lambda}{2} \quad ②$$

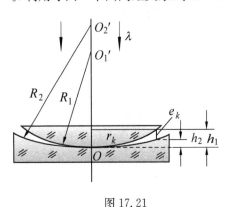

图 17.21

式中 $k=0,1,2,\cdots$. 联立式①和式②,并代入 $k=4$, 解得

$$\frac{1}{R_2} = \frac{1}{R_1} - \frac{k\lambda}{r_k^2} = \frac{1}{102.3 \text{ cm}} - \frac{4 \times 589.3 \times 10^{-7} \text{ cm}}{(2.250 \text{ cm})^2} = 9.728 \times 10^{-3} \text{ cm}^{-1}$$

$$R_2 = \frac{1}{9.728 \times 10^{-3} \text{ cm}^{-1}} = 102.8 \text{ cm}$$

17.6　迈克耳孙干涉仪

干涉仪是根据光的干涉原理制成的精密仪器.现有的各种干涉仪中,大多采用双光束干涉.本节介绍最常用的一种双光束干涉仪——迈克耳孙(A. A. Michelson)干涉仪,是 100 多年前由迈克耳孙设计制成的.这是一种比较典型的干涉仪,是许多近代干涉仪的原型.

迈克耳孙干涉仪是用分振幅法产生双光束干涉的仪器,其构造示意图如图 17.22所示.图中 S 为光源,N 为毛玻璃片,M_1 和 M_2 是两块精密磨光的平面反射镜,分别安装在相互垂直的两臂上.其中 M_1 固定,M_2 通过精密丝杠的带动,可以沿臂轴方向移动.在两臂相交处放一与两臂成 45°角的平行平面玻璃板 G_1.在 G_1 的后表面镀有一层半透明半反射的薄银膜,银膜的作用是将入射光束分成振幅近似相等的反射光束 1 和透射光束 2.因此,G_1 称为**分光板**.

由扩展面光源 S 发出的光,射向分光板 G_1 经分光后形成两部分.反射光 1 垂直地射到平面反射镜 M_1 后,经 M_1 反射透过 G_1 射到 P 处.透射光 2 通过另一块

与 G_1 完全相同且平行于 G_1 放置的玻璃板 G_2（无银膜）射向 M_2，经 M_2 反射后又经过 G_2 到达 G_1，再经半反射膜反射后到达 P 处. 在 P 处可以观察两相干光束 1 和 2 的干涉图样.

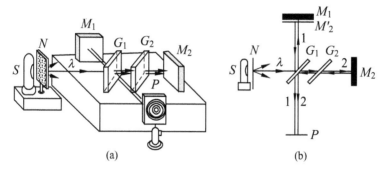

图 17.22

由光路图可以看出，因玻璃板 G_2 的插入，使得光束 1 和光束 2 通过玻璃板的次数相同（3 次）. 这样一来，两光束的光程差就和玻璃板中的光程无关. 因此，称玻璃板 G_2 为**补偿板**.

由于分光板后表面的半反射膜实质上是反射镜，它使 M_2 在 M_1 附近形成一个虚像 M_2'，因而，光在迈克耳孙干涉仪中自 M_1 和 M_2 的反射，相当于自 M_1 和 M_2' 的反射. 于是，迈克耳孙干涉仪中所产生的干涉图样就如同由 M_1 和 M_2' 之间的空气薄膜产生的一样. 当 M_1 和 M_2 严格垂直时，M_1 和 M_2' 之间形成平行平面空气膜，这时可以观察到等倾干涉条纹；当 M_1 和 M_2 不严格垂直时，M_2' 和 M_1 之间形成空气劈尖，用平行光入射时，则可观察到等厚干涉条纹.

因干涉条纹的位置取决于光程差，所以当 M_2 移动时，在 P 处能观察到干涉条纹位置的变化. 当 M_1 和 M_2' 严格平行时，这种位置变化表现为等倾干涉的圆环形条纹不断地从中心冒出或向中心收缩. 当 M_1 和 M_2' 不严格平行时，则表现为等厚干涉条纹相继移过视场中的某一标记位置. 由于光在空气膜中经历往返过程，因此，当 M_2 平移 $\lambda/2$ 距离时，相应的光程差就改变一个波长 λ，条纹将移过一个条纹间距. 由此得到动镜 M_2 平移的距离与条纹移动数 N 的关系为

$$d = N \frac{\lambda}{2} \tag{17.21}$$

迈克耳孙干涉仪的最大优点是两相干光束在空间是完全分开的，互不扰乱，因此可用移动反射镜或在单独的某一光路中加入其他光学元件的方法改变两光束的光程差，这就使干涉仪具有广泛的应用. 如用于测长度、测折射率和检查光学元件表面的平整度等，测量的精度很高. 迈克耳孙干涉仪及其变形在近代科技中所展示的功能也是多种多样的. 例如，光调制的实现、光拍频的实现以及激光波长的测量等.

例 17.8   在迈克耳孙干涉仪中,M_2 反射镜移动 0.2334 mm 的距离时,可以数出移动了 792 条条纹,求所用光的波长.

解   当平面镜 M_2 移动 $\lambda/2$ 的距离(即改变薄膜厚度 $\lambda/2$)时,相应的光程差改变为 λ,条纹将移过一个间距.根据式(17.21),可得所用光的波长为

$$\lambda = \frac{2d}{N} = \frac{2 \times 0.2334 \times 10^{-3} \text{ m}}{792} = 5.894 \times 10^{-7} \text{ m}$$

17.7   光源的相干性

前面讨论了产生干涉的必要条件和获得相干光的基本方法,然而,这并不意味着凡是有相干光传播的空间都一定能产生干涉现象.因为光干涉现象能否发生,还与光源发光过程的时间特性以及光源上不同部分发光的空间特性有关,这两者可分别归结为光源的时间相干性和空间相干性.

17.7.1   时间相干性

时间相干性问题来源于光源中微观发光过程在时间上的非连续性,也就是说,从光源中发出的各个独立波列的长度是有限的.图 17.23(a)表示从光源 S 发出的一列有限长的光波,经双缝 S_1、S_2 分割波阵面后得到两列有限长相干波列.如果这两波列沿 S_1P 和 S_2P 两波线传播,光程差较小,它们有机会在 P 点相遇而发生干涉.

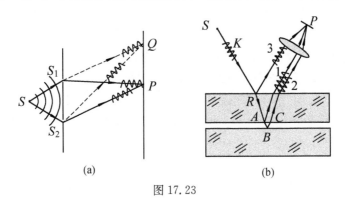

图 17.23

如果沿 S_1Q 和 S_2Q 波线传播,光程差较大,以致其中一个波列已完全通过 Q 点时,另一个波列尚未到达,它们因为没有机会相遇而无法发生干涉.图 17.23(b)是分振幅干涉中的情形,波列 1、2 和 3 都是由同一入射波列 K 经不同界面分振幅而获得的相干波列.当上面一块玻璃板较厚而两玻璃板间的空气层很薄时,波列 1 和 2 的光程差较小,能在 P 点相遇而发生干涉.但当它们到达 P 点时,波列 3 则早已通过 P 点,因而没有机会与 1、2 波列相遇,从而无法参于干涉.这就是用普通光源观

察薄膜干涉时,要求膜很薄的原因所在.

为了便于分析,我们将光源中原子每次发光的持续时间称为**相干时间**,用 τ_0 表示,则每一波列在真空中的长度为 $L_0 = c\tau_0$,c 为真空中光速,L_0 称为光源的**相干长度**,它等于真空中的波列长度.由图 17.23(a)、(b)所示的两种情况可知,若两相干波列传播路径的光程差为 δ,则只有在 $L_0 > \delta$ 时两波列才有机会相遇而发生干涉.所以 L_0 越长,产生干涉所允许的光程差就越大,而 L_0 的长短取决于光源的相干时间 τ_0.我们将光源的这种相干性称为**时间相干性**.普通光源的相干长度只有毫米到厘米数量级.激光的相干长度较长,但因激光器的类型及设计标准不同而有较大差异,从米数量级到百米或更高的数量级,所以激光光源的时间相干性好.

另外,从光谱分析的理论和实验发现,光源的时间相干性与光源的光谱结构特点有密切关系.相干长度较长的光源,其频率成分较单纯,即以某一中心频率的光强为主,而高于和低于这一中心主频率的其他光波的光强下降得很快,亦即所谓光源的单色性好.由此可知,单色性好的光源,其时间相干性也好.

17.7.2　空间相干性

在使用普通光源做杨氏双缝干涉实验时,总是先用一条狭缝对光源进行限制,才能获得清晰的干涉条纹.如果将缝的宽度逐渐扩大,将会发现干涉条纹逐渐变得模糊,当缝宽达到一定程度时,干涉条纹完全消失.这就是所谓光源的**空间相干性问题**.

如图 17.24 所示,S 是一宽光源.假定当入射屏 P_1 上的缝宽扩大到 b 时,观察屏上的干涉条纹恰好完全消失.这时,我们可以针对图中光路,对这一现象作如下解释:在宽度为 b 的光源上各点独立发出波长为 λ 的光波,经双缝 S_1、S_2 分波阵面后,各自在观察屏上产生自己的一套干涉条纹,其在 x 轴上的条纹间距

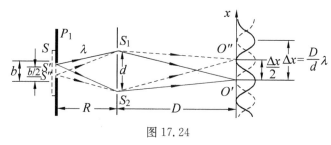

图 17.24

$\Delta x = D\lambda/d$.若 b 上任取一对相距为 $b/2$ 的点光源,例如图中 S' 和 S'',它们在 x 轴上产生的零级明纹恰好相互错开半个条纹间距,即 $O'O'' = \Delta x/2$.此时一组干涉条纹的明纹与另一组干涉条纹的暗纹相互重叠(如图中的虚线曲线与实线曲线所示),结果就观察不到这两组干涉条纹.由于在 b 上连续分布的各对相距 $b/2$ 的点光源都发生上述情况,所以在屏上只能看到均匀的光强分布.由图中几何关系并考虑到通常的实验条件是 $b \ll R$ 和 $\Delta x \ll D$,可以得出

$$\frac{b/2}{R} = \frac{\Delta x/2}{D}$$

将 $\Delta x = D\lambda/d$ 代入上式,得到干涉条纹恰好消失时,光源的最大宽度为

$$b = \frac{R}{d}\lambda \tag{17.22}$$

当缝宽等于或大于 b 时,就不能观察到干涉条纹. 当 R、d、λ 给定时,可由式 (17.22)算出 b 值,从而对光源宽度做出限制. 反之,对于某一宽度为 b 的光源(它发出波长为 λ 的光波),要想在杨氏双缝干涉实验中观察到干涉条纹,则应对比值 R/d 做出限制.

内 容 提 要

1. 相干光

(1) 相干光

频率相同、振动方向平行、相位差恒定.

(2) 获得相干光的方法

分波阵面法和分振幅法.

(3) 明暗纹条件

$$\Delta\varphi = 2\pi\frac{\delta}{\lambda} = \begin{cases} \pm 2k\pi, & k = 0,1,2,\cdots & \text{(明纹)} \\ \pm(2k+1)\pi, & k = 0,1,2,\cdots & \text{(暗纹)} \end{cases}$$

$$\delta = \begin{cases} \pm k\lambda, & k = 0,1,2,\cdots & \text{(明纹)} \\ \pm(2k+1)\dfrac{\lambda}{2}, & k = 0,1,2,\cdots & \text{(暗纹)} \end{cases}$$

2. 杨氏双缝干涉(分波阵面法获得相干光)

光程差: $\delta = \dfrac{d}{D}x$

条纹: 明暗相间的等间距直条纹.

条纹间距: $\Delta x = \dfrac{D}{d}\lambda$

3. 薄膜干涉(分振幅法获得相干光)

(1) 薄膜干涉的光程差与明暗纹条件(δ 中计入 $\lambda/2$)

$$\delta = 2e\sqrt{n_2^2 - n_1^2\sin^2 i} + \frac{\lambda}{2} = \begin{cases} k\lambda, & k = 1,2,3,\cdots & \text{(明纹)} \\ (2k+1)\dfrac{\lambda}{2}, & k = 0,1,2,\cdots & \text{(暗纹)} \end{cases}$$

(2) 等倾干涉条纹(薄膜厚度均匀)

同心圆环. 同一条纹由来自同一倾角的入射光形成,半径小的圆环级次高. 反射光的干涉图样与透射光的干涉图样明暗互补.

(3) 等厚干涉条纹(光线垂直入射):

劈尖： 与棱边平行的明暗相间的等间距的直条纹.

条纹间距： $l=\dfrac{\lambda}{2n\sin\theta}\approx\dfrac{\lambda}{2n\theta}$

相邻明(暗)纹之间劈尖的厚度差： $\Delta e=e_{k+1}-e_k=\dfrac{\lambda}{2n}$

牛顿环： 内疏外密的同心圆环.半径大的圆环级次高.

牛顿环半径(δ 中计入 $\lambda/2$)：

$$r=\begin{cases}\sqrt{\left(k-\dfrac{1}{2}\right)\dfrac{R\lambda}{n}}, & k=1,2,3,\cdots\text{(明环)}\\[3mm]\sqrt{k\dfrac{R\lambda}{n}}, & k=0,1,2,\cdots\text{(暗环)}\end{cases}$$

4. 迈克耳孙干涉仪

动镜移动距离与条纹移动数的关系： $d=N\lambda/2$.

习 题

(一)选择题和填空题

17.1 如图所示,在双缝干涉实验中,屏幕 H 上的 P 点处是明纹.若将缝 S_2 盖住,并在 S_1、S_2 连线的垂直平分面处放一高折射率介质反射面 M,则此时[   ].

(A)P 点处仍为明纹.　　　　　　(B)P 点处为暗纹.

(C)不能确定 P 点处是明纹还是暗纹.　　(D)无干涉条纹.

17.2 如图所示,单色平行光垂直照射在薄膜上,经上下两表面反射的两束光发生干涉.若薄膜厚度为 e,且 $n_1<n_2,n_2>n_3,\lambda_1$ 为入射光在 n_1 中的波长,则两束反射光的光程差为[   ]

(A) $2n_2e$.　　　　　　　　　(B)$2n_2e-\lambda_1/(2n_1)$.

(C) $2n_2e-n_1\lambda_1/2$.　　　　　(D)$2n_2e-n_2\lambda_1/2$.

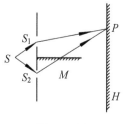

题 17.1 图

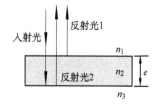

题 17.2 图

17.3 检验滚珠大小的干涉装置示意如图(a)所示.S 为光源,L 为会聚透镜,M 为半透半反镜.在平晶 T_1、T_2 之间放置 A、B、C 三个滚珠,其中 A 为标准件,直径为 d_0.用波长为 λ 的单色光垂直照射平晶,在 M 上方观察到等厚条纹如图(b)所示.轻压 C 端,条纹间距变大,则 B 珠

的直径 d_1、C 珠的直径 d_2 与 d_0 的关系分别为［　］

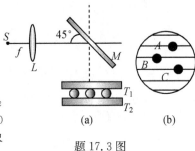

(A) $d_1 = d_0 + \lambda$，$d_2 = d_0 + 2\lambda$.

(B) $d_1 = d_0 - \lambda$，$d_2 = d_0 - 2\lambda$.

(C) $d_1 = d_0 + \lambda/2$，$d_2 = d_0 + \lambda$.

(D) $d_1 = d_0 - \lambda/2$，$d_2 = d_0 - \lambda$.

17.4 在玻璃(折射率 $n_3 = 1.60$)表面镀一层 MgF_2 (折射率 $n_2 = 1.38$)薄膜作为增透膜. 为了使波长为 500 nm($1\ nm = 10^{-9}$ m)的光从空气($n_1 = 1.00$)正入射时尽可能少反射，MgF_2 薄膜的最少厚度应是［　］

题 17.3 图

(A) 78.1 nm.　(B) 90.6 nm.　(C) 125 nm.　(D) 181 nm.　(E) 250nm.

17.5 维纳光驻波实验装置示意图如图所示. MM' 为金属反射镜，NN' 为涂有极薄感光层的玻璃板. MM' 与 NN' 之间夹角 $\varphi = 3.0 \times 10^{-4}$ rad，波长为 λ 的平面单色光通过 NN' 板垂直入射到 MM' 金属反射镜上，则反射光与入射光在相遇区域形成光驻波，NN' 板的感光层上形成对应于波腹波节的条纹. 实验测得两个相邻的驻波波腹感光点 A、B 的间距 $\overline{AB} = 1.0$ mm，则入射光波的波长为 _____ mm.

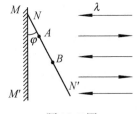

题 17.5 图

17.6 在牛顿环装置的平凸透镜和平板玻璃间充以某种透明液体，观测到第 10 个明环的直径由充液前的 14.8 cm 变成充液后的 12.7 cm，则这种液体的折射率 n 为 _____.

17.7 白色平行光(波长 400~760 nm)垂直入射间距为 0.2 mm 的双缝，距缝 2 m 处设置接受屏，第三级明纹彩带的宽度 $\Delta L =$ _____.

(二)问答题和计算题

17.8 在杨氏双缝干涉实验中：(1)如果把光源 S 向上移动，则干涉图样将发生怎样的移动？(2)当缝间距离不断增大时，则干涉图样中相邻明纹之间距离将发生什么变化？(3)若每条狭缝都加宽 1 倍，干涉图样中相邻明纹之间的距离将发生什么变化？

17.9 窗玻璃也是一块透明薄板，但在通常的日光下，为什么我们观察不到干涉现象？有时取两块窗玻璃的碎片叠合起来，会观察到无规则形状的彩色条纹，这现象如何解释？

17.10 在杨氏双缝实验中，双缝间距为 0.1 mm，缝与屏幕的距离为 3 m. 对下列三条典型谱线求出干涉条纹的间距：(1)蓝线(486.1 nm)；(2)黄线(589.3 nm)；(3)红线(656.3 nm).

17.11 在一双缝实验中，双缝间距为 5.0 mm，缝离屏 1.0 m，在屏上可见到两个干涉花样. 一个是由 480.0 nm 的光产生，另一个由 600.0 nm 的光产生. 问在屏上两个不同花样的第三级干涉明条纹间的距离是多少？

17.12 双缝干涉实验中，在相干光束之一的光路中放入一块玻璃片，结果使中央明纹中心移到原来第六级明纹中心所占的位置上. 设光线垂直射入薄片，薄片的折射率 $n = 1.6$，波长 $\lambda = 6.6 \times 10^2$ nm. 求薄片的厚度.

17.13 在菲涅耳双镜干涉实验中，单色光源($\lambda = 600.0$ nm)放在距双镜交线 0.10 m 处，光屏放在距双镜交线 2.07 m 处. 已知双镜的夹角 ε 为 $10'$，如图所示.(1)求屏上相邻两干涉条纹间的距离;(2)如果光源与双镜交线的距离增加到0.20 m,则屏上干涉条纹之间的距离有什么变化?

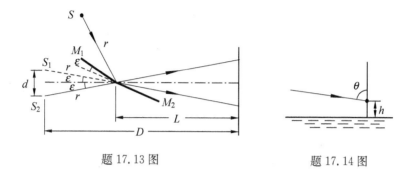

题 17.13 图   题 17.14 图

17.14 如图,湖面上方$h=0.50$ m 处放一电磁波接收器.当某射电星从地平面渐渐升起时,接收器可测到一系列极大值.已知射电星发射的电磁波的波长为 0.20 m,求出现第一个极大值时射电星的射线与铅垂线间的夹角 θ(湖水可看成是电磁波的反射体).

17.15 一平面单色光波垂直照射在厚度均匀的薄油膜上,油膜覆盖在玻璃板上.所用单色光的波长可连续变化,观察到 500 nm 和 700 nm 两个波长的光相继在反射中消失.油的折射率为 1.30,玻璃的折射率为 1.50,试求油膜的厚度.

17.16 空气中有一层油膜,其折射率 $n_2=1.3$,当观察方向与膜面法线方向成 30°角时,可看到从油膜反射的光呈绿色(波长 $\lambda=500$ nm).试问:(1)油膜的最小厚度是多少? (2)如果从膜面的法线方向观察,则反射光的颜色如何?

17.17 如图,把直径为 D 的细丝夹在两块平玻璃砖的一边,形成劈尖形空气层,在钠黄光($\lambda=589.3$ nm)垂直照射下形成如图上方所示的干涉条纹,求 D 的值.

17.18 利用劈尖的等厚干涉条纹,可测量很小的角度.在如图所示的劈尖上,垂直入射光的波长为 589.3 nm,并测得其中相邻两条明纹的位置 $d_A=15.8$ mm,$d_B=16.0$ mm.求劈尖的夹角.

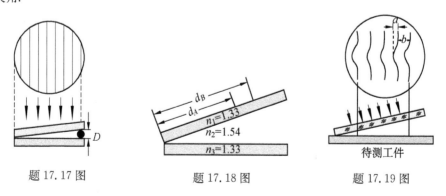

题 17.17 图   题 17.18 图   题 17.19 图

17.19 利用空气劈尖的等厚干涉条纹,可测量精密加工工件表面极小纹路的深度.测量时,把待测工件放在测微显微镜的工作台上,使待测表面向上.在工件表面上放一平板玻璃使其间形成空气劈尖,单色光垂直照射到玻璃片上,在显微镜中观察干涉条纹.由于工件表面不平,观察到干涉条纹如图所示.试根据条纹弯曲的方向,说明工件表面上纹路是凹的还是凸的?并证明纹路深度可用下式表示:

$$H = \frac{a}{b} \cdot \frac{\lambda}{2}$$

17.20 一玻璃劈尖放在空气中,其末端厚度 $h=0.005$ cm,折射率 $n=1.5$.现用波长 $\lambda=700$ nm 的平行单色光,以 $i=30°$ 入射角射到劈尖的上表面.试求:(1)玻璃劈尖上表面形成的干涉明纹数目;(2)若以尺寸完全相同的两块玻璃片形成的空气劈尖代替上述的玻璃劈尖,则产生的明纹数目是多少?

17.21 检验透镜曲率的干涉装置如图所示.在波长为 λ 的钠黄光垂直照射下显示出图上方的干涉花样.你能否判断透镜的下表面与标准模具之间气隙的厚度最多不超过多少?

17.22 当盛于玻璃器皿中的水绕中心轴以匀角速度 ω 旋转时,水面和器皿水平底面的截面如图所示.现以波长 $\lambda=640.0$ nm 的单色光垂直入射,观察到中心为明纹,第30级明纹的半径为 10 mm.已知水的折射率 $n=4/3$,求 ω.

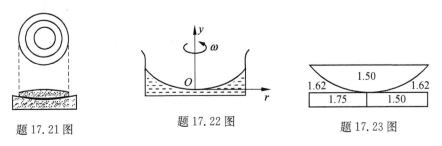

题 17.21 图　　　　　　题 17.22 图　　　　　　题 17.23 图

17.23 牛顿环的实验装置如图所示.设玻璃板由两部分组成(冕牌玻璃 $n_1=1.50$ 和火石玻璃 $n_2=1.75$),透镜是冕牌玻璃制成的,而透镜和玻璃板之间的空间充满二硫化碳($n_3=1.62$).试问在反射光中看到干涉花样的情况如何?

17.24 用波长 $\lambda=589.3$ nm 的钠黄光观察牛顿环,测得某一明环直径为 2.00 mm,而其外第四个明环直径为 6.00 mm,求凸透镜的曲率半径.

17.25 用钠黄光(波长为 589.3 nm)照射迈克耳孙干涉仪.当把折射率 $n=1.4$ 的薄膜放在干涉仪的一条光路中时,测得干涉条纹移动了 7.0 条,试求薄膜的厚度.

17.26 测定气体折射率的干涉仪(雅敏干涉仪)的光路如图所示.图中 S 为光源,L 为聚光透镜,G_1、G_2 为两块等厚而且平行的玻璃板,T_1、T_2 为等长的两个玻璃管,长度为 l.测量时,先将两管抽空,然后将待测气体徐徐充入一管中,在 E 处观察干涉条纹的变化,即可测得气体折射率.某次测量时,将待测气体充入 T_2 管中,从开始进气到标准状态过程中,在 E 处看到共移过 98 条干涉条纹.若光源波长 $\lambda=589.3$ nm,$l=0.20$ m,试求该气体在标准状态下的折射率.

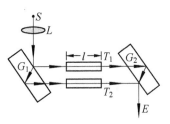

题 17.26 图

光 学 陀 螺

陀螺仪是一种能够精确测定运动物体方位的仪器,它是现代航空、航海、航天和国防工业中广泛使用的一种惯性导航仪器,对一个国家的工业、国防和其他高科技的发展具有十分重要的战略意义.传统的惯性陀螺仪主要指机电式陀螺仪,它离不开高速转动的刚性转子,结构复杂、加工工艺要求高,精度受到了很多方面的制约.

1913 年,法国物理学家萨格奈克(Georges Sagnac)发现了 Sagnac 效应,使人们意识到可以利用环形光的干涉来测量旋转角速度.1960 年激光出现,优质光源用于 Sagnac 干涉仪使得测量精度大大提高,1963 年第一个激光陀螺模型在实验室诞生.1966 年,英籍华人科学家高锟提出光导纤维的设想,使得光在玻璃纤维中的传播成为可能,10 年之后,世界上第一个光纤陀螺原理样机面世.自此,传统的惯性导航技术得到全面革新.

激光陀螺和光纤陀螺都是利用环形光的干涉来完成转速和方位的测定,这样的光学器件称为光学陀螺.和传统的机电陀螺相比,光学陀螺因其具有的高稳定性、高可靠性、抗冲击、动态范围大、数字化、低成本、无需温控和启动时间短等一系列优点,在惯性技术领域获得了越来越广泛的应用.目前激光陀螺由于精度及稳定性更优,已能成熟地应用于捷联惯导系统,成为纯惯性远程军用武器系统的优选对象.我国经过国防科技大学等单位 40 余年的艰苦攻关,已成为世界上第四个能独立研制激光陀螺的国家.

不论是激光陀螺还是光纤陀螺,其基本原理都是利用 Sagnac 效应,所不同的只是传输介质及检测方式不同,下面分别进行介绍.

1. 萨格奈克效应

所谓 Sagnac 效应,是指在任意形状的闭合光路中,从某一观测点出发的一对光波沿相反方向传播一周后又回到该观测点时,如光路相对惯性空间存在着转动角速度,则沿正、反向传播的光束之间会产生光程差,且光程差与转动角速度成正比.也就是说,转动角速度对光的干涉现象会产生影响,因此,若能测出光程差或对应的相位差的信息,即可得到转动角速度.

Sagnac 效应表明,利用无运动部件的光学系统同样能够检测相对惯性空间的旋转.

2. 激光陀螺

激光陀螺的核心元件是环形激光谐振腔,它是由石英制成的三角形或正方形的闭合环形光路,内有一个或几个装有氦氖混合气体的管子、两个全反射镜和一个半反射镜,如图 17.25 所示.用高频电源或直流电源激发混合气体,产生氦氖激光,并经两个全反射镜反射形成沿相反方向传输的 a、b 两束光.如环形光路对应的光程为光波波长的整数倍,则可实现谐振,形成两束激光.最后用半反射镜将两束激光导出回路,并经直角棱镜使两束光干涉.

若环形光路不转动,则 a、b 两束光光程相等,无干涉现象.而形成激光,需要满足谐振条件 $L = n\lambda = nc/\nu$,式中 L 为环形光路一圈的光程,n 为正

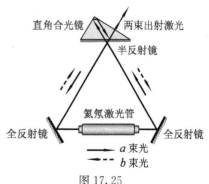

图 17.25

整数,λ 为激光波长,c 为真空中光速,ν 为光波频率.

若环形光路随载体以角速度 ω 转动,则因光束 a、b 绕行方向不同,绕行一圈回到分束点时的光程就不相等,由此产生光程差,如图 17.26 所示.

不难看出,分束点相对惯性空间的线速度 v 在 a、b 两束光的光路上的投影为

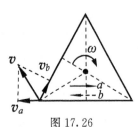

图 17.26

$$v_a = v_b = \left(\frac{L}{6} \cdot \frac{1}{\cos 30°} \right) \omega \cdot \cos 60° = \frac{L}{6\sqrt{3}} \omega$$

因光束 a 逆行,光束 b 顺行,故绕行一圈的实际光程为

$$L_a = L - v_a L_a / c, \quad L_b = L + v_b L_b / c$$

解出 L_a、L_b,并算出两者的光程差 ΔL 分别为

$$L_a = \frac{L}{1 + L\omega / (6\sqrt{3}c)}, \qquad L_b = \frac{L}{1 - L\omega / (6\sqrt{3}c)} \qquad ①$$

$$\Delta L = L_b - L_a = \frac{L^2 \omega / (3\sqrt{3}c)}{1 - (L\omega)^2 / (6\sqrt{3}c)^2} \qquad ②$$

考虑到 $c \gg L\omega$,则式②可近似为

$$\Delta L \approx L^2 \omega / (3\sqrt{3}c) = \frac{4A}{c} \omega$$

其中 A 为三角形回路的面积. 由于光束 a、b 均满足谐振条件,有 $L_a = n\lambda_a = nc / \nu_a$,$L_b = n\lambda_b = nc / \nu_b$,因此两束光的频率差(拍频)为

$$\nu_a - \nu_b = nc \left(\frac{\Delta L}{L_a L_b} \right) \approx \frac{4A}{L\lambda} \omega \qquad ③$$

可见,只要测得逆、顺两光束的拍频,由式③即可确定载体相对惯性空间的角速度 ω. 如三角形谐振腔边长 111.76mm,氦氖激光波长 0.6328μm,仪器测得两束光的拍频 7.43Hz,则可算出地球自转角速度为 7.29×10^{-5} rad·s^{-1}. 在实际应用中,式③对其他形状环路的激光陀螺也适用.

3. 光纤陀螺

光纤陀螺本质上就是一个环形干涉仪,它采用多匝光纤线圈来增强相对惯性空间的旋转引起的 Sagnac 效应,并通过测量两束相干光的相位差来确定转动角速度,其基本结构如图 17.27 所示. 分束器将光束一分为二,在光纤环中形成正反向传播的两束光. 当光纤环以角速度 ω 转动时,类似于激光陀螺的计算,两束光的光程差 ΔL 和相位差 $\Delta \varphi$ 分别为

$$\Delta L = \frac{4NA}{c} \omega, \qquad \Delta \varphi = \frac{2\pi}{\lambda} \cdot \frac{4NA}{c} \omega \qquad ④$$

式中 N 为光纤匝数,A 为光纤环面积. 式④表明相位差与旋转角速度之间有一定的内在联系,通过对相位差的提取,即可确定旋转角速度.

光学陀螺通过测定频率差或相位差可算出旋转角速度 ω. 将 ω 对时间积分,即可得到载体相对于初始位置转过的角度 θ. 如在载体上沿相互垂直的三个方向各固定一个光学陀螺,就可随时测定载体沿三个方向各自转过的角度,也就实时测定了载体的方位.

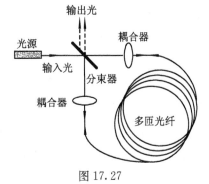

图 17.27

第 *18* 章　光的衍射

衍射和干涉一样,是波动的基本特征.本章以惠更斯-菲涅耳原理为基础,介绍光的衍射,着重讨论单缝衍射和光栅衍射的特点和规律,简要介绍圆孔衍射、光学仪器的分辨本领和 X 射线的衍射.

18.1　光的衍射现象　惠更斯-菲涅耳原理

18.1.1　光的衍射现象

如图 18.1(a)所示,一束平行光通过一个宽度可调的狭缝 K,若缝的宽度比光的波长大很多,则屏幕 H 上将呈现出与缝等宽且边界清晰的光斑,两侧是几何阴影,这是光的直线传播性质的表现.若将缝的宽度不断缩小,则当缝很窄时,光将进入几何阴影区域,这时光斑亮度降低而范围扩大,并且在中央亮斑两侧的阴影区域出现明暗相间的条纹,如图 18.1(b)所示.这种光波遇到障碍物时偏离直线传播,进入几何阴影区域,使光强重新分布的现象称为光的**衍射**.

光遇到小孔、小圆屏等其他障碍物时,也能发生衍射.衍射现象是否显著,取决于障碍物的线度与光的波长的相对比值,只有当障碍物的线度比光的波长大得不多时,衍射现象才显著.当障碍物的线度小到与光的波长完全可以相比时,衍射范围将弥漫整个视场.

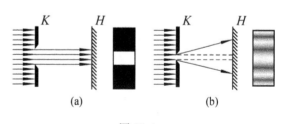

图 18.1

18.1.2　惠更斯-菲涅耳原理

我们知道,应用惠更斯原理,可以定性地从某时刻的已知波阵面求出其后另一时刻的波阵面.但因惠更斯原理的子波假设不涉及子波的强度和相位,所以无法解释衍射形成的光强不均匀分布现象.菲涅耳(A. J. Fresnel)在惠更斯的子波假设基础上,提出了"子波相干叠加"的思想,从而建立了反映光的衍射规律的惠更斯-菲涅耳原理.该原理指出:**波阵面上任一点均可视为能发射子波的波源,波阵面前方空间某点处的光振动取决于到达该点的所有子波的相干叠加.**

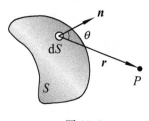

图 18.2

根据惠更斯-菲涅耳原理,将图 18.2 中的波阵面 S 分割为无限多个面元 dS,每个面元 dS 都是一个子波源,P 点的光振动取决于 S 面上所有面元发出的子波在该点的相干叠加.

对于任一面元 dS 发出的子波在 P 点引起的光振动的振幅和相位,菲涅耳有如下假设:

(1) 面元 dS 发出的子波在 P 点引起的光振动的振幅,与 dS 的大小成正比,与 dS 到 P 点的距离 r 成反比,并与 r 和面元 dS 的法线 n 方向之间的夹角 θ 有关,θ 越大振幅越小;

(2) 因波阵面 S 是一同相面,所以任一面元 dS 在 P 点引起的光振动的相位由 r 决定.

根据以上假设,并引入比例常数 C,dS 发出的子波在 P 点引起的光振动可写成

$$dE = C \frac{K(\theta)}{r} \cos\left(\omega t - 2\pi \frac{r}{\lambda}\right) dS$$

式中 $K(\theta)$ 是随 θ 增大而缓慢减小的函数,称为**倾斜因子**. 对上式积分,就得到波阵面 S 在 P 点引起的合振动,即

$$E = \int_S C \frac{K(\theta)}{r} \cos\left(\omega t - 2\pi \frac{r}{\lambda}\right) dS \tag{18.1}$$

这就是惠更斯-菲涅耳原理的数学表达式,称为菲涅耳衍射积分.

菲涅耳等用倾斜因子来说明子波不能向后传播,假设当 $\theta \geqslant \pi/2$ 时,$K(\theta)=0$,因而子波振幅为零. 借助于惠更斯-菲涅耳原理,原则上可定量地描述光通过各种障碍物所产生的衍射现象,但对一般的衍射问题,积分计算相当复杂. 我们将在 $K(\theta)$ 和 r 为常量的简单情况下,用它计算单缝衍射的光强分布.

18.1.3　衍射的分类

根据光源、障碍物、观察屏三者的相对位置,可将衍射分为两类.

当光源和屏,或两者之一与障碍物之间的距离为有限远时,所产生的衍射称为**菲涅耳衍射**,如图18.3(a)所示. 当光源和屏与障碍物之间的距离均为无限远时,所产生

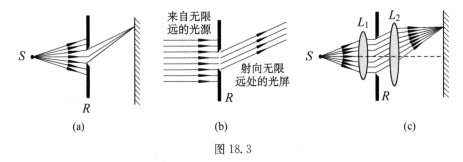

(a)　　　　　　　　　　(b)　　　　　　　　　　(c)

图 18.3

的衍射称为**夫琅禾费**(J. Fraunhofer)衍射,如图 18.3(b)所示.这时,光到达障碍物和到达观察屏的都是平行光.显然可用透镜实现夫琅禾费衍射,如图18.3(c)所示.

本章只讨论夫琅禾费衍射,因为这种衍射计算比较简单,且有一定的实用价值.

18.2　单缝的夫琅禾费衍射

18.2.1　单缝的夫琅禾费衍射

宽度远小于长度的矩形孔称为单缝.单缝的夫琅禾费衍射如图 18.4 所示.单缝 K 垂直于纸面,观察屏 H 位于透镜 L_2 的焦平面上.若 S 为点光源,则在 H 上形成如图(a)所示的衍射图样;若 S 为平行于狭缝的线光源,则形成如图(b)所示的衍射图样.可见条纹明暗相间,中央明纹最宽最亮,其他明纹的光强随级次增大而迅速减小.

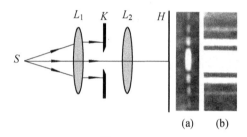

对于单缝衍射条纹的形成,我们首先用菲涅耳半波带法进行研究.

18.2.2　菲涅耳半波带法

1. **菲涅耳半波带**

图 18.4

根据惠更斯-菲涅耳原理,单缝面上每一面元都是子波源,它们各自向各方向发出子波,形成衍射光线.衍射光线和缝面法线的夹角称为**衍射角**,记为 θ.经透镜会聚后,凡有相同衍射角的光线将会聚于屏上的同一点.如图 18.5(a)所示,其中平行光束 1 的衍射角 $\theta=0$,经透镜会聚于 P_0 点.由于这组平行光从 AB 面发出时相位相同,而透镜又不产生附加光程差,因此,这组平行光到达 P_0 点的光程相等,干涉相长,即在 P_0 点形成中央明纹.

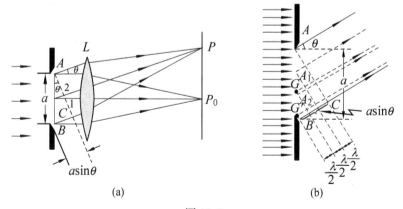

图 18.5

衍射角为 θ 的平行光束 2 经透镜后会聚于 P 点. 作 $AC \perp BC$,则由 AC 面上各点到达 P 点的光程相同,因而这组平行光在 P 点的光程差仅取决于它们从缝面各点到达 AC 面时的光程差. 从单缝两端点 A 和 B 发出的两束光的光程差最大. 设缝宽为 a,则最大光程差 $BC = a\sin\theta$.

设想作相距半个波长且平行于 AC 的平面,并且这些平面恰好能把 BC 分成 N 个相等的部分,则这些平面同时也将单缝处的波阵面 AB 分成面积相等的 N 个波带,这样的波带称为菲涅耳**半波带**. 图 18.5(b)表示单缝处正好分成 $N = 3$ 个半波带 AA_1、A_1A_2、A_2B. 由于观察点 P 到单缝中心的距离远大于缝的宽度,所以从各半波带发出的子波在 P 点的强度可近似认为相等.

两个相邻半波带的任意两个对应点,如 G 和 G'、A_1 和 A_2 所发出的衍射光到达 P 点时,光程差都是 $\lambda/2$,它们将相互干涉抵消. 因此,**两个相邻半波带所发出的衍射光在 P 点都将干涉相消**,这是半波带的基本特点.

由此可知,对给定的衍射角 θ,若 BC 正好等于半波长的偶数倍,即单缝正好能分成偶数个半波带,则干涉相消后在 P 点出现暗纹;若 BC 正好等于半波长的奇数倍,即单缝正好能分成奇数个半波带,则两两相消后总要剩下一个半波带的光在 P 点没有被抵消,因而 P 点出现明纹;若 BC 不能正好等于半波长的整数倍,则 P 点的光强将介于最明和最暗之间.

2. 明暗纹条件

根据以上分析,在垂直入射时,单缝在衍射方向上形成明暗纹的条件是

$$a\sin\theta = \begin{cases} \pm 2k\left(\dfrac{\lambda}{2}\right), & k = 1,2,3,\cdots \quad (\text{暗纹}) & (18.2a) \\[3mm] \pm(2k+1)\dfrac{\lambda}{2}, & k = 1,2,3,\cdots(\text{明纹}) & (18.2b) \end{cases}$$

式中 k 称为衍射级次($k \neq 0$),$2k$ 和 $2k+1$ 是单缝面上可分出的半波带数目,正负号表示各级明暗条纹对称分布在中央明纹两侧.

将单缝衍射的明暗纹条件式(18.2)与上一章中双缝干涉的明暗纹条件作对比,可见两者的明暗条件正好相反. 这一矛盾的产生在于光程差的含义不同. 在双缝干涉中的光程差是指两缝所发出的光波在相遇点的光程差,而在单缝衍射中的光程差,是指衍射角为 θ 的一组平行光中的最大光程差,即单缝边缘那两条光线的光程差.

3. 衍射图样的特点

用半波带法可以大致说明衍射条纹的光强分布. 对应于中央明纹中心 P_0,单缝处波面发出的所有子波在该点干涉相长,因而光振动合振幅最大,光强也最大. 对应于一级明纹,波阵面 AB 分成 3 个半波带,因而第一级明纹是由只占单缝三分之一面积的一个半波带发出的子波所引起的振动合成,其光强要比中央明纹小很

多.级次越高,θ 越大,分成的半波带数目就越多,因而未被抵消的一个半波带面积占单缝面积的比例就越小,在屏上的相应明纹的光强就越小.

单缝衍射的光强分布如图 18.6 所示.可以看出单缝衍射图样的特点:中央明纹最亮,其他明纹的光强随级次增大而迅速减小;中央明纹的宽度(两个一级暗纹中心的距离)最宽,约为其他明纹宽度的 2 倍.

由式(18.2a),取 $k=1$,可得中央明纹的半角宽度为

$$\theta_0 \approx \sin\theta_0 = \frac{\lambda}{a} \quad (18.3)$$

设透镜的焦距为 f,则中央明纹的线宽度为

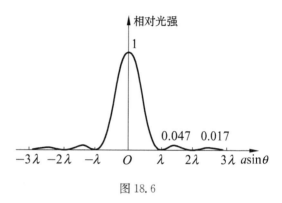

图 18.6

$$\Delta x_0 = 2f\tan\theta_0 \approx 2f\frac{\lambda}{a} \tag{18.4}$$

由式(18.4)可见,中央明纹的宽度正比于入射光波长 λ,反比于缝宽 a.对于一定的波长 λ,a 越小,衍射越显著,但当 $a \ll \lambda$ 时,中央明纹宽度过大而在屏上观察不到明暗相间条纹.反之,a 越大,各级明纹就越向屏幕中央靠拢,衍射就越不明显,当 $a \gg \lambda$ 时,条纹过于密集而不能分辨,形成光的直线传播.因此可以说光的直线传播规律是波动光学在 $\lambda/a \rightarrow 0$ 时的极限情形.

由式(18.2b),当 a 一定时,明纹所对应的衍射角 θ 与 λ 成正比.因此,若用白光照射单缝,衍射图样的中央仍为白光,其两侧则呈现出由紫到红排列的彩色条纹.

由以上讨论可知,光的衍射和干涉一样,本质上都是光波相干叠加的结果.一般来说,干涉是指有限个分立的光束的相干叠加,衍射则是连续的无限多个子波的相干叠加.干涉强调的是不同光束相互影响而形成相长和相消的现象,衍射强调的是光偏离直线传播而能进入阴影区域.事实上,干涉和衍射往往是同时存在的.平行光入射到双缝上,每一缝都要向一个较大角度内发出光线,这是衍射造成的展布.如果没有衍射,则光沿直线传播,在屏上只能形成边缘清晰的双缝像,它们不会相遇,也就不会发生干涉.可见双缝干涉的图样实际上是两个缝发出的光束的干涉和每个缝自身发出的光的衍射的综合效果.我们在上一章分析杨氏双缝干涉时,仅考虑了"两个缝",而没有考虑缝宽.

例 18.1　用单色平行可见光垂直照射到缝宽为 $a=0.5$ mm 的单缝上,在缝后放一焦距 $f=100$ cm 的透镜,则在位于焦平面的观察屏上形成衍射条纹.已知屏上距中央明纹中心 1.5 mm 处的 P 点为明纹,求:(1)入射光的波长;(2)P 点的明纹级次

和对应的衍射角,以及此时单缝波面可分出的半波带数;(3)中央明纹的宽度.

解 (1)对于 P 点,有

$$\tan\theta = \frac{x}{f} = \frac{1.5 \text{ mm}}{1000 \text{ mm}} = 1.5 \times 10^{-3}$$

可见 θ 角很小,因而 $\tan\theta \approx \sin\theta \approx \theta$. 根据明纹条件式(18.2b),可得

$$\lambda = \frac{2a\sin\theta}{2k+1} = \frac{2a\tan\theta}{2k+1}$$

k 取不同值,代入上式, $k=1$ 时,有

$$\lambda_1 = \frac{2a\tan\theta}{2k+1} = \frac{2 \times 0.5 \text{ mm} \times 1.5 \times 10^{-3}}{2 \times 1 + 1} = 5 \times 10^{-4} \text{ mm} = 500 \text{ nm}$$

类似地, $k=2$ 时,可算出 $\lambda_2 = 300$ nm. 显然, λ_2 不是可见光,所以入射光波长为 500 nm.

(2)因 $k=1$,故 P 点明纹为第一级明纹,其衍射角为

$$\theta \approx \sin\theta = \frac{(2k+1)\lambda}{2a} = \frac{3 \times 5 \times 10^{-4} \text{ mm}}{2 \times 0.5 \text{ mm}} = 1.5 \times 10^{-3} \text{ rad} = 5.2'$$

与明纹对应的半波带数为 $2k+1$,故半波带数为 3.

(3)中央明纹宽度

$$\Delta x = 2f \frac{\lambda}{a} = 2 \times 1000 \text{ mm} \times \frac{5 \times 10^{-4} \text{ mm}}{0.5 \text{ mm}} = 2 \text{ mm}$$

18.2.3 用菲涅耳积分法讨论单缝衍射

半波带法只能大致说明单缝衍射情况,而菲涅耳积分法则可较为精确地给出单缝衍射规律.

如图 18.7 所示, a 为单缝宽度, O' 为缝的中点,薄透镜 L 将平行光会聚于屏上的 P 点,设 O' 点到 P 点的光程为 r_0. 考虑到薄透镜不产生附加光程差,故在下面的讨论中,我们忽略透镜的厚度.

单缝面上离 O' 点 x 处取一宽度为 $\mathrm{d}x$ 的面元,其面积 $\mathrm{d}S=b\mathrm{d}x$,式中 b 为缝的长度. 因 $a \ll r_0$,所以单缝面上各面元到 P 点的距离 r 相差极小,则在菲涅尔积分式(18.1)的振幅中, r 可视为常量. 此外,我们所考虑的仅是各面元在同一方向的子波在 P 点的叠加,因此倾斜因子 $K(\theta)$ 不随 x 变化. 然而,在式(18.1)的余弦函数中,虽然 r 变化不大,但因 λ 很小, $\cos(\omega t - 2\pi r/\lambda)$ 的变化可能很大,故此处的 r 不能视为常量. 于是可写成

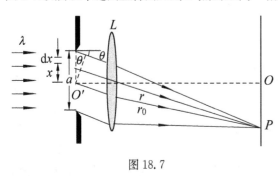

图 18.7

$$E = C' \int_{-\frac{a}{2}}^{\frac{a}{2}} \cos\left(\omega t - 2\pi \frac{r_0 + x\sin\theta}{\lambda}\right) \mathrm{d}x$$

式中常量 $C' = bCK(\theta)/r$. 因

$$\cos\left(\omega t - 2\pi \frac{r_0 + x\sin\theta}{\lambda}\right) = \cos\left(\omega t - 2\pi \frac{r_0}{\lambda} - 2\pi \frac{x\sin\theta}{\lambda}\right)$$

$$= \cos\left(\omega t - 2\pi \frac{r_0}{\lambda}\right) \cos \frac{2\pi x\sin\theta}{\lambda} + \sin\left(\omega t - 2\pi \frac{r_0}{\lambda}\right) \sin \frac{2\pi x\sin\theta}{\lambda}$$

而

$$\int_{-\frac{a}{2}}^{\frac{a}{2}} \sin\left(\frac{2\pi x\sin\theta}{\lambda}\right) \mathrm{d}x = 0$$

所以有

$$E = C'\cos\left(\omega t - 2\pi \frac{r_0}{\lambda}\right) \int_{-\frac{a}{2}}^{\frac{a}{2}} \cos\left(\frac{2\pi x\sin\theta}{\lambda}\right) \mathrm{d}x$$

$$= C'\cos\left(\omega t - 2\pi \frac{r_0}{\lambda}\right) \left[\frac{\sin \frac{2\pi x\sin\theta}{\lambda}}{\frac{2\pi\sin\theta}{\lambda}}\right]_{-\frac{a}{2}}^{\frac{a}{2}} = \left[C'a \frac{\sin \frac{\pi a\sin\theta}{\lambda}}{\frac{\pi a\sin\theta}{\lambda}}\right] \cos\left(\omega t - 2\pi \frac{r_0}{\lambda}\right)$$

$$(18.5)$$

单缝边缘与中点 O' 处所发出的沿 θ 方向的子波在 P 点的光程差为

$$\delta = \frac{a}{2}\sin\theta$$

由 $\Delta\varphi = 2\pi\delta/\lambda$ 可得与上式对应的相位差为

$$\beta = \frac{\pi a\sin\theta}{\lambda} \tag{18.6}$$

式(18.5)中余弦函数前括号内的量为 P 点光矢量的振幅. 将式(18.6)代入其中, 因光强与光矢量振幅平方成正比, 所以 P 点处光强为

$$I = I_0 \frac{\sin^2\beta}{\beta^2} \tag{18.7}$$

式中 $I_0 = (C'a)^2$. 由上式可知, 具有相同 θ 值的屏上各点具有相同的光强, 因而屏上的衍射条纹平行于狭缝, 且对称分布在中央明纹两侧.

我们用菲涅耳积分法得出了单缝衍射的光强公式(18.7), 下面对此式进行讨论和求解.

当 $\theta = 0$ 时, $\beta = 0$, 此时 $I = I_0$. 这表明式(18.7)中的 I_0 为中央明纹中心的光强, 是衍射条纹中的最大光强, 其值正比于单缝宽度的平方.

当 $\beta = \pm k\pi$ 时, 即

$$a\sin\theta = \pm k\lambda, \quad k = 1, 2, 3, \cdots$$

由式(18.7)得 $I=0$,这意味着上式为单缝衍射的暗纹条件,显然,与式(18.2a)一致.

对于其他各级明纹中心,其光强 I 相对于 β 有极大值. 根据极值条件有

$$\frac{\mathrm{d}I}{\mathrm{d}\beta} = I_0\,\frac{\mathrm{d}}{\mathrm{d}\beta}\left(\frac{\sin^2\beta}{\beta^2}\right) = 0$$

解得

$$\beta = \tan\beta \tag{18.8}$$

上式是数学上的一个超越方程,可用近似法或作图法求解. 图 18.8 所示的是用作图法求解,两曲线 $y=\beta$ 和 $y=\tan\beta$ 的交点所对应的横坐标,就是方程(18.8)的解.

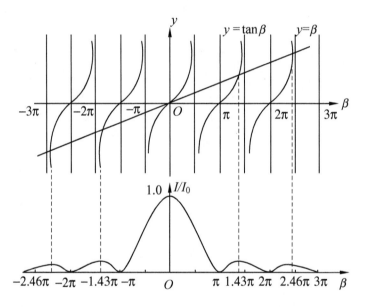

图 18.8

与实验结果比较,积分法较半波带法精确,但后者要简便得多. 由表 18.1 可以看出,与半波带法相比,除中央明纹外,由菲涅耳积分法算出的各级明纹都要稍微向中央明纹靠近一些.

表 18.1　单缝的夫琅禾费衍射

衍射级次	β 值(积分法)	$a\sin\theta$ 值 $\left(=\dfrac{\beta\lambda}{\pi}\right)$	$a\sin\theta$ 值(半波带法)
0	0	0	0
1	$\pm1.43\pi$	$\pm1.43\lambda$	$\pm1.5\lambda$
2	$\pm2.46\pi$	$\pm2.46\lambda$	$\pm2.5\lambda$
3	$\pm3.47\pi$	$\pm3.47\lambda$	$\pm3.5\lambda$

18.3　圆孔衍射　光学仪器的分辨本领

18.3.1　圆孔的夫琅禾费衍射

将夫琅禾费单缝衍射实验中的狭缝换成小圆孔,则可发现观察屏上形成的并不是简单的几何圆斑,而是一些明暗相间的同心圆环,如图 18.9 所示.这种现象称为圆孔的夫琅禾费衍射.在圆孔衍射中,圆环中心的亮斑最亮,称为**艾里**(S. G. Airy)**斑**.艾里斑上分布的光能占通过圆孔总光能的 84% 左右.与单缝衍射一样,也可用惠更斯-菲涅耳积分公式求出圆孔衍射图样的光强分布规律.计算结果表明,第一级暗环的角位置,即艾里斑所对应的角半径 θ 满足关系式

$$\sin\theta = 0.61\frac{\lambda}{a} = 1.22\frac{\lambda}{D} \tag{18.9}$$

式中 λ 为入射光波长,a 和 D 分别为圆孔的半径和直径.

由图 18.9 可见,艾里斑的直径 $d = 2f\tan\theta \approx 2f\sin\theta$,式中 f 为透镜的焦距.再将式(18.9)代入,可得艾里斑对透镜光心的张角为

$$2\theta \approx 2\sin\theta = \frac{d}{f} = 2.44\frac{\lambda}{D} \tag{18.10}$$

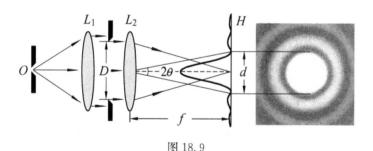

图 18.9

18.3.2　光学仪器的分辨本领

大多数光学仪器,如望远镜、照相机、摄像机等,都是由一些透镜组成的光学系统,每一系统都可等效成一个透镜,而透镜实际上相当于一个圆孔.一个物点通过光学仪器成像时,由于光的衍射,像点已不再是一个几何点,而是一个有一定大小的衍射斑,这种由衍射引起的"像差"是不能通过调整仪器或改变透镜的曲率等方法消除的.

用透镜观察远处两物点 S_1、S_2 时,在透镜焦平面处的屏上将呈现两个衍射像斑.因 S_1、S_2 不相干,所以屏上各点的总光强等于两个衍射像斑在该点的光强之和.人眼能否从总光强分布中分辨出两个物点的像,取决于两个艾里斑的重叠程

度,重叠过多时,就不能分辨出两个物点.

通常用发光强度相同的两个物点 S_1、S_2 对透镜光心的张角 θ 的大小衡量艾里斑的重叠程度.当 θ 大于某个角度 θ_0 时,如图 18.10(a)所示,两艾里斑只有小部分重叠,因而可以分辨出这是两个物点形成的艾里斑.当 $\theta < \theta_0$ 时,如图 18.10(c)所示,两艾里斑重叠过多而无法分辨.当 $\theta = \theta_0$ 时,如图 18.10(b)所示,从衍射图样来看,这时 S_1 的艾里斑中心恰好与 S_2 的第一级暗环重合,而 S_2 的艾里斑中心恰好与 S_1 的第一级暗环重合.也就是说,一个艾里斑的中心恰好落在另一个艾里斑的

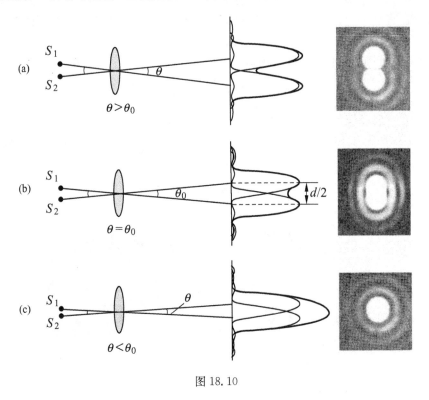

图 18.10

边缘.在这种情况下,对视力正常的人来说,恰好能分辨出是两个物点.瑞利(L. Rayleigh)据此提出了作为确定光学仪器分辨极限的标准,称为**瑞利判据**.这个判据规定,如果一个物点在像平面上形成的艾里斑中心恰好落在另一物点衍射图样的第一级暗环上,则认为这两个物点恰能被光学仪器所分辨.这时两物点对透镜光心的张角 θ_0 称为光学仪器的**最小分辨角**,其倒数 $1/\theta_0$ 称为光学仪器的**分辨本领**或**分辨率**.显然,θ_0 等于艾里斑半径对透镜光心的张角,由式(18.9)可得最小分辨角为

$$\theta_0 = 1.22 \frac{\lambda}{D} \tag{18.11}$$

用 R 表示分辨本领,则有

$$R = \frac{1}{\theta_0} = \frac{D}{1.22\lambda} \tag{18.12}$$

由式(18.12)可见,仪器的分辨本领与其通光孔径 D 成正比,与入射光波长 λ 成反比.用作天文观测的望远镜,为提高分辨本领采用了大直径的物镜,有的直径达 5 米以上.而电子显微镜的分辨本领之所以远大于普通光学显微镜,则是因为利用了波长远小于可见光波长的电子波.

例 18.2　在通常亮度下,人眼瞳孔的直径约为 3 mm,求人眼的最小分辨角.若黑板上有一个横线间相距 2 mm 的等号"＝",则距黑板多远处的学生恰能分辨?取人眼最敏感的黄绿光波长 $\lambda = 550$ nm 进行计算.

解　人眼瞳孔相当于一个有圆形通光孔径的透镜,由 $D = 3$ mm 得最小分辨角

$$\theta_0 = 1.22\frac{\lambda}{D} = 1.22 \times \frac{550 \times 10^{-9}\ \text{m}}{3 \times 10^{-3}\ \text{m}} = 2.2 \times 10^{-4}\ \text{rad} \approx 1'$$

设学生离黑板的距离为 s,等号两横线间距为 l,则等号两横线对瞳孔中心的张角为 $\theta = l/s$.根据瑞利判据,当 $\theta = \theta_0$ 时,等号恰能分辨,因而有

$$s = \frac{l}{\theta_0} = \frac{2 \times 10^{-3}\ \text{m}}{2.2 \times 10^{-4}} \approx 9.1\ \text{m}$$

18.4　衍射光栅

利用多缝衍射原理使光发生色散的元件称为衍射光栅.它是光谱仪、单色仪及许多光学精密测量仪器的重要元件,广泛应用于物理学、化学、天文、地质等基础学科和近代生产技术的许多部门.

18.4.1　光栅

由一组相互平行的等宽等间隔的狭缝构成的光学器件就是光栅.在一块透明玻璃平板上等宽等间隔地刻划大量相互平行的刻线,即制成一个光栅.刻痕相当于毛玻璃,不透光,相邻刻痕间可透光,则成为狭缝.这种光栅称为**透射光栅**.光栅种类很多,除了透射式以外,还有反射式的、平面和凹面的等等,我们仅讨论平面透射光栅.

若刻痕间的透光部分(狭缝)宽度为 a,刻痕宽度为 b,则 $d = a + b$ 称为**光栅常量**.显然 d 也是相邻两缝对应点之间的距离.通常,光栅常量很小,如在 1 cm 内刻有 400 条狭缝,则 $d = 1/400$ cm $= 2.5 \times 10^{-3}$ cm.光栅常量是表征光栅性能的重要参数.随着近几十年来光栅刻制技术的飞速发展,迄今已能在 1 mm 内刻制数千条线,总缝数可达 10^5 条量级.

18.4.2 光栅衍射的特点

如图 18.11(a)所示,平行单色光垂直照射到光栅上,从各缝发出的衍射角 θ 相同的平行光通过透镜 L 会聚在焦平面处屏上的同一点,衍射角不同的各组平行光则会聚于不同的点,从而形成衍射图样.一般来说,光栅衍射条纹的主要特点是:明纹细而明亮,明纹间暗区较宽,如图 18.11(b)所示.

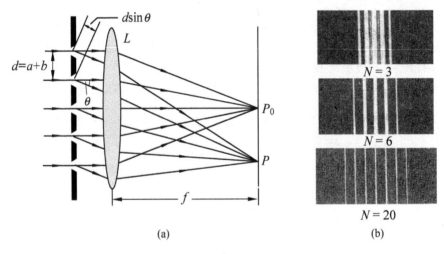

(a)   (b)

图 18.11

光栅衍射条纹与单缝衍射条纹比较有明显的差别,原因在于当光栅上的每一条缝按单缝衍射规律对入射光进行衍射时,因各缝发出的光是相干光,故在相遇区域里还要发生干涉,所以,**光栅衍射图样是衍射和干涉的综合结果.**

1. 缝间干涉决定主极大明纹

各缝发出的光在相遇区域的干涉属于多光束干涉问题.对于双缝干涉来说,根据简谐运动合成规律,两束相干光在相遇点的叠加可借助于光矢量的振幅矢量图.如图 18.12(a)所示,a_1、a_2 是两个沿 x 方向振动的光矢量的振幅矢量,它们大小相等,即 $a_1 = a_2 = a$,相位差为 $\Delta\varphi$.图中 A 的大小就是合振动的振幅.

对于有 N 条狭缝的光栅来说,将有 N 束相干光在相遇点叠加.设它们都沿 x 方向振动,振幅矢量分别为 $a_1, a_2, \cdots, a_N$,并且大小相等,即 $a_1 = a_2 = \cdots = a_N$.而相邻两缝发出的光束之间的相位差 $\Delta\varphi$ 也相同.当光垂直入射时,有

$$\Delta\varphi = \frac{2\pi\delta}{\lambda} = \frac{2\pi d\sin\theta}{\lambda} \tag{18.13}$$

这时可采用矢量多边形法则,如图 18.12(b)所示,最后的闭合矢量 A 的大小

即为合振动的振幅. 不难看出：

（1）当 $\Delta\varphi = \pm 2k\pi\,(k=0,1,2,\cdots)$ 时，$A=A_{\max}=Na_1$，对应于**主极大明纹**. 显然，总缝数 N 越多，主极大明纹越亮.

（2）当 $\Delta\varphi$ 的值使各振幅矢量组成封闭多边形时，$A=0$，对应于暗纹. 由此得到暗纹条件为

$$N\Delta\varphi = \pm m\cdot 2\pi \qquad (18.14)$$

式中 $m=1,2,\cdots,(N-1),(N+1),\cdots,(2N-1),(2N+1),\cdots$.

当 $m=kN\,(k=0,1,2,\cdots)$ 时，$\Delta\varphi = \pm 2k\pi$，这正是主极大明纹条件.

可以看出，在相邻的两个主极大明纹之间，有 $N-1$ 个暗纹，相应地还有 $N-2$ 个光强很小的**次极大明纹**，以致在缝数很多的情况下，两个主极大明纹之间实际上形成一片暗区.

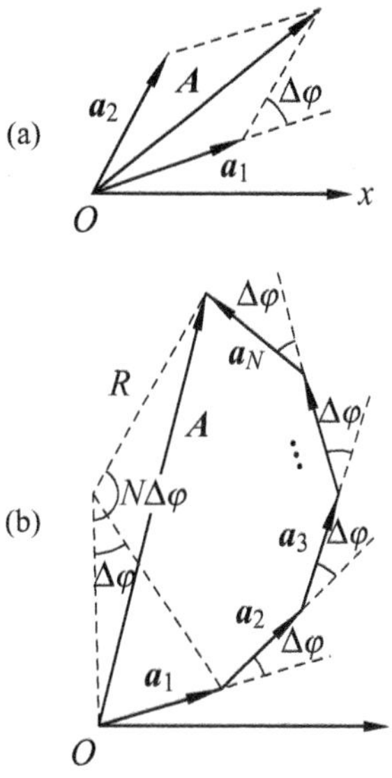

图 18.12

2. 单缝衍射的调制作用

由于单缝衍射使光强重新分布，中央明纹最宽最亮，其他明纹的光强随级次增大而迅速减小，这就影响了缝间相干光的光强. 理论计算表明，缝间干涉形成的主极大光强受单缝衍射光强分布的调制，使得各级极大的光强大小不等.

应当指出，光栅上每一狭缝都要产生衍射图样，但每一条纹只取决于衍射角 θ，与缝的上下位置无关，这是由透镜会聚规律决定的. 因此，N 个单缝在屏上形成的衍射图样相互重合，使得衍射图样的明纹更加明亮.

图 18.13 是根据 $N=5$，$d=a+b=3a$ 画出的光强分布. 其中图（a）和图（b）分别表示单缝衍射和缝间干涉形成的光强分布；图（c）则为光栅衍射的光强分布，它综合反映了光栅衍射谱线的主要特点：

（1）主极大明纹的位置与缝数 N 无关，它们对称地分布在中央明纹的两侧，中央明纹光强最大.

（2）在相邻的两个主极大明纹之间，有 $N-1=4$ 个极小（暗纹）和 $N-2=3$ 个光强很小的次极大. 当 N 很大时，在相邻的主极大明纹之间实际上形成一片暗区. 从而获得又细又亮、暗区很宽的衍射条纹.

（3）单缝衍射限制了光栅衍射中光强分布曲线的外部轮廓；在本图条件下，第 3、第 6、第 9、…级主极大明纹没有出现.

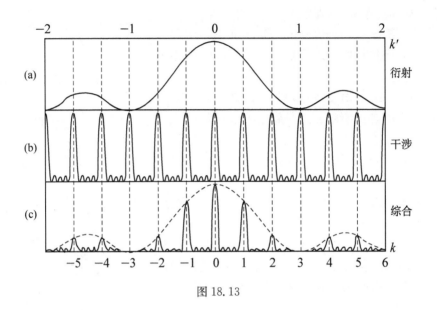

图 18.13

18.4.3　光栅方程

1. 垂直入射时的光栅方程

由图 18.11 可知,当光垂直射向光栅时,沿 θ 方向的衍射光经透镜均会聚于 P 点,其中任意两个相邻狭缝发出的光到达 P 点的光程差均为 $\delta = d\sin\theta$,若这一光程差等于入射光波长 λ 的整数倍,各缝发出的、会聚于 P 点的衍射光因相干叠加得到加强,从而在 P 点形成明纹.因此,光栅缝间干涉的明纹条件为

$$d\sin\theta = \pm k\lambda, \quad k = 0,1,2,\cdots \tag{18.15}$$

这与前面用振幅矢量叠加得到的以相位差 $\Delta\varphi$ 表示的主极大明纹条件是一致的.式(18.15)称为光栅方程,k 为明纹级次,$k=0$ 对应于中央明纹,$\pm$ 表示各级明纹在中央明纹两侧对称分布.

2. 斜入射时的光栅方程

设平行光以入射角 φ 倾斜地射向光栅,由图 18.14 可见,1、2 两光线在入射到光栅时已存在光程差 $d\sin\varphi$,因此,斜入射时的光栅方程为

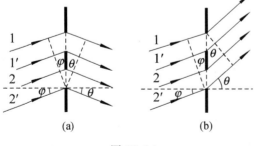

图 18.14

$$d(\sin\theta \pm \sin\varphi) = \pm k\lambda, \quad k = 0,1,2,\cdots \tag{18.16}$$

当衍射光与入射光在光栅法线同侧时,$\sin\varphi$ 前取"＋";分居光栅法线两侧时,$\sin\varphi$ 前取"－". 当 $\varphi=0$ 时,即为垂直入射时的光栅方程式(18.15).

3. 缺级现象

平行光垂直入射时,按光栅方程,光栅的明纹条件为

$$d\sin\theta = \pm k\lambda, \quad k = 0,1,2,\cdots$$

当 θ 方向的衍射光满足光栅明纹条件时,如果也满足单缝衍射的暗纹条件,即

$$a\sin\theta = \pm k'\lambda, \quad k' = 1,2,3,\cdots$$

那么,尽管在 θ 衍射方向上各缝间的干涉是加强的,但由于各单缝本身在这一方向上的衍射光强度为零,最终使得该方向上的主极大明纹不能出现. 这种满足光栅明纹条件而实际上明纹并不出现的现象称为**缺级**.

由以上两式可得光栅的缺级级次为

$$k = \frac{d}{a}k', \quad k' = 1,2,3,\cdots \tag{18.17}$$

上式为缺级公式. 因 $k > k'$,所以光栅的中央明纹不会发生缺级.

需要注意的是,"缺级"缺的是第 k 级主极大明纹,k' 是该处衍射暗纹的级次. 例如在图 18.13 中,$d/a=3$,发生 $k=3,6,9,\cdots$ 的明纹缺级. 又如当 $d/a=4/3$ 时,将 $k'=1,2,3,\cdots$ 代入式(18.17),只有当 $k'=3,6,9,\cdots$ 时,k 才是整数,因而所缺的明纹级次为 $k=4,8,12,\cdots$. 这时的实际情况是光栅的第 4、第 8、第 12、$\cdots$ 级主极大明纹与单缝衍射的第 3、第 6、第 9、$\cdots$ 级衍射极小的位置重合.

例 18.3　用波长为 500 nm 的单色光垂直照射到每毫米有 500 条刻痕的光栅上. 求:(1)第一级和第三级明纹的衍射角;(2)若缝宽与缝间距相等,则用此光栅最多能看到几条明纹?

解　(1)光栅常数为

$$d = \frac{1 \times 10^{-3} \text{ m}}{500} = 2 \times 10^{-6} \text{ m}$$

光栅方程为

$$d\sin\theta = \pm k\lambda$$

将 $k=1,3$ 分别代入光栅方程,可得第一级和第三级明纹的衍射角为

$$\sin\theta_1 = \pm \frac{\lambda}{d} = \pm 0.25, \quad \theta_1 = \pm 14°28'$$

$$\sin\theta_3 = \pm \frac{3\lambda}{d} = \pm 0.75, \quad \theta_3 = \pm 48°35'$$

(2) 理论上能看到的最高级谱线极限对应于 $\theta=90°$,代入光栅方程得

$$k_{\max} = \frac{d}{\lambda} = 4$$

这表明最多能看到第 4 级明纹.考虑实际出现多少条明纹时,还需要考虑是否缺级.因 $a=b$,所以 $d=a+b=2a$,由缺级公式(18.17),有

$$k = \pm 2k', \quad k' = 1,2,3,\cdots$$

可见第二、第四级明纹缺级.因而实际出现的只有 $0,\pm1,\pm3$ 级,即只能看到 5 条明纹.

例 18.4 用白光垂直照射光栅时,一级光谱和二级光谱是否重叠?二级和三级呢?

解 因谱线两侧对称,故只须考虑一侧情况.设光栅常数为 d,则有

$$d\sin\theta = k\lambda, \quad k = 0,1,2,\cdots$$

当 d 和 k 一定时,衍射角 θ 满足 $\sin\theta \propto \lambda$.因而用白光照射光栅时,除中央明纹为白光外,两侧同一级谱线将形成内紫外红的彩色光带,这些光带称为**光栅光谱**.

一级光谱中最大衍射角为

$$\sin\theta_{1\max} = \frac{\lambda_{红}}{d} = \frac{760.0 \text{ nm}}{d}$$

二级光谱中最小衍射角为

$$\sin\theta_{2\min} = \frac{2\lambda_{紫}}{d} = \frac{800.0 \text{ nm}}{d}$$

因 $\theta_{2\min} > \theta_{1\max}$,所以第一、二级光谱不发生重叠.类似地有

$$\sin\theta_{2\max} = \frac{2\lambda_{红}}{d} = \frac{1520.0 \text{ nm}}{d}, \quad \sin\theta_{3\min} = \frac{3\lambda_{紫}}{d} = \frac{1200.0 \text{ nm}}{d}$$

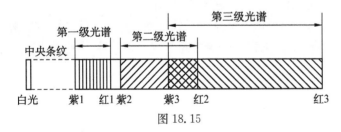

图 18.15

因 $\theta_{3\min} < \theta_{2\max}$,所以第二、第三级光谱已发生部分重叠.光栅光谱的重叠如图 18.15 所示.图中只画出了中央明纹一侧的光栅光谱.

18.5　X 射线衍射

18.5.1　X 射线的衍射现象　劳厄实验

X 射线是一种波长很短(10^{-10} m 数量级)的电磁波,一般由高速电子撞击金属产生.按照波动的观点,X 射线也应有衍射现象,但因普通光栅的光栅常量的数量级远大于 X 射线的波长,而无法用于观察 X 射线的衍射现象.因此,在 1895 年伦琴(W. K. Röntgen)发现 X 射线后的 10 多年里,X 射线的波动性质一直未经实验证实.直

到 1912 年,劳厄(M. von. Laue)考虑到晶体中原子排列成有规则的空间点阵,某些晶体内原子间距为 10^{-9} m 数量级,与 X 射线的波长同数量级,因此可用作 X 射线衍射的天然光栅. 根据劳厄的设想设计的 X 射线衍射实验称为劳厄实验,装置如图 18.16(a). 一束 X 射线穿过铅板上的小孔后射向一单晶片,经晶片衍射后使底片感光,结果在底片上得到一些规则分布的斑点,称为**劳厄斑点**,如图 18.16(b)所示.

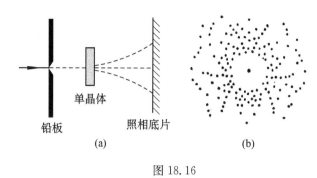

图 18.16

劳厄实验显示了 X 射线的衍射现象,不仅证实了 X 射线的波动性,同时还证实了晶体中的原子(离子或分子)是按一定规则排列的,其间隔与 X 射线的波长同数量级. 对劳厄斑点的位置及强度进行研究,可推断晶体中的原子感光排列. 关于劳厄斑点的解释比较复杂,这里不作介绍,读者可阅读相关文献.

18.5.2　布拉格公式

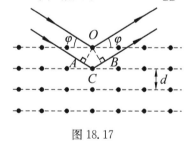

图 18.17

布拉格父子(W. H. Bragg, W. L. Bragg)于 1913 年提出一种较为简单的研究 X 射线衍射的方法. 他们认为晶体由一系列平行原子层组成,这些原子层称为晶面,如图 18.17 所示,其中小圆点表示原子. 在 X 射线照射下,晶体表面和内部每一原子层的原子都成为子波中心,向各方向发出 X 射线,这种现象称为**散射**. 这些散射的 X 射线彼此相干,在空间产生干涉现象.

对于同一层晶面来说,被不同原子散射的 X 射线相干叠加的结果是在按反射定律所确定的方向上强度最大. 晶面好像是一个平面镜,在符合镜面反射定律的方向上,散射的 X 射线强度最大.

对于不同晶面所散射的 X 射线,其相干叠加后的强度由相邻两束"反射线"的光程差确定. 由图 18.17 可见,相邻两原子层产生的"反射线"的光程差为

$$\overline{AC} + \overline{CB} = 2d\sin\varphi$$

式中 d 为各原子层之间的距离,称为**晶格常数**,φ 为掠射角. 当光程差符合下述条件时,各层的"反射线"互相加强,形成亮点. 即

$$2d\sin\varphi = k\lambda, \quad k = 1, 2, 3, \cdots \tag{18.18}$$

上式称为布拉格公式.

应用布拉格公式也可解释劳厄实验. 如图 18.18 所示,晶体内有许多取不同方

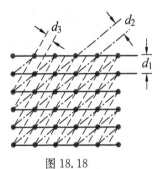

图 18.18

向的原子层组,各原子层组的晶格常数 d 各不相同. 当 X 射线从一定方向入射晶体表面时,对不同原子层组的掠射角 φ 也各不相同. 因此从不同的原子层组散射出去的 X 射线,只有当 φ 和 d 满足式(18.18)时,才能相互加强,在底片上形成劳厄斑点.

从布拉格公式可见,若晶体结构即 d 已知,那么,只需测得衍射光强为极大时的掠射角 φ,就可计算出 X 射线的波长,这就是 X 射线的光谱分析法. 若入射 X 射线的波长已知,通过测定掠射角 φ,则可确定晶体的晶格常数,这种方法可用来分析晶体的结构.

X 射线衍射还成功地用于生物分子结构的研究. 例如脱氧核糖核酸(DNA)的双螺旋结构就是 1953 年利用 X 射线衍射发现的.

内 容 提 要

1. 惠更斯-菲涅耳原理

波阵面上各点都可看作子波波源,其后波场中各点波的强度由各子波在该点的相干叠加决定.

2. 单缝夫琅禾费衍射

衍射图样的特点: 条纹平行于狭缝,明暗相间,中央明纹最宽最亮.

单色光垂直照射时,明暗纹条件(半波带法):

$$a\sin\theta = \begin{cases} \pm 2k\left(\dfrac{\lambda}{2}\right), & k=1,2,3,\cdots \quad (\text{暗纹}) \\ \pm(2k+1)\dfrac{\lambda}{2}, & k=1,2,3,\cdots \quad (\text{明纹}) \end{cases}$$

中央明纹的半角宽度: $\theta_0 \approx \dfrac{\lambda}{a}$,　线宽度: $\Delta x_0 \approx 2f\dfrac{\lambda}{a}$

3. 圆孔夫琅禾费衍射

艾里斑半角宽度: $\theta_0 = 1.22\dfrac{\lambda}{D}$

光学仪器的分辨本领: $\dfrac{1}{\theta_0} = \dfrac{D}{1.22\lambda}$

4. 衍射光栅

衍射图样的特点: 明纹细而明亮,明纹间暗区宽,有缺级现象.

光垂直入射时的光栅方程: $d\sin\theta = (a+b)\sin\theta = \pm k\lambda$, $k=0,1,2,\cdots$

光斜入射时的光栅方程: $d(\sin\theta \pm \sin\varphi) = \pm k\lambda$, $k=0,1,2,\cdots$

缺级公式：$\quad k = \dfrac{a+b}{a}k'$，$k' = 1,2,3,\cdots,k$ 取整数

5. X 射线衍射

　　晶体的点阵结构可看作三维光栅,能使波长极短的 X 射线产生衍射,其衍射极大值满足布拉格方程：

$$2d\sin\varphi = k\lambda, \quad k = 1,2,3,\cdots \quad (\varphi \text{ 为掠射角})$$

习　题

(一)选择题和填空题

18.1　在如图所示的单缝夫琅禾费衍射装置中,将单缝宽度 a 稍稍变窄,同时使会聚透镜 L 沿 y 轴正方向做微小平移(单缝与屏幕位置不动),则屏幕 C 上中央衍射条纹将[　　]

(A) 变宽,同时向上移动.

(B) 变宽,同时向下移动.

(C) 变宽,不移动.

(D) 变窄,不移动.

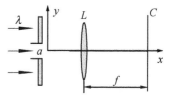

题 18.1 图

18.2　在光栅光谱中,假如所有偶数级次的主极大都恰好在单缝衍射的暗纹方向上,因而实际上不出现,那么此光栅每个透光缝宽度 a 和相邻两缝间不透光部分宽度 b 的关系为[　　]

(A) $a = b$.　　(B) $a = \dfrac{1}{2}b$.　　(C) $a = 2b$.　　(D) $a = 3b$.

18.3　某元素的特征光谱中含有波长分别为 $\lambda_1 = 450$ nm 和 $\lambda_2 = 750$ nm 的光谱线. 在光栅光谱中,这两种波长的谱线有重叠现象,重叠处 λ_2 的谱线的级数将是[　　]

(A) 2,3,4,5,…

(B) 2,5,8,11,…

(C) 2,4,6,8,…

(D) 3,6,9,12,…

18.4　若星光的波长按 550 nm 计算,孔径为 127 cm 的大型望远镜所能分辨的两颗星的最小角距离 θ(从地上一点看两星的视线间夹角)是[　　]

(A) 3.2×10^{-3} rad.　　　　(B) 1.8×10^{-4} rad.

(C) 5.3×10^{-7} rad.　　　　(D) 5.3×10^{-5} rad.

18.5　在单缝夫琅禾费衍射实验中,屏上第三级暗纹对应的单缝处波面可划分为_____个半波带,若将缝宽缩小一半,原来第三级暗纹处将是_____纹.

18.6　在单缝夫琅禾费衍射示意图中,所画出的各条正入射光线间距相等,那么光线 1 与 2 在幕上 P 点相遇时的相位差为_____,P 点应为_____点.

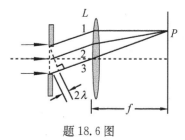

题 18.6 图

18.7　用波长为 λ 的单色平行光垂直入射在一块多缝光栅上,其光栅常量 $d = 3\ \mu m$,缝宽 $a = 1\ \mu m$,则在单缝衍射

的中央明纹中共有_____条谱线(主极大).

(二)问答题和计算题

18.8 在单缝夫琅禾费衍射中,为保证在衍射图样中至少出现衍射光强的第一级极小,单缝的宽度不能小于多少? 为什么用 X 射线而不用可见光衍射作晶体结构分析?

18.9 试讨论单缝夫琅禾费衍射实验装置有如下变动时衍射图样的变化.(1)增大透镜 L 的焦距;(2)将观察屏做垂直于透镜光轴的移动(不超出入射光束的照明范围);(3)将观察屏沿透镜光轴方向前后平移.在以上哪些情形里,零级衍射明纹的中心发生移动?

18.10 假如人眼的可见光波段不是 $0.55~\mu m$ 左右,而是移到毫米波段,眼的瞳孔仍保持 3 mm 左右的孔径,那么,人们所看到的外部世界将是一幅什么景象?

18.11 在光栅衍射中,衍射屏的缝宽 a、缝数 N 和光栅常量 d 是衍射屏的三个结构参数,试分别讨论每一个参数的变化是如何影响主极大明纹的位置和宽度的.

18.12 单色平行光垂直入射到一个宽度为 0.5 mm 的单缝上,缝后置一焦距为 1 m 的透镜,在焦平面上观察衍射条纹.若中央明纹的线宽度为 2 mm,试求:(1)该光的波长;(2)中央明纹与第三级暗纹之间的距离.

18.13 已知单缝的宽度为 0.7 mm,会聚透镜的焦距为 40 cm.光线垂直照射缝面,在屏上距中央明纹的中心 1.2 mm 处有一明纹,试求:(1)入射光的波长和该明纹的衍射级次;(2)与形成该明纹对应的缝面所能划分的半波带数.

18.14 在白光形成的单缝夫琅禾费衍射图样中,某一波长的第二级明纹与波长为 500 nm 的第三级明纹重合,求该光的波长.

18.15 在单缝夫琅禾费衍射实验中,波长为 λ 的单色平行光垂直射到宽度为 10λ 的单缝上,在缝后放一焦距为 1 m 的凸透镜,在透镜的焦平面上放一观察屏,问观察屏上最多可出现第几级明纹?

18.16 用 $\lambda = 480$ nm 的平行光,垂直照射到宽度为 0.4 mm 的狭缝上,会聚透镜的焦距为 60 cm,如图所示.试计算当狭缝的上下两边发出的光线 AP 和 BP 之间的相位差为 $\pi/2$ 时,P 点到焦点 O 的距离.

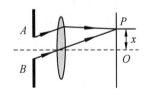

题 18.16 图

18.17 氦氖激光器($\lambda = 632.8$ nm)的输出孔径为 2 mm,把激光射向月球,问在月球上得到的光斑直径有多大? 若把望远镜颠倒过来,用作扩束装置,把激光束直径扩大为 5 m,再把光束射向月球,月球上的光斑直径又为多大? 已知地面到月球的距离为 3.76×10^5 km.

18.18 已知天空中两颗星相对于望远镜的角距离为 4.84×10^{-6} rad,由它们发出的光波波长 $\lambda = 5.50 \times 10^{-5}$ cm.问望远镜物镜的口径至少要多大,才能分辨这两颗星?

18.19 单色平行光垂直入射到光栅上,在下列方向产生衍射主极大:$6°40'$,$13°30'$,$20°20'$,$35°40'$.在 $0°$ 和 $35°40'$ 之间无其他主极大出现,光栅中相邻两缝的中心距离为 5.04×10^{-4} cm.求:(1)入射光波长;(2)光栅的最小缝宽;(3)在 $90° > \theta > -90°$ 的范围内实际呈现的全部明纹级数.

18.20 图示为多缝夫琅禾费衍射的光强随衍射角 θ 变化的图形.已知入射光波长为

600 nm,试问：(1)此为几条狭缝的衍射？(2)每条狭缝的宽度为多少？(3)相邻两缝的间距为多少？

18.21　一双缝的缝间距 $d=0.1$ mm,缝宽 $a=0.02$ mm,用波长 $\lambda=480$ nm 的单色平行光垂直入射双缝,双缝后放一焦距为 50 cm 的透镜.试求：(1)透镜焦平面上干涉条纹的间距；(2)单缝衍射中央明纹的宽度；(3)单缝衍射的中央明纹包络线内包含的干涉主极大的数目.

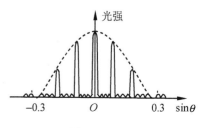
题 18.20 图

18.22　用白光(波长从 400 nm 到 760 nm)垂直照射每毫米有 50 条刻痕的光栅,在光栅后面放一焦距 $f=200$ cm 的凸透镜.试问：在位于透镜焦平面处的观察屏上,第一级和第二级衍射光谱的宽度各是多少？

18.23　如图所示,单色平行光以入射角 θ_0 投射于衍射光栅,在和光栅平面法线成 11° 和 53° 的方向上分别出现第一级光谱线,并且两谱线位于法线的两侧.问：(1)入射角 θ_0 有多大？(2)此时能观察到哪几级谱线？

18.24　波长为 600 nm 的单色平行光垂直入射在光栅上,第三级明条纹出现在 $\sin\theta=0.30$ 处,第四级为缺级.试问：(1)光栅上相邻两缝的间距为多少？(2)光栅上狭缝的最小宽度为多少？(3)按以上算得的 a、b 值,求观察屏上实际呈现的全部明纹级次.

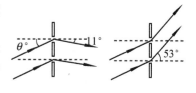
题 18.23 图

18.25　某一单色 X 射线在掠射角 30° 处给出第一级衍射极大,另一波长为 0.097 nm 的 X 射线在同一族晶面上掠射角 60° 处给出第三级衍射极大,求该 X 射线的波长.

18.26　已知波长为 0.296 nm 的 X 射线投射到一晶体上,所产生的第一级反射极大的方向偏离原射线方向 31.7°.求相应于此反射极大的原子平面之间的间距.

阅读材料12

全 息 照 相

为了提高电子显微镜的分辨本领,英籍匈牙利人伽伯(D. Gabor)于 1948 年提出了全息照相(简称全息)原理,随后,他用汞灯作光源拍摄了第一张全息照片.在此后相当长的时间里,由于没有足够强的相干光源,这方面的工作进展缓慢.20 世纪 60 年代初,激光的问世为全息技术提供了理想的光源,这项技术才得以迅速发展,现在已成为光学的一个十分活跃的分支,应用于近代科学技术的许多领域.

1. 全息的记录

全息记录就是拍摄和制备全息照片.拍摄全息照片的原理光路大致如图 18.19(a)所示.来自同一激光光源、波长为 λ 的光分成两部分,一部分直接照射到照相底片上,称为参考光；另一部分用来照明被摄物体(直接照射或经平面镜反射后照射),物体表面上各处散射的光也射到照相底片上,这部分光称为物光.参考光和物光在底片上相遇时发生干涉,干涉条纹既记录了来自

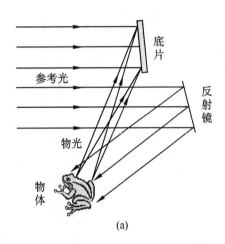 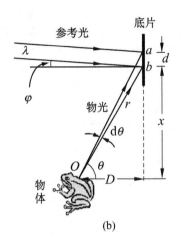

图 18.19

物体各处光波的强度,也记录了这些光波的相位.

照射到底片上的参考光的强度处处相同,而物光来自物体上不同的点,其强度则因点而异;由于底片上的感光乳胶发生化学反应的深度随照射光强度的增大而增大,因此,参考光和物光叠加形成的干涉条纹在底片上各处不同的浓暗程度,就反映了物体上各处发光的强度.这就是干涉条纹记录光波强度的原理.

干涉条纹记录相位的原理如图 18.19(b)所示.设 O 为物体上一发光点,来自 O 点的物光和参考光分别从底片法线的两侧入射到底片上,入射角分别为 θ 和 φ, a、b 为它们干涉形成的两条相邻暗纹(底片冲洗后变为透光条纹).由于相邻两条暗纹的光程差为 λ,因此,a、b 间的距离为

图 18.20

$$d = \frac{\lambda}{\sin\theta - \sin\varphi}$$

对于给定的参考光,φ 是一个常量.上式告诉我们,一方面,在底片上的不同点,来自物体上同一点的物光,因入射角 θ 不同,它与参考光形成的干涉条纹的间距就不同;另一方面,在底片上的同一点,来自物体上不同点的物光,由于入射角 θ 不同,与参考光形成的干涉条纹的间距也不同.另外,θ 反映的是物体上各点相对底片的方位和距离底片的远近,θ 不同,说明物体上各点相对底片的方位和距离底片的远近不同,即物体各点光波相位的不同.由于来自物体上同一点的物光与参考光在底片上形成一幅干涉图样,而整个底片上形成的干涉条纹实际上是来自物体上各点的物光与参考光所形成的干涉条纹的叠加,因此,底片上各处干涉条纹的间距及形状反映了物光光波的相位不同,实际上也就反映了物体上各发光点的位置(前后、上下、左右)不同.

底片经过适当的处理,就是一张全息照片.它没有物体的图像,记录的只是包含物体光波全部信息的干涉条纹.表面上看,除了灰蒙蒙的一张半透明底片外,什么景象也看不到,在显微镜

下才能看到细密复杂的条纹.图 18.20 是一张放大了的全息照片的一部分.

　　实际所用仪器设备以及被拍摄物体的尺寸都比较大,因而要求光源有很好的时间相干性和空间相干性,普通光源很难实现.激光的相干性很好,能够满足这些要求,因此,激光出现后全息技术才得到长足的发展.

2. 全息的再现

　　全息照片相当于一块复杂的透射光栅,全息再现所利用的正是光的衍射现象.观察一张全息照片时,用波长同为 λ 的照明光沿原参考光的方向照射照片(也可以用其他的相干光束,甚至可以用与参考光不同波长的相干光束,但用原参考光作照明光效果最好),从照片的背面向照片看过去,就可以看到在原位置处原物体的完整的立体形象,如图 18.21 所示.

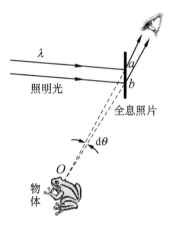

图 18.21

　　上述的两相邻暗纹 a 和 b,经底片冲洗后,变成了两条透光条纹.显然,经透光条纹 a、b 衍射后,沿原来拍摄照片时出自 O 点的物光方向的那两束衍射光的光程差也等于波长 λ,它们经人眼会聚叠加形成极大,该极大正好对应于 O 点.全息记录时来自 O 点的各个方向的物光与参考光干涉形成的透光条纹对再现照明光衍射的结果,使人感到在原来 O 点处有一发光点 O';而来自物体上各点的光和参考光干涉产生的所有透光条纹对再现照明光的衍射,使人眼看到一个位于原位置处的原物的完整的立体虚像.

3. 全息照相的特点

　　全息照相有着普通照相没有的特点.首先,普通照相以几何光学的规律为基础,为一步成像过程,其底片上记录的仅是物体各点的振幅;而全息照相则以干涉、衍射的波动光学规律为基础,分记录和再现两步成像过程,记录了物体各点的全部信息,包括振幅和相位,其底片上记录的是物光和参考光的干涉条纹.普通照片只是物体二维的平面图像,而全息照相则产生十分逼真的立体像,这种立体像和直接观察物体时一样,有明显的视差和纵深视角效应,移动眼睛改变观察方位,就可以看到物体的不同侧面形象,甚至在某一角度被物遮住的东西也可以从另一角度看到它.在普通照相中,物体和底片之间是点点对应关系,而在全息照相中,物体和底片之间却是点面对应关系,即来自物体上每个点的光和参考光的干涉条纹遍布于底片之上.换言之,全息照片中每一局部都包含了物体上各点的光信息,因此全息照片的每一部分,不论大小,都能再现原物的整个图像,这就是全息照片的每一块碎片都能重现物体全貌的道理.

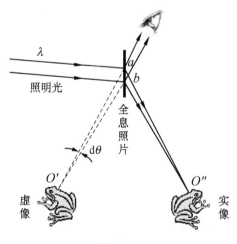

图 18.22

另外,用再现光照射全息照片时,还可以得到一个原物的实像.如图 18.22 所示,再现照明光经前述透光条纹 a、b 衍射后,沿原来物光关于底片对称的方向传播的那两束光,其光程差也等于波长 λ,它们将在和 O' 点关于底片对称的 O' 点相遇叠加形成极大,O' 点就是和物体上 O 点对应的实像.因此,底片上的所有干涉条纹对再现光的衍射就形成原物的实像.由于该实像与人对原物的观察不相符合而成为一种"幻视像",因此实际上很少应用.

4. 全息照相技术的应用

全息照相技术发展到现阶段,已发现它可能有大量的应用,如全息显微术、全息干涉计量术、全息 X 射线显微镜、全息存储、特征字符识别、全息电视、全息电影等.在军事侦察、监视、医疗透视以及工业无损探伤等方面,红外、微波、超声全息术也具有重要意义.

例如全息干涉测量,它不需要高质量的光学仪器,就可以对任意形状、任意表面(如凝聚物、岩石、金属件、电子元件以及风洞中的冲击波和流线等高速运动现象)进行测量和研究.

又如全息存储器,它具有巨大的信息存储量,在一张全息底板上可以并存许多全息图,利用角度选择可以依次读出不同的信息.如在面积为 $1\ \mathrm{nm}^2$ 的全息照相存储器底片上可以存储 10^7 个信息,比其他存储器的容量高两个数量级,工作周期仅为 $50\ \mathrm{ns}$.因为这种存储器是用照相的方法将信息固定在全息图上的,所以信息的可靠性很高,不易丢失.显然满足计算机对存储器高速度、大容量、可靠性高的需求.

再者,用激光全息技术进行水下观察,可以在较大的视野内获得水下物体清晰的像.这对于探测海水中失落物体、海底地形测绘、江岸码头大水下建筑测量、海洋资源考察、救生以及舰船导航和操纵潜艇在狭窄海峡内航行都是十分有价值的.这显然在军事上很有意义.

总之,全息技术可能的应用是多方面的.除以上介绍的应用之外,现在还发展了红外、微波和超声全息技术,利用它们全息照相所提供的目标立体形象,能在识别飞机、导弹、舰艇等目标方面发挥出很大作用.因此,全息照相在军事侦察和监视上具有重要意义.

第**19**章 光的偏振

光的干涉和衍射现象揭示了光的波动性,光的偏振现象则验证了光的横波性质.本章主要讨论偏振光的产生和检验、偏振光遵从的基本规律,并简要介绍双折射现象和偏振光的干涉.

19.1 自然光和偏振光

光波是横波,是指光矢量 E 的振动方向总是与光的传播方向垂直.光矢量的这种横向振动状态,相对于传播方向可能不具有对称性.这种光矢量的振动对于传播方向的不对称性,称为光的偏振.偏振是横波具有的特性,纵波的振动方向总是与传播方向平行,因此,纵波不存在偏振性.

根据光矢量对传播方向的不对称情况,可分为自然光、线偏振光、部分偏振光以及椭圆偏振光和圆偏振光.

19.1.1 线偏振光

在垂直于传播方向的平面内,若光矢量只沿一个固定方向振动,则称为**线偏振光**,又称**平面偏振光**或**完全偏振光**.光矢量的振动方向和光传播方向构成的平面称为振动面.线偏振光的振动面是固定不变的,如图 19.1(a)所示.图(b)是线偏振光的图示法,短线表示光的振动在纸面内,圆点表示振动垂直于纸面.显然,发光体中一个原子发出的一列光波是线偏振光,激光是良好的线偏振光光源.

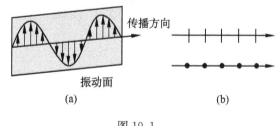

图 19.1

19.1.2 自然光

普通光源中含有大量的原子,在每一时刻都有大量的原子在发光,各原子发出的光的波列不仅初相位互不相关,而且振动方向也随机分布.因此普通光源发出的光实际上包含了一切可能的振动方向,而且平均说来,没有哪个方向上的振动比其他方向占有优势,因而在垂直于光传播方向的平面内表现为不同方向有相同的振幅,显示不出任何偏振性,如图 19.2(a)所示. 这样的光称为**自然光**,也称天然光.

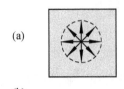

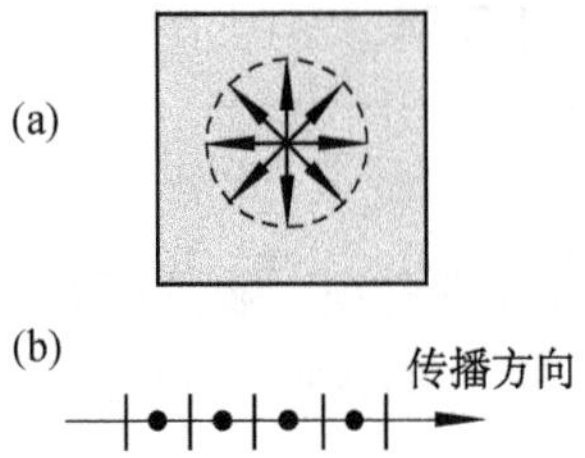

(a)

(b)

传播方向

图 19.2

若将自然光各方向的光矢量在垂直于传播方向的平面内作正交分解,得到的两个分量互相垂直、振幅相等,并且相互独立(没有固定相位关系,振动频率各不相同). 因此,我们可以用两个相互独立的、振动方向相互垂直的等幅线偏振光来表示自然光,各占自然光总能量的一半。如图 19.2(b)所示,短线和圆点数量相等,均匀交替.

19.1.3 部分偏振光

若在垂直于光传播方向的平面内,各个方向的光振动都存在,但不同方向的振幅不等,在某一方向的振幅最大,而在与之垂直的方向上的振幅最小,则这种光称为**部分偏振光**,如图 19.3 所示. 显然,部分偏振光的偏振性介于线偏振光和自然光之间,可看作由自然光和线偏振光混合而成. 对于部分偏振光,两个相互垂直的光振动也没有固定的相位关系.

若与最大振幅和最小振幅对应的光强分别为 I_{max} 和 I_{min},则**偏振度**定义为

$$P = \frac{I_{max} - I_{min}}{I_{max} + I_{min}} \qquad (19.1)$$

自然光 $I_{max} = I_{min}$,偏振度为零;线偏振光 $I_{min} = 0$,$P = 1$,偏振度最大;部分偏振光 $0 < P < 1$.

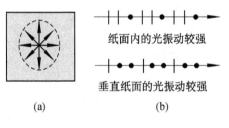

纸面内的光振动较强

垂直纸面的光振动较强

(a)   (b)

图 19.3

19.1.4 椭圆偏振光和圆偏振光

这两种光的特点是光矢量的端点绕波的传播方向做螺旋形旋转,如图 19.4 所示. 在垂直于光传播方向的平面内,光矢量 **E** 的端点的轨迹是椭圆的称为**椭圆偏振光**,轨迹为圆的则称为**圆偏振光**. 根据光矢量的旋转方向还分为右旋(迎着光的传播方向看为顺时针旋转)和左旋(逆时针旋转)偏振光. 由于两个相互垂直的同频率的简谐运动可以合成椭圆运动,因此椭圆偏振光可以看成是两个相互垂直、相位差恒定的线偏振光叠加而成.

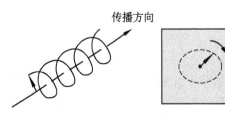

传播方向

图 19.4

需要指出,所谓光矢量端点的轨

迹,实际上反映的是 E 的方向和量值随时间变化,它不是真实的点的运动,也不是合成光的亮点在投影面上作椭圆或圆周运动.

19.2　起偏和检偏　马吕斯定律

19.2.1　起偏和检偏

普通光源发出的光是自然光,用于从自然光获得线偏振光的器件称为**起偏器**,常用的起偏器有偏振片、尼科耳棱镜等.用于鉴别光的偏振状态的器件称为**检偏器**.一般说来,能用作起偏器的也可以用作检偏器,而人的眼睛是不能区分自然光和偏振光的.本节以偏振片为例,介绍起偏和检偏过程.

偏振片是一种人工制造的膜片,膜片中有大量按一定规则排列的微小晶粒,它们对不同方向的光振动有选择性吸收的性能,从而使膜片中有一个特殊的方向.当一束自然光投射到膜片上时,与此特殊方向垂直的光振动分量全被吸收,只让平行于该方向的光振动分量通过,从而获得线偏振光.膜片中这一特殊方向称为偏振片的**偏振化方向**或**透振方向**.图 19.5(a)中,P_1 为偏振片,"↕"表示偏振化方向.当入射于起偏器的自然光光强为 I_0 时,若不考虑起偏器对平行于偏振化方向光振动分量的吸收和介质表面的反射,则从起偏器出射的线偏振光的光强为 $I_1 = I_0/2$.

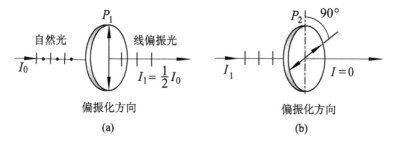

图 19.5

起偏器不但能使自然光变为线偏振光,还可用来检查某束光是否为线偏振光.如图 19.5 所示,若偏振片 P_1、P_2 的偏振化方向相互平行,则透过 P_1 的线偏振光将全部透过 P_2,透射光强最强,照射到 P_2 后面的屏幕上则为最明;若 P_1、P_2 的偏振化方向相互垂直,则透过 P_1 的线偏振光完全不能透过 P_2,透射光强为零(无光,称为消光现象).因此,将 P_2 以光的传播方向为轴旋转,如果透过 P_2 的光强呈现出"最明→无光→最明→无光→最明"交替变化,那么,照射到 P_2 上的就是线偏振光,否则就不是线偏振光.

19.2.2 马吕斯定律

如图 19.6(a)所示，P_1 为起偏器，P_2 为检偏器，它们的偏振化方向分别为 MM' 和 NN'，两者间的夹角为 α. 自然光通过 P_1 后成为线偏振光. 设入射到检偏器 P_2 的线偏振光的振幅为 A_0，则 A_0 可分解为平行和垂直于 NN' 的两个分量，如图 19.6(b)所示. 显然有

$$A_{/\!/} = A_0\cos\alpha, \quad A_\perp = A_0\sin\alpha$$

由于只有平行分量可通过检偏器，故通过 P_2 的透射光的振幅为 $A_0\cos\alpha$. 因光强正比于振幅平方，所以透射光的光强 I 和入射线偏振光的光强 I_0 之比为

$$\frac{I}{I_0} = \frac{(A_0\cos\alpha)^2}{A_0^2}$$

因此有

$$I = I_0\cos^2\alpha \qquad (19.2)$$

上式称为马吕斯(E. Malus)定律. 式中 α 为入射线偏振光的振动方向与检偏器的偏振化方向间的夹角. 可见，当检偏器 P_2 以入射光为轴旋转时，根据式(19.2)，透射光强将随之变化. 当 P_2 与 P_1 的偏振化方向平行即 $\alpha=0$ 时，透射光强最大，它等于入射线偏振光的光强. 随着 α 的增大，透射光逐渐变弱；当转至 $\alpha=90°$ 时，透射光强为零.

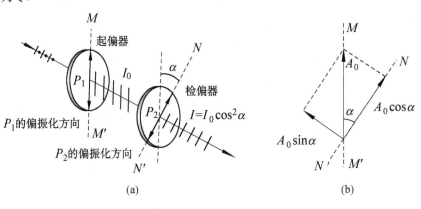

(a) (b)

图 19.6

例 19.1 自然光垂直入射到互相重叠的两个偏振片上，若(1)透射光强为透射光最大光强的三分之一；(2)透射光强为入射光的三分之一. 则这两个偏振片的偏振化方向间的夹角分别为多大？

解 设自然光光强为 I_0，通过第一个偏振片后，光强为 $I_0/2$，因此，通过第二个偏振片后的最大光强为 $I_0/2$，根据题意和马吕斯定律有

(1) $\dfrac{I_0}{2}\cos^2\alpha = \dfrac{1}{3} \cdot \dfrac{I_0}{2}$，解得 $\alpha = \pm 54°44'$.

（2）$\dfrac{I_0}{2}\cos^2\alpha=\dfrac{I_0}{3}$，解得 $\alpha=\pm 35°16'$.

19.3　反射和折射时的偏振　布儒斯特定律

19.3.1　反射和折射时的偏振

早在 19 世纪初,实验就已经发现自然光在两种各向同性介质的分界面上反射和折射时,不但光的传播方向要发生改变,而且光的偏振状态也要改变,反射光和折射光不再是自然光,折射光变为部分偏振光,反射光一般也是部分偏振光. 其偏振状态是:反射光是以垂直于入射面的光振动为主的部分偏振光;折射光是以平行于入射面的光振动为主的部分偏振光. 如图 19.7 所示.

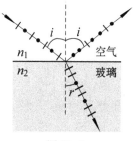

图 19.7

19.3.2　布儒斯特定律

反射光的偏振化程度与入射角有关. 实验发现,当入射角等于某一特定角度 i_0 时,有如下现象(如图 19.8 所示):

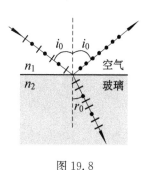

图 19.8

（1）反射光是线偏振光,其振动方向垂直于入射面;

（2）折射光和反射光的传播方向相互垂直.

设入射角 $i=i_0$ 时折射角为 r_0,则有 $i_0+r_0=90°$. 根据折射定律有

$$n_1\sin i_0 = n_2\sin r_0 = n_2\cos i_0$$

由此得

$$\tan i_0 = \frac{n_2}{n_1} \tag{19.3}$$

上式称为布儒斯特(Brewster)定律,i_0 称为**起偏角**或**布儒斯特角**,n_1 和 n_2 分别为入射光和折射光所在介质的折射率.

当自然光以起偏角 i_0 入射时,从能量角度看,反射光中虽然只有垂直于入射面的光振动,但其能量只占入射光中垂直于入射面的光振动能量的很小一部分. 例如,自然光以 i_0 从空气射向玻璃表面时,反射光的能量只占入射光中垂直于入射面的光振动能量的 15%,即占入射光总能量的 7.5%. 换句话说,入射光中垂直于入射面的光振动能量的绝大部分和平行于入射面的光振动能量的全部,都被折射而进入第二介质. 因此,折射光是一束比反射光更强的部分偏振光.

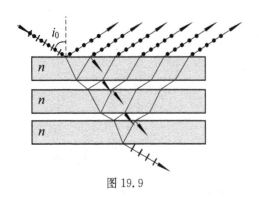

图 19.9

为了增大反射光的强度和折射光的偏振化程度,可以用若干相互平行的、由相同玻璃片组成的玻璃片堆,如图 19.9 所示.当自然光以 i_0 入射时,光在各层玻璃面上反射和折射,可使反射光增强,而折射光中的垂直于入射面的振动也因多次反射而减弱.当玻璃片较多时,不但反射光为线偏振光,经玻璃片堆透射出来的光也接近为线偏振光,而且透射光和反射光的振动方向相互垂直.

图 19.10 所示的是激光器中的布儒斯特窗装置,它用两个玻璃片 B_1 和 B_2 作起偏器,借助于全反射镜 M 和部分反射镜 G,使光往返地在 B_1 和 B_2 的上、下表面发生反射,最后从 G 射出.当入射角等于起偏角 i_0 时,从 G 出射的光就成为偏振化程度很高的激光束.

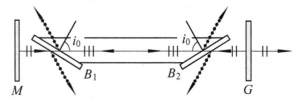

图 19.10

例 19.2 如图 19.11 所示,入射光线 1 以起偏角 i_0 入射.试证明,沿折射光逆向入射的光线 2,其入射角 r_0 也是起偏角.

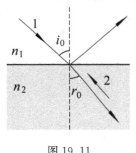

图 19.11

解 根据折射定律有

$$n_2 \sin r_0 = n_1 \sin i_0$$

因 $i_0 + r_0 = 90°$,故有

$$n_2 \sin r_0 = n_1 \cos r_0$$

可得

$$\tan r_0 = \frac{n_1}{n_2}$$

结果表明,r_0 是入射光线 2 的起偏角.

19.4 双折射现象

19.4.1 晶体的双折射现象

一束自然光从空气射向水、玻璃等各向同性介质(其物理性质与方向无关)时,在这些介质中只有一束折射光.但如果射向石英晶体、方解石等各向异性介质时,其折射光有两束,如图 19.12(a)所示.一束入射光经折射后分成两束的现象称为**双折射**.

透过这种有双折射性质的晶体看其背后的一个字时,将观察到该字的双重像.

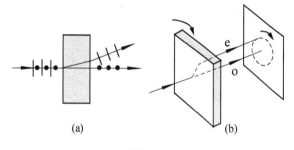

图 19.12

在各向异性晶体的双折射现象中,若任意改变入射光的入射角,则可发现有一条折射光线始终遵守折射定律,其折射率不随入射方向而改变,即 $\sin i/\sin r=$ 常数,且折射线总是在入射面内. 这条光线称为**寻常光线**(ordinary light),用 o 表示,简称 o 光. 另一条折射线不遵守折射定律,其折射率随入射方向而改变,即 $\sin i/\sin r'\neq$ 常数,且折射线不一定在入射面内. 这条光线称为**非常光线**(extra ordinary light),用 e 表示,简称 e 光. 在图 19.12(b)中,自然光垂直入射,如果将晶体绕入射光线旋转,o 光的传播方向不变,而 e 光将绕 o 光旋转.

19.4.2　o 光和 e 光的传播方向

1. 晶体的光轴和主截面

产生双折射现象的原因是 o 光和 e 光在晶体内有不同的传播速度. o 光在晶体中沿各个方向的传播速度相同,而 e 光的传播速度却随方向而改变. 实验发现,

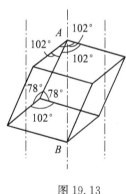

图 19.13

某些晶体内有一个确定的方向,在这个方向上,o 光和 e 光的传播速度相等,这个方向称为晶体的**光轴**. 图 19.13 表示的是方解石($CaCO_3$,又称冰洲石)晶体的光轴,其方向平行于 A、B 两顶点的连线.

应当注意的是,光轴是指一个方向,而不是某一固定直线. 晶体内与该方向平行的直线,都可代表晶体的光轴. 方解石、石英等只有一个光轴,称为**单轴晶体**. 云母、硫磺晶体等有两个光轴,称为**双轴晶体**. 本章只讨论单轴晶体的双折射现象.

由光轴和晶体表面法线组成的平面,称为晶体的**主截面**. 对晶体的每个表面,光轴和法线可以画出无数条,所以对晶体的一个表面来说,主截面是由许多平行平面构成的平面簇.

2. 光的主平面

由光轴和晶体内已知光线组成的平面,称为该光线的主平面. 一条光线只有一个主平面,所以晶体内 o 光和 e 光有各自的主平面. 实验证明,o 光和 e 光都是线偏振光,但光矢量的振动方向不同. o 光的振动方向垂直于自己的主平面,而 e 光的振动方向则平行于自己的主平面.

当入射光的入射面和晶体的主截面重合时,o 光和 e 光都在入射面内,这时 o 光和 e 光的振动方向互相垂直. 在一般情况下,o 光和 e 光的振动方向并不严格垂直,而是有一个不大的夹角,且 e 光不在入射面内.

严格地说,所谓 o 光和 e 光,只是相对于晶体而言的. 在光线透出晶体后,它们只是振动方向不同的线偏振光,也就无所谓 o 光和 e 光了. 不过,为表述简便,常把 o 光从晶体出射后的线偏振光仍记为 o 光,e 光出射后的线偏振光仍记为 e 光.

3. 作图法确定 o 光和 e 光的传播方向

根据惠更斯原理,自然光射向晶体时,波面上的每一点都可看作子波源. 由于

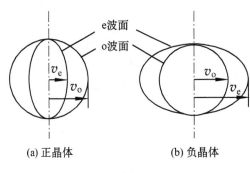

图 19.14

o 光和 e 光在晶体内的传播速率不同,因而在单轴晶体内将形成两种不同的波阵面. o 光沿不同方向的速率相同,在晶体内形成的子波波阵面是球面. e 光沿不同方向的速率不同,在晶体内的子波波阵面则是以光轴为轴的旋转椭球面. 由于在光轴方向上 o 光和 e 光的速率相等,所以两种波阵面在光轴方向上相切,如图 19.14 所示.

可以看出,o 光在晶体内的速率 v_o 和折射率 $n_o = c/v_o$ 与方向无关,而 e 光在与光轴垂直的方向上传播速率和 v_o 相差最大. e 光在垂直于光轴方向上的折射率称为 e 光的**主折射率**,用 n_e 表示;以 v_e 表示 e 光在该方向的传播速率,则 $n_e = c/v_e$. 在其他方向上,e 光的速率介于 v_o 和 v_e 之间.

根据 v_o 和 v_e 的大小关系,晶体可分为**正晶体**和**负晶体**两类. $v_o > v_e$ (或 $n_o < n_e$)的为正晶体,如石英;$v_o < v_e$ (或 $n_o > n_e$)的为负晶体,如方解石. 由图 19.14 可见,正晶体的波阵面是 o 光的球面包围 e 光的椭球面,而负晶体则是 e 光的椭球面包围 o 光的球面.

根据以上所述,我们可用作图法确定 o 光和 e 光在单轴晶体内的传播方向. 下面以方解石晶体为例进行讨论.

在图 19.15 所示的四种情况中,光轴都在入射面内. 其中(a)表示光轴与晶体表面斜交,光线斜入射;而(b)、(c)、(d)分别表示光轴与晶体表面平行、垂直和斜交,但光线都是正入射.

在图(a)中,AB 是某时刻的波阵面,该波阵面上各点发出的子波不能同时到达晶面. 当 B 点发出的子波经 Δt 时间到达晶面 C 点时,A 点发出的子波已在晶体内形成 o 光和 e 光的波阵面. o 光的波阵面是以 A 为球心、$v_o \Delta t$ 为半径的半球面,e 光的波阵面是半个椭球面. 因方解石为负晶体,$v_o < v_e$,故在与光轴垂直的方向上

为椭球的半长轴,其长度为 $v_e\Delta t$. 两波阵面在光轴方向上的 D 点相切. 从 C 点作两平面分别与球面和椭球面相切于 F 点和 E 点,则 CF 和 CE 分别为晶体内 o 光和 e 光的新波阵面,AF 和 AE 方向就代表 o 光和 e 光的传播方向. o 光和 e 光的振动方向分别与入射面垂直和平行,o 光的传播方向与它的波阵面 CF 垂直,但 e 光的传播方向并不与它的波阵面 CE 垂直.

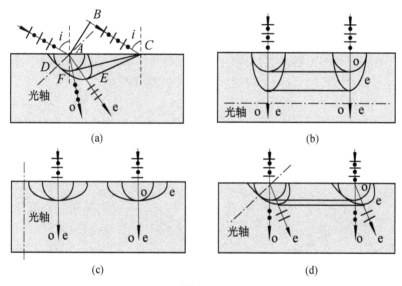

图 19.15

用类似的方法,可求得其他三种情况下 o 光和 e 光的传播方向. 在图(b)中,光轴与晶面平行,且光正入射,这时 o 光和 e 光的传播方向相同,它们不能分开,因而不出现双折射现象. 但由于它们的传播速度不同,o 光和 e 光间将出现光程差,所以还是隐含有双折射的性质. 在图(c)中,光沿光轴方向入射,这时完全不产生双折射. 在图(d)中,o 光沿入射方向传播,而 e 光则偏离入射方向传播.

图 19.16 也是用作图法求方解石晶体中 o 光和 e 光的传播方向. 这里,由于光轴与入射面垂直,因而 o 光和 e 光的波阵面被入射面截成的都是半圆形. 图中 o 光的振动方向用短线表示,而 e 光则用圆点表示,这与图 19.15 中正好相反. 不过,这种相反所依据的规则是相同的,即 o 光的振动方向垂直于自己的主平面,e 光的振动方向平行于自己的主平面.

应当指出,图 19.15 和图 19.16 分别属于入射面与晶体主截面平行和垂直两种情况. 在这些情况中,不但 o 光在入射面内,而且 e 光也在入射面内. 如果入射面与主截面既不平行,也不垂直,

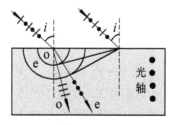

图 19.16

则 e 光不在入射面内,这时就无法用作图法得出 e 光的实际传播方向. 所以,上述作图法仅在入射面与主截面平行或垂直的情况下才能得出正确的 e 光传播方向.

19.4.3 偏振棱镜

偏振棱镜是利用晶体的双折射性质获得线偏振光的器件. 目前已有多种偏振棱镜,这里简要介绍其中的尼科耳(Nicol)棱镜和渥拉斯顿(Wallaston)棱镜.

1. 尼科耳棱镜

尼科耳棱镜简称**尼科耳**. 它是将一块方解石晶体的天然晶面作适当加工后,沿一定切面剖成对称的两半,然后再用加拿大树胶粘合而成的,如图 19.17 所示. 图

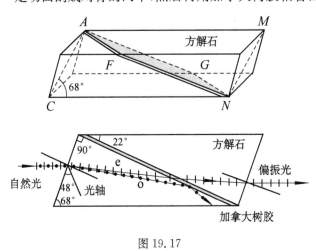

图 19.17

中 AN 为树胶层,平面 $ACNM$ 为尼科耳的主截面. 当自然光沿棱镜长边方向入射时,在前半个棱镜中形成 o 光和 e 光,它们都在主截面内. 由于树胶的折射率小于方解石对 o 光的折射率,所以 o 光是在由光密介质到光疏介质的界面上反射,且入射角又大于全反射的临界角,于是 o 光在胶合面上发生全反射而不能进入后半个棱镜. o 光被胶合面反射后又被棱镜涂黑的侧面吸收. 对 e 光来说,方解石对其传播方向的折射率小于树胶的折射率,e 光在胶合面上不发生全反射,可进入后半个棱镜,出射后就成为振动方向与主截面平行的线偏振光.

用两个尼科耳 N_1 和 N_2 分别代替图 19.6 中的偏振片 P_1 和 P_2,即 N_1 用作起偏器,N_2 用作检偏器,则 N_2 的出射光光强也可由式(19.2)求得,不过这时的 α 角应为 N_1 和 N_2 的主截面间的夹角.

2. 渥拉斯顿棱镜

用尼科耳可获得一束有固定振动方向的线偏振光,而用渥拉斯顿棱镜则可获得振动方向相互垂直的两束线偏振光.

渥拉斯顿棱镜的构造如图 19.18 所示,它由两块方解石直角棱镜胶合而成. 第一棱镜 ABD 的光轴平行于直角边 AB,第二棱镜 BCD 的光轴垂直于图面. 自然光垂直于 AB 入射时,由图 19.15(b)可知,在第一棱镜中的 o 光和 e 光并不分开,但

传播速率不同,即方解石晶体对 o 光和 e 光有不同的折射率. 由于两棱镜的光轴相互垂直,所以在第一棱镜中的 o 光对第二棱镜来说变为 e 光;反之,第一棱镜中的 e 光对第二棱镜来说变为 o 光. 随着进入两棱镜分界面前后 o 光和 e 光性质的变化,它们的折射率也相应发生了变化. 由于方解石是负晶体,$n_o > n_e$,第一棱镜中的 o 光在第二棱镜中变为 e 光后要远离 BD 面的法线传播. 而第一棱镜中的 e 光在

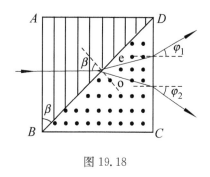

图 19.18

第二棱镜中变为 o 光后要靠近 BD 面的法线传播. 于是,两束线偏振光在第二棱镜中分开传播,它们经 CD 面射出进入空气时,都是由光密介质进入光疏介质,从而将进一步分开传播.

19.4.4　人造偏振片

利用某些晶体的**二向色性**也能获得线偏振光. 所谓二向色性,是指晶体对互相垂直的 o 光振动和 e 光振动具有选择吸收的性质. 电气石是一种典型的二向色性晶体,它对 o 光有强烈吸收作用,最后只剩下 e 光透出,从而获得线偏振光. 但天然的二向色性晶体太小,因而从实用角度来看有一定局限性. 人们常用的是另一类具有二向色性的有机化合物,例如,碘化硫酸奎宁小晶体,通过特殊加工,将其有序地排列在透明塑料薄膜上,成为面积较大的人造偏振片. 另外,还可以将聚乙烯醇加热,沿一个方向拉伸,使其分子在拉伸方向排成长链,再浸入碘溶液中形成碘链. 这种薄膜也具有二向色性,也是常用的一种人造偏振片.

* 19.5　偏振光的干涉

19.5.1　用偏振片和晶片获得椭圆偏振光和圆偏振光

如图 19.19 所示,P 为偏振片,R 为光轴与表面平行的晶片,P 与 R 平行放置. 单色自然光垂直通过 P 后,成为振动方向与 P 的偏振化方向平行的线偏振光. 这一线偏振光进入晶片 R 后,因 o 光和 e 光传播速度不同,所以在晶片内虽然不发生双折射,但实际上已分成两束光. 它们沿同一方向从 R 出射后,便成为两束线偏振光,振动方向分别与 R 的光轴垂直和平行. 这两束光的频率相同,相位差恒定,但因振动方向相互垂直而不能发生干涉,只能发生非相干叠加. 图 19.20 中,CC' 为晶片的光轴方向,MM' 代表 P 的偏振化方向,两方向间夹角为 α,A 为由 P 出射的线偏振光的振幅. 由图可知,出晶片后两束偏振光的振幅分别为

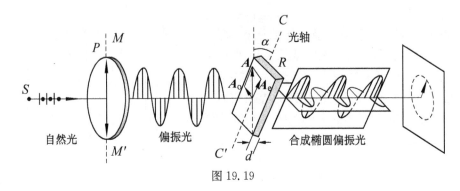

图 19.19

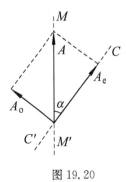

图 19.20

$$A_o = A\sin\alpha, \qquad A_e = A\cos\alpha$$

因折射率不同，o 光和 e 光通过厚度为 d 的晶片时要产生 $\delta = (n_o - n_e)d$ 的光程差，与此相应的相位差为

$$\Delta\varphi = \frac{2\pi}{\lambda}(n_o - n_e)d \qquad (19.4)$$

设从 R 出射后的两束偏振光的光矢量分别为 E_o 和 E_e，则 $E_o \perp E_e$，并且有

$$E_o = A_o\cos(\omega t + \varphi_1)$$
$$E_e = A_e\cos(\omega t + \varphi_2)$$

根据振动方向相互垂直的两个同频率谐振动的合成规律，E_o 和 E_e 的合成光矢量 E 的端点轨迹方程［见上册式(6.39)］为

$$\frac{E_o^2}{A_o^2} + \frac{E_e^2}{A_e^2} - 2\frac{E_o E_e}{A_o A_e}\cos\Delta\varphi = \sin^2\Delta\varphi$$

$\Delta\varphi = \varphi_2 - \varphi_1$ 为相位差. $\Delta\varphi$ 不同，合成结果不同：

$$\Delta\varphi = \begin{cases} \pm k\pi & \text{合成光为线偏振光} \\ \pm(2k+1)\dfrac{\pi}{2} & \text{合成光为正椭圆偏振光} \\ \text{其他值} & \text{合成光为斜椭圆偏振光} \end{cases}$$

式中 $k = 0,1,2,\cdots$. 图 19.21(a)、(b)为第一种情况，图(c)和图(d)则分别为第二种和第三种情况，其中正椭圆偏振光的长轴或短轴与晶片 R 的光轴方向 CC' 平行.

由上述结果可知，当 $\alpha = 45°$ 时，$A_o = A_e$，因而正椭圆偏振光将变为圆偏振光. 所以从晶片 R 出射的光成为圆偏振光的条件是 $\alpha = 45°$，且 $\Delta\varphi = \pm(2k+1)\pi/2$.

应当明确，上述合成椭圆或圆偏振光都是在一个平面内讨论的. 事实上，随着光的传播，合成光矢量 E 的端点描绘出的是椭圆形螺旋线或圆形螺旋线. 不过，在与传播方向垂直的平面内，E 的端点的投影在旋转，它所描绘出的轨迹仍为椭圆或圆，如图 19.19 所示.

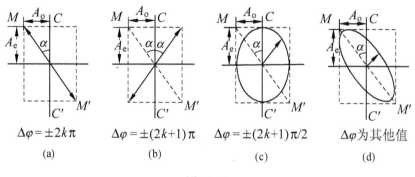

$$\Delta\varphi = \pm 2k\pi \qquad\qquad \Delta\varphi = \pm(2k+1)\pi \qquad\qquad \Delta\varphi = \pm(2k+1)\pi/2 \qquad\qquad \Delta\varphi \text{ 为其他值}$$

$$\text{(a)} \qquad\qquad\qquad \text{(b)} \qquad\qquad\qquad \text{(c)} \qquad\qquad\qquad \text{(d)}$$

图 19.21

19.5.2　波片

波片是厚度均匀、光轴与表面平行的晶体薄片. 它可以使 o 光和 e 光产生确定的相位差,因而也叫**相位延迟器**. 常用的波片有 **1/4 波片**和**半波片**.

能使出射的两束线偏振光产生 $\pm(2k+1)\pi/2(k=0,1,2,\cdots)$ 相位差的波片称为 1/4 波片. 根据 $\Delta\varphi = 2\pi\delta/\lambda$ 的关系,它能使两束光产生 $\delta = \pm(2k+1)\lambda/4$ 的光程差. 根据式(19.4),1/4 波片的厚度为

$$d_{1/4} = (2k+1)\frac{1}{|n_o - n_e|}\frac{\lambda}{4}, \qquad k = 0,1,2,\cdots \qquad (19.5)$$

由 $k=0$ 得 1/4 波片的最小厚度为

$$(d_{1/4})_{\min} = \frac{1}{|n_o - n_e|}\frac{\lambda}{4}$$

由图 19.20 可见,一束线偏振光通过 1/4 波片后,出射光的偏振状态由 α 确定. 当 $\alpha = 0°$ 时,$A_o = 0$,$A_e = A$,出射光是与晶体中 e 光相同的线偏振光. 当 $\alpha = 90°$ 时,$A_o = A$,$A_e = 0$,出射光是与晶体中 o 光相同的线偏振光. 当 $\alpha = 45°$ 时,出射光是圆偏振光. $\alpha \neq 0°,45°,90°$ 时,出射光为椭圆偏振光.

能使出射的两束线偏振光产生 $\pm(2k+1)\pi(k=0,1,2,\cdots)$ 相位差的波片称为半波片,它能产生 $\delta = \pm(2k+1)\lambda/2$ 的光程差,其厚度为

$$d_{1/2} = (2k+1)\frac{1}{|n_o - n_e|}\frac{\lambda}{2}, \qquad k = 0,1,2,\cdots \qquad (19.6)$$

由 $k=0$ 得 1/4 波片的最小厚度为

$$(d_{1/2})_{\min} = \frac{1}{|n_o - n_e|}\frac{\lambda}{2}$$

由图 19.21(b)可见,一束线偏振光通过 1/4 波片后,出射光仍为线偏振光,但其振动方向却转过了 2α 角. 所以,半波片常用于改变线偏振光的振动方向.

通常所说的波片厚度,一般指其最小厚度. 应当指出,波片厚度是针对一定波

长而言的,对于不同的波长,同一种波片的厚度是不同的.

例 19.3 一般说来,用一个已知偏振化方向的偏振片和一个已知光轴方向的 1/4 波片,就可从出射光强度的变化鉴别入射光的偏振状态.试说明鉴别方法.

解 鉴别可分步进行.

第一步 只用偏振片.让偏振片垂直于入射光的传播方向,并以光线为轴旋转,如图 19.22(a)所示.在偏振片转动一周过程中,若出射光:

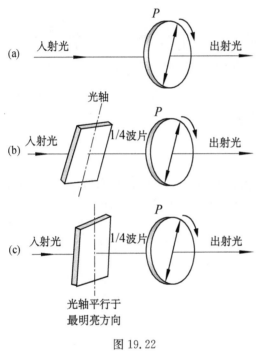

图 19.22

（1）有两明两无(消光)变化,则入射光为线偏振光;

（2）无明暗变化,则入射光为自然光或圆偏振光;

（3）有两明两暗(有光,但较暗)变化,则入射光为部分偏振光或椭圆偏振光.这时可利用偏振片确定入射光通过时的最明(或最暗)位置.

第二步 在偏振片之前插入 1/4 波片,再让偏振片以入射光线为轴旋转,如图 19.22(b)所示.在偏振片转动一周过程中,若出射光:

（1）无明暗变化,则入射光为自然光.因为自然光通过任何晶片后仍为自然光.

（2）有两明两无变化,则入射光为圆偏振光.这是因为圆偏振光是由两个振动方向相互垂直而振幅相等、相位差为 $\pi/2$ 的线偏振光合成的,经 1/4 波片后又产生 $\pi/2$ 的相位差,所以总相位差为 0 或 π,由图 19.21可知,这时圆偏振光经 1/4 波片后已变为线偏振光.

（3）有两明两暗变化,则入射光为部分偏振光或椭圆偏振光.

由第一步可鉴别出线偏振光,第二步可鉴别出自然光和圆偏振光.若入射光为部分偏振光或椭圆偏振光,需进行第三步鉴别.

第三步 同第二步,但要使 1/4 波片的光轴与第一步中找到的最明(或最暗)方位一致,如图 19.22(c)所示.这时,对椭圆偏振光来说,它的长轴与光轴方向一致,由图19.21可知,这时入射的椭圆偏振光对 1/4 波片的光轴形成一正椭圆偏振光,它由相位差为 $\pi/2$ 的两个振动方向相互垂直的线偏振光合成,经 1/4 波片后又产生 $\pi/2$ 的相位差,所以总相位差为 0 或 π,这表明,此时椭圆偏振光经 1/4 波片后已变为线偏振光.因此,在转动偏振片时若有两明两无变化,则入射光为椭圆偏振光,否则为部分偏振光.

19.5.3　偏振光的干涉

在图 19.19 中,单色自然光经偏振片后成为线偏振光,然后通过一个光轴与表面平行的晶片后就得到两束线偏振光,但因振动方向相互垂直而不能发生干涉.如果再通过一偏振片,就能得到频率相同、振动方向平行而相位差恒定的相干光,从而可产生偏振光干涉.

如图 19.23 所示,MM'、NN' 分别为两个正交偏振片 P_1 和 P_2 的偏振化方向,CC' 为晶片 R 的光轴方向,α 为 P_1 的偏振化方向与 R 的光轴方向的夹角,A_1 是通过 P_1 后的线偏振光的振幅.通过 R 后,两束线偏振光的振幅分别为

$$A_o = A_1\sin\alpha, \quad A_e = A_1\cos\alpha$$

通过 P_2 后两束相干光的振幅分别为

$$A_{2o} = A_o\cos\alpha = A_1\sin\alpha\cos\alpha$$

$$A_{2e} = A_e\sin\alpha = A_1\sin\alpha\cos\alpha$$

由此可见,在 P_1 和 P_2 的偏振化方向正交的情况下,通过 P_2 后的两束相干光的振幅相等,即 $A_{2o} = A_{2e}$.

两束光在晶片 R 中产生的相位差为

$$\Delta\varphi_1 = \frac{2\pi}{\lambda}(n_o - n_e)d$$

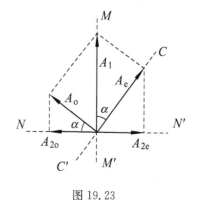

图 19.23

d 为晶片厚度.由图 19.23 可知,$\boldsymbol{A}_{2o}$ 和 $\boldsymbol{A}_{2e}$ 的方向相反,表明通过 P_2 时又要产生附加相位差 $\Delta\varphi_2 = \pi$,所以两束相干光的总相位差为 $\Delta\varphi = \Delta\varphi_1 + \Delta\varphi_2$.设 $n_o > n_e$,根据相干光的干涉加强和减弱条件有

$$\Delta\varphi = \frac{2\pi}{\lambda}(n_o - n_e)d + \pi = \begin{cases} 2k\pi, & k = 1,2,3,\cdots \quad (加强) \\ (2k+1)\pi, & k = 1,2,3,\cdots \quad (减弱) \end{cases} \tag{19.7}$$

如果 P_1 和 P_2 的偏振化方向相互平行,则上式中的附加相位差 π 不复存在,可见,附加相位差 π 确是因 P_1 和 P_2 的偏振化方向相互垂直引起的.另外,只有当 P_1 和 P_2 的偏振化方向相互垂直时,才有 $A_{2o} = A_{2e}$,此时干涉图样最为清晰.

在偏振光干涉中:

(1) 对一定波长的入射光来说,屏幕上的明暗情况由晶片厚度 d 决定.当晶片厚度均匀且连续可调时,屏上将发生整体的由明到暗、由暗到明的光强变化,这种变化正是偏振光干涉的结果.当晶片厚度不均匀时,屏上可出现有明有暗的不规则条纹分布.

(2) 在晶片厚度均匀的情况下,用白光进行实验时,由于对不同波长的光,干涉加强和减弱的条件不能同时满足,结果在屏上显示出彩色,称之为**色偏振**.这种

色偏振不是有序列的彩色条纹.如果将图 19.23 中的晶片换成厚度不等的劈形晶片,则在屏上出现彩色条纹.

目前在矿物学、冶金学和生物学等领域使用的偏振光显微镜,其基本原理就是利用偏振光的干涉,在其他如光测弹性方法中,也涉及偏振光干涉.

例 19.4 在图 19.23 中,若晶片厚度 $d=0.025$ mm,对 o 光的折射率和 e 光的主折射率之差 $n_o-n_e=0.172$(该差值视为不随波长改变),则在可见光范围内,屏上将缺少哪些波长的光?

解 根据干涉减弱条件式(19.7),有

$$\Delta\varphi = \frac{2\pi}{\lambda}(n_o - n_e)d + \pi = (2k+1)\pi, \quad k=1,2,3,\cdots$$

可得

$$k = \frac{(n_o - n_e)d}{\lambda} \qquad\qquad ①$$

将可见光长波极限 $\lambda=760$ nm 代入式①,得

$$k = \frac{0.172 \times 0.025 \times 10^{-3}\text{ m}}{760 \times 10^{-9}\text{ m}} = 5.7$$

类似地,将可见光短波极限 $\lambda=400$ nm 代入式①,得 $k=10.8$. 由此可见,$k=6,7,8,9,10$. 将 k 的可取值代入式①,算出屏上消失的波长依次为 716.7 nm、614.3 nm、537.5 nm、477.8 nm、430.0 nm.

*19.6　人工双折射　旋光现象

19.6.1　人工双折射

某些各向同性介质在外力(如机械力、电场力等)作用下会变成各向异性介质,从而可产生双折射现象;而有些各向异性介质在外力作用下会改变其双折射性质,这类现象称为**人工双折射**. 我们仅简单介绍以下两种人工双折射及其应用.

1. 光弹性效应

玻璃、塑料等非晶体在通常情况下是各向同性的,但在机械应力(拉力或压力)作用下会变成各向异性而显示出双折射现象,这种现象称为**光弹性效应**. 实验表明,这些物体受到应力后,表现出单轴正(或负)晶体的性质,其光轴在应力方向上. 在一定应力范围内,o 光的折射率与 e 光的主折射率之差与应力 P 成正比,即

$$n_o - n_e = KP \qquad\qquad (19.8)$$

式中 K 是与材料性质有关的常量,P 为应力.

观察应力双折射的实验装置如图 19.24 所示. 把某种人工双折射材料放在两正交偏振片 P_1 和 P_2 之间,沿 OO' 方向加一压力 $F(OO'$ 方向与任一偏振片的偏振化方

向都不重合). 单色光经 P_1 后成为线偏振光,它在产生了应变的物体内分解成 o 光与 e 光,并以不同速度传播,经过厚度为 d 的人工双折射材料后产生的相位差为

$$\Delta\varphi = \frac{2\pi}{\lambda}(n_o - n_e)d = \frac{2\pi}{\lambda}KPd \tag{19.9}$$

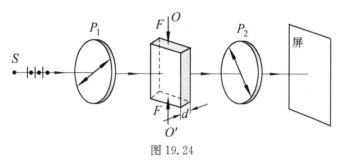

图 19.24

于是光线在通过 P_2 之后产生偏振光干涉. 干涉的色彩和条纹的分布情况决定于应力分布. 应力集中处干涉条纹紧密,所以从干涉条纹分布情况可以分析应力分布情况.

利用光弹性效应研究应力分布已经发展成为一门学科,称为光测弹性学. 它在工程设计中有广泛的应用. 例如为了设计一个机械工件、桥梁或水坝,可以用透明塑料制成模型,放在两正交偏振片之间,根据实际使用情况按比例地对模型施力,从观察到的干涉条纹就可确定出各部分的受力情况. 图 19.25 所示的是一块圆环状有机玻璃板受到径向压力时,所观察到的光弹性条纹分布图样. 由于光测弹性法具有直观、可靠等特点,在工程技术上已得到广泛的应用.

图 19.25

2. 电光效应

有些各向同性介质(如硝基苯、二氯甲烷等)在外界电场作用下会变为各向异性而产生双折射,而有些各向异性介质在电场作用下会改变其原有的双折射性质,这种现象称为**电光效应**. 据此,电光效应可分为两类:一类叫做**克尔**(Kerr)**效应**,另一类叫**泡克耳斯**(Pockels)**效应**.

观察克尔效应的实验装置如图 19.26 所示. 在一个有透明窗和一对平行板电极的盒(又叫克尔盒)内,装入硝基苯液体,然后放在两正交偏振片 P_1 和 P_2 之间. 电极平面与偏振片的偏振化方向成 45°角. 当电极上不加电压时,无光从 P_2 射出,加上适当电场时就有光从 P_2 射出. 实验发现,在电场作用下,硝基苯变成单轴双折射介质,其光轴沿电场方向. 在单色光照射下,o 光的折射率与 e 光的主折射率之差与电场强度 E 的平方成正比,即

$$n_o - n_e = kE^2 \tag{19.10}$$

式中 k 称为**克尔常数**,只和液体的种类有关.光通过厚度为 d 的液体后,o 光和 e 光的相位差为

$$\Delta\varphi = \frac{2\pi}{\lambda}(n_o - n_e)d = 2\pi dkE^2/\lambda$$

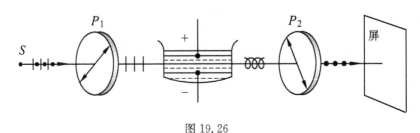

图 19.26

设平行板间距为 l,所加电压为 U,则有

$$\Delta\varphi = \frac{2\pi kdU^2}{\lambda l^2} \tag{19.11}$$

由上式可知,o 光与 e 光的相位差 $\Delta\varphi$ 与外加电压(或电场强度)的平方成正比,所以克尔效应又称为二级电光效应.对硝基苯而言,当电极长度为几个厘米时,使克尔盒产生半个波长的光程差所需外加电场强度约为 3×10^4 V/cm.

克尔效应的响应时间极短,即随着电场的建立与消失,双折射现象也很快地产生与消失,其间的时间延迟小于 10^{-9} s,因此可利用克尔效应制作高速电光开关,在高速摄影、激光测距等方面有广泛应用.利用克尔效应还可制成电光调制器,这种电光调制器是激光通信和激光电视中的重要器件.

泡克耳斯效应是另一类电光效应.有些晶体如磷酸二氢铵、磷酸二氢钾等,本是单轴双折射晶体,不加电场时,光沿光轴方向传播不发生双折射现象.在光轴方向加上电场以后,却发现它变成了双轴晶体,光沿原光轴方向传播时,将分成振动面互相垂直的两束光,它们的相位差 $\Delta\varphi$ 与电场强度的一次方成正比,因此泡克耳斯效应又称为一级电光效应.

泡克耳斯效应的响应时间也很短.此外,与克尔效应相比它还有如下几个优点:首先,$\Delta\varphi$ 与电场强度的一次方成正比,在电光转换中比较方便;其次,在相同尺寸的装置中,要产生相同的相位差,所需外加电压只有克尔效应的 $1/5\sim1/10$;再者,用于克尔效应的常用液体如硝基苯(它的克尔常数最大)有剧毒,且易爆炸,因此作为电光开关和电光调制器,克尔盒已逐渐被泡克耳斯盒所代替.目前,在军用固体激光测距仪中采用的快速电光开关,就是由泡克耳斯盒构成的.

19.6.2　旋光现象

1811 年阿喇果(D. F. Jean Arago)发现,当线偏振光沿石英晶体的光轴方向传播时,透射光虽然仍是线偏振光,但其振动面相对于入射光的振动面却旋转了一个角度,这种现象称为旋光现象.后来在许多其他晶体以及某些液体(如松节油、糖溶液和酒石酸溶液等)中也发现了这种现象.我们把这些能产生旋光现象的物质称为**旋光物质**.旋光物质通常分为两类,迎着光的传播方向观看,使振动面按顺时针方向旋转的称为右旋物质,反之称为左旋物质.葡萄糖为右旋物质,而果糖为左旋物质.石英却有右旋与左旋两种.

观察旋光现象的实验装置如图 19.27 所示.F 为滤光器,可用来获得单色光.让自然光射入两正交偏振片的第一个偏振片 P_1,这时没有光从第二个偏振片 P_2 射出.然后在两偏振片中间插入一块光轴垂直于表面的石英晶片 R,使其表面与两偏振片平行,这时就有光射出.如果把第二个偏振片旋转一个角度,则又没有光射出.这个实验表明,线偏振光经过石英晶体后振动面旋转了一个角度.

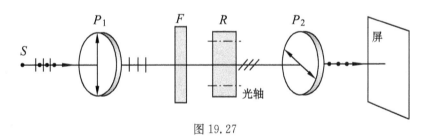

图 19.27

应用上述装置,所得实验结果指出:

(1) 对于晶体类的旋光物质,振动面的旋转角 φ 与光在物质中所经过的距离 l 成正比,即

$$\varphi = \alpha l \tag{19.12}$$

式中 α 是一个与物质性质及入射光波长有关的常量,称为该旋光物质的**旋光率**.同一旋光物质,对于不同波长的光有不同的旋光率,如石英,对黄色光($\lambda = 589.3$ nm)的 $\alpha = 21.7°/\text{mm}$,对紫色光($\lambda = 405$ nm)的 $\alpha = 48.9°/\text{mm}$.旋光率随波长而改变的现象称为**旋光色散**.当用白色光入射时,由于对不同波长光的旋光率不同,只有某些波长的光可以通过 P_2,故透射光呈现一定的颜色,旋转 P_2 时,颜色随着变化.

(2) 对于松节油和糖溶液等液体类的旋光物质,振动面旋转的角度 φ 与光在物质中所经过的距离 l,以及溶液浓度成正比,即

$$\varphi = \alpha l C \tag{19.13}$$

式中 C 为溶液浓度;α 为溶液的旋光率,与溶液性质、温度及光的波长有关.测出 α 以后,可根据 φ 的数值算出溶液的浓度.

在制糖工业中,测定糖溶液浓度的糖量计,就是根据糖溶液的旋光性而设计的一种仪器.用一个装有糖溶液的容器代替图 19.27 中的晶片 R,就可构成一个糖量计.由式(19.13)可知,溶液浓度 C 与振动面的旋转角 φ 成一一对应关系,所以通常在检偏器 P_2 的刻度盘上,直接标出糖溶液的浓度.

例 19.5 试设计三种使线偏振光的振动面转过 90°的方法.

解 (1)用旋光物质(如石英).光所通过的晶体类旋光物质厚度 l 与线偏振光振动面转过角度 φ 的关系为 $\varphi=\alpha l$,式中 α 为旋光率(度/毫米).要使振动面转过 90°所需晶体厚度为 $l=90°/\alpha$.

(2)用半波片.半波片不改变入射线偏振光的偏振性质,但可使其振动面转过 2α 角.当半波片的光轴与入射线偏振光的振动方向成 $\alpha=45°$角时,振动面就转过 90°.

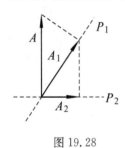

图 19.28

(3)用两个偏振片 P_1 和 P_2.先让 P_2 绕光的传播方向转动,并停在出射光强为零的位置上,此时 P_2 的偏振化方向与入射线偏振光的振动方向相互垂直.然后在 P_2 前面插入 P_1,只要 P_1 与 P_2 的偏振化方向既不垂直也不平行,那么由 P_2 出射的线偏振光的振动方向对入射线偏振光的振动方向转过 90°.其振幅矢量如图 19.28 所示.图中 A 为入射线偏振光的振幅.

内 容 提 要

1. 五种光

自然光、线偏振光、部分偏振光、椭圆偏振光和圆偏振光.

2. 获得线偏振光的方法

(1)利用二向色性物质的选择吸收获得线偏振光

(2)利用反、折射获得线偏振光

(3)利用晶体的双折射获得线偏振光

3. 马吕斯定律和布儒斯特定律

(1)马吕斯定律

$$I=I_0\cos^2\alpha \quad (I_0 \text{ 为入射到检偏器上的偏振光光强})$$

(2)布儒斯特定律

$$\tan i_0=\frac{n_2}{n_1} \quad (n_1 \rightarrow n_2,\ i_0 \text{ 为起偏角,可从反射光获得线偏振光})$$

4. 双折射现象

o 光和 e 光:光射入各向异性晶体后分成两束,其中 o 光遵从折射定律,e 光不遵从折射定律.o 光和 e 光都是线偏振光.应用惠更斯原理确定 o 光和 e 光在单轴晶体中的传播方向.

晶体的光轴：o 光和 e 光传播速度相等的方向.

晶体的主截面：光轴和晶面法线组成的平面.

主平面：晶体内已知光线和光轴组成的平面. o 光的振动方向垂直于自己的主平面,e 光的振动方向平行于自己的主平面.

人工双折射：光弹性效应、电光效应(克尔效应和泡克耳斯效应).

5. 旋光现象

线偏振光通过旋光物质时,振动面旋转一定角度.

6. 波片

$1/4$ 波片：$\quad \Delta\varphi = \pm(2k+1)\dfrac{\pi}{2}, \quad d_{min} = \dfrac{\lambda}{4\,|n_o - n_e|}.$

半波片：$\quad \Delta\varphi = \pm(2k+1)\pi, \quad d_{min} = \dfrac{\lambda}{2\,|n_o - n_e|}.$

半波片不改变入射线偏振光的偏振状态,但可使其振动面转过一定角度.

7. 偏振光的干涉

在两个正交偏振片之间放置一块晶片,可从自然光获得相干的偏振光.

习　题

(一) 选择题和填空题

19.1 两偏振片堆叠在一起,一束自然光垂直入射时没有光线通过. 当其中一偏振片慢慢转动 $180°$ 时,透射光强度的变化为 [　　]

(A) 光强单调增加.

(B) 光强先增加,后又减小至零.

(C) 光强先增加,后减小,再增加.

(D) 光强先增加,然后减小,再增加,再减小至零.

19.2 某种透明介质对于空气的临界角(指全反射)等于 $45°$,光从空气射向此介质时的布儒斯特角是 [　　]

(A) $35.3°$. 　(B) $40.9°$. 　(C) $45°$. 　(D) $54.7°$. 　(E) $57.3°$.

19.3 自然光以 $60°$ 的入射角照射到两介质界面时,反射光为完全线偏振光,则折射光为 [　　]

(A) 完全线偏振光,并且折射角是 $30°$.

(B) 部分偏振光,并且只在该光由真空入射到折射率为 $\sqrt{3}$ 的介质时,折射角是 $30°$.

(C) 部分偏振光,但须知两种介质的折射率才能确定折射角.

(D) 部分偏振光,并且折射角是 $30°$.

19.4 波长为 $600\ nm$ 的单色光,垂直入射到某种双折射材料制成的四分之一波片上. 已知该材料对非寻常光的主折射率为 1.74, 对寻常光的折射率为 1.71, 则此波片的最小厚度为_____.

19.5 一束光垂直入射在偏振片 P 上, 以入射光线为轴转动 P, 观察通过 P 的光强的变化过程. 若入射光是_____光, 则将看到光强不变; 若入射光是_____, 则将看到明暗交替变化, 有时出现全暗; 若入射光是_____, 则将看到明暗交替变化, 但不出现全暗.

19.6 如图所示的杨氏双缝干涉装置, 若用单色自然光照射狭缝 S, 在屏幕上能看到干涉条纹. 若在双缝 S_1 和 S_2 的一侧分别加一同质同厚的偏振片 P_1、P_2, 则当 P_1 与 P_2 的偏振化方向相互_____时, 在屏幕上仍能看到很清晰的干涉条纹.

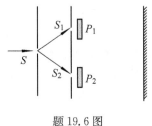

题 19.6 图

(二)问答题和计算题

19.7 如图, 偏振片 M 作为起偏器, N 作为检偏器, 使 M 和 N 的偏振化方向互相垂直. 今以单色自然光垂直入射于 M, 并在 M、N 中间平行地插入另一偏振片 C, C 的偏振化方向与 M、N 均不相同. (1)求透过 N 后的透射光强度. (2)若偏振片 C 以入射光线为轴转一周, 试定性画出透射光强随转角变化的函数曲线. 设自然光强度为 I_0 并且不考虑偏振片对光的吸收.

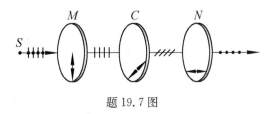

题 19.7 图

19.8 一束线偏振光投射到两块偏振片上, 第一块的偏振化方向相对于入射光的偏振方向成 θ 角, 第二块的偏振化方向相对于入射光的偏振方向成 $90°$, 透射光强是入射光强的 $1/10$. 试求 θ 角的大小.

19.9 有一束线偏振光和自然光的混合光, 通过一理想的偏振片. 当偏振片转动时, 发现最大透射光强是最小透射光强的 5 倍, 求入射光束中线偏振光与自然光的强度之比.

19.10 两尼科耳棱镜的主截面间的夹角由 $30°$ 转到 $45°$. (1)当入射光是自然光时, 求转动前后透射光的强度之比; (2)当入射光是线偏振光时, 求转动前后透射光的强度之比.

19.11 两偏振片平行放置, 它们的偏振化方向成 $60°$ 角, 自然光垂直入射. (1)如果两偏振片对光振动平行于其偏振化方向的光均无吸收, 则透射光的光强与入射光的光强之比是多少? (2)如果两偏振片对光振动平行于其偏振化方向的光线分别吸收了 10% 的能量, 则上述比值又是多少?

19.12 如图, 自然光由空气入射到水面上, 折射光再投向在水中倾斜放置的玻璃片上. 若使从水面与玻璃片上反射的光均为线偏振光, 求玻璃片与水面的夹角 α ($n_{水}=1.33, n_{玻}=1.50$).

19.13 一束太阳光以某一入射角入射到平面玻璃上时, 反射光为线偏振光, 透射光的折射角为 $32°$. 求: (1)太阳光的入射角; (2)玻璃的折射率.

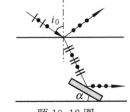

题 19.12 图

19.14　自然光或线偏振光按图所示的各种情况入射到两种介质的分界面上,折射光和反射光各属于什么性质的光? 在图中的折射线和反射线上标出光矢量的振动方向 $\left(i_0 = \arctan \dfrac{n_2}{n_1}, i \neq i_0 \right)$.

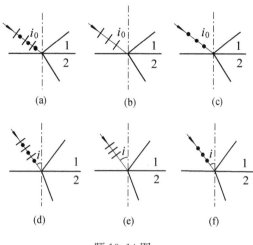

题 19.14 图

19.15　当单轴晶体的光轴方向与晶体表面成一定角度时,一束与光轴方向平行的光入射到晶体表面,这束光射入晶体后,是否会发生双折射?

19.16　如图,zz' 代表晶体的光轴方向.试由折射情况判断晶体的正负.

19.17　如图,用方解石割成一个 $60°$ 的正三角形棱镜,光轴垂直于棱镜的正三角形截面.设自然光的入射角为 i,而 e 光在棱镜内的折射光线与棱镜底面平行,试求:(1)入射角 i;(2)o 光的折射角,画出 o 光的光路图($n_0 = 1.658, n_e = 1.486$).

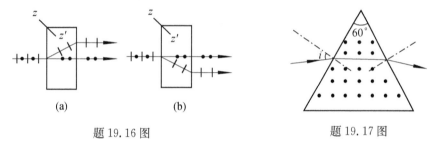

题 19.16 图　　　　　　　　　　　题 19.17 图

19.18　图示为一渥拉斯顿棱镜的截面,它是由两个锐角均为 $45°$ 的直角方解石棱镜粘合其斜面而构成的,并且棱镜 ABC 的光轴平行于 AB,棱镜 ADC 的光轴垂直于图中的截面.(1)当自然光垂直于 AB 入射时,试在图中画出 o 光和 e 光在第一、第二块棱镜中的传播路径及振动方向.(2)当入射光是波长为 589.3 nm 的钠光时,求 o、e 光线在第二个棱镜中的夹角 α(方解石中 $n_0 = 1.658, n_e = 1.486$).

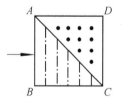

题 19.18 图

19.19　如果一个半波片或 1/4 波片的光轴与起偏器的偏振化方向成 $\pi/6$ 角度,试问用半波片还是 1/4 波片可获得:(1)透射光为线偏振光;(2) 透射光为椭圆偏振光.

19.20　在偏振光干涉实验装置中,一方解石晶片的光轴与晶面平行,放在两个正交尼科耳棱镜之间,方解石晶片的主截面与起偏棱镜的主截面成 $35°$ 角.设入射光通过起偏棱镜后振幅为 A,光强为 I,试求:(1)通过晶片后,o 光与 e 光的振幅及强度;(2)经过检偏棱镜后两相干光的振幅.

19.21　厚度为 0.025 mm 的方解石晶片,其表面平行于光轴,放在两个正交偏振片之间,光轴与两个偏振片的偏振化方向成 $45°$ 角,如射入第一个偏振片的光是波长为 $400\sim760$ nm 的可见光,问透出第二个偏振片的光中,缺少哪些波长的光($n_o=1.658$,$n_e=1.486$)?

19.22 将厚度为 1 mm 且垂直于光轴切出的石英晶片,放在两平行的偏振片之间,对某一波长的光波,经过晶片后振动面旋转了 20°,问石英晶片的厚度变为多少时,该波长的光将完全不能通过?

19.23 自然光通过两正交偏振片后,在下列情况下,透射光的明暗如何变化? 并加以说明.(1)在两偏振片之间放置一块玻璃片.(2)以糖溶液代替玻璃片.(3)以一偏振片代替玻璃片.

19.24 将 14.5 g 蔗糖溶于水得到 60 cm³ 的溶液,在 15 cm 长的糖量计中测得纳光的振动面旋转了 16.8°.已知蔗糖溶液的旋光率为 66.5°/(dm·g·cm⁻³),求该蔗糖中所含非旋光性杂质的百分比.

阅读材料 13

液　晶

早在 1888 年,澳大利亚植物学家 F. Reinitzer 就发现了一种类似液体的物质,后来德国物理学家 O. Lehman 发现它能产生双折射现象,认为是一种具有流动性的晶体,进而取名为"液晶".20 世纪 60 年代以后,液晶在显示工业中才开始崭露头角.

1. 液晶的结构

液晶是介于液态和结晶态之间的物质状态.根据生成的环境条件的不同,液晶可分为两大类,一类是只存在于某一温度范围的热致液晶,另一类是由某些化合物溶解于水或有机溶剂后形成的溶致液晶.

目前发现的液晶物质基本上都是有机化合物,液晶分子多为细长棒状.根据分子排列方式的不同,液晶可以分为近晶相、向列相和胆甾相三种,其中后两种应用较多.

(1)近晶相液晶

近晶相液晶分子的质心分层排列,层内分子指向(长轴方向)互相平行,但分子质心在本层内的位置无规律可循.近晶相液晶层内分子间的相互作用强于层间相互作用,所以分子难以在层间活动,但各层之间很容易地相对滑动.

根据层内分子排列的不同,近晶相液晶又可分为近晶相 A、近晶相 B 等多种.

图 19.29(a)表示的是近晶 A 相液晶的分子排列.其分子指向矢 n 垂直于层面,形成一层层的二维流体.分子层的厚度大约是单个分子长度的 1~2 倍.近晶 A 相液晶可以通过降低一些向列相液晶的温度而得到,也可以通过降低一些各向同性液体材料的温度直接获得.

(2)胆甾相液晶

胆甾相液晶是最早发现的一种液晶,是乳白色黏稠状液体.胆甾相液晶分子也是分层排列,逐层叠合,每层中分子的质心排列是无序的,但分子的指向矢 n 大致彼此平行,而且与层面平行.不同层中分子指向矢方向不同,分子指向矢逐层依次向右或向左旋转过一个角度.从整体上看,分子指向矢形成螺旋状,如图 19.29(b)所示.分子指向矢是左旋还是右旋,取决于其构成分子.

一般胆甾相液晶的螺距 p 约为 0.3 μm,接近可见光波长.在合适的温度条件下,常可以看到从胆甾相液晶中布拉格反射出来的光.

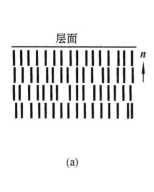

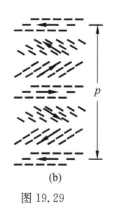

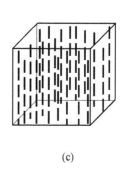

(a) (b) (c)

图 19.29

（3）向列相液晶

向列相液晶分子质心的排列混乱无序而且不分层，但分子的指向矢 n 的方向大体一致，如图 19.29(c) 所示.

2. 液晶的光学性质

液晶具有一些常见的性质，如近晶相和胆甾相的分子层间相互作用很弱、向列相的分子质心完全无规则排列，使其具有液体的流动性；分子指向的有序排列，使其具有晶体的各向异性等等. 除此之外，液晶还有其独特的性质.

（1）液晶的双折射和旋光现象

沿不同的方向，液晶的介电常数和折射率不同，使得其电学和光学性质也不同. 如以 $\varepsilon_{/\!/}$ 和 $\varepsilon_{\perp}$ 分别表示平行和垂直于分子指向矢 n 方向上的介电常数，则 $\varepsilon_{/\!/} > \varepsilon_{\perp}$ 的液晶称为正性或 p 型液晶，$\varepsilon_{/\!/} < \varepsilon_{\perp}$ 的液晶称为负性或 n 型液晶.

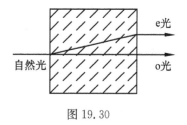

图 19.30

多数液晶只有一个光轴方向，且与 n 平行. 当光不沿光轴方向传播时，将发生双折射现象，如图 19.30 所示.

胆甾相液晶的光轴垂直于分子层面，其分子指向矢的螺旋状结构使其具有强旋光性，旋光率可达 40000°/mm.

（2）胆甾相液晶的选择反射

如图 19.31 所示，以 λ、p、n 和 φ 分别表示光波在真空中的波长、胆甾相液晶的螺距、平均折射率和入射光的掠射角，当它们之间满足布拉格公式时，即

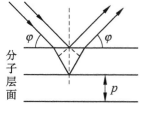

图 19.31

$$2np\sin\varphi = k\lambda \quad (k=1,2,3,\cdots)$$

反射光得到加强. 可见，在不同的角度可观察到不同的色光，即胆甾相液晶在白光照射下，会呈现美丽的色彩.

由于胆甾相液晶的螺距对温度很敏感，当温度改变时，满足上式的波长随之变化，色彩也随之变化，这就是它的选择反射.

实验表明，胆甾相液晶的反射光和透射光都是圆偏振光.

3. 液晶的电光效应

在电场作用下,液晶的光学特性发生变化,这种现象称为电光效应.

（1）电控双折射效应

把液晶注入一个很薄的玻璃盒中,对玻璃表面进行处理(如摩擦等)来控制盒内液晶分子的排列. 当分子指向矢垂直于表面时,称为垂面排列；平行于表面时,称为沿面排列. 再在玻璃表面涂上二氧化锡等透明导电薄膜,可使玻璃片成为透明电极. 这就制成了液晶盒.

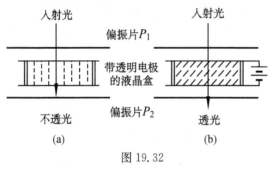

图 19.32

如图 19.32 所示,把垂面排列的 n 型向列相液晶盒放在两个正交的偏振片 P_1 和 P_2 之间. 未加电场时,通过 P_1 的偏振光在液晶内沿光轴方向传播,不发生双折射,不能透过偏振片 P_2,如图(a)所示. 外加电场,当场强超过阈值时,液晶分子轴向发生倾斜,通过 P_1 的偏振光在液晶内发生双折射,部分光能透过 P_2,装置由不透明变为透明.

光轴的倾斜随电场的变化而变化,双折射两光束的强度及它们之间的相位差也随之变化,因而液晶盒可以影响偏振光的干涉；当入射光是复色光时,出射光的颜色也随之变化.

用沿面排列的 p 型向列相液晶同样能观察到电控双折射效应.

（2）液晶的动态散射

把向列相液晶注入带有透明电极的盒内时,无论是垂面排列还是沿面排列,未加电场时,液晶盒均透明；当施加电场并超过阈值时,液晶盒变为不透明,这种现象称为动态散射.

动态散射是因为在电场作用下,离子和液晶分子互相碰撞,使液晶分子产生紊乱运动(尤其是轴向紊乱),折射率持续不断地变化,因而使光发生强烈散射的结果. 去掉电场,液晶盒即恢复透明.

如果在向列相液晶中混合适量的胆甾相液晶,则动态散射可以保留一段时间,这种现象称为有存储的动态散射.

4. 液晶的应用举例

20 世纪 60 年代以后,集成电路(IC)和大规模集成电路(LSI)的出现促使电子产品小型化. 为了充分体现 IC、LSI 在小型、轻量、低电压和低功耗方面的特点,要求显示器也应具有同样的性能. 在这样的背景下,液晶在显示工业中开始崭露头角.

1968 年,美国 RCA 公司的 G. H. Heilmeier 小组制成了最初的液晶显示器,该显示器利用了向列相液晶的动态散射效应. 1971～1972 年,美国制造了采用动态散射模式(DSM)液晶显示的手表商品. 后来,日本夏普公司在计算器上采用了液晶显示器.

动态散射效应在液晶显示技术中有广泛应用,目前的数字显示大多利用向列相液晶的动态散射效应. 图 19.33 所示为 7 段液晶显示数码板. 数码字的笔画由互相分离的 7 段透明电极组成,并且都与一公共电极相对；每一段透明电极对应一个透明的向列相液晶盒. 当

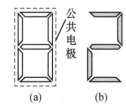

图 19.33

其中某几段电极加上电压时,这几个液晶盒就因为光的强烈散射而不再透明,从而显示出来,组成某一数码字.

　　胆甾相液晶的选择反射被广泛地用于液晶温度计和各种测量温度变化的显示装置中. 液晶温度显示器的原理,就是利用调配好的一系列胆甾相液晶,当温度改变时,胆甾相液晶的螺矩 p 依次进入可见光区,人们便观察到相应的布拉格反射光. 当然,胆甾相液晶远不止应用于温度显示器.

　　1971 年,Fergason 等人发明了扭曲型(TN)液晶显示器. 与 DSM 相比,它的驱动电压低,功耗小,对比度也大. 但这种显示器不适用于个人计算机、文字处理器等大容量显示,其对比度、视场角及显示晶位都不能满足要求. 直到超扭曲(STN)液晶开发后,用摩擦方法解决了液晶分子的取向问题,才使液晶显示器进入了工业化生产阶段. 1987 年,夏普和精工公司对 STN 液晶使用光学补偿法,开发了双层超扭曲(DSTN)向列液晶显示器,实现了黑白显示. 其后,制成了薄而轻的三超扭曲向列(TSTN)液晶显示器. 同时,出现了采用 RGB 彩色滤光片的多色液晶.

　　液晶显示器有很好的市场前景,其发展趋向是创造新型液晶显示器和革新制造技术,提高合格率. 如耐冲击的塑料基板液晶、笔输入液晶显示器、在军事上应用广泛的 STN 彩色液晶显示器以及在多媒体领域应用的液晶,等等.

第 20 章 狭义相对论基础

19 世纪末,人们普遍认为物理学已发展到相当完善的阶段. 研究机械运动的牛顿力学、研究热运动的热力学和统计力学、研究电磁运动的麦克斯韦电磁场理论,都已有了各自的理论体系. 这些理论统称为经典物理. 当时,众多学者认为经典物理已是终极理论. 但是,随着实验技术的进步,当物理学的研究深入到高速和微观领域后,用经典物理不能做出圆满解释的问题不断出现,如迈克耳孙-莫雷实验的零结果、热辐射的紫外灾难,以及光电效应、原子的光谱线系等. 正是这些问题的出现,导致了 20 世纪的一场物理学革命,并由此促进了近代物理理论体系的建立.

适用于高速运动的相对论和适用于微观体系的量子力学是近代物理的两大理论支柱. 它们已广泛应用于物理学各专门学科,如固体物理、原子物理、原子核物理、粒子物理等,这些都属于近代物理学范畴.

爱因斯坦于 1905 年提出狭义相对论,又于 1915 年建立广义相对论. 前者只适用于惯性系,后者则推广到非惯性系. 本章介绍狭义相对论的基本原理、洛伦兹变换、时空观以及相对论动力学的主要结论.

20.1 伽利略变换 经典时空观

20.1.1 伽利略变换

在第 1 章的 1.6 节,我们曾介绍过在不同惯性系中同一质点的速度、加速度的关系. 现在再作进一步的讨论.

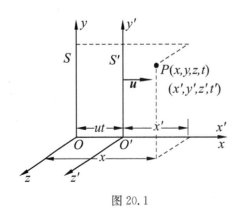

图 20.1

设 S 和 S' 系是两个相对作匀速直线运动的惯性系. 为了便于定量讨论,我们对 S 和 S' 系作如下约定:在 S 和 S' 系中分别建立直角坐标系 $Oxyz$ 和 $O'x'y'z'$,相应的坐标轴保持平行,且 Ox 和 $O'x'$ 轴共线;S' 系相对于 S 系以速度 u 沿 Ox 轴正向作匀速直线运动;当原点 O 和 O' 重合时,两系中的时钟各自开始计时,即此时 $t=t'=0$. 符合上述约定的 S 和 S' 系或相应的一对坐标系称为**约定系统**,如

图 20.1 所示. 如无特别说明,本章的变换式都是对约定系统而言的.

　　按习惯说法,在 S 系中,一个质点 t 时刻位于 (x,y,z) 点,而在 S' 系中,是在 t' 时刻位于 (x',y',z') 点. 现在我们说成:在 S 系中有一个**事件** P 发生于 (x,y,z,t),同一事件在 S' 系中则发生于 (x',y',z',t'). 四维时空坐标 (x,y,z,t) 和 (x',y',z',t') 分别由 S 系和 S' 系的观测者记录. 这里的"事件"一词是相对论常用的术语,它是从物质运动中抽象出来的. 比如列车的出站和进站,光的发射和接收等都可称作事件.

　　牛顿力学认为,时间和空间的量度都是绝对的,与参考系无关. 因此,同一事件在约定系统中,S 系和 S' 系记录的时间总是相同的,恒有 $t=t'$,空间坐标则恒有 $y=y',z=z'$,而 $x'=x-ut$(见图 20.1). 上述关系就是 S 系与 S' 系之间的时空坐标变换式,即

$$S \rightarrow S' \begin{cases} x' = x - ut \\ y' = y \\ z' = z \\ t' = t \end{cases} \qquad S' \rightarrow S \begin{cases} x = x' + ut' \\ y = y' \\ z = z' \\ t = t' \end{cases} \qquad (20.1)$$

式(20.1)称为**伽利略时空坐标变换式**. 利用变换式可由已知的一组时空坐标求得同一事件的另一组时空坐标.

　　速度分量是坐标对时间的一阶导数,注意到 $dt'=dt$,则可由式(20.1)对时间求导数,得到 S 系与 S' 系之间的**伽利略速度变换式**,即

$$S \rightarrow S' \begin{cases} v_x' = v_x - u \\ v_y' = v_y \\ v_z' = v_z \end{cases} \qquad S' \rightarrow S \begin{cases} v_x = v_x' + u \\ v_y = v_y' \\ v_z = v_z' \end{cases} \qquad (20.2)$$

式中 $v_x'=dx'/dt'$,$v_x=dx/dt$,其他分量与此类似. 将式(20.2)写成矢量式,从 $S' \rightarrow S$ 则为 $\boldsymbol{v}=\boldsymbol{v}'+\boldsymbol{u}$,这正是第 1 章 1.6 节中的变换关系式(1.38c). 显然,在不同的惯性系中质点的速度是不尽相同的.

　　将式(20.2)再对时间求导数,注意到 $u=$ 常量,得到加速度关系式

$$\begin{cases} a_x' = a_x \\ a_y' = a_y \\ a_z' = a_z \end{cases} \qquad (20.3)$$

其矢量式为 $\boldsymbol{a}'=\boldsymbol{a}$. 可见,在不同惯性系中质点的加速度总是相同的. 即加速度对于伽利略变换来说是一个不变量.

20.1.2　力学相对性原理

　　在牛顿力学中,除了持有经典时空观外,还认为质点的质量是与运动状态无关的常量,即质量具有绝对性. 对于 S' 和 S 系,则恒有 $m'=m$. 再由式(20.3)可知,在两个相互作匀速直线运动的惯性系中,牛顿运动定律的形式也是相同的,即有如下

形式:

$$F = ma, \qquad F' = ma'$$

结果表明,当由惯性系 S 变换到惯性系 S' 时,牛顿力学方程的形式不变,即牛顿力学方程对于伽利略变换来说是一个不变式. 由此不难推断,**在所有惯性系中,牛顿力学的规律具有相同的表达形式**. 或者说,**所有惯性系对力学规律来说都是等价的**. 这一规律称为力学相对性原理,该原理在宏观、低速范围内是与实验结果相符的.

按照力学相对性原理,没有一个惯性系处于特别优越的地位,因而就不可能通过在一个惯性系中所做的力学实验来确定该惯性系本身相对于其他惯性系的运动状态. 为说明这一点,我们不妨引述伽利略的一段叙述,这是关于在一条理想的大船中所能观察到的实验现象的描述.

在伽利略之前,曾有地动派和地静派的两派之争. 地动派主张地球是运动的,而地静派则反之. 当时,地静派用于反对地动派的一个强硬理由是"既然地球在高速地运动,为什么地面上的人一点也感觉不出来?"对于这个使地动派感到为难的质疑,伽利略通过在一条定名为"萨尔维阿蒂"大船的封闭船舱中进行的实验,做出了令人信服的回答. 他指出,当船以任何速度行驶时,只要船是匀速的,也不左右摇摆,那么,与船静止时相比,"所有上述现象丝毫没有变化,你无法从其中任何一个现象来确定船是在行驶还是停着不动". 即使船走得很快,"在跳跃时,你跳过的距离仍同船静止时一样,跳向船尾不会比跳向船头远些,虽然你跳到空中时,脚下的船舱底板在向前移动";你扔东西给朋友,不论他在船头或船尾,只要你自己站在他对面,"你也无需用更多的力";从吊在船舱顶部的瓶中滴下的水,会竖直落入正下方的罐子里,"一滴也不会偏向船尾,虽然当水滴在空中时,船在行驶着"……

上述匀速而不摇摆的萨尔维阿蒂大船,实际上就是一个惯性系. 在这个惯性系中进行的所有实验都表明,地球和大船这两个惯性系对力学规律来说是等价的,人们无法通过这些实验来判断船自身相对于地面是在运动还是静止. 只有当你打开船舱见到外界的参考物体时,你才能知道船是在行驶还是停止不前.

如果把我们脚下的地球比作航行于太阳系中的大船,那么在"地球船"中也会像在萨尔维阿蒂船中一样,是不能通过在地球上所作的力学实验来判断地球相对于太阳系的运动状态的,虽然地球一直在太阳系中快速地运动着.

需要指出,对力学相对性原理内涵的认识,我们的祖先实际上比伽利略还要早. 在西汉时代的《尚书纬·考灵曜》中就有这样的记述:"地恒动而人不知,譬如人在大舟中,闭牖而坐,舟行而不觉也."

20.1.3　经典力学的绝对时空观

若两个事件 P_1 和 P_2 在 S 系中发生于同一时刻,则 $t_1 = t_2$. 根据伽利略变换式

$t'=t$,可得 $t_1'=t_2'$.结果表明在 S' 系中观察,这两个事件也是同时发生的.由此可以推断,在一个惯性系中同时发生的两个事件,在其他惯性系中观察也是同时发生的,即**同时性是绝对的**.

若两个事件 P_1 和 P_2 在 S 系中先后发生,其时间间隔 $\Delta t=t_2-t_1$.由变换式 $t'=t$ 可以得到这两个事件在 S' 系中的时间间隔 $\Delta t'=t_2'-t_1'=\Delta t$.这说明在不同的惯性系中,**时间间隔的测量具有绝对性**.

为讨论长度测量的绝对性,我们先说明长度的定义及对长度测量的基本要求.如图 20.2(a)所示,当杆沿 S 系的 Ox 轴放置时,其两端点坐标分别为 x_1 和 x_2,则坐标差 x_2-x_1 就是该杆在 S 系中的长度.这就是说,杆的长度由其两端点的坐标差值确定.

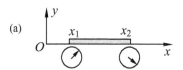

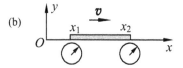

对于静止于 S 系的杆,由于端点坐标不随时间变化,因此两端点坐标可以在不同时刻测量.但是,当杆相对于 S 系沿 Ox 轴运动时,只有同时测量端点坐标 x_1 和 x_2,所得的差值才是杆的长度,如图 20.2(b)所示.如果不是同时测量,则由图 20.2(c)可见,x_2-x_1 就不是杆的长度了.所以,测量动杆长度时,必须同时测量两端点的坐标.

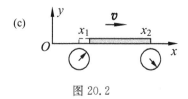

图 20.2

根据上述关于长度的定义,设杆静止于 S' 系的 $O'x'$ 轴,S' 系测得长度为 $l'=x_2'-x_1'$.在约定系统中由于杆随 S' 系相对 S 系运动,S 系应同时测出 x_1 和 x_2.设测量时刻为 t,则由伽利略变换式(20.1),得

$$x_1'=x_1-ut, \quad x_2'=x_2-ut$$

因此 S 系测得的此杆长度为

$$l=x_2-x_1=x_2'-x_1'=l'$$

这一结果表明,在彼此作相对运动的惯性系中,测得同一杆的长度总是相同的,因而**长度的测量具有绝对性**.

由上述讨论可知,伽利略变换实质上是以数学形式反映了牛顿力学的经典时空观.这种时空观认为**自然界存在着与物质运动无关的绝对时间和绝对空间,时间和空间也彼此独立**.于是,同时性、时间间隔和空间间隔都具有绝对性,它们均与参考系的相对运动无关.

20.2　洛伦兹变换

20.2.1　实验发现光速不服从伽利略变换

光是电磁波,由麦克斯韦方程组可知,光在真空中的传播速率为

$$c = \frac{1}{\sqrt{\varepsilon_0 \mu_0}} = 2.998 \times 10^8 \text{ m·s}^{-1} \approx 3 \times 10^8 \text{ m·s}^{-1}$$

光速是一个常量,表明光在真空中沿各个方向传播的速度大小与光源和观测者的相对运动无关,亦即与参考系无关.但是按照伽利略速度变换式,不同惯性系中的观察者测定同一光束的传播速度时,所得结果应随光的传播方向而异.这表明,光速不服从伽利略速度变换!

光速与参考系无关出人意料.由此推断:只有在一个特殊的惯性系 (如"绝对静止"的参考系)中,麦克斯韦方程组才严格成立,或者说,在不同的惯性系中,宏观电磁现象所遵循的规律是不同的.于是,对于不可能通过力学实验找到的这种特殊惯性系,现在似乎可以通过电磁学、光学实验找到.例如,若能测出地球上各个方向光速的差异,就可以发现地球相对于上述特殊惯性系的运动.

为了发现不同惯性系中各方向上光速的差异,人们不仅重新分析了早期的天文观测资料,而且还设计了斐索实验等在地球上进行观察的各种新实验,其中最著名的是利用迈克耳孙干涉仪进行观察的迈克耳孙-莫雷(Michelson-Morley)实验.这个实验是以伽利略速度变换为依据,观测不同方向上光速的差异.该实验设计的巧妙之处是可以在随地球一起作公转运动的干涉仪中观察到干涉条纹的移动,并定量地发现不同方向上的光速差异.如果地球上各方向的光速是不同的,那么,按照当时的实验安排,人们确信能观察到干涉条纹的移动.然而,实验结果却是否定的,干涉仪中并没有出现预期的条纹移动.人们把这一观察结果称为零结果.

因为这个零结果十分重要,所以以后来又有众多学者在不同地点、不同时间反复进行实验,近代甚至采用激光提高实验精度,但都没有观察到条纹的移动.

这是一个和伽利略变换乃至整个经典力学不相容的实验结果,引起了物理学界广泛的讨论和探索.有些物理学家曾提出各自的假设,但都未能获得成功,因为没有一种假设能统一说明当时已知的所有实验结果.

20.2.2　狭义相对论的两条基本假设

爱因斯坦(A. Einstein)坚信世界的统一性和合理性.他在深入研究牛顿力学和麦克斯韦电磁场理论的基础上,在对各种实验和观测资料进行充分分析后,选择了一条独特的道路,大胆摆脱了经典时空观的束缚,于 1905 年在题为《论动体的电动力学》的论文中,提出了狭义相对论的两条基本假设:

（1）**爱因斯坦相对性原理：在所有惯性系中，物理定律的表达形式都相同.**

爱因斯坦推广了相对性原理，使它不仅适用于力学规律，而且也适用于至少包括电磁学在内的物理规律. 这就表明，所有惯性系对物理规律的描述都是等价的，不论设计力学实验，还是电磁学实验，去寻找特殊惯性系是没有意义的.

（2）**光速不变原理：在所有惯性系中，光在真空中的速率都等于恒量 c.**

光速不变原理表明，真空中的光速具有绝对性，它与光源或观察者的运动以及光的传播方向都无关，即光速不依赖于惯性系的选择. 显然，这个结论与伽利略变换是不相容的.

20.2.3　洛伦兹变换

由于伽利略变换与狭义相对论的基本原理不相容，因此需要寻找一个新的时空坐标变换式. 根据狭义相对论的两条基本原理，爱因斯坦导出了这个变换式.

设在约定系中，惯性系 S 系中有一事件 P 发生于 (x,y,z,t)，同一事件在惯性系 S' 系中则发生于 (x',y',z',t'). 在 S 系和 S' 系之间该事件的时空坐标变换式为

$$S \to S' \begin{cases} x' = \gamma(x - ut) \\ y' = y \\ z' = z \\ t' = \gamma\left(t - \dfrac{ux}{c^2}\right) \end{cases} \qquad S' \to S \begin{cases} x = \gamma(x' + ut') \\ y = y' \\ z = z' \\ t = \gamma\left(t' + \dfrac{ux'}{c^2}\right) \end{cases} \qquad (20.4)$$

式中 γ 称为**相对论因子**. 令 $\beta = u/c$，则 γ 可写成

$$\gamma = \frac{1}{\sqrt{1 - \dfrac{u^2}{c^2}}} = \frac{1}{\sqrt{1 - \beta^2}} \qquad (20.5)$$

通常把 $S \to S'$ 的变换称为正变换，而 $S' \to S$ 的变换称为逆变换.

可以看出，正变换和逆变换表达形式相同，符合相对性原理. $\pm u$ 的差别是因为 S' 系相对 S 系以速度 u 沿 Ox 轴运动，等价于 S 系相对 S' 系以速度 $-u$ 沿 Ox' 轴运动. 因此只要把正变换中的 u 改为 $-u$，把带撇和不带撇的量作对应交换后，便可得到逆变换.

时空坐标变换式（20.4）称为洛伦兹（H. A. lorentz）变换. 不难看出，在洛伦兹变换中的时间坐标和空间坐标有关. 这说明，在相对论中，时间和空间的测量相互不能分离，这与伽利略变换是截然不同的.

由洛伦兹变换可以得到以下结论：

（1）当 $u \ll c$ 时，$\gamma \approx 1$，洛伦兹变换式即还原为伽利略变换式. 这说明经典的伽利略变换是洛伦兹变换在低速条件下的近似. 洛伦兹变换是一种普适的时空坐标

变换,它既适用于高速运动,也适用于低速运动,但伽利略变换只适用于低速运动.

(2) 在洛伦兹变换式中,$\sqrt{1-\beta^2}$ 必须是实数才有意义,这就要求 $\beta=u/c\leqslant 1$,即 $u\leqslant c$. 由于参考系总是借助于一定的物体(或物体组)而确定,由此可知:**任何实际物体都不能作超光速运动.** 或者说,真空中光速是一切实际物体运动的极限速度.

洛伦兹变换的推导

设一质点在约定系统的 S 系中沿 Ox 轴作匀速运动,由于在 y 和 y' 以及 z 和 z' 方向没有相对运动,因此 $y'=y$ 和 $z'=z$ 是不言而喻的. 我们只要确立 (x,t) 与 (x',t') 之间的变换关系.

考虑到同一事件在 S 和 S' 系中观察,其结果必须一一对应,这就要求变换关系呈线性. 否则,在一惯性系中某时空出现的事件,在另一惯性系中,这一事件会在几个不同时空处出现,与惯性系的等价性及时空的均匀性不符. 这种由 (x,t) 到 (x',t') 的线性变换一般表示为

$$x'=Ax+Bt, \quad t'=Dx+Et \qquad\qquad ①$$

对原点 O',在 S' 系中恒有 $x'=0$,而在 S 系中则为 $x=ut$(见图 20.1). 将它们代入式①,得 $B=-Au$,再代回式①,可得变换式的一般形式

$$x'=A(x-ut) \qquad\qquad ②$$

根据相对性原理,上式的逆变换可将 u 改为 $-u$、带撇和不带撇量作对应交换后写出,即

$$x=A(x'+ut') \qquad\qquad ③$$

式中 A 可由光速不变原理求出. 设当原点 O 和 O' 重合时(此时 $t'=t=0$),由重合点沿 Ox 轴正向发出光信号. 据光速不变原理,光信号对 S 和 S' 系的速率均为 c,因而运动方程分别为

$$x=ct, \quad x'=ct' \qquad\qquad ④$$

将它们代入式②和式③中,可得

$$ct'=A(c-u)t, \quad ct=A(c+u)t'$$

两式相乘,经整理后得

$$A=\frac{1}{\sqrt{1-u^2/c^2}}=\frac{1}{\sqrt{1-\beta^2}}=\gamma$$

将这一结果代入式②和式③,得到洛伦兹变换式中的一对正、逆变换

$$x'=\gamma(x-ut), \quad x=\gamma(x'+ut')$$

将式④代入以上两式,即可得到另一对正、逆变换

$$t'=\gamma\left(t-\frac{ux}{c^2}\right), \quad t=\gamma\left(t'+\frac{ux'}{c^2}\right)$$

20.2.4 相对论速度变换

在 S 系中,质点运动速度的三个分量为

$$v_x=\frac{\mathrm{d}x}{\mathrm{d}t}, \quad v_y=\frac{\mathrm{d}y}{\mathrm{d}t}, \quad v_z=\frac{\mathrm{d}z}{\mathrm{d}t}$$

在 S' 系中,相应的三个速度分量则为

$$v_x'=\frac{\mathrm{d}x'}{\mathrm{d}t'}, \quad v_y'=\frac{\mathrm{d}y'}{\mathrm{d}t'}, \quad v_z'=\frac{\mathrm{d}z'}{\mathrm{d}t'}$$

对洛伦兹变换式(20.4)求微分,得

$$\mathrm{d}x' = \gamma(\mathrm{d}x - u\mathrm{d}t), \quad \mathrm{d}y' = \mathrm{d}y, \quad \mathrm{d}z' = \mathrm{d}z$$

$$\mathrm{d}t' = \gamma\left(\mathrm{d}t - \frac{u}{c^2}\mathrm{d}x\right)$$

由此可得该质点在 S' 系中的速度分量为

$$v_x' = \frac{\mathrm{d}x'}{\mathrm{d}t'} = \frac{\mathrm{d}x - u\mathrm{d}t}{\mathrm{d}t - (u/c^2)\mathrm{d}x} = \frac{(\mathrm{d}x/\mathrm{d}t) - u}{1 - (u/c^2)(\mathrm{d}x/\mathrm{d}t)} = \frac{v_x - u}{1 - (u/c^2)v_x}$$

类似地可算出 v_y' 和 v_z'. 把它们写在一起就是 S 系到 S' 系的速度正变换式. 同样的方法可以得到 S' 系到 S 系的速度逆变换式. 即

$$S \to S' \begin{cases} v_x' = \dfrac{v_x - u}{1 - \dfrac{u}{c^2}v_x} \\[3mm] v_y' = \dfrac{v_y\sqrt{1-\beta^2}}{1 - \dfrac{u}{c^2}v_x} \\[3mm] v_z' = \dfrac{v_z\sqrt{1-\beta^2}}{1 - \dfrac{u}{c^2}v_x} \end{cases} \qquad S' \to S \begin{cases} v_x = \dfrac{v_x' + u}{1 + \dfrac{u}{c^2}v_x'} \\[3mm] v_y = \dfrac{v_y'\sqrt{1-\beta^2}}{1 + \dfrac{u}{c^2}v_x'} \\[3mm] v_z = \dfrac{v_z'\sqrt{1-\beta^2}}{1 + \dfrac{u}{c^2}v_x'} \end{cases} \quad (20.6)$$

式(20.6)即为**相对论速度变换式**. 由此可知:

(1) 当速度 v_x(或 v_x')和 u 远小于光速 c 时,各式中的分母均趋近于1,相对论速度变换式即过渡到伽利略速度变换式(20.2). 这表明伽利略速度变换是相对论速度变换在低速条件下的近似.

(2) 当一束光沿 $O'x'$ 轴传播时,其相对 S' 系的速度为 $v_x' = c$. 由式(20.6)可算出光对 S 系的速度为 $v_x = c$. 这说明光速与 u 无关. 这个结论符合光速不变原理.

(3) 在极限情况下,即当 $v_x' = c$ 和 $u = c$ 时,由式(20.6),仍有 $v_x = c$. 这表明由相对论速度变换不可能得到大于 c 的速度,即相对论速度变换本身包含着光速极限概念.

例20.1 设两飞船 A 和 B 分别以速度0.90c 和 $-0.90c$ 相对于地面水平地向相反方向运动,如图20.3所示. 求(1)飞船 A 相对飞船 B 的速度;(2)地面观测飞船 A 相对飞船 B 的速度.

解 (1)设地面为 S 系,飞船 B 为 S' 系,飞船 A 为运动物体,其飞行方向为 Ox 轴正向. 依题意有 $u = -0.90c$,$v_x = 0.90c$. 代入式(20.6),可得

$$v_x' = \frac{v_x - u}{1 - \dfrac{u}{c^2}v_x} = \frac{1.80c}{1.81} = 0.994c$$

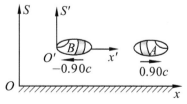

图20.3

可见,飞船 A 相对于飞船 B $(S'$系$)$的速度大小为 $0.994c$,方向沿 $O'x'$ 轴正向. 这是飞船 B 上的观察者测得飞船 A 的速度. 根据运动的相对性,飞船 B 相对于飞船 A 的速度为 $-0.994c$. 即与前者大小相等,方向相反.

(2) 两飞船相对地面的速度分别为 $v_{Ax}=0.90c,v_{Bx}=-0.90c$,因此地面观测到 A 相对 B 的速度为

$$v_{AB} = v_{Ax} - v_{Bx} = 0.90c - (-0.90c) = 1.80c$$

显然,这个速度超过了光速,但并不与光速极限概念相矛盾. 必须注意区分两类速度问题. 第一类是"已知你和他对我的速度,求你对他(或他对你)的速度". 这种情况是一个运动物体(你)两个参考系(我和他),属于速度变换问题,要用速度变换公式进行计算,所得结果是不会超过光速的. 第二类是"已知你和他对我的速度,求我观测到的你和他之间的相对速度". 这种情况有两个运动物体(你和他),一个参考系(我),这不是速度变换问题,而是同一个参考系中两个速度的叠加问题,要应用矢量合成定则($v_{AB}=v_{AS}-v_{BS}$),所得结果不受光速极限的限制. 本例中的问题(1)和(2)分别属于第一、二类速度问题.

由此可见,光速极限不是一切速度的极限. 从根本上说,光速极限指的是物体相对于任何惯性系的运动速度都不会超过真空中的光速.

20.3　狭义相对论时空观

运用洛伦兹变换会得到与我们日常经验相违背的、令人惊奇的重要结论,这些结论后来被近代高能物理中许多实验所证实.

20.3.1 "同时"的相对性

设想有一车厢相对地面以速度 u 作匀速直线运动,车厢正中间有一闪光灯发出光信号,并同时向车厢两端传去,如图 20.4 所示. 现在讨论光信号是否同时到达车厢的前后壁.

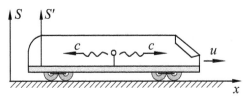

图 20.4

设地面为 S 系,车厢为 S' 系,光信号到达车厢后壁为事件 $P_1(x_1',t_1')$,到达前壁为事件 $P_2(x_2',t_2')$. 对 S' 系来说,光传向前后的速率均为 c,因此光信号将同时到达前后壁,即 P_1 和 P_2 是同时事件. 对 S 系来说,按光速不变原理,光传向前后的速率也为 c,但因车厢以速度 u 相对 S 系向前运动,所以在 S 系中观测到光相对后壁的速率为 $c+u$,而相对前壁的速率为 $c-u$. 因而 S 系的结论是:光信号到达后壁要比到达前壁早. 这表明,在 S' 系中不同地点同时发生的两个事

件 P_1 和 P_2,在 S 系中观测却不是同时发生的.

仿照上述分析,不难对相反的情形得出相同的结论. 即在 S 系中不同地点同时发生的两个事件,在 S' 系中观测也不是同时发生的. 这说明"同时"具有相对性.

由洛伦兹变换同样能得到同时的相对性结论. 根据式(20.4),有

$$t_2' - t_1' = \gamma \left[(t_2 - t_1) - \frac{u}{c^2}(x_2 - x_1) \right] \tag{20.7a}$$

$$t_2 - t_1 = \gamma \left[(t_2' - t_1') + \frac{u}{c^2}(x_2' - x_1') \right] \tag{20.7b}$$

由式(20.7b)可知,若在 S' 系中同一地点同时发生两个事件,即 $x_2' = x_1'$ 和 $t_2' = t_1'$,则必有 $t_2 = t_1$,这表明在 S 系中观测这两个事件也是同时发生的. 若两事件在 S' 系中不同地点同时发生,即 $x_2' \neq x_1'$,而 $t_2' = t_1'$,则 $t_2 \neq t_1$,即在 S 系中观测这两个事件不是同时发生的. 如果 $x_2' > x_1'$,则有 $t_2 > t_1$. 这表明,t_1 记录的事件先发生. 对式(20.7a)也可作类似的分析. 因此,同时的相对性可概括为:**在一惯性系中同时同地发生的两个事件,在其他惯性系中观测一定是同时发生的;在一惯性系中同时不同地发生的两个事件,在其他惯性系中观测就不是同时发生的.**

需要指出,在相对论中,尽管"同时"具有相对的意义,但由于光速是实际物体运动速度的极限,因此有因果关系的关连事件的时序绝不会因参考系的不同而颠倒. 如绝不会出现一个电磁波的接收先于它的发射,一个人的死亡先于他的出生等. 相对论可以证明,**关联事件的时序具有绝对性.**

例 20.2 在 S 系中,导弹发射基地位于 x_1 处,在 t_1 时刻发射一枚导弹,于 t_2 时刻击中 x_2 处的目标. 是否存在这样的惯性系,在该系中观察到的结果是导弹击中目标在先而导弹发射在后?

解 设 S' 系为所求的惯性系,它相对 S 系的运动速度为 u. 导弹发射为事件 P_1,它在 S 系和 S' 系中的时空坐标分别为 (x_1, t_1) 和 (x_1', t_1'),击中目标为事件 P_2,它在 S 系和 S' 系中的时空坐标分别为 (x_2, t_2) 和 (x_2', t_2'). 由洛伦兹变换,有

$$t_1' = \frac{t_1 - \dfrac{u x_1}{c^2}}{\sqrt{1 - \dfrac{u^2}{c^2}}}, \quad t_2' = \frac{t_2 - \dfrac{u x_2}{c^2}}{\sqrt{1 - \dfrac{u^2}{c^2}}}$$

两式相减,得

$$t_2' - t_1' = \frac{t_2 - t_1}{\sqrt{1 - u^2/c^2}} \left(1 - \frac{u}{c^2} \cdot \frac{x_2 - x_1}{t_2 - t_1} \right)$$

因为 $t_2 - t_1 > 0$,所以,若在 S' 系中观察到 P_1 和 P_2 的时序被颠倒,即 $t_2' - t_1' < 0$,必须有

$$\frac{u}{c^2} \cdot \frac{x_2 - x_1}{t_2 - t_1} = \frac{u}{c^2} \overline{v}_x > 1$$

式中 $\bar{v}_x = \dfrac{x_2 - x_1}{t_2 - t_1}$ 是导弹的平均速度. 因为 $\bar{v}_x \ngtr c$, $u \ngtr c$, 所以上式不可能成立. 即事件 P_1 和 P_2 的时序不可能被颠倒.

20.3.2　时间延缓

如图 20.5(a)所示, 在约定系统的 S' 系中 O' 处有一信号机, 近旁有一只钟 A', O' 上方相距 d 处有一反射镜 M'. 以信号机发出光信号为事件 P_1, 信号经 M' 镜反射回来又被 O' 处信号机接收为事件 P_2. 在 S' 系中, P_1 和 P_2 发生在同一地点 O', 且光沿线段 $\overline{O'D'}$ 往返传播, 显然, 由钟 A' 测得这两个事件的时间间隔为 $\Delta t' = 2d/c$. 而在 S 系中, 如图 20.5(b)所示, 由于信号机以速度 u 运动, 光信号的传播路径是折线 ODB, P_1 和 P_2 发生在不同地点 O 和 B. 在 S 系中, 为了测量这一时间间隔 Δt, 必须沿 Ox 轴配置许多静止于 S 系的经过校准而同步的钟, P_1 和 P_2 的时间间隔即由钟 A_1 和 A_2 给出. 根据光速不变原理, 有

$$\Delta t = \frac{\overline{OD} + \overline{DB}}{c} = 2\,\frac{\overline{OD}}{c} = \frac{2}{c}\sqrt{d^2 + \left(\frac{u\Delta t}{2}\right)^2}$$

由此解得

$$\Delta t = \frac{2d/c}{\sqrt{1 - u^2/c^2}} = \frac{\Delta t'}{\sqrt{1 - u^2/c^2}}$$

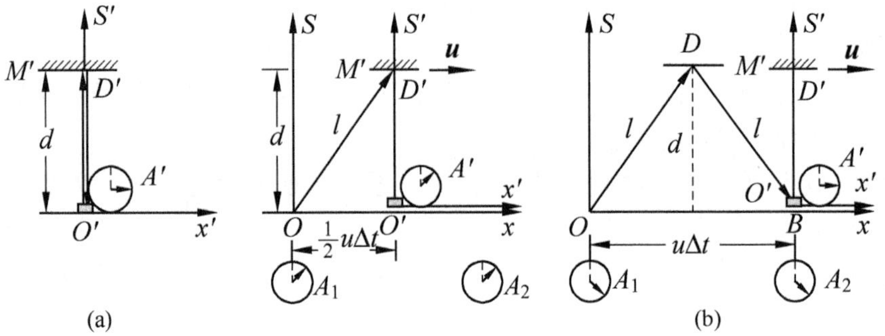

图 20.5

通常把 S' 系中同一地点先后发生的两个事件之间的时间间隔 $\Delta t'$ 称为**固有时**(或**原时**), 用 τ_0 表示. 若 S 系中测得的同样两个事件之间的时间间隔 Δt 用 τ 表示, 则可将上式写成

$$\tau = \frac{\tau_0}{\sqrt{1 - u^2/c^2}} = \gamma\tau_0 \tag{20.8}$$

上式为时间间隔的相对论公式, 表明时间间隔具有相对性. 显然 $\tau > \tau_0$, 即固有时最短. 如果用钟走得快慢来说明式(20.8)所表示的关系, 就是 S 系中的观测者把相对自己静止的钟 A 和相对 S' 静止的钟 A' 进行比较, 认为那只相对自己运动的钟

A' 走慢了. 比如当自己的钟 A 走了 5 秒时, 那只运动的钟 A' 只走了 3 秒. 这种效应称为**时间延缓**.

需要指出, 时间延缓效应是相对的. 将上述情况反过来, 即当相对 S' 系静止的钟 A' 走了 5 秒时, S' 系的观测者同样会认为 S 系的钟 A 只走了 3 秒. 可见, 时间延缓效应并不是钟本身有什么故障, 它只是一种相对论效应: 运动使过程进展的时间节奏变慢. 由此得出结论: **发生在同一地点的两个事件的时间间隔, 以相对于该地点静止的惯性系中测得的时间 τ_0 (固有时) 为最短, 而在相对于该地点运动的惯性系中测得的时间间隔为 τ_0 的 γ 倍.**

由洛伦兹变换同样能得到时间延缓的结论. 设两事件 P_1 和 P_2 在 S' 系中先后发生在同一地点, 时空坐标为 (x', t_1') 和 (x', t_2'), 则固有时 $\tau_0 = t_2' - t_1'$. 在 S 系中, 它们发生在不同地点, 时空坐标为 (x_1, t_1) 和 (x_2, t_2). 由洛伦兹变换可得

$$t_1 = \gamma\left(t_1' + \frac{u}{c^2}x'\right), \quad t_2 = \gamma\left(t_2' + \frac{u}{c^2}x'\right)$$

因此, S 系测得的时间间隔为

$$\tau = t_2 - t_1 = \gamma(t_2' - t_1') = \gamma\tau_0$$

这就是时间间隔相对论公式 (20.8).

由式 (20.8) 可知, 当 $u \ll c$ 时, $\gamma \approx 1$, 则有 $\tau \approx \tau_0$. 即在低速情况下, 时间间隔与参考系无关, 时间间隔具有绝对性, 这正是经典时空观对时间间隔的认识.

例 20.3　设想有一光子火箭以 $v = 0.95c$ 的速率相对地球作匀速直线运动, 若火箭上宇航员的计时器记录火箭飞行了 10 min, 则地球上的观察者认为火箭飞行了多少时间?

解　由题意, 计时器相对宇航员静止, 故测得的时间为固有时, 即 $\tau_0 = 10$ min, 但计时器相对地球运动, 所以地球上观察者测得的时间为

$$\tau = \gamma\tau_0 = \frac{\tau_0}{\sqrt{1 - v^2/c^2}} = \frac{10 \text{ min}}{\sqrt{1 - 0.95^2}} = 32 \text{ min}$$

例 20.4　来自外层空间的宇宙射线中有许多 μ 子, μ 子是不稳定的, 静止时它的平均固有寿命为 2.20×10^{-6} s. 实验发现, 当 μ 子从高度约为 2 km 的空中以 $0.995c$ 速度飞向地面时, 地面实验室中找到了这种来自宇宙射线的 μ 子. 求地面实验室观测 μ 子的平均飞行距离.

解　μ 子的固有寿命为 $\tau_0 = 2.20 \times 10^{-6}$ s. 如果按牛顿力学计算, μ 子向地面飞行的距离为 $0.995c\tau_0 = 6.57 \times 10^2$ m < 2 km. 这意味着 μ 子不可能到达地面. 但近代实验结果不容置疑, 地面实验室确实找到了这种 μ 子, 表明牛顿力学对高速粒子失效, 对高速运动要用相对论来讨论.

以地面为 S 系, 随 μ 子运动的坐标系为 S' 系, 以竖直向下为正方向. 由题意, μ 子相对 S 系的速度 $u = 0.995c$, 于是相对论因子 $\gamma = 1/\sqrt{1 - u^2/c^2} = 10.0$. 因 μ 子相

对 S' 系静止,故 S' 系测得的平均寿命为固有寿命 τ_0,按式(20.8),地面实验室测得 μ 子的平均寿命 $\Delta t = \gamma \tau_0 = 2.20 \times 10^{-5}$ s. 因此,地面测得 μ 子在其生存时间内飞行的平均距离为

$$l = u\Delta t = 0.995c \times 2.20 \times 10^{-5} \text{ s} = 6.57 \times 10^3 \text{ m} > 2 \text{ km}$$

结果表明,μ 子确能到达地面.

双生子佯谬

时间延缓效应说明了运动使时间节奏变慢.一切与时间流逝相关的物理、化学、乃至生命过程,都会因运动而使进程变慢.这就引出了一个双生子佯谬问题.

有一对双胞胎甲和乙,同时出生在地球上.成年后他们约定,甲乘接近光速的飞船去作星际旅行,乙则留在家里.当甲旅行回来与乙重新相聚时,两人就开始比较彼此的年龄.根据时间延缓效应,乙认为甲的钟(飞船上的钟)是运动钟,它走得慢,因此,乙做出结论说甲要比自己年轻.但甲则认为乙的钟(地球上的钟)是运动钟,它走得慢,于是甲做出结论说乙要比自己年轻.两人的结论恰好相反,这就是著名的"双生子佯谬".所谓佯谬,是指对同一事物,用一种推理得出一个结论,而用另一种推理却得出相反的结论.

对于双生子佯谬,有人认为既然两种推论做出的结论是相反的,那么应该相信有第三种推论存在,这就是他们重新相聚时一样年轻.如果承认这第三种推论,就等于回到了经典时空观而否定了相对论时空观.但大量事实已经证明,经典时空观不适用于高速运动.

于是,问题又回到了甲乙两个人的结论上来.在这两个相反结论中,应该只能有一个是正确的.那么,究竟谁的结论正确? 相对论做出的判断是:重新相聚时,旅行回来的甲要比在留在家里的乙年轻.这里的关键在于,狭义相对论是在相对作匀速直线运动的惯性系条件下,得出运动钟变慢和一切惯性系对物理规律具有等价性结论的,甲乙两人也正是从这种等价性出发做出了各自的判断.一旦出现了变速相对运动,这种等价性就不存在了.在双生子问题中,两个参考系实际上并不具有等价性.乙始终处在地球这个惯性系中,而甲乘坐的飞船起码要有加速起动和减速着陆过程,所以飞船实际上是一个非惯性系.对于非惯性系,需要用广义相对论去讨论.按照广义相对论的计算,旅行回来的甲确实要比留在家里的乙年轻.这就是说,在加速系中时间延缓效应是绝对的.

双生子问题的这个结论,近年已被实验证实.1971 年,完成了一个用仪器模拟的"双生子"实验:将铯原子钟放在飞机上分别沿赤道向东和向西绕地球飞行一周回到原处,与静止在地面上的铯原子钟进行比较,经过测量和广义相对论理论计算,证实在实验误差范围内,实验结果与相对论预言的效应符合得很好.

20.3.3 长度收缩

按照相对论的观点,同时性是相对的,而测量运动杆长度又必须同时测出两端点坐标,因此长度的测量也必定是相对的.长度测量与参考系的运动有何关系呢?

设一细杆 AB 静止于 S' 系,并沿 $O'x'$ 轴放置.如图 20.6 所示,细杆端点的坐

标分别为 x_1' 和 x_2',则杆的长度为 $l_0 = x_2' - x_1'$. l_0 是在相对物体静止的惯性系中测得的长度,通常称为**固有长度**(或原长). 因杆相对 S 系运动,所以 S 系应同时测出两端点坐标.设测量时刻为 t,由洛伦兹变换,有

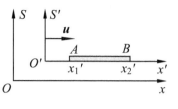

图 20.6

$$x_1' = \gamma(x_1 - ut), \quad x_2' = \gamma(x_2 - ut)$$

于是 S 系测得的杆长 $l = x_2 - x_1 = (x_2' - x_1')/\gamma$,即

$$l = \frac{l_0}{\gamma} \tag{20.9}$$

上式即为长度的相对论公式. 公式表明,长度是相对的. **相对于物体静止的惯性系中测得的长度(固有长度)最长**,而在相对该物体运动的惯性系中测得的长度为固有长度的 $1/\gamma$,即运动杆的长度缩短了. 例如,静止于 S' 系的米尺,S 系的观察者所测长度不足一米. 反之,静止于 S 系的米尺,S' 系的观察者所测长度也不足一米. 这种效应称为**长度收缩**,或洛伦兹收缩.

需要注意的是,因在约定系统中,恒有 $y' = y$ 和 $z' = z$,故在与物体运动方向垂直的方向上长度不变,长度收缩只发生在运动方向上.

由式(20.9)可知,当 $u \ll c$ 时,有 $\gamma \approx 1$,则有 $l \approx l_0$. 即在低速情况下,长度的测量与参考系无关,长度具有绝对性. 这正是经典时空观对空间量度的认识.

必须指出,所谓长度收缩,是指测量运动杆长度时,其长度的测量值小于其静止时测得的固有长度,它反映了长度的测量与杆相对于观测者的速度有关这一事实,所以,长度收缩完全是一种相对论效应. 长度收缩既不是作高速运动时杆的结构发生变化造成的,也不是受强大阻力作用而被压短产生的. 还要指出,测量值与"看"的结果是不一样的,也就是说"测量形象"与"视觉形象"是不同的. 我们曾强调,测量运动杆的长度必须同时测量两个端点坐标,"看"却不符合这个要求. 因为当眼睛看到一个物体时,意味着由物体各部分发出的光子同时到达人眼视网膜,从而形成了物体的像. 事实上,由于物体的不同部分离人眼的远近不同,因此,这些光子不是同时发出的,离人眼较远处较早发出,较近处则较晚发出. 即使在同一参考系中,在不同地点看到的"视觉形象"也是不一样的.

例 20.5　某飞船上安装有 1 m 长的天线,天线以 45° 倾角伸出船体. 求当飞船以 $\sqrt{3}c/2$ 速度水平飞行时,地面观察者测得的天线长度及其与船体的交角.

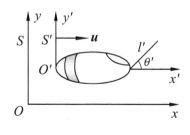

图 20.7

解　以地面为 S 系,飞船为 S' 系,天线相对 S' 系静止,如图 20.7 所示. 依题意,S' 系测得的天线长度为固有长度,其值 $l' = l_0 = 1$ m,固有交角 $\theta' = 45°$,而 $u = \sqrt{3}c/2$,算出

$$\gamma = \frac{1}{\sqrt{1 - u^2/c^2}} = \frac{1}{\sqrt{1 - 3/4}} = 2$$

天线在 S' 系坐标轴上的投影为

$$l'_x = l_0\cos\theta', \quad l'_y = l_0\sin\theta'$$

设 S 系测得天线长度为 l，交角为 θ. 因长度缩短只发生在运动方向上，所以天线在 S 系坐标轴上的投影为

$$l_x = l\cos\theta = \frac{l'_x}{\gamma} = \frac{l_0}{2}\cos45° = \frac{\sqrt{2}}{4} \text{ m}$$

$$l_y = l\sin\theta = l'_y = l_0\sin45° = \frac{\sqrt{2}}{2} \text{ m}$$

由此得到天线长度为

$$l = \sqrt{l_x^2 + l_y^2} = \sqrt{\left(\frac{\sqrt{2}}{4}\right)^2 + \left(\frac{\sqrt{2}}{2}\right)^2} \text{ m} = 0.791 \text{ m}$$

天线的倾角为

$$\theta = \arctan\left(\frac{l_y}{l_x}\right) = \arctan2 = 63°26'$$

可见，对地面观测者来说，运动着的斜置天线的长度缩短了，而倾角则因其在 Ox 方向投影的缩短而增大了.

例 20.6　一辆客车正以高速通过隧道，如图 20.8 所示。设客车和隧道的固有长度分别为 l 和 L，车速为 v，试问从地面和客车上观测，客车全部通过隧道各需要多少时间？

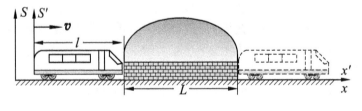

图 20.8

解　以地面参考系为 S 系，客车参考系为 S' 系.

地面上观测，客车的运动速率为 v，隧道长是固有长度，而车长是运动长度，应缩短为 $l' = l/\gamma$，所以测得客车通过隧道所用时间为

$$\Delta t = \frac{l\sqrt{1 - v^2/c^2} + L}{v}$$

客车上观测，隧道的运动速率也是 v，车长是固有长度，而隧道长是运动长度，应缩短为 $L' = L/\gamma$，所以测得的时间为

$$\Delta t' = \frac{l + L\sqrt{1 - v^2/c^2}}{v}$$

例 20.7 地面上有一跑道长 100m,运动员从起点跑到终点,用时 10s. 一飞船相对地面以 $0.8c$ 的速度沿跑道方向向前飞行. 试问:从飞船中观测(1)跑道有多长? (2)运动员跑过的距离和所用时间是多少?

解 以地面参考系为 S 系,飞船参考系为 S' 系.

(1) 跑道固定在 S 系中,长度为 $l_0 = 100$ m. S' 系相对 S 系高速运动,其速度 $u = 0.8c$,算出相对论因子 $\gamma = 1/\sqrt{1 - u^2/c^2} = 1/\sqrt{1 - (0.8)^2} = 1/0.6$. 因此在 S' 系中观测的跑道长度为

$$l = \frac{l_0}{\gamma} = 100 \text{ m} \times 0.6 = 60 \text{ m}$$

(2) 运动员起跑和到达终点是既不同时也不同地的两个事件, S' 系中观测运动员的位移 $\Delta x'$ 和所用时间 $\Delta t'$ 不能用式(20.9)和式(20.8)计算,只能用洛伦兹变换计算. 沿跑道建立 $O'x'$ 轴和 Ox 轴,则有

$$\Delta x' = \gamma(\Delta x - u\Delta t), \quad \Delta t' = \gamma\left(\Delta t - \frac{u}{c^2}\Delta x\right)$$

依题意,在 S 系中, $\Delta x = 100$ m, $\Delta t = 10$ s;又有 $u = 0.8c$, $\gamma = 1/0.6 = 5/3$. 代入以上两式,得

$$\Delta x' \approx -4.0 \times 10^9 \text{ m}, \quad \Delta t' \approx 16.7 \text{ s}$$

负号表明,在 S' 系中观测,运动员在做退行运动,距离为 4.0×10^9 m,所用时间为16.7 s.

我们再讨论一个例子. 设一辆大货车静止时与一山洞等长. 货车以速度 u 运动,车头正好到达山洞出口处时,在山洞的入口和出口处同时打了两个雷. 地面观测者认为,由于货车运动,长度收缩,从而完全躲入山洞,不会遭雷击. 货车上的观测者却认为山洞变短,装不下货车,而必然遭雷击. 这两个完全不同的结论哪一个符合实际情况呢? 仔细分析就会发现,在山洞的入口和出口处打雷对地面参考系而言是同时不同地的两个事件,此时同时测量躲入山洞的货车端点所得差值比山洞短,所以不会遭雷击. 对货车参考系来说,打雷并不是同时事件,车头的雷击在先,而此时车头在山洞内,车尾虽因山洞缩短还在山洞外,但车尾的雷击并未发生. 等到车尾的雷击发生时,车头已出山洞,车尾已躲入,也不会遭雷击. 可见,两个参考系描述不同,但事实结果是一样的:车没有遭雷击.

20.3.4 狭义相对论时空观

前面已经指出,伽利略变换的核心是它以数学形式反映了经典时空观. 这种时空观认为自然界存在着与物质运动无关、彼此独立的绝对时间和绝对空间,同时性、时间间隔和长度都具有绝对性. 然而,从洛伦兹变换可以看出,这种对时空性质

的认识必须改变.

与伽利略变换不同,洛伦兹变换有两个显著特点. 其一是时间坐标和空间坐标彼此互为函数, $x' = f_1(x,t)$, $t' = f_2(x,t)$ 或 $x = f_3(x',t')$, $t = f_4(x',t')$;其二是时间坐标和空间坐标都与惯性系间的相对速度 u 有关. 这些特点说明相对论将时间和空间,以及时间、空间和物质运动不可分割地联系了起来,这种联系还进一步反映在同时性、时间间隔和长度具有相对性的性质上. 因此,从本质上说,洛伦兹变换的核心是它以数学形式反映了狭义相对论的时空观. 这种时空观认为**时间和空间的量度与参考系的选择有关,时间和空间不是彼此独立的,并且与物质运动有着不可分割的联系.**

由伽利略变换与洛伦兹变换的关系可知,经典时空观是相对论时空观在低速情况下的近似.

需要指出,在对时空性质的认识上,与牛顿力学一样,狭义相对论也承认时空的三个对称性,即时间平移对称性、空间平移对称性和空间转动对称性. 所谓时间平移对称性,又称时间均匀性,是指一个现象的进展过程与该过程开始的具体时刻无关,时间总是均匀地流逝着,每个惯性系中的钟总是均匀地嘀嗒着,在其他影响不变的条件下,一个实际过程的进展不会因为该过程是开始于这一时刻或那一时刻而有所不同. 所谓空间平移对称性,又称空间均匀性,是指一个现象的进展过程与该过程发生的具体空间位置无关,每个惯性系中各空间点的地位平等,在其他影响不变的条件下,一个实际过程的进展不会因为该过程是发生在参考系中的这一地点或那一地点而有所不同. 所谓空间转动对称性,又称空间各向同性,是指一个现象的进展过程与该过程的空间取向无关,每个惯性系中空间各取向的地位平等,在其他影响不变的条件下,一个实际过程的进展不会因为该过程在参考系中是朝这个方向或那个方向而有所不同. 近代理论指出,自然界的每一种对称性都对应着一条守恒定律. 能量守恒定律对应于时间平移对称性,动量守恒定律对应于空间平移对称性,而角动量守恒定律则对应于空间转动对称性. 由于狭义相对论和牛顿力学都承认这些时空对称性,因此,尽管牛顿定律的应用有一定局限性,但是牛顿力学给出的各个守恒定律却是普遍适用的.

20.4   狭义相对论动力学基础

在牛顿力学中,质量 m 被认为是一个不变量. 按照这一认识,当质点受到与其运动方向一致的力持续作用时,其速度最终可以超过光速 c,这与洛伦兹变换给出 c 是一切物体的极限速度相矛盾. 因此,经典动力学要作相应的改变.

20.4.1   相对论质量

相对论认为物体的质量不是不变量,它要随物体运动速率的改变而改变. 相对论在承认系统的总质量守恒和总动量守恒为物理学普遍定律的前提下,可由洛伦兹变换导出这种质量随速率变化的关系式. 为简便起见,我们用一个特殊的完全非弹性碰撞过程进行讨论,这并不影响结果的普遍性.

　　设两个小球 A 和 B 静止时质量均为 m_0,在碰撞前,A 球静止于 S' 系,而 B 球静止于 S 系,S' 系相对 S 系沿 Ox 轴正向以速率 v 运动.

　　S 系中观测者认为,B 球静止,速率为零,质量为 m_0,而 A 球速率为 v,质量为 m,如图 20.9(a)所示. 碰后 A 和 B 合为一体,总质量为 m_0+m,相对 S 系的共同速度为 u_x. 根据动量守恒定律,有

$$(m+m_0)u_x = mv \tag{20.10}$$

　　S' 系中观测者认为,A 球静止,速率为零,质量为 m_0,而 B 球速率为 v,质量为 m,如图20.9(b)所示. 碰后 A 和 B 合为一体,总质量为 m_0+m,相对 S' 系的共同速度为 u_x'. 根据动量守恒定律,有

$$(m+m_0)u_x' = -mv$$

由以上两式可得 $u_x' = -u_x$. 根据相对论速度变换,有

$$u_x' = \frac{u_x - v}{1 - \dfrac{v}{c^2}u_x} = -u_x$$

解得

$$\frac{v}{u_x} - 1 = 1 - \frac{vu_x}{c^2} = 1 - \left(\frac{u_x}{v}\right)\frac{v^2}{c^2}$$

将式(20.10)代入上式,得

$$\frac{m+m_0}{m} - 1 = 1 - \frac{m}{m+m_0} \cdot \frac{v^2}{c^2}$$

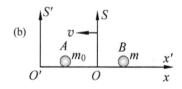

图 20.9

解出运动球的质量为

$$m = \frac{m_0}{\sqrt{1 - \dfrac{v^2}{c^2}}} = \gamma m_0 \tag{20.11}$$

上式为相对论**质速关系**,它是相对论动力学的一个重要结果. 式中 m_0 是物体相对观测者静止时的质量,称为**静质量**. m 是物体相对观测者以速率 v 运动时的质量,称为**相对论质量**. 可见物体的质量随其速率的增大而增大.

　　由质速关系不难看出,当 $v \ll c$ 时,$m \approx m_0$,还原为牛顿力学的质量. 当 $v = c$ 时,只有 $m_0 = 0$ 才有意义. 这表明,**以光速运动的粒子**(如光子)**静止质量为零**. 另外,$v > c$ 时,将出现虚质量,这是没有意义的. 这表明,物体的运动速率不可能超过光速.

20.4.2　相对论动力学基本方程

在牛顿力学中,质点的质量是不依赖于速度的常量,并且在不同惯性系中,质点的速度遵从伽利略变换. 但在狭义相对论中,质量与速度有关,质点的速度遵从相对论速度变换. 若使动量守恒表达式在高速运动情况下仍然保持不变,根据狭义相对论的相对性原理,应将动量表达式修正为

$$\boldsymbol{p} = m\boldsymbol{v} = \frac{m_0 \boldsymbol{v}}{\sqrt{1 - \dfrac{v^2}{c^2}}} = \gamma m_0 \boldsymbol{v} \tag{20.12}$$

式中 m 为相对论质量,并且 $m = \gamma m_0$.

当有外力 $\boldsymbol{F}$ 作用于质点时,由式(20.12),可得相对论动力学的基本方程

$$\boldsymbol{F} = \frac{\mathrm{d}\boldsymbol{p}}{\mathrm{d}t} = \frac{\mathrm{d}}{\mathrm{d}t}\left(\frac{m_0 \boldsymbol{v}}{\sqrt{1 - \dfrac{v^2}{c^2}}}\right) \tag{20.13}$$

若作用于系统的合外力为零,则该系统的总动量为一守恒量. 即

$$\sum_i \boldsymbol{p}_i = \sum_i m_i \boldsymbol{v}_i = \sum_i \frac{m_{0i} \boldsymbol{v}_i}{\sqrt{1 - \dfrac{v_i^2}{c^2}}} = 常矢量 \tag{20.14}$$

这就是在动量新表达式下的动量守恒定律.

当 $v \ll c$ 时,式(20.13)和式(20.14)均还原为牛顿力学的形式,即

$$\boldsymbol{F} = \frac{\mathrm{d}}{\mathrm{d}t}(m_0 \boldsymbol{v}) = m_0 \frac{\mathrm{d}\boldsymbol{v}}{\mathrm{d}t} = m_0 \boldsymbol{a}$$

$$\sum_i \boldsymbol{p}_i = \sum_i m_i \boldsymbol{v}_i = \sum_i m_{0i} \boldsymbol{v}_i = 常矢量$$

总之,相对论的质量和动量的概念,以及相对论的动力学基本方程和动量守恒定律具有普遍意义,而牛顿力学则是相对论力学在物体低速运动条件下的近似.

20.4.3　相对论能量

1. 相对论动能

设质点在力 $\boldsymbol{F}$ 作用下由静止开始运动. 根据质点的动能定理,当质点的速率为 v 时,它所具有的动能 E_k 在量值上等于力 $\boldsymbol{F}$ 所做的功. 即

$$E_k = \int \boldsymbol{F} \cdot \mathrm{d}\boldsymbol{r} = \int \frac{\mathrm{d}(m\boldsymbol{v})}{\mathrm{d}t} \cdot \mathrm{d}\boldsymbol{r} = \int \boldsymbol{v} \cdot \mathrm{d}(m\boldsymbol{v}) \tag{20.15}$$

式中

$$\boldsymbol{v} \cdot \mathrm{d}(m\boldsymbol{v}) = m\boldsymbol{v} \cdot \mathrm{d}\boldsymbol{v} + \boldsymbol{v} \cdot \boldsymbol{v}\mathrm{d}m = mv\mathrm{d}v + v^2\mathrm{d}m \tag{20.16}$$

由质速关系式(20.11)可得

$$m^2 c^2 - m^2 v^2 = m_0^2 c^2$$

两边求微分,有

$$2mc^2\,\mathrm{d}m - 2mv^2\,\mathrm{d}m - 2m^2v\mathrm{d}v = 0$$

$$c^2\,\mathrm{d}m = v^2\,\mathrm{d}m + mv\mathrm{d}v \tag{20.17}$$

将式(20.17)代入式(20.16),可得

$$\boldsymbol{v}\cdot\mathrm{d}(m\boldsymbol{v}) = c^2\,\mathrm{d}m$$

将上式代入式(20.15)并积分,得到**相对论动能表达式**

$$E_k = \int_{m_0}^{m} c^2\,\mathrm{d}m = mc^2 - m_0c^2 \tag{20.18}$$

式中 m 为相对论质量,m_0 为静止质量. 当 $v \ll c$ 时,利用二项式公式,有

$$\frac{1}{\sqrt{1-v^2/c^2}} = 1 + \frac{1}{2}\cdot\frac{v^2}{c^2} + \cdots \approx 1 + \frac{1}{2}\cdot\frac{v^2}{c^2}$$

于是相对论动能近似为

$$E_k = \frac{m_0c^2}{\sqrt{1-v^2/c^2}} - m_0c^2 \approx m_0c^2\left(1 + \frac{v^2}{2c^2}\right) - m_0c^2 = \frac{1}{2}m_0v^2$$

结果表明,牛顿力学的动能表达式是相对论力学动能表达式在物体低速运动条件下的近似.

2. 能量和质量的关系

由式(20.18)可见,mc^2 和 m_0c^2 具有能量的量纲. 爱因斯坦做出了具有深刻意义的说明,他认为 mc^2 是物体运动时具有的能量,而 m_0c^2 则为物体静止时具有的能量,简称**静能**. 静能 m_0c^2 包括物体除了动能 E_k 以外的全部能量,而 mc^2 既包括静能,还包括动能,因此它是物体的总能量. 用 E 表示物体的总能量,E_0 表示物体的静能,则有

$$E = mc^2, \quad E_0 = m_0c^2 \tag{20.19}$$

式(20.19)称为相对论**质能关系式**,它是狭义相对论的一个重要结论,具有重要意义. 它揭示了物质的质量和能量的不可分割性,即一定的质量总是相应地联系着一定的能量,即使物体静止,仍具有静能.

必须指出,我们不能把质能关系理解为质量与能量可以相互转化,更不能说质量就是能量. 质量和能量是物质的两种不同属性,它们不仅单位不同,而且数值也不等,质量 m 乘以 c^2 才等于能量 E,反映了质量与能量在数量上存在当量关系.

当物体的总能量发生变化时,必将伴随着质量的变化,反之亦然. 其关系为

$$\Delta E = c^2\,\Delta m \tag{20.20}$$

在日常生活中,观察物体能量的变化并非难事,但相应的质量变化却极其微小,以致实验中难以测出. 如将 10 kg 的水由 0℃ 加热至 100℃,其能量增量 $\Delta E = 4.18\times10^6$ J,而相应的质量增量 $\Delta m = \Delta E/c^2$,只有 4.6×10^{-11} kg.

质能关系在原子核反应过程中得到了证实. 在某些过程如重核裂变和轻核聚

变过程中,会发生静止质量减少的现象,称为**质量亏损**.由质能关系可知,静能也相应地减少.但在任何过程中,总质量和总能量都是守恒的,这意味着减少的静能有一部分转化为反应后粒子所具有的动能,而动能又可转变成其他形式的能量释放出来.核裂变和核聚变能够释放出巨大能量的原因即在于此.原子弹、核电站等能量来源于核裂变反应,氢弹和恒星能量来源于核聚变反应.质能关系为人类利用核能奠定了理论基础,它是相对论对人类的一项重大贡献.

3. 能量和动量的关系

将动量的表达式两边平方,并代入质能关系式,可得

$$p^2 = m^2 v^2 = \frac{m^2 c^4}{c^4} v^2 = \frac{E^2}{c^2} \cdot \frac{v^2}{c^2}$$

将质能关系式两边平方,有

$$E^2 = m^2 c^4 = \frac{m_0^2 c^4}{(1 - v^2/c^2)} = \frac{E_0^2}{(1 - v^2/c^2)}$$

由以上两式消去 v^2/c^2,可得

$$E^2 = E_0^2 + p^2 c^2 \tag{20.21}$$

这就是相对论**能量动量关系式**.

将上式改写为 $E^2 - E_0^2 = p^2 c^2$,可得

$$E_k = E - E_0 = \frac{p^2 c^2}{E + E_0} = \frac{p^2}{m + m_0}$$

当 $v \ll c$ 时,$m \approx m_0$,上式还原为经典力学中动能与动量的关系式,即

$$E_k = \frac{p^2}{2m_0}$$

例 20.8 若电子的总能量等于它静止能量的 5 倍,求电子的动量和速率.

解 设电子运动的速率为 v,动量大小为 p.依题意,$mc^2 = 5m_0 c^2$,与 $m = \gamma m_0$ 对比,可得相对论因子 $\gamma = \dfrac{1}{\sqrt{1 - v^2/c^2}} = 5$,解出电子的速率为

$$v = \frac{\sqrt{24}}{5} c = 0.98c$$

电子的动量为

$$p = mv = 5m_0 v = 5 \times 9.11 \times 10^{-31} \text{ kg} \times 0.98c = 1.34 \times 10^{-21} \text{ kg·m·s}^{-1}$$

例 20.9 轻元素的原子核发生聚变反应时会释放出能量.已知一氢弹爆炸过程的核聚变反应式为

$$^2_1\text{H(氘)} + ^3_1\text{H(氚)} \rightarrow ^4_2\text{He(氦)} + ^1_0\text{n(中子)}$$

忽略反应前粒子的动能,试求这一聚变过程中释放的能量.已知各粒子的静止质量分别为(用原子质量单位 u 表示,1 u $= 1.660552 \times 10^{-27}$ kg)

$$m_0(^2_1\text{H}) = 2.0141022\text{u}, \quad m_0(^3_1\text{H}) = 3.0160497\text{u}$$

$$m_0(^4_2\text{He}) = 4.0026033\text{u}, \quad m_0(^1_0\text{n}) = 1.0086652\text{u}$$

解　反应前、后粒子的静止质量之和分别为

$$\left(\sum m_0\right)_前 = 5.0301519\text{u}, \quad \left(\sum m_0\right)_后 = 5.0112685\text{u}$$

与质量亏损所对应的静能减少量即粒子动能的增量,所以有

$$\Delta E_k = (\Delta m_0)c^2 = \left[\left(\sum m_0\right)_前 - \left(\sum m_0\right)_后\right]c^2$$

$$= 0.0188834\text{u}\cdot c^2 = 1.759 \times 10^7 \text{ eV} = 17.59 \text{ MeV}$$

由于反应前粒子的动能忽略不计,因此上式结果即为反应后粒子的总动能,也就是聚变过程中释放出来的能量.

内 容 提 要

1. 狭义相对论的基本假设

(1) 爱因斯坦的相对性原理：在所有惯性系中,物理定律的表达形式都相同.

(2) 光速不变原理：在所有惯性系中,光在真空中的速率都等于 c,与光源或观察者的运动无关.

2. 洛伦兹变换(对约定系统)

(只写出了正变换.把正变换中的 u 改为 $-u$,把带撇和不带撇的量作对应交换后,即可得到逆变换)

$$\begin{cases} x' = \gamma(x - ut) \\ y' = y \\ z' = z \\ t' = \gamma\left(t - \dfrac{ux}{c^2}\right) \end{cases} \qquad \begin{cases} v_x' = \dfrac{v_x - u}{1 - \dfrac{u}{c^2}v_x} \\[3mm] v_y' = \dfrac{v_y\sqrt{1 - u^2/c^2}}{1 - \dfrac{u}{c^2}v_x} \\[3mm] v_z' = \dfrac{v_z\sqrt{1 - u^2/c^2}}{1 - \dfrac{u}{c^2}v_x} \end{cases}$$

$$\gamma = \frac{1}{\sqrt{1 - u^2/c^2}}$$

速度变换的特点：若在一惯性系中 $v < c$,则在任何惯性系中都有 $v < c$;若在一惯性系中 $v = c$(静质量为零的粒子),则在任何惯性系中都有 $v = c$.

3. 狭义相对论时空观

(1) "同时"的相对性：在一惯性系中同时同地的两个事件,在其他惯性系中观测也是同时的;同时不同地的两个事件,在其他惯性系中观测是不同时的.

(2) 时间延缓：$\tau = \gamma\tau_0$　(τ_0 为原时,也称固有时).

(3) 长度收缩：$l = \dfrac{l_0}{\gamma}$　(l_0 为原长,也称固有长度).

4. 相对论质量、动量、能量和动力学方程

质量：$m=\dfrac{m_0}{\sqrt{1-v^2/c^2}}=\gamma m_0$，　动量：$\boldsymbol{p}=m\boldsymbol{v}=\dfrac{m_0\boldsymbol{v}}{\sqrt{1-v^2/c^2}}$

总能量：$E=mc^2$，　静能：$E_0=m_0c^2$，　动能：$E_k=mc^2-m_0c^2$

动力学方程：　$\boldsymbol{F}=\dfrac{\mathrm{d}\boldsymbol{p}}{\mathrm{d}t}=\dfrac{\mathrm{d}}{\mathrm{d}t}\left(\dfrac{m_0\boldsymbol{v}}{\sqrt{1-v^2/c^2}}\right)$

能量与动量的关系：　$E^2=p^2c^2+E_0^2$

习　题

(一) 选择题和填空题

20.1　在狭义相对论中,下列说法中哪些是正确的? (1)一切运动物体相对于观测者的速度都不能大于真空中的光速;(2)质量、长度、时间的测量结果都是随物体与观测者的相对运动状态而改变的;(3)在一惯性系中同时不同地发生的两个事件在其他一切惯性系中都是同时发生的;(4)惯性系中的观测者观测一个相对他做匀速直线运动的时钟时,会说该时钟比相对他静止的相同的时钟走得慢.〔　〕

　　　　(A) (1),(3),(4).　(B) (1),(2),(4).　(C) (1),(2),(3).　(D) (2),(3),(4).

20.2　一宇宙飞船相对地球以 $0.8c(c$ 为真空中光速)的速度飞行,一光脉冲从船尾传到船头.已知飞船上的观测者测得飞船长 90 m,则地球上的观察者测得光脉冲从船尾发出和到达船头两个事件的空间间隔为〔　〕

　　　　(A) 90 m.　　　　(B) 54 m.　　　　(C) 270 m.　　　　(D) 150 m.

20.3　把一个静止质量为 m_0 的粒子,由静止加速到 $0.6c$ 需要做的功是

　　　　(A) $0.25m_0c^2$.　　(B) $0.36\,m_0c^2$.　　(C) $1.25\,m_0c^2$.　　(D) $1.75\,m_0c^2$.

20.4　在约定系统的 S' 系中,两事件同时发生在 $O'x'y'$ 平面内的不同地点,那么 S 系的观测者对这两个事件同时性的判断结论是:若这两个不同地点有 $x'_1=x'_2$, $y'_1\neq y'_2$ 关系时,则为＿＿＿＿＿＿发生的;若这两个不同地点有 $x'_1\neq x'_2$, $y'_1=y'_2$ 关系时,则为＿＿＿＿＿＿发生的.

20.5　一长度为 5 m 的棒静止在 S 系中,棒与 Ox 轴成 30° 角. S' 系以 $c/2$ 相对 S 系运动,则 S' 系的观察者测得此棒的长度约为＿＿＿＿＿＿,与 Ox 轴的夹角约为＿＿＿＿＿＿.

20.6　在 S 系中的 Ox 轴上相距 Δx 的两处有两只同步的钟 A 和 B,读数相同. 在 S' 系的 Ox' 轴上也有一只同样的钟 A',若 S' 系相对于 S 系的运动速度为 v,沿 Ox 轴方向,且当 A' 与 A 相遇时,刚好两钟的读数均为零.那么,当 A' 与 B 钟相遇时,在 S 系中 B 钟的读数是＿＿＿＿＿＿,此时 S' 系中 A' 钟的读数是＿＿＿＿＿＿.

20.7　在速度 $v=$＿＿＿＿＿＿的情况下,粒子的动量等于非相对论动量的两倍;在速度 $v=$＿＿＿＿＿＿情况下,粒子的动能等于它的静能.

(二)问答题和计算题

20.8　回答下列问题:(1)一条大船平稳地沿直线行驶,船舱中用轻线吊一小球. 若船是匀

速行驶的,你能否通过观察吊线球的情况判断船速大小? 若船是匀加速行驶的,你能否通过观察吊线球的情况判断出船的加速度的大小? (2)一光源不断发出光脉冲.当观察者分别相对光源静止、以速率 $v=c/3$ 向着光源和背离光源运动时,他测得的真空光速各是多少?

20.9 回答问题并推导速度变换式.(1)相对论指出,在垂直于两惯性系相对运动方向的长度与参考系无关.那么,为什么该方向的速度分量却又与参考系有关? (2)按问题(1)思路,导出对约定系统内 S 系速度分量 v_y 到 S' 系速度分量 v_y' 的变换式.

20.10 在 S 系中,一闪光灯在 $x=100$ km,$y=10$ km,$z=1$ km 处,于 $t=5\times10^{-4}$ s 时刻发出闪光.S' 系相对于 S 系以 $0.80c$ 的速率沿 Ox 轴负方向运动.求这一闪光在 S' 系中发生的地点和发生的时刻.

20.11 惯性系 S 和 S' 为约定系统,$u=0.90c$.在 S' 系的 $O'x'$ 轴上先后发生两个事件,其空间距离为 1.0×10^2 m,时间间隔为 1.0×10^{-6} s.求在 S 系中观测到的时间间隔和空间间隔.

20.12 在 S 系中的同一地点发生两个事件,事件 2 比事件 1 晚 2 s,在 S' 系中观测到事件 2 比事件 1 晚 3 s.求这两个事件在 S' 系中的空间间隔.

20.13 飞船 A 中宇航员观测到飞船 B 正以 $0.40c$ 速度尾随而来.已知地面测得飞船 A 的速度为 $0.50c$.求(1)地面测得飞船 B 的速度;(2)飞船 B 中测得飞船 A 的速度.

20.14 两飞船 A 和 B 相对于地面的速率分别为 $0.80c$ 和 $0.60c$.求下列情况下,飞船 B 观测到飞船 A 的速度大小和方向:(1)两飞船均向西飞行;(2)飞船 A 向北飞行,飞船 B 向西飞行.

20.15 一块正方形板 $ABCD$ 的边长 $a=20$ cm.当飞船以 $0.60c$ 速度相对于板沿平行于 AB 边飞行时,求飞船上测得板的面积、两对角线 AC 和 BD 的夹角.

20.16 在约定系统中,一根米尺静止于 S' 系的 $O'x'y'$ 平面内,并与 $O'x'$ 成 $30°$ 角,而在 S 系中则测得该尺与 Ox 轴成 $45°$ 角.求:(1)S' 系相对于 S 系的速度;(2)S 系中测得的尺长.

20.17 试问:(1)一飞船以 $0.60c$ 速度水平匀速飞行.若飞船上的钟记录飞船飞了 5 s,则地面上的钟记录飞船飞了多长时间? (2)π 介子静止时的平均寿命为 2.60×10^{-8} s,若实验室测得 π 介子在加速器中获得 $0.80c$ 的速度,那么实验室测得 π 介子的平均飞行距离有多大?

20.18 两飞船 A 和 B 的固有长度均为 100 m.当两飞船平行向前飞行时,飞船 A 中观察者测得自己通过飞船 B 的全长所用时间为 $(5/3)\times10^{-7}$ s.求飞船 A 相对于飞船 B 的速度.

20.19 一均匀细棒的固有长度为 l_0,静质量为 m_0,因而线密度的固有值为 $\rho_0=m_0/l_0$.当棒以速率 v 相对于观察者运动时,在下列情况下观察者测得的线密度是多少? (1)棒沿着棒长方向运动;(2)棒沿着与棒垂直的方向运动.

20.20 质子的静质量为 1.673×10^{-27} kg.求质子相对于实验室以 $0.995c$ 速度运动时,实验室测得质子的质量、能量、动量和动能.

20.21 电子的静质量 $m_0=9.11\times10^{-31}$ kg.求:(1)电子的静能;(2)从静止开始加速到 $0.60c$ 的速度需做的功;(3)动量为 0.60MeV/c 时的能量.

20.22 一列车在地面上以 $0.80c$ 速度行驶,车厢中沿运动方向放着一根细杆.车中观察者测得此杆的质量为 1 kg,长度为 1 m,求地面观察者测得此杆的质量、动量、能量和密度.

20.23 已知质子、中子和氦核的质量分别为 $m_p=1.00728$ u、$m_n=1.00865$ u、$m_a=4.00150$ u.求两个质子和两个中子形成氦核 $_2^4$He 时释放的能量.

第21章 量子物理基础

相对论和量子力学是近代物理的两大理论支柱,相对论适用于高速运动的物体,已在上一章做了初步介绍,量子力学讨论的是微观粒子运动的基本规律.微观粒子与宏观物体不同,其突出的特点是具有明显的波粒二象性和量子性.

本章介绍量子理论,主要内容有:光和实物粒子的二象性、氢原子的波尔理论波函数及其遵从的薛定谔方程以及反映微观粒子运动特征的不确定关系.此外还将介绍氢原子的量子特征和原子中的电子分布以及固体的能带结构等.

21.1 热辐射 普朗克能量子假设

21.1.1 热辐射

1.热辐射

在任何温度下,一切宏观物体都要向外辐射各种波长的电磁波,其中比红光波长更长的红外光和比紫光波长更短的紫外光是不可见光.当物体的温度升高时,它辐射的电磁波能量越来越多,其颜色也将发生变化.例如,当加热铁块时,随着温度的升高,铁块开始时发出不可见的红外光,逐渐地变为暗红、赤红、橙色,最后成为黄白光.这种颜色的变化是由于在不同温度时所发出的电磁波的能量按波长有不同的分布造成的.可见,物体向周围辐射电磁波能量的多少以及能量按波长的分布都与物体的温度有关.这种与温度有关的电磁辐射称为**热辐射**.太阳光能穿越广阔的真空空间传到地面上来,不是依靠介质的传导或空气的对流,而是直接依靠太阳的热辐射.

理论上认为,热辐射是由物体中大量带电粒子的无规则热运动引起的.物体中的每个原子、分子或离子都在各自平衡位置附近以不同频率作无规则的微振动,而这种带电粒子的振动系统可看成是带电谐振子系统.谐振子在振动过程中向外辐射各种波长的电磁波,形成连续的电磁波谱.

实验表明,物体在任何温度时,不但能辐射电磁波,还能吸收电磁波,好的辐射体也是好的吸收体.对于某一物体来说,若它发射某一波长范围内的电磁波的能力越强,那么,它吸收该波长范围内的电磁辐射的能力也越强,反之亦然.一般说来,入射到物体上的电磁辐射,只有一部分被物体所吸收,另一部分则被物体反射和透射.如果在任一时间间隔内,物体向外发射的电磁波能量正好等于它从外界吸收的能量,则物体的热辐射达到动态平衡,此时物体温度保持恒定,这种状态的热辐射称为平衡热辐射.

2. 黑体

一个物体如果能吸收入射的全部光能,我们就说它是黑色的. 如果一个物体可在任何温度下,对任何波长的电磁波都能完全吸收,而不反射和透射,则该物体称为**绝对黑体**,简称**黑体**. 显然,在同一温度下,黑体发射或吸收电磁辐射的能力比任何物体都要强. 温度相同时,一般物体辐射电磁波的能量多少及能量按波长分布是各不相同的,这与它们的组成材料有关. 但对于黑体来说,不论其组成材料如何,它们在相同温度时发出同样形式的光谱,即所有黑体的辐射规律是相同的. 因此,研究黑体辐射具有重要的理论意义和实用价值.

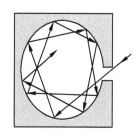

图 21.1

在自然界中,绝对黑体并不存在,但可以人工制造一种理想黑体的模型. 如图 21.1 所示,用不透明材料制成一个开有小孔的空腔,该小孔就如同一个黑体的表面. 这是因为从外界射入小孔的电磁辐射,在空腔内经过多次反射后,几乎全部被腔壁吸收.

在日常生活中,也能找到近似的黑体. 例如,白天远望建筑物上的窗口时,会发现窗口很黑暗,这是因为光线进入窗口后,经墙壁多次反射吸收,很少再能从窗口射出的缘故,窗口表面就类似于黑体. 在金属冶炼炉上开一个观察炉温的小孔,这里的小孔也可近似为一个黑体.

3. 单色辐出度和辐出度

为了研究物体热辐射按波长分布的规律,需要引入物体的单色辐出度和辐出度两个概念.

单位时间内,温度为 T 的物体单位面积上发出的波长在 λ 到 $\lambda + d\lambda$ 范围内的辐射能 dM_λ 与波长间隔 $d\lambda$ 的比值称为物体的**单色辐出度**,用 $M_\lambda(T)$ 表示. 即

$$M_\lambda(T) = \frac{dM_\lambda}{d\lambda} \tag{21.1}$$

单色辐出度的单位名称是瓦[特]每三次方米,符号为 $W \cdot m^{-3}$. 实验指出,物体的温度一定时,其单色辐出度随辐射波长而变化;当温度升高时,单色辐出度也随之增大.

温度 T 一定时,单位时间内从物体单位面积上发出的各种波长的总辐射能,称为物体的**辐出度**,用 $M(T)$ 表示. 它与单色辐出度的关系为

$$M(T) = \int_0^\infty M_\lambda(T) d\lambda \tag{21.2}$$

辐出度的单位名称是瓦[特]每二次方米,符号为 $W \cdot m^{-2}$.

图 21.2 是测定黑体辐射的实验原理图. 图中 A 是温度为 T 的空腔,空腔壁上

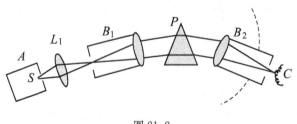

图 21.2

有一小孔 S,从小孔向外辐射各种波长的电磁波.电磁波经过透镜 L_1 和平行光管 B_1 成为平行光束,再经三棱镜 P 折射后,不同波长的射线折向不同的方向.如果平行光管 B_2 对准某一方向,该方向上具有一定波长范围的射线将聚焦在热电偶 C 上,从而可以测出这个波长范围内的射线所辐射的能量 dM_λ.调节 B_2 的方向,可测出不同波长范围射线的辐射能量.

实验表明,黑体的单色辐出度 $M_{b\lambda}(T)$ 与组成空腔器壁的材料无关,它只是温度和波长的函数.图 21.3 表示了由实验测得的黑体的 $M_{b\lambda}(T)$ 和 λ、T 的关系曲线.根据式(21.2),图中每条曲线下的面积代表黑体在相应温度时的辐出度 $M_b(T)$.温度越高,曲线所围面积越大,即 $M_b(T)$ 越大,总辐射能也就越多.

21.1.2 黑体辐射的实验定律

单色辐出度 $M_{b\lambda}(T)$ 随波长变化关系的实验曲线如图 21.3 所示.容易看出,在一定温度下,$M_{b\lambda}(T)$-λ 曲线均有一最大值,与这一最大值对应的波长 λ_m 称为**峰值波长**,温度越高,峰值波长越短,热辐射中包含的短波成分越多.此外,各种波长的单色辐出度 $M_{b\lambda}(T)$ 都随温度的升高而增大,而在 λ 很小或很大时,$M_{b\lambda}(T)$ 都趋于零.

根据实验结果,总结出如下两条关于黑体辐射的定律.

1. 斯特藩-玻尔兹曼定律

黑体的辐出度 $M_b(T)$ 与其绝对温度 T 的四次方成正比,即
$$M_b(T) = \sigma T^4 \quad (21.3)$$
式中 σ 称为斯特藩常量,可由实验确定,其值为
$$\sigma = 5.67 \times 10^{-8} \text{ W·m}^{-2}\text{·K}^{-4}$$
从该定律可以看出,辐射能随温度的升高而迅速增大.需要指出,它只适用于黑体的平衡热辐射.

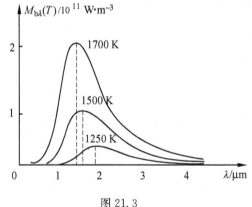

图 21.3

2. 维恩位移定律

黑体辐射的峰值波长 λ_m **与绝对温度** T **成反比**,即

$$T\lambda_m = b \tag{21.4}$$

式中 b 是与温度无关的常量,由实验确定,其值为

$$b = 2.897 \times 10^{-3} \text{ m·K}$$

该定律指出,绝对温度升高时,黑体的单色辐出度的最大值向短波方向移动,这表明物体的温度越高,热辐射中最强辐射的波长就越短. 加热铁块时,热铁的颜色随温度变化正符合这一实验结果. 太阳表面温度很高,接近 6000℃,其辐射的电磁波中主要是可见光和紫外光,而飞机、舰船的发动机温度不高,所以辐射的电磁波主要是不可见的红外光.

例 21.1　夜间地面由于辐射而损失能量,设其辐射与黑体辐射相似,求当地面温度为 10℃时,单位时间内单位面积上由于辐射损失的能量.

解　根据斯特藩-玻尔兹曼定律得

$$M_b = \sigma T^4 = 5.67 \times 10^{-8} \text{ W·m}^{-2}\text{·K}^{-4} \times 283^4 \text{ K}^4 = 364 \text{ W·m}^{-2}$$

21.1.3　普朗克能量子假设

斯特藩-玻尔兹曼定律和维恩位移定律是根据实验总结出来的规律,但两个定律都没有涉及 $M_{b\lambda}(T)$ 的具体函数形式. 19 世纪末,许多物理学家企图从经典电磁理论和热力学理论出发,导出符合实验结果的 $M_{b\lambda}(T)$ 的函数表达式,并对黑体辐射按波长分布的实验结果做出理论解释. 1900 年瑞利(Rayleigh)和金斯(Jeans)根据经典物理中能量按自由度均分原理,利用经典电磁理论和统计物理的理论得到一个公式

$$M_{b\lambda}(T) = \frac{2\pi c}{\lambda^4}kT \tag{21.5}$$

式中 c 为真空中的光速,k 为玻尔兹曼常量,上式称为瑞利-金斯公式. 由图 21.4 可见,这个公式在长波段与实验结果(图中用小圆圈表示) 相符,在短波段则完全不符. 特别是当 λ 很小时,$M_{b\lambda}(T)$ 趋于无穷大,这显然是不合理的. 物理学史上把这个理论公式与实验结果在短波段严重偏离的结果称为"**紫外灾难**".

1896 年维恩用辐射按波长分布类似于麦克斯韦分子速率分布的思想,也导出了一个 $M_{b\lambda}(T)$ 的理论公式,在图 21.4 中也绘出了这个公式的曲线. 与瑞

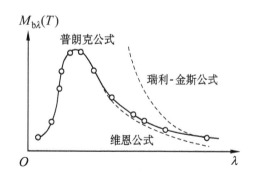

图 21.4

利-金斯公式相反,维恩公式在短波段与实验值相符,在长波段则有明显偏离.

按照经典理论,电磁波的能量与谐振子振幅的平方成正比. 由于振幅可以连续变化,所以电磁波的能量也可以连续变化. 但是,从经典理论出发得到的维恩公式和瑞利-金斯公式与实验结果相比发生了偏离,这说明经典理论存在着某种缺陷. 德国物理学家普朗克(M. Planck)认为,经典理论之所以出现偏离,主要是它不适用于分子、原子的微观运动. 微观振子的能量不能像经典理论那样可以连续取值,而只能取特殊的分立值. 依据这一认识,普朗克在 1900 年 12 月 14 日提出了与经典物理学完全不相容的能量子假设:

(1)谐振子的能量可取值只能是某一最小能量单元的整数倍,即

$$E = n\varepsilon, \quad n = 1,2,3,\cdots$$

ε 叫**能量子**,简称**量子**,n 为**量子数**,它只能取正整数. 这种能量不连续的现象称为**能量量子化**.

(2)对于频率为 ν 的谐振子,最小能量为

$$\varepsilon = h\nu \tag{21.6}$$

式中 h 为普朗克常量,其值为

$$h = 6.63 \times 10^{-34} \text{ J·s}$$

由此可见,**谐振子吸收或辐射的能量只能是 $h\nu$ 的整数倍**.

普朗克从他的能量子假设出发,应用玻尔兹曼统计规律和有关黑体辐射公式,得到黑体平衡热辐射的公式为

$$M_{\text{b}\lambda}(T) = \frac{2\pi hc^2}{\lambda^5} \cdot \frac{1}{\text{e}^{\frac{hc}{k\lambda T}} - 1} \tag{21.7}$$

上式称为普朗克黑体辐射公式,其中 c 为真空中光速,k 为玻尔兹曼常量. 在图 21.4 中,实线即为普朗克公式曲线,可见与实验结果符合得很好.

由普朗克公式可以导出斯特藩-玻尔兹曼定律、维恩位移定律和瑞利-金斯公式,表明普朗克量子假设和普朗克公式可从理论上说明黑体辐射的能量按波长分布的规律.

普朗克抛弃了经典物理学中能量可连续变化、物体辐射或吸收的能量可以是任意值的旧观念,第一次提出了微观粒子具有分立的能量值、物体辐射或吸收的能量只能是一份一份地按不连续方式进行的新观念,不仅成功地解决了热辐射中的难题,而且打开了人们认识微观世界的大门,开创了物理学研究的新局面,标志着人类对自然规律的认识已经从宏观领域进入微观领域,为量子力学的诞生奠定了基础. 由于对量子理论的卓越贡献,普朗克获得了 1918 年诺贝尔物理学奖.

例 21.2 有一竖直悬挂的弹簧振子,振子质量 $m=0.3$ kg,弹簧倔强系数 $k=3.0$ N/m,以初始振幅 $A=0.10$ m 开始振动. 在阻尼作用下,振动逐渐衰减. 试以量子概念讨论该振子能量变化的连续性.

解　振子的固有频率为

$$\nu = \frac{1}{2\pi}\sqrt{\frac{k}{m}} = \frac{1}{2\pi}\sqrt{\frac{3.0\ \text{N·m}^{-1}}{0.3\ \text{kg}}} = 0.50\ \text{Hz}$$

初始能量为

$$E_0 = \frac{kA^2}{2} = \frac{3.0\ \text{N·m}^{-1} \times 0.10^2\ \text{m}^2}{2} = 1.5 \times 10^{-2}\ \text{J}$$

振子的能量耗散时,以 $h\nu$ 为最小能量单元不连续地改变,即每辐射一个能量子,能量的变化为

$$\Delta E = h\nu = 3.3 \times 10^{-34}\ \text{J}$$

最小能量单元与初始能量之比为

$$\frac{\Delta E}{E_0} = \frac{3.3 \times 10^{-34}\ \text{J}}{1.5 \times 10^{-2}\ \text{J}} = 2.2 \times 10^{-32}$$

该结果表明,要想观察到宏观弹簧振子能量的不连续性,必须要求仪器能精确测量到 10^{-32} 的数量级.不但目前最精密的仪器达不到这个精度,在可以预期的将来也不能达到这个精度.因此,我们观察到的宏观弹簧振子的能量是连续变化的.由此可以说,微观领域中存在着不连续性,普朗克常量是这种不连续性的表征.但 h 值的数量级是如此之小,以致把宏观领域中的不连续性掩盖了,给人以能量连续变化的观念.

21.2　光电效应　爱因斯坦光子假设

我们知道,光是电磁波,然而按经典电磁场理论却不能解释光电效应等实验规律.

21.2.1　光电效应的实验规律

光照射到金属表面时,金属中有电子逸出的现象叫**光电效应**.所逸出的电子叫**光电子**,由光电子形成的电流叫**光电流**.使电子逸出某种金属表面所需的功称为该种金属的**逸出功**.

图 21.5 是研究光电效应的实验装置示意图,图中 T 为抽成真空的玻璃管,管内装有两个金属电极,K 为阴极,A 为阳极.单色光通过石英窗照射金属板 K 时,若 K、A 间加一电压 U,则由电流计 G 可观察到有光电流 I 通过.随着 U 的改变,光电流 I 的大小发生变化,实验的伏安特性曲线如图 21.6 所

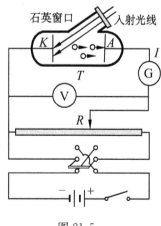

图 21.5

示. 可以看出,开始时光电流随电压 U 的增大而增大,当 U 增加到一定值时,光电流达到饱和值 I_m,这表明单位时间内从阴极 K 逸出的光电子全部到达阳极 A. 当电压 U 减小到零,并逐步增大反向电压时,光电流并不降为零,表明从阴极 K 逸出的光电子具有一定的初动能,所以,尽管有电场阻碍它们运动,仍有部分光电子到达阳极 A. 直到反向电压增大到某一定值 U_a 时,光电流才降为零,该电压叫做**遏止电压**,此时,即使具有最大初动能的电子也不能到达阳极. 在 图 21.6 中,不同的光强对应相同的 U_a,表明遏止电压与光强无关.

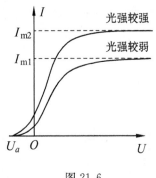

图 21.6

不难看出,根据遏止电压可以确定电子的最大初动能,即

$$\frac{1}{2}mv_m^2 = e\,|\,U_a\,| \qquad (21.8)$$

式中 e 是电子电量的绝对值,m 为光电子的质量,v_m 是光电子逸出金属表面时的最大速率.

如果改变入射光的频率,实验结果是:当入射光频率小于某个最小值 ν_0 时,不论光强多强、照射时间多长,都没有光电流. ν_0 称为**截止频率**,或称**红限频率**,ν_0 的大小因金属而异. 图 21.7 给出了金属铯、钾和钨的 U_a-ν ($\nu > \nu_0$) 曲线,其函数关系可表示为

$$|\,U_a\,| = K(\nu - \nu_0) \qquad (21.9)$$

显然,曲线的斜率 K 是一个与材料性质无关的普适常量.

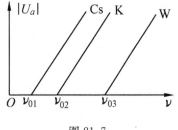

图 21.7

总结实验结果,光电效应的实验规律可以归纳为以下几点:

(1) 饱和电流与入射光的强度成正比. 即单位时间内自金属表面逸出的光电子数与入射光的强度成正比.

(2) 在光的频率大于红限频率 ν_0 的情况下,光电子的最大初动能随入射光频率的增加而线性增加,与入射光的强度无关.

(3) 光电效应具有瞬时性. 只要其频率大于 ν_0,即使光的强度很弱,一旦光照到金属面上,立刻就有光电子产生,时间滞后不超过 10^{-9} s.

从经典电磁波理论看,受光照射的物质有电子逸出在预料之中,但根据这一理论做出的一些预言却和上述实验规律不符. 按照经典电磁理论,不论入射光的频率如何,物质中的电子在电磁波作用下总能获得足够能量而逸出,因而不应存在红限频率;逸出电子的初动能应随入射光强的增大而增大,与入射光的频率无关;如果入射光的光强很小,那么物质中的电子必须经过较长时间的积累,才有足够能量而

逸出,因而不应具有瞬时性.可见,经典的电磁理论不能解释光电效应.

21.2.2　爱因斯坦光子假设

为了解释光电效应,1905 年爱因斯坦推广了普朗克的辐射能量子假设,提出了光子假设:**一束光就是一束在真空中以速度 c 运动的粒子流,这种粒子称为光量子,简称光子.频率为 ν 的光的每一个光子所具有的能量为 $\varepsilon = h\nu$,它不能再分割,而只能整个地被吸收或产生出来.**

按照光子假设,当光子入射到金属表面时,一个光子的能量一次地被金属中的一个电子全部吸收.这些能量的一部分消耗于自金属表面逸出所做的功,另一部分转变成电子离开金属表面后的初动能.根据能量守恒定律,有

$$h\nu = \frac{1}{2}m\upsilon_{\mathrm{m}}^2 + A \tag{21.10}$$

上式称为爱因斯坦光电效应方程.其中 $m\upsilon_{\mathrm{m}}^2/2$ 为光电子的最大初动能,A 为金属的逸出功.由于发现光电效应定律,爱因斯坦获得 1921 年诺贝尔物理学奖.

爱因斯坦光子理论成功地解释了光电效应的规律:

(1) 根据光子假设,入射光的强度由单位时间内到达金属表面的光子数目决定.入射光强增大,单位时间内到达金属表面单位面积的光子数增多,因而产生的光电子数也增多.这些光电子全部到达阳极 A 时形成饱和电流,所以饱和电流与入射光的强度成正比.

(2) 对于一定的金属,逸出功 A 为定值.由式(21.10)可见,光子的频率 ν 越高,光电子的初动能越大;当入射光频率 ν 低于红限频率 ν_0,即 $h\nu < A$ 时,不会有光电子逸出,即使入射光强度很大(光子数很多),也不会产生光电效应.只有当 $\nu \geqslant A/h$ 时,电子才能逸出金属表面,故红限频率为

$$\nu_0 = \frac{A}{h} \tag{21.11}$$

因为不同金属的逸出功不同,所以红限频率也因金属而异.表 21.1 给出了几种金属的红限频率和逸出功的量值.

表 21.1　几种金属的红限频率和逸出功

金　属		红限频率 ν_0/Hz	逸出功/eV
铯	Cs	4.8×10^{14}	1.9
铍	Be	9.4×10^{14}	3.9
钛	Ti	9.9×10^{14}	4.1
汞	Hg	1.09×10^{15}	4.5
金	Au	1.16×10^{15}	4.8
钯	Pd	1.21×10^{15}	5.0

（3）由于金属中的电子一次全部吸收入射光子的能量,因此,光电效应的产生无需积累能量的时间.这就说明了光电效应的瞬时性.

根据光电效应原理可制成光电管和光电倍增管.由于它们能够方便地将光信号转变为电信号,因此得到了广泛应用.如自动控制、自动计数、电影、电视、工业检测等方面.在军事上也有广泛应用,微光夜视仪、星光瞄准具等就是应用光电倍增管在夜间将目标反射的微弱光信号加以放大,从而达到探测目的.

例 21.3 波长 $\lambda = 4.0 \times 10^{-7}$ m 的单色光照射到金属铯上,求铯释放的光电子的最大初速度.

解 由表 21.1 知,铯的红限频率 $\nu_0 = 4.8 \times 10^{14}$ Hz,与此对应的红限波长 $\lambda_0 = c/\nu_0 = 6.25 \times 10^{-7}$ m.根据爱因斯坦光电效应方程,光电子最大初动能为

$$\frac{1}{2}m v_{\mathrm{m}}^2 = h\nu - A$$

将 $\nu = c/\lambda$、$A = h\nu_0 = hc/\lambda_0$ 代入上式,得光电子最大初速度为

$$v_{\mathrm{m}} = \sqrt{\frac{2hc}{m}\left(\frac{1}{\lambda} - \frac{1}{\lambda_0}\right)}$$

电子质量 $m = 9.11 \times 10^{-31}$ kg,光速 $c = 3 \times 10^8$ m·s^{-1},$h = 6.63 \times 10^{-34}$ J·s.将这些数据代入上式,得

$$v_{\mathrm{m}} = 6.50 \times 10^5 \text{ m·s}^{-1}$$

21.2.3 光的波粒二象性

光子假设不仅成功地解释了光电效应等实验,而且加深了人们对光本性的认识.波动光学已指出,光是一种电磁波,具有干涉、衍射和偏振等波动特性.现在从黑体辐射、光电效应等实验中,又看到光是粒子(光子)流,具有粒子性.可见,光既具有波动性,又具有粒子性.光所具有的这种双重特性,称为光的波粒二象性.

光子不仅具有能量,而且具有质量和动量等一般粒子共有的特性.根据相对论的质能关系式,可得光子的质量为

$$m_{\varphi} = \frac{\varepsilon}{c^2} = \frac{h\nu}{c^2} \tag{21.12}$$

根据相对论能量与动量的关系,可得光子的动量为

$$p_{\varphi} = \frac{\varepsilon}{c} = \frac{h\nu}{c} = \frac{h}{\lambda} \tag{21.13}$$

光子具有动量已在光压实验中得到证实.

不难看出,普朗克常量 h 把描述光的粒子性的能量、质量、动量,与描述光的波动性的频率、波长联系了起来.

通常认为,在涉及光的干涉、衍射等与光的传播有关的现象中,光的波动性占优势,要用波动理论解释;在涉及光的辐射和光与物质相互作用这类问题时,光的

粒子性占主导地位,要用光的量子论来解决.需要指出,这种区分只是侧重于从处理方法上考虑的,实际上光的波动性和粒子性总是相伴存在的.

21.3　康普顿效应

21.3.1　康普顿效应

1923 年,康普顿(A. H. Compton)在研究 X 射线被石墨散射时发现,单色 X 射线被物质散射时,散射线中除了有与入射线波长相同的成分外,还有波长较长的成分.这种波长变长的散射称为**康普顿散射**,或称**康普顿效应**.我国科学家吴有训在这方面也作出了卓有成效的贡献.

康普顿散射的实验装置如图 21.8 所示. X 光管发出的单色 X 射线经光阑射到散射体(石墨)上,摄谱仪对准有确定散射角 φ 的散射线,并测出其波长及相对强度;然后改变散射角 φ,做同样的测量,测量结果如图 21.9 所示.实验发现,对一定的散射角 φ,既有与入射线相同的波长 λ,又有比入射线更长的波长 λ';$\Delta\lambda=\lambda'-\lambda$ 随 φ 角的增大而增大,但与 λ 和散射物质无关.

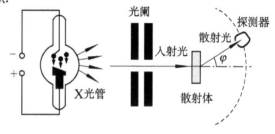

图 21.8

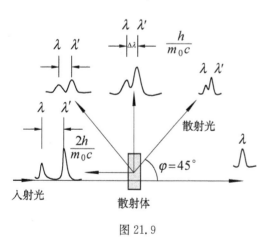

图 21.9

按照经典电磁理论,当电磁波通过散射物质时,物质中带电粒子受到入射电磁波的作用而作受迫振动.这种带电粒子要从入射波中吸收能量,同时又作为新的波源向四周辐射电磁波,形成散射光.以波动观点,带电粒子作受迫振动的频率应等于入射光的频率,所以散射光的频率或波长应与入射光的相同.可见,光的波动理论只能解释波长不变的散射,却不能解释波长改变的康普顿效应.

21.3.2　光子理论解释康普顿效应

康普顿根据光的量子理论成功地解释了康普顿效应.他认为这种散射是单个

光子与物质中受原子核束缚较弱的电子相互作用的结果，在这个相互作用过程中，光子和电子系统的动量和能量都是守恒的.

　　按照光的量子理论，电磁辐射是光子流，每一光子都有确定的动量和能量. 入射 X 射线的光子能量较大，约为 $10^4 \sim 10^5$ eV，而散射物质中那些受原子核束缚较弱的电子，只需要 $10 \sim 100$ eV 的能量即可摆脱原子核的束缚，所以可忽略这些电子的束缚能而近似地认为它们是自由电子. 同样，由于这些电子的热运动能量也远小于 X 射线的光子能量，因此还可忽略电子的热运动而认为电子是静止的. 据此，入射 X 射线的光子与弱束缚电子的相互作用可近似看作光子与静止自由电子的弹性碰撞.

　　如图 21.10 所示，入射光子的动量为 $h\nu/c$，散射光子的动量为 $h\nu'/c$，碰撞后电子的动量为 mv. 根据动量守恒定律，有

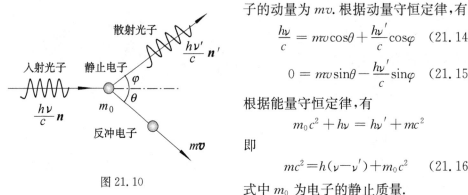

图 21.10

$$\frac{h\nu}{c} = mv\cos\theta + \frac{h\nu'}{c}\cos\varphi \quad (21.14)$$

$$0 = mv\sin\theta - \frac{h\nu'}{c}\sin\varphi \quad (21.15)$$

根据能量守恒定律，有

$$m_0 c^2 + h\nu = h\nu' + mc^2$$

即

$$mc^2 = h(\nu - \nu') + m_0 c^2 \quad (21.16)$$

式中 m_0 为电子的静止质量.

　　从式(21.14)和式(21.15)消去 θ，得

$$m^2 v^2 c^2 = h^2\nu^2 + h^2\nu'^2 - 2h^2\nu\nu'\cos\varphi \quad (21.17)$$

将式(21.16)两边平方后减去式(21.17)，可得

$$m^2 c^2(c^2 - v^2) = m_0^2 c^4 - 2h^2\nu\nu'(1 - \cos\varphi) + 2hm_0 c^2(\nu - \nu')$$

将 $m = \dfrac{m_0}{\sqrt{1 - v^2/c^2}}$ 代入上式得

$$h\nu\nu'(1 - \cos\varphi) = m_0 c^2(\nu - \nu') \quad (21.18)$$

利用关系式 $\nu = \dfrac{c}{\lambda}$，$\nu' = \dfrac{c}{\lambda'}$，式(21.18)可写成

$$h(1 - \cos\varphi) = m_0 c(\lambda' - \lambda)$$

波长的改变量为

$$\Delta\lambda = \lambda' - \lambda = \frac{h}{m_0 c}(1 - \cos\varphi) = \frac{2h}{m_0 c}\sin^2\frac{\varphi}{2} \quad (21.19)$$

上式就是康普顿效应的波长改变公式. 它表明，波长的改变量只与光子的散射角 φ 有关. 当 $\varphi = 0$ 时，波长不变，φ 增大时 $\Delta\lambda$ 也增大，这一结论与图 21.9 所示的实验结果完全符合. 以上说明了光子与静止自由电子发生弹性碰撞时，散射线中有比入

射线波长长的射线. 在散射线中还有与入射线波长相同的射线, 这是因为光子除了与自由电子发生碰撞外, 还要与原子中束缚很紧的电子发生碰撞, 这种碰撞可以看作光子与整个原子的碰撞, 因原子的质量比光子质量大得多, 根据碰撞理论, 光子碰撞后不会显著地失去能量, 因而散射光子的频率几乎不变, 所以在散射线中也有与入射线波长相同的射线.

康普顿散射再一次证明了光子假说的正确性, 同时也证实了在微观粒子相互作用过程中, 同样严格地遵守能量守恒定律和动量守恒定律.

例 21.4 $\lambda = 1.88 \times 10^{-12}$ m 的入射 γ 射线在碳块上散射, 当散射角 $\varphi = \pi/2$ 时, 求: (1) 波长的改变量 $\Delta\lambda$; (2) 电子获得多大的动能.

解 (1) 由式 (21.19) 知, 波长的改变量为

$$\Delta\lambda = \lambda' - \lambda = \frac{h}{m_0 c}(1 - \cos\varphi)$$

$$= \frac{6.63 \times 10^{-34} \text{ J·s}}{9.11 \times 10^{-31} \text{ kg} \times 3.0 \times 10^8 \text{ m·s}^{-1}}(1 - \cos\frac{\pi}{2}) = 2.43 \times 10^{-12} \text{ m}$$

可见 $\Delta\lambda$ 与 λ 同数量级.

(2) 设电子获得的动能为 E_k, 根据能量守恒定律, 有

$$E_k = mc^2 - m_0 c^2 = h\nu - h\nu' = hc\left(\frac{1}{\lambda} - \frac{1}{\lambda'}\right)$$

式中 $\lambda' = \lambda + \Delta\lambda$. 于是有

$$E_k = hc\left(\frac{1}{\lambda} - \frac{1}{\lambda + \Delta\lambda}\right) = \frac{hc\Delta\lambda}{\lambda(\lambda + \Delta\lambda)}$$

$$= \frac{6.63 \times 10^{-34} \text{ J·s} \times 3.0 \times 10^8 \text{ m·s}^{-1} \times 2.43 \times 10^{-12} \text{ m}}{1.88 \times 10^{-12} \text{ m} \times (1.88 + 2.43) \times 10^{-12} \text{ m}} = 5.96 \times 10^{-14} \text{ J}$$

21.4　玻尔的氢原子理论

经典物理学不仅无法解释热辐射的实验规律, 而且在说明原子光谱的线状结构及原子本身的稳定性方面同样遇到了不可克服的困难. 在普朗克的能量子假设和爱因斯坦的光子假说提出以后, 1913 年丹麦物理学家玻尔 (N. Bohr) 创立了关于氢原子结构的半经典量子理论, 初步奠定了原子物理学的基础.

21.4.1　氢原子光谱的实验规律

原子发光是重要的原子现象之一. 原子所辐射的光中一般包括许多不同的波长成分. 实验发现, 各种元素的原子光谱都是线状光谱, 它有两个特点: 一定元素的原子光谱中包含了完全确定的波长成分, 不同元素的光谱成分各不相同; 每种元素的原子光谱中谱线按一定规则排列, 这种有规则的光谱线组成**线系**.

氢原子是最简单的原子,其光谱也最为简单. 对氢原子光谱的研究是进一步研究原子分子光谱的基础,而后者在研究原子、分子结构以及分析物质等方面都具有重要的意义.

图 21.11 是实验得到的氢原子光谱在可见光和紫外光区的谱线分布,其中 H_α、H_β、H_γ、… 谱线的波长经光谱学测定,已标明在图中.

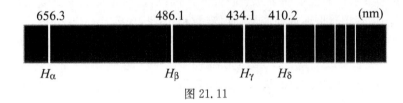

图 21.11

1885 年,瑞士的一位中学教师巴耳末(J. J. Balmer)发现,对当时已观测到的氢原子光谱中的谱线波长,可以归纳出一个简单的关系式

$$\lambda = B \frac{n^2}{n^2 - 4} \tag{21.20}$$

式中 B 是常量,其值为 364.57 nm,n 是大于 2 的正整数. 当 n 取 $3,4,5,\cdots$ 时,上式分别给出氢原子光谱中 H_α、H_β、H_γ 等谱线的波长. 该谱线系称为巴耳末系.

1889 年瑞典物理学家里德伯(J. R. Rydberg)用波长的倒数替代巴耳末公式中的波长,并将 $\tilde{\nu} = \dfrac{1}{\lambda}$ 称为**波数**,从而得出

$$\tilde{\nu} = \frac{1}{\lambda} = R\left(\frac{1}{2^2} - \frac{1}{n^2}\right), \quad n = 3,4,5,\cdots \tag{21.21}$$

同时提出了氢原子光谱的普遍表达式.

$$\tilde{\nu} = \frac{1}{\lambda} = R\left(\frac{1}{m^2} - \frac{1}{n^2}\right), \quad \begin{cases} m = 1,2,3,\cdots \\ n = m+1, m+2, m+3, \cdots \end{cases} \tag{21.22}$$

式中 R 为里德伯常量,它的近代测量值为 $R = 1.097\ 373\ 153\ 4 \times 10^7\ \mathrm{m}^{-1}$,一般计算时取 $1.097 \times 10^7\ \mathrm{m}^{-1}$. 式(21.22)称为氢原子光谱的里德伯公式.

式(21.22)这一经验公式成功地预言并找到了氢原子光谱中的其他线系. m 的不同取值对应于不同的线系,$n \rightarrow \infty$ 时的波长称为极限波长,简称线系限. 显然,巴耳末系是其中的一个线系,这个线系对应于 $m = 2$, $n = 3,4,5,6,\cdots$ 的波长分别为 656.3 nm、486.1 nm、434.1 nm、410.2 nm 等,该系的线系限为 364.5 nm. 可以看出,氢原子光谱在可见光区的谱线只有 4 条. 类似地,当 $m = 1$ 时,算出的谱线在紫外区,称为莱曼(Lyman)系(1916 年发现);与 $m = 3,4,5$ 对应的谱线系均在红外区,分别称为帕邢(Paschen)系(1908 年发现)、布拉开(Brackett)系(1922 年发现)、普丰德(Pfund)系(1924 年发现).

应当指出,氢原子光谱的谱线规律发现以后,里德伯和里兹等人又于 1908 年

发现碱金属的线光谱也有类似于氢原子光谱的规律性.

毫无疑问,式(21.22)是氢原子所具有的内在规律性的表现,但却无法用经典理论解释.根据卢瑟福提出的原子有核模型,电子在原子中绕核转动,这种加速运动着的电子不断地向外辐射电磁波,其频率等于电子绕核转动的频率.由于原子不断地向外辐射能量,它的能量逐渐减少,电子绕核转动的频率也要逐渐地改变,因而原子发射的光谱应该是连续的.不仅如此,由于原子总能量的减少,电子将逐渐地接近原子核而最后落在核上,因而原子应是一个不稳定系统.

21.4.2　玻尔的氢原子理论

为了建立合理的原子内部结构模型,以解释原子光谱的规律,许多科学家都在积极探索.1913 年,玻尔以卢瑟福的原子模型为基础,结合普朗克的量子概念和爱因斯坦的光子理论,提出了以下三个基本假设以克服经典理论的困难.

1.定态假设

原子系统只能处于一系列不连续而又稳定的能量状态,称之为**稳定状态**,简称**定态**,相应的能量分别为 E_1、E_2、E_3、$\cdots$($E_1 < E_2 < E_3 < \cdots$). 在这些状态中,核外电子虽作加速运动但不辐射电磁能量.

2.量子化条件

电子在半径为 r 的稳定圆轨道上运动时,其轨道角动量 L 必须等于 $h/(2\pi)$ 的整数倍,即

$$L = mvr = n\frac{h}{2\pi} = n\hbar, \quad n = 1,2,3,\cdots \tag{21.23}$$

式中 $\hbar = h/(2\pi) = 1.055 \times 10^{-34}$ J·s,称为约化普朗克常量;n 为正整数,称为**量子数**.式(21.23)称为角动量量子化条件.

3.频率条件

当原子从具有较高能量 E_n 的定态跃迁到较低能量 E_k 的定态时,原子发射频率为 ν_{kn} 的光子,且满足频率条件

$$\nu_{kn} = \frac{E_n - E_k}{h} \tag{21.24}$$

反之,原子在较低能量 E_k 的定态时,若吸收频率为 ν_{kn} 的光子,就可跃迁到较高能量 E_n 的定态.实际上式(21.24)就是光辐射或吸收时的能量守恒定律.

现在我们从玻尔的三条假设出发推求氢原子能级公式,并解释氢原子光谱的实验规律.设电子的质量为 m,绕原子核作圆周运动,其可能的稳定轨道半径为 r,速度为 v.根据牛顿运动定律,有

$$\frac{e^2}{4\pi\varepsilon_0 r^2} = m\frac{v^2}{r} \tag{21.25}$$

由式(21.23),可得

$$v_n = \frac{nh}{2\pi mr} \tag{21.26}$$

将式(21.26)代入式(21.25)并以 r_n 代替 r,解得

$$r_n = \frac{\varepsilon_0 h^2}{\pi me^2} n^2 = r_1 n^2, \quad n = 1,2,3,\cdots \tag{21.27}$$

式中 r_1 为 $n = 1$ 时的轨道半径,称为第一玻尔轨道半径.代入已知数值,可得

$$r_1 = 5.29 \times 10^{-11} \text{ m}$$

这一结果和用其他方法求得的结果符合得很好.式(21.27)表明,原子中第 n 个稳定轨道的半径 r_n 与量子数 n 的平方成正比,其量值显然是不连续的,即是量子化的.

电子在第 n 个轨道上的总能量是动能和势能之和,即

$$E_n = \frac{1}{2} mv_n^2 - \frac{e^2}{4\pi\varepsilon_0 r_n}$$

利用式(21.26)和式(21.27),上式可写为

$$E_n = -\frac{1}{n^2} \cdot \frac{me^4}{8\varepsilon_0^2 h^2} = \frac{E_1}{n^2}, \quad n = 1,2,3,\cdots \tag{21.28}$$

这就是处在量子数为 n 的定态时原子系统的能量.由此可见,由于电子轨道角动量不能连续变化,氢原子的能量也只能取一系列不连续的值,称为**能量量子化**,量子数可取 $1,2,3,\cdots$ 任意正整数.这种量子化的能量值称为**原子能级**(简称**能级**).式中 E_1 是 $n=1$ 时原子系统的能量,$E_1 = -me^4/(8\varepsilon_0^2 h^2) = -13.6$ eV,也是把电子从氢原子的第一玻尔轨道移到无限远处所需要的能量,称为**电离能**.此外,还可以看出,原子系统的能量均为负值,表明原子中的电子被束缚在原子核周围.

图 21.12 是氢原子能级与相应的电子轨道示意图.在正常情况下,氢原子处于最低能级 E_1,也就是电子处于第一轨道上.这个最低能级对应的状态叫做**基态**.电子受到外界激发时,可从基态跃迁到较高能级的 E_2、E_3、E_4、$\cdots$上,这些能级对应的状态叫做**激发态**.

当电子从较高的能级 E_n 跃迁到较低能级的 E_k 时,由式(21.24)可得原子辐射的单色光频率为

$$\nu_{kn} = \frac{E_n - E_k}{h} = \frac{me^4}{8\varepsilon_0^2 h^3}\left(\frac{1}{k^2} - \frac{1}{n^2}\right) \quad (n > k)$$

因 $\lambda = c/\nu$,故有

$$\tilde{\nu} = \frac{1}{\lambda} = \frac{me^4}{8\varepsilon_0^2 h^3 c}\left(\frac{1}{k^2} - \frac{1}{n^2}\right) \quad (n > k) \tag{21.29}$$

式中 $\tilde{\nu}$ 为氢原子由高能级 E_n 跃迁到低能级 E_k 时,原子辐射单色光的波数.将式(21.29)与式(21.22)比较,得到里德伯常量的理论值为

$$R = \frac{me^4}{8\varepsilon_0^2 h^3 c} = 1.0973731 \times 10^7 \text{ m}^{-1}$$

与实验值符合得很好. 式(21.29)中 $k=1,2,3,\cdots$ 分别对应于莱曼系、巴耳末系、帕邢系、…. 氢原子能级跃迁与光谱系之间的关系如图 21.12 所示.

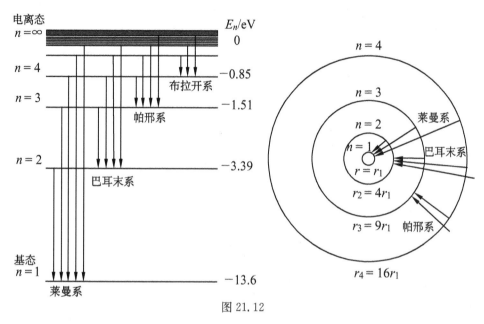

图 21.12

例 21.5 试求：(1)氢原子巴耳末线系中能量最小的光子的波长；(2)巴耳末线系的极限波长.

解 (1)巴耳末线系中能量最小的光子对应于从 $n=3$ 的激发态向 $n=2$ 的激发态的跃迁. 由式(21.28)，有 $E_n = E_1/n^2$，于是，光子的最小能量可写成

$$\Delta E_{\min} = E_3 - E_2 = E_1\left(\frac{1}{3^2} - \frac{1}{2^2}\right) = -13.6 \text{ eV}\left(\frac{1}{9} - \frac{1}{4}\right) = 1.89 \text{ eV}$$

相应的波长为

$$\lambda = \frac{hc}{\Delta E_{\min}} = \frac{6.63 \times 10^{-34} \text{ J·s} \times 3 \times 10^8 \text{ m·s}^{-1}}{1.89 \text{ eV} \times 1.60 \times 10^{-19} \text{ J·(eV)}^{-1}} = 0.66 \ \mu\text{m}$$

(2)巴耳末线系的极限波长对应于从 $n=\infty$ 的电离状态向 $n=2$ 的激发态的跃迁，最大能量和相应的波长分别为

$$\Delta E_\infty = E_\infty - E_2 = -E_1 \cdot \frac{1}{2^2} = 13.6 \text{ eV} \times \frac{1}{4} = 3.40 \text{ eV}$$

$$\lambda = \frac{hc}{\Delta E_\infty} = \frac{6.63 \times 10^{-34} \text{ J·s} \times 3 \times 10^8 \text{ m·s}^{-1}}{3.40 \text{ eV} \times 1.60 \times 10^{-19} \text{ J·(eV)}^{-1}} = 0.37 \ \mu\text{m}$$

21.4.3 玻尔理论的局限性

玻尔的半经典量子理论圆满地解释了氢原子光谱的规律性,并从理论上算出了里德伯常量. 但是,玻尔理论也有很大的局限性,如只能对只有一个价电子的原子或离子,即类氢离子光谱线进行计算,对其他稍微复杂的原子就无能为力了;另外,它完全没有涉及谱线的强度、宽度、偏振性等问题;再者,量子化条件的引进也没有适当的理论解释. 原因在于他一方面把微观粒子看成是遵守经典力学的质点,用了坐标和轨道的概念,并且还应用牛顿定律来计算电子轨道等;另一方面又加上量子条件来限制稳定运动状态的轨道. 可见玻尔理论是经典理论加上量子条件的混合物,因此它远不是一个完善的理论.

后来在波粒二象性基础上建立起来的量子力学,以更正确的概念和理论完满地解决了玻尔理论所遇到的困难. 即便如此,玻尔理论仍然是原子物理发展史上一个重要的里程碑,也大大推动了量子力学的建立和发展. 玻尔理论的"定态"、"能级"、"能级跃迁决定辐射频率"等概念在量子力学中仍然是非常重要的概念.

21.5 德布罗意物质波假设

21.5.1 德布罗意假设

法国一位年轻人德布罗意(L. de Broglie)仔细分析了光的微粒说和波动说的历史,深入研究了光子假说. 他认为,整个世纪以来,在光的研究中,人们只重视了光的波动性而忽略了它的粒子性,但在微观粒子的研究中却出现了相反的情况,只重视了微观粒子的粒子性,而忽略了它的波动性. 1924 年,德布罗意从自然现象存在着一定对称性出发,在他的论文中大胆地提出了物质波假设.

德布罗意认为,**不仅光具有波粒二象性,一切实物粒子如电子、原子、分子等都具有波粒二象性**. 一个质量为 m、速度为 v 的自由粒子,可用能量 E 和动量 p 来描述它的粒子性,还可以用频率 ν 和波长 λ 来描述它的波动性. 它们之间的关系与光的二象性类似,即

$$E = h\nu \tag{21.30}$$

$$p = \frac{h}{\lambda} \tag{21.31}$$

以上两式称为德布罗意关系式或德布罗意假设. 按照德布罗意假设,以动量 p 运动的实物粒子波的波长为 $\lambda = \dfrac{h}{p}$,式中 h 为普朗克常量. 这种与实物粒子相联系的波称为**物质波**,或**德布罗意波**. 应当指出,实物粒子的波动性和粒子性是统一在实物个体上的,也就是实物个体具有波粒二象性.

若一静质量为 m_0 的粒子以速率 v 运动,则按相对论定义,其动量为

$$p = \frac{m_0 v}{\sqrt{1 - v^2/c^2}}$$

于是这种粒子的德布罗意波长为

$$\lambda = \frac{h}{p} = \frac{h}{m_0 v}\sqrt{1 - v^2/c^2}$$

若 $v \ll c$,则有 $\lambda = \dfrac{h}{m_0 v}$.

例 21.6　计算:(1)电子通过 100 V 电压加速后的德布罗意波长;(2)质量 $m = 0.01$ kg、速度 $v = 300$ m·s^{-1} 的子弹的德布罗意波长.

解　(1)电子经电压 U 加速后的动能为

$$\frac{1}{2}m_e v_e^2 = eU$$

解得电子的速度为

$$v_e = \sqrt{\frac{2eU}{m_e}} = \sqrt{\frac{2 \times 1.6 \times 10^{-19}\ \text{C} \times 100\ \text{V}}{9.1 \times 10^{-31}\ \text{kg}}} = 5.9 \times 10^6\ \text{m·s}^{-1} \ll c$$

所以,被电压 U 加速的电子的德布罗意波长为

$$\lambda_e = \frac{h}{m_e v_e} = \frac{h}{\sqrt{2m_e e}} \cdot \frac{1}{\sqrt{U}} = \frac{1.225}{\sqrt{U}}\ \text{nm}$$

$$\lambda_e = \frac{1.225}{\sqrt{100}}\ \text{nm} = 0.1225\ \text{nm}$$

(2)子弹的德布罗意波长为

$$\lambda = \frac{h}{mv} = \frac{6.63 \times 10^{-34}\ \text{J·s}}{0.01\ \text{kg} \times 300\ \text{m·s}^{-1}} = 2.21 \times 10^{-25}\ \text{nm}$$

结果表明,电子的德布罗意波长与 X 射线和晶体的晶格常数相近,所以利用晶体应该能观察到电子的衍射现象.但子弹的德布罗意波长是如此之短,以致在当今的任何实验中都不可能观测到它的波动性,表现出的只是粒子性.

21.5.2　电子衍射实验

德布罗意提出物质波假设后,曾预言可通过电子衍射实验验证他的假设.1927 年,戴维孙(C. J. Davisson)和革末(L. H. Germer)做了电子束射向镍单晶靶的衍射实验,观察到了和 X 射线衍射类似的电子衍射现象,从而首先证实了电子波动性的存在.

他们将一束电子射到镍晶体的特选晶面上,同时用探测器测量沿不同方向散射的电子束的强度,如图 21.13 所示.实验中发现,当入射电子的能量为 54eV 时,在 $\varphi = 50°$ 的方向

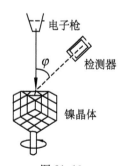

图 21.13

上散射电子束的强度最大.类似于 X 射线在晶体表面衍射的分析,算出电子波长为 1.65×10^{-10} m,而按德布罗意假设算得该电子波长为 1.67×10^{-10} m,两者符合得很好.

同年,汤姆孙(G. P. Thomson)让电子束通过薄金箔后射到照相底片上,也得到了清晰的电子衍射图样.图 21.14(a)是 X 射线的衍射图样,(b)是电子衍射图样.这足以表明,电子作为一种微观粒子,和 X 射线一样具有波动特性.

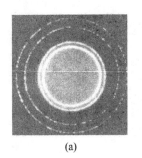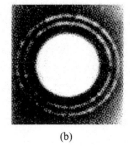

(a)   (b)

图 21.14

进入 20 世纪 30 年代以后,实验进一步发现,不但电子,而且一切微观粒子,如中子、质子、中性原子等都有衍射现象,从而表明它们都具有波动性.

前面已经指出,光作为一种电磁波,具有量子化的粒子性质,现在又看到电子等微观粒子也都具有波动的性质.所以可以说,自然界中的一切微观粒子,不论它们的静止质量是否为零,都具有波粒二象性.

由于显微镜的分辨率与波长成反比,在德布罗意波被证实之后不久,人们发现电子的德布罗意波长远远小于可见光波长,因而想到可利用电子的波动性,即用电子束代替光束制成显微镜,以得到更高的分辨率.1931 年德国人鲁斯卡(E. Ruska)制成了世界上第一台电子显微镜,开始只能放大几百倍,到 1933 年已提高到万倍以上,分辨率达 10^{-5} mm 以上.电子显微镜的研制成功开创了物质微观世界研究的新纪元,鲁斯卡因这项贡献和电子光学的基础工作获得了 1986 年诺贝尔物理学奖.

21.5.3 物质波的波函数

既然一切微观粒子都具有波动性,那么如同机械波、电磁波可以用各自的函数式表示一样,与微观粒子相联系的物质波也可以用某种函数式表示.这个函数式称为物质波的波函数,或德布罗意波的波函数,它应为时间和空间坐标的函数,通常写作 $\Psi(r, t)$ 或 $\Psi(x, y, z, t)$.我们试从机械波的波函数入手,引入 $\Psi(r, t)$ 的具体形式.

对于机械波,频率为 ν、波长为 λ、沿 Ox 轴正向传播的单色平面波波函数为

$$y(x, t) = A\cos 2\pi\left(\nu t - \frac{x}{\lambda}\right)$$

根据欧拉公式,也可将平面波的波函数改用复指数形式表示,即

$$y(x, t) = A\,\mathrm{e}^{-\mathrm{i}2\pi(\nu t - x/\lambda)}$$

余弦形式的波函数即为上述复函数展开后的实部.

现在讨论沿 Ox 轴正方向运动的自由粒子.因不受外力作用,所以作匀速直线运动,其动量 p 和能量 E 都是常量.由德布罗意关系式可知,与一个自由粒子相联系的物质波的频率和波长也都不随时间变化.从波动观点看,频率和波长恒定不变的波是单色波,所以一个自由粒子的物质波对应于单色平面波.在量子力学中采用复指数形式的波函数,这不仅是为了运算方便,而且只有这种形式才能适应微观粒子波粒二象性的理论要求.即

$$\Psi(x,t) = \psi_0 \mathrm{e}^{-\mathrm{i}2\pi(\nu t - x/\lambda)}$$

将 $\nu = E/h$ 和 $\lambda = h/p$ 代入上式,得到沿 Ox 轴正方向运动的自由粒子的波函数为

$$\Psi(x,t) = \psi_0 \mathrm{e}^{-\frac{\mathrm{i}}{\hbar}(Et - px)} \tag{21.32}$$

式中 ψ_0 是波函数 $\Psi(x,t)$ 的振幅.

对于在三维空间沿 r 方向传播的自由粒子,只需将式(21.32)中的 px 改写成 $p_x x + p_y y + p_z z = \boldsymbol{p} \cdot \boldsymbol{r}$,即得自由粒子作三维运动时的波函数

$$\Psi(x,y,z,t) = \psi_0 \mathrm{e}^{-\frac{\mathrm{i}}{\hbar}(Et - \boldsymbol{p} \cdot \boldsymbol{r})} \tag{21.33}$$

21.5.4　波函数的统计解释

1. 两种不同的认识

式(21.32)或式(21.33)是我们从机械波的波函数入手引入的自由粒子的波函数,式中,E、p 是描述自由粒子具有粒子性的物理量.但是,机械波表达式中的位移 $y(x,t)$ 是有直接物理意义的,这里的 $\Psi(r,t)$ 的含义是什么呢? 对这一问题,历史上曾有两种不同的认识,甚至进行了一场激烈的争论.

第一种认为 Ψ 反映波的方面是基本的,粒子性方面只是许多波组合起来的一个波包,波包的速度就是粒子的速度,波包的运动才表现出粒子性.但这种认识被实验否定了.因为波包是由不同频率的波组成的,不同频率的波在介质中的速度不同,因而一个波包在介质中会逐渐扩展而消失.实验发现,电子作为一种实物粒子是不会在介质中扩展而消失的,而且对于波来说,它在两种介质的界面上要被反射和折射分为两部分,但一个电子是不可分的.

第二种认为 Ψ 反映粒子性方面是基本的,波的方面只是表现为大量粒子的分布密度不同,但电子束的双缝衍射实验表明这种认识也不是完全恰当的.当电子束通过双缝 1 和 2 后,在照片上显像后呈现出有强弱分布的衍射图样,如图 21.15 所示.若减弱入射电子束的强度,即使减弱到只有电子通过缝 1 而没有电子通过缝 2,只要照射时间足够长,照片上依然能显示出衍射图样.这表明,微观粒子的波动性并非同时存在大量

图 21.15

粒子时才出现,这种波动性应该是各个粒子所具有的性质.

1926 年,玻恩(M. Born)提出了对波函数的统计解释,从而将实物粒子的波动性和粒子性有机地结合在一起.

2. 波函数的统计解释

为了理解实物粒子的波动性,不妨重新审视光的衍射图样. 从波动性观点看,在衍射图样的明纹处,光的强度大,暗纹处,光的强度小,而光的强度是与光矢量振幅的平方成正比的;从粒子性观点看,某处光的强度大,表示单位时间内到达该处的光子多,某处光的强度小,则表明单位时间内到达该处的光子少. 从统计的观点看,自然是光子到达明纹处的概率要比到达暗纹处的概率大,因此可以说,光子在某处出现的概率与该处光的强度成正比. 或者说,与该处光矢量振幅的平方成正比.

我们应用上述观点来分析电子衍射图样. 从粒子性观点看,衍射图样的出现,是由于电子落到照相底片各处的概率不同引起的. 明纹处电子密集,表示电子出现的概率大,暗纹处则概率小. 从波动性观点看,电子密集的地方波的强度大. 所以电子在某处出现的概率和该处物质波的强度成正比. 或者说,与该处波函数振幅的平方成正比. 电子是如此,其他微观粒子也是如此. 从这个意义上说,**物质波是一种概率波**.

根据复数运算法则,$|\Psi|^2 = \Psi \cdot \Psi^* = \psi_0^2$,其中 Ψ^* 是 Ψ 的共轭复数. 于是可进一步得出结论:**一个微观粒子在某处出现的概率正比于该处波函数绝对值的平方**.

考虑空间 $x \sim x+dx, y \sim y+dy, z \sim z+dz$ 小区域,波函数 Ψ 可视为不变,因而粒子在区域 $dV = dxdydz$ 内出现的概率 dW 与 $|\Psi(x,y,z,t)|^2$ 成正比,若取比例系数为 1,则粒子出现在该区域内的概率为

$$dW = |\Psi(x,y,z,t)|^2 dV$$

显然 dW/dV 是单位体积内的概率,称为**概率密度**,则由上式可以看出波函数 $\Psi(x,y,z,t)$ 的物理意义:**波函数模的平方 $|\Psi(x,y,z,t)|^2$ 表示某时刻 t 在空间点 (x, y, z) 附近单位体积内粒子出现的概率**. 即 $|\Psi|^2$ 表示概率密度.

不难看出,物质波的波函数本身并没有直接的物理含义,它并不代表任何可观测的物理量,而且也不能从实验直接测出 Ψ 的量值,但是其模的平方 $|\Psi|^2$ 有实际的意义. 只要知道了 Ψ 的具体形式,就可求出粒子的概率分布,因此,物质波是一种概率波.

需要指出,物质波与机械波、电磁波有质的不同,机械波和电磁波分别是机械振动和交变的电磁场在空间的传播,而物质波并不是一种真实存在的在空间传播的波,它只是从统计意义上反映微观粒子的运动表现出波的特性.

3.波函数的归一化条件和标准条件

由于 $|\Psi|^2$ 表示的是某时刻在空间某处附近单位体积内粒子出现的概率,所以波函数必须满足一些条件.

首先,任一时刻,粒子必定在整个空间的某一点出现,它不是在这里出现,就是在那里出现,所以概率总和为 1,即

$$\int_V |\Psi|^2 \mathrm{d}V = 1 \qquad\qquad (21.34)$$

式中的积分对整个空间进行.对波函数的这一要求,称为波函数的**归一化条件**.

其次,在任一时刻,任一区域内粒子出现的概率只能是单一的,并且概率是连续分布的,不会在某处突变,也不能在某处变为无穷大.因此波函数必须满足单值、有限、连续的条件.这些条件称为波函数的**标准条件**.

例 21.7　作一维运动的粒子被束缚在 $0 < x < a$ 的范围内.已知其波函数为

$$\Psi(x) = A\sin\frac{\pi x}{a}$$

试求:(1)常量 A;(2)粒子在 0 到 $a/2$ 区域内出现的概率;(3)粒子出现的概率最大的位置.

解　(1)由归一化条件

$$\int_0^\infty \Psi\Psi^* \mathrm{d}x = A^2 \int_0^a \sin^2\frac{\pi x}{a}\mathrm{d}x = 1$$

有 $A^2 \cdot a/2 = 1$,于是得到常量 $A = \sqrt{2/a}$.

(2)粒子的概率密度为

$$|\Psi(x)|^2 = \frac{2}{a}\sin^2\frac{\pi x}{a}$$

在 $0 < x < a/2$ 的区域内,粒子出现的概率为

$$\int_0^{\frac{a}{2}} |\Psi(x)|^2 \mathrm{d}x = \frac{2}{a}\int_0^{\frac{a}{2}} \sin^2\frac{\pi x}{a}\mathrm{d}x = \frac{1}{2}$$

(3)概率最大的位置应满足

$$\frac{\mathrm{d}|\Psi(x)|^2}{\mathrm{d}x} = \frac{2\pi}{a^2}\sin\frac{2\pi x}{a} = 0$$

则有

$$\frac{2\pi x}{a} = k\pi, \quad k = 0, \pm 1, \pm 2, \cdots$$

因为 $0 < x < a$,故得 $x = a/2$,即此处粒子出现的概率最大.

21.5.5　态叠加原理

我们知道,与微观粒子相联系的物质波可以用波函数来描述,它是一种概率

波. 在量子力学中用波函数来描述微观粒子的量子状态，称为**量子态**，因此波函数亦称态函数. 源于波函数的叠加性质，可以得到**态叠加原理**：在一般情况下，如果波函数 $\Psi_1, \Psi_2, \cdots, \Psi_n$ 都是体系的可能量子态，那么它们的线性叠加态

$$\Psi = c_1\Psi_1 + c_2\Psi_2 + \cdots + c_n\Psi_n$$

也是这个体系的一个可能的量子态，式中 $c_1, c_2, \cdots, c_n$ 为复数.

为了理解态叠加原理的深刻含义，我们对电子双缝衍射实验的结果进行分析. 设双缝由狭缝 1 和狭缝 2 组成，先遮盖缝 2，电子穿过缝 1 到达照相底片上任一点 P 的状态为 Ψ_1；再遮盖缝 1，电子穿过缝 2 到达照相底片上 P 点的状态为 Ψ_2. 当双缝同时打开时，每个电子都可能以一定的概率穿过其中一个缝，即电子既可能处在 Ψ_1 态，也可能处在 Ψ_2 态，因此双缝同时打开时，电子的状态可以用它们的线性叠加态来表示. 由此可以得到电子在底片上 P 点出现的概率密度为

$$|\Psi|^2 = |c_1\Psi_1 + c_2\Psi_2|^2$$
$$= (c_1^*\Psi_1^* + c_2^*\Psi_2^*)(c_1\Psi_1 + c_2\Psi_2)$$
$$= |c_1\Psi_1|^2 + |c_2\Psi_2|^2 + c_1^*c_2\Psi_1^*\Psi_2 + c_1c_2^*\Psi_1\Psi_2^*$$

上式表明，电子穿过双缝到达底片上任一点的概率密度 $|\Psi|^2$ 一般不等于电子只穿过缝 1 或缝 2 到达底片上该点的概率密度 $|c_1\Psi_1|^2$ 与 $|c_2\Psi_2|^2$ 之和，还要加上后面的相干项. 正是由于相干项的作用，才出现了干涉图样，这与实验结果非常吻合.

必须指出，量子力学和经典力学中波的叠加性有着本质的区别. 在量子力学中波的叠加性是指态的叠加性. 可以看出，态叠加原理是"波函数可以完全描述一个体系的量子态"与"波的叠加性"这两个概念的概括.

21.6 不确定关系

微观粒子具有波粒二象性，表明它与经典粒子有不同的属性，用于描述经典粒子运动的概念一般不适用于描述微观粒子的运动. 例如，在经典力学中，质点的运动都沿着一定的轨道，在任意时刻都有完全确定的位置和动量. 然而对于微观粒子来说，由于它具有明显的波动性，因而不可能在同一时刻准确地确定其位置和动量，或者说，微观粒子的位置和动量不可能同时具有确定的量值. 后面还将提到时间和能量也无法同时确定. 称之为**不确定关系**，习惯上叫做**测不准关系**.

我们以电子单缝衍射为例，讨论位置和动量的不确定关系. 如图 21.16 所示，设有一束电子沿 Oy 轴射向 AB 屏上缝宽为 a 的狭缝，通过狭缝衍射后，在照相底板 CD 上可以观察到类似于光的单缝衍射的衍射图样. 当一个电子通过狭缝时，很

难知道它是从缝内哪一点通过的,即很难确切地回答电子在通过狭缝的瞬时其位置坐标 x 为多少,只能准确地确定电子的坐标在 $\Delta x = a$ 的范围内. 式中 Δx 称为电子在 x 方向位置的不确定度. 显然,电子通过狭缝的瞬时,它在 Ox 方向上的位置可以准确到缝的宽度. 由于电子波的衍射,不能确切地知道电子将落到照相底板上的哪一点,但从底板 CD 上电

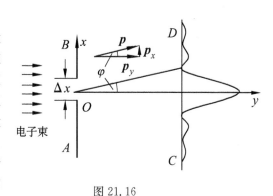

图 21.16

子强度的分布看,可以认为电子差不多都集中在中央明纹的范围内,落在其他区域的电子很少.

我们对先落在一级极小范围以内的电子进行估算. 设通过狭缝后电子的动量为 $\boldsymbol{p}$,则其在 Ox 轴上的分量为 $p_x = p\sin\varphi$. 由此可见,落在中央明纹范围内的电子,其 p_x 值只能介于 0 与 $p\sin\varphi$ 之间,即

$$0 \leqslant p_x \leqslant p\sin\varphi$$

因此,电子在 Ox 方向动量分量 p_x 的不确定度为

$$\Delta p_x = p\sin\varphi \qquad (21.35)$$

根据单缝衍射暗纹条件 $a\sin\varphi = k\lambda$,对第一级极小,有

$$\sin\varphi = \frac{\lambda}{a} = \frac{\lambda}{\Delta x} \qquad (21.36)$$

用电子的德布罗意波长 $\lambda = h/p$ 代入,并联立式(21.35)和式(21.36),得到

$$\Delta x \cdot \Delta p_x = h$$

若将次级衍射考虑在内,有 $\sin\varphi > \lambda/a$,则 p_x 的不确定度为

$$\Delta p_x = p\sin\varphi > p\frac{\lambda}{a} = \frac{h}{\Delta x}$$

由此得到

$$\Delta x \cdot \Delta p_x \geqslant h$$

上式是借助于单缝衍射特例估算得到的结果. 量子力学给出的一般关系为

$$\Delta x \cdot \Delta p_x \geqslant \frac{\hbar}{2} \qquad (21.37)$$

上式称为**海森伯不确定关系**.

不确定关系表明,对粒子的位置和动量不可能同时进行准确的测量,粒子在某一方向的坐标测得越准确,则该方向上动量的不确定程度就越大. 如电子单缝衍射实验,缝越窄,电子在照相底片上的分布就越宽. 可见,对于具有波粒二象性的微观

粒子,不可能用某一时刻的位置和动量描述其运动状态,轨道的概念已失去意义,经典力学规律已不再适用.

值得指出,不确定关系不仅存在于坐标和动量之间,能量和时间之间也有类似的不确定关系.即能量的不确定量 ΔE 和时间的不确定量 Δt 之间有

$$\Delta E \cdot \Delta t \geqslant \frac{\hbar}{2} \tag{21.38}$$

将其应用于原子系统可以解释原子受激态的**能级宽度** ΔE 和原子处于受激态的**平均寿命** Δt 之间的关系.原子通常处于能量最低的基态,在受到激发后将跃迁到各个能量较高的受激态,任何受激态都是不稳定的,停留一段时间又自发跃迁进入能量较低的定态.大量同类原子在同一高能级上停留时间长短不一,但平均停留时间为一定值,称为该能级的平均寿命.根据能量和时间不确定关系,平均寿命 Δt 越长的能级越稳定,能级宽度 ΔE 则越小,即能量越确定,因此基态能级的能量最确定.由于能级有一定宽度,两个能级间跃迁所产生的光谱线也有一定宽度.显然受激态的平均寿命越长,能级宽度越小,跃迁到基态所发射的光谱线的单色性也就越好.原子中受激态的平均寿命通常为 $10^{-7} \sim 10^{-9}$ s 数量级.若 $\Delta t = 10^{-8}$ s,则可算得能级宽度 $\Delta E = 10^{-8}$ eV.

不确定关系是波粒二象性的必然反映,是由微观粒子的本性决定的,与测量仪器的精密度无关,也不是测量误差.误差是可以通过改善实验手段减小的,而不确定关系是微观粒子运动的客观规律.由于 h 是一个极为微小的常量,所以在宏观现象中,不确定关系并不给出有价值的结果,这也说明 h 可作为衡量量子效应是否显著的标尺.

不确定关系式是物理学中一个重要的基本规律,在微观世界的各个领域中有很广泛的应用.需要说明的是,该式常用作数量级估算,有时也写成 $\Delta x \cdot \Delta p_x \geqslant \hbar$ 或 $\Delta x \cdot \Delta p_x \geqslant h$ 等形式.

例 21.8 设一个电子和一个质量为 10 g 的子弹速度均为 500 m·s^{-1},速度的不确定度是速度的 0.01%.求它们坐标的不确定度.

解 由不确定关系

$$\Delta x \cdot \Delta p_x = \Delta x \cdot m \Delta v \geqslant \frac{\hbar}{2}$$

可得

$$\Delta x \geqslant \frac{\hbar}{2m \cdot \Delta v} = \frac{1.055 \times 10^{-34} \text{ J·s}}{2 \times 500 \times 0.01\% \text{ m·s}^{-1}} \cdot \frac{1}{m}$$

对于电子,$m = 9.11 \times 10^{-31}$ kg,得 $\Delta x \geqslant 1.16 \times 10^{-3}$ m.

对于子弹,$m = 0.01$ kg,得 $\Delta x \geqslant 1.05 \times 10^{-31}$ m.

显然,电子坐标的不确定度比原子的线度 10^{-8} m 大得多,但子弹的坐标不确定度实在太小,即使用当今最精密的仪器也无法测出,因而不必考虑其波动性.

例 21.9　设一束光的波长为 500 nm,其波长不确定度为 2×10^{-8} nm,求光子的坐标不确定度.

解　由 $p = h/\lambda$ 可得光子动量的不确定度为

$$\Delta p = \frac{h}{\lambda^2} \Delta \lambda$$

因而有

$$\Delta x \geqslant \frac{\hbar}{2\Delta p} = \frac{\lambda^2}{4\pi \Delta \lambda} = \frac{(500 \text{ nm})^2}{4 \times 3.14 \times 2 \times 10^{-8} \text{ nm}} = 995 \text{ m}$$

可见,光的单色性越好,即 $\Delta \lambda$ 越小,则光子的坐标不确定度就越大.

21.7　薛定谔方程

在经典力学中,如果已知宏观粒子的受力情况,就可由牛顿运动方程加上初始条件确定它的运动状态. 然而对于微观粒子来说,因为具有波粒二象性,其位置和动量无法同时确定. 所幸波函数 $\Psi(\boldsymbol{r}, t)$ 起到了向导作用,$|\Psi|^2$ 大的地方,发现粒子的概率大;$|\Psi|^2 = 0$ 的地方,粒子不会出现. 但是 $\Psi(\boldsymbol{r}, t)$ 满足什么样的方程呢? 1926 年,薛定谔建立了描述微观粒子在外力场中运动的非相对论性微分方程,也就是物质波波函数 $\Psi(\boldsymbol{r}, t)$ 所满足的方程,称为薛定谔方程. 它在量子力学中的地位与牛顿运动方程在经典力学中的地位相当. 薛定谔方程可以看成是量子力学的一个基本假设,因为它无法从更基本的原理经过逻辑推理得到,它的正确性只能靠实践来检验.

21.7.1　定态薛定谔方程

一般情况下,质量为 m 的粒子在外力场中运动时,其势能 V 可能是空间坐标和时间的函数,即 $V = V(\boldsymbol{r}, t)$. 薛定谔方程为

$$\left[-\frac{\hbar^2}{2m} \left(\frac{\partial^2}{\partial x^2} + \frac{\partial^2}{\partial y^2} + \frac{\partial^2}{\partial z^2} \right) + V(\boldsymbol{r}, t) \right] \Psi(\boldsymbol{r}, t) = \mathrm{i}\hbar \frac{\partial \Psi(\boldsymbol{r}, t)}{\partial t}$$

或写成

$$\left[-\frac{\hbar^2}{2m} \nabla^2 + V(\boldsymbol{r}, t) \right] \Psi(\boldsymbol{r}, t) = \mathrm{i}\hbar \frac{\partial \Psi(\boldsymbol{r}, t)}{\partial t} \tag{21.39}$$

式中 $\mathrm{i} = \sqrt{-1}$, $\nabla^2 = \left(\frac{\partial^2}{\partial x^2} + \frac{\partial^2}{\partial y^2} + \frac{\partial^2}{\partial z^2} \right)$ 为拉普拉斯算符.

方程(21.39)是一个关于 $\boldsymbol{r}$ 和 t 的线性偏微分方程,具有一般线性波动方程的形式. 自由粒子的波函数满足这个方程,读者可自行证明.

本课程不可能对薛定谔方程进行深入的讨论. 一类比较简单的问题是粒子在不随时间变化的稳定力场中运动,在这种情况下,势能函数 V 与时间无关,$V = V(\boldsymbol{r})$,粒子的能量(动能 $p^2/2m$ 与势能 $V(\boldsymbol{r})$ 之和)是一个不随时间变化的常量. 这

时粒子处于定态,描述定态的波函数称为**定态波函数**.利用分离变量法,可将定态波函数 $\Psi(\boldsymbol{r}, t)$ 写成空间坐标函数 $\psi(\boldsymbol{r})$ 和时间函数 $f(t)$ 的乘积,即

$$\Psi(\boldsymbol{r},t) = \psi(\boldsymbol{r})f(t) \tag{21.40}$$

将上式代入式(21.39),整理后可得

$$\frac{\mathrm{i}\hbar}{f(t)} \cdot \frac{\mathrm{d}f(t)}{\mathrm{d}t} = \frac{1}{\psi(\boldsymbol{r})}\left[-\frac{\hbar^2}{2m}\nabla^2\psi(\boldsymbol{r}) + V(r)\psi(\boldsymbol{r})\right] \tag{21.41}$$

上式左端为时间 t 的函数,右端为空间坐标 $\boldsymbol{r}$ 的函数,显然,它们必须都等于同一个与坐标和时间都无关的常量.设此常量为 E,则可将式(21.41)分为两个方程,其中

$$\frac{\mathrm{i}\hbar}{f(t)} \cdot \frac{\mathrm{d}f(t)}{\mathrm{d}t} = E$$

可得

$$f(t) = C\mathrm{e}^{-\frac{\mathrm{i}}{\hbar}Et}$$

式中 C 为待定常量,可并入 $\psi(\boldsymbol{r})$ 中,于是,式(21.40)可写成

$$\Psi(\boldsymbol{r},t) = \psi(\boldsymbol{r})\mathrm{e}^{-\frac{\mathrm{i}}{\hbar}Et} \tag{21.42}$$

对上式指数中各量的量纲进行分析可知,E 必为能量.

不难看出,粒子处于定态时,它在空间各点出现的概率密度与时间无关,即

$$|\Psi(\boldsymbol{r},t)|^2 = |\psi(\boldsymbol{r})|^2$$

即概率密度在空间形成稳定分布.定态波函数 $\Psi(\boldsymbol{r}, t)$ 的空间部分 $\psi(\boldsymbol{r})$ 也叫做定态波函数.

令式(21.41)的右端等于 E,即得 $\psi(\boldsymbol{r})$ 所满足的方程

$$\nabla^2\psi(\boldsymbol{r}) + \frac{2m}{\hbar^2}(E-V)\psi(\boldsymbol{r}) = 0 \tag{21.43a}$$

方程(21.43a)称为定态薛定谔方程,也称不含时间的薛定谔方程.

如果粒子在一维空间运动,方程(21.43a)简化为

$$\frac{\mathrm{d}^2\psi(x)}{\mathrm{d}x^2} + \frac{2m}{\hbar^2}(E-V)\psi(x) = 0 \tag{21.43b}$$

方程(21.43b)称为一维定态薛定谔方程.

由薛定谔方程加上标准条件和归一化条件,一般可以解出波函数的具体形式.

21.7.2　一维无限深势阱

我们以一维无限深势阱为例,了解用定态薛定谔方程处理问题的一般步骤.

设质量为 m 的粒子作一维运动,其势能函数为

$$V(x) = \begin{cases} 0 & (0 < x < a) \\ \infty & (x \leqslant 0, x \geqslant a) \end{cases}$$

这种势能函数的曲线如图 21.17 所示,它很像一个无限深的井,所以称为一维无限深势阱. 显然,这是一个理想模型.

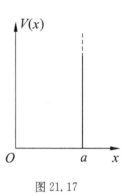

图 21.17

根据保守力与势能的关系,粒子所受保守力为

$$F = -\frac{\mathrm{d}V(x)}{\mathrm{d}x}$$

在阱内,$V=0$ 保持不变,故粒子不受力. 在边界 $x=0$ 和 $x=a$ 处,势能突然增大到无限,因而粒子受到无限大的、指向阱内的力,意味着阱内的粒子不可能越出阱外.

我们知道,金属内部的电子可以看作自由电子,当它逸出金属表面时,必须克服正电荷的引力而做功,这相当于在金属表面处势能突然增大. 因此,自由电子在金属内的运动可近似比作自由粒子在无限深势阱中的运动.

因粒子不能到达阱外,所以粒子在 $x \leqslant 0$ 和 $x \geqslant a$ 的阱外的波函数为零,我们只需讨论粒子在阱内的波函数.

由于阱内 $V=0$,根据式(21.43b)写出一维定态薛定谔方程为

$$\frac{\mathrm{d}^2 \psi(x)}{\mathrm{d}x^2} + \frac{2m}{\hbar^2} E\psi(x) = 0$$

令 $k^2 = \frac{2m}{\hbar^2} E$,则有

$$\frac{\mathrm{d}^2 \psi(x)}{\mathrm{d}x^2} + k^2 \psi(x) = 0$$

这是熟知的简谐运动微分方程,其通解为

$$\psi(x) = A\cos kx + B\sin kx \tag{21.44}$$

式中 A、B 是由边界条件决定的常量. 因阱外 $\psi=0$,按波函数连续性要求,在边界 $x=0$ 和 $x=a$ 处,有 $\psi(0) = \psi(a) = 0$. 由式(21.44)得到

$$\psi(0) = A = 0, \quad \psi(a) = B\sin ka = 0$$

显然 $B \neq 0$,$k \neq 0$,否则 $\psi(x)=0$,意味着阱中无粒子,没有意义. 由 $\sin ka=0$ 可得

$$k = \frac{n\pi}{a}, \quad n = 1, 2, 3, \cdots$$

代入式(21.44),得

$$\psi(x) = B\sin \frac{n\pi}{a}x \quad (0 < x < a)$$

由波函数归一化条件,有

$$\int_{-\infty}^{\infty} |\psi(x)|^2 \mathrm{d}x = \int_{0}^{a} B^2 \sin^2 \left(\frac{n\pi}{a}x\right) \mathrm{d}x = \frac{1}{2}aB^2 = 1$$

得 $B = \sqrt{2/a}$. 因此粒子在阱内运动的归一化波函数为

$$\psi_n(x) = \sqrt{\frac{2}{a}} \sin \frac{n\pi}{a} x \tag{21.45}$$

需要指出,n 取负值并不能给出新解,即 $\psi_{-n}(x)$ 与 $\psi_n(x)$ 所给出的概率是一样的.

通过以上分析,可以看出粒子在一维无限深势阱中运动时具有如下特征:

(1) 粒子的能量是量子化的.

由 $k^2 = \frac{2m}{\hbar^2}E$ 和 $k = \frac{n\pi}{a}$,得到粒子在阱内的能量为

$$E_n = \frac{k^2\hbar^2}{2m} = n^2 \frac{\pi^2\hbar^2}{2ma^2}, \quad n = 1,2,3,\cdots \tag{21.46}$$

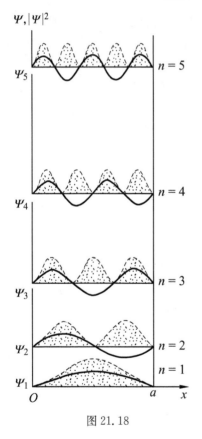

图 21.18

可见,粒子的能量只能取分立值,这表明能量是量子化的. n 是**主量子数**,每一个可能的能量值称为一个能级. $n=1$ 时,$E_1 = \frac{\pi^2\hbar^2}{2ma^2}$ 为基态能,这时粒子处于能量最低状态. **基态能不为零**,表明束缚在势阱中的粒子不可能静止. 这也是不确定关系所要求的,因为 Δx 有限,Δp_x 不可能为零,粒子动能也不能为零. 图 21.18 中画出了 5 个能级.

(2) 粒子在阱内各处出现的概率不同.

根据经典观念,既然粒子在阱内不受力,那么它出现在 $0 < x < a$ 范围内各点的概率应相同. 但这种观念不适用于微观粒子的运动. 由式(21.45),粒子在各处出现的概率密度为

$$|\psi_n(x)|^2 = \frac{2}{a} \sin^2\left(\frac{n\pi}{a}x\right)$$

表明概率密度随 x 改变. 图 21.18 中,实曲线表示波函数 $\psi_n(x)$ 与 x 的关系,虚曲线则表示概率密度 $|\psi_n|^2$ 与 x 的关系. $|\psi_n|^2 - x$ 曲线上极大值所对应的坐标 x 就是粒子出现概率最大的地方.

(3) 驻波形式的解.

完整的定态波函数 $\Psi(\boldsymbol{r}, t)$ 是空间坐标函数和时间函数的乘积,即

$$\Psi(x,t) = \sqrt{\frac{2}{a}} \sin kx \, \mathrm{e}^{-\frac{\mathrm{i}}{\hbar}Et} = \frac{1}{2\mathrm{i}}\sqrt{\frac{2}{a}} \left(\mathrm{e}^{-\frac{\mathrm{i}}{\hbar}(Et - Px)} - \mathrm{e}^{-\frac{\mathrm{i}}{\hbar}(Et + Px)} \right)$$

不难看出,束缚在无限深势阱中粒子的定态波函数具有驻波的形式,可以认为是由传播方向相反的两列相干的德布罗意波叠加而成. 波长应满足驻波条件,即

$$a = n\frac{\lambda_n}{2}, \quad n = 1,2,3,\cdots$$

若从驻波条件出发,利用德布罗意关系式,则可直接得到能量量子化公式,读者不妨一试.

21.7.3　势垒　隧道效应

图 21.19 中的势能曲线称为势垒,其势能 $V=V_0$ 的区域有一定宽度. 对于总能量 $E<V_0$ 并且原来处在 $x<0$ 区域的粒子,按经典力学观点,它不可能越过 $V=V_0$ 的势垒区,而将被全部弹回,但量子力学却证明,即使在这种情况下,波函数 $\psi(x)$ 在 $x>a$ 的势垒外侧也有一定的值,表明原来在 $x<0$ 区域的能量小于 V_0 的粒子有可能穿过势垒进入势垒外侧. 这种现象称为**隧道效应**,并已被许多实验所证实. 势垒的高度 V_0 超过粒子的能量 E 越多,粒子穿透势垒的概率越小,势垒越厚,粒子穿透的概率也越小. 隧道效应在固体物理、放射性衰变以及高新技术等领域都有重要的应用.

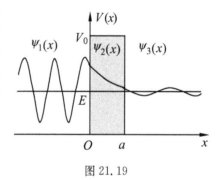

图 21.19

1982 年,德国的物理学家宾尼希(G. Binning)和瑞士物理学家罗雷尔(H. Rohrer)利用电子的隧道效应制成了扫描隧道显微镜(STM). 现在利用 STM 能给出晶体表面的三维图像,可以观察到单个原子在物质表面的排列及行为,这对表面科学、纳米材料以及生命科学的研究有重要的意义. 宾尼希和罗雷尔因此贡献获得 1986 年诺贝尔物理学奖.

21.8　氢　原　子

氢原子是最简单的原子,核外只有一个电子绕核运动. 通过对氢原子量子特性的讨论,能使我们对原子世界有一个较为清晰的图像.

21.8.1　氢原子的量子特性

在氢原子中,电子受原子核的库仑电场作用,电场的势能函数为

$$V(r) = -\frac{e^2}{4\pi\varepsilon_0 r}$$

式中 r 是电子到核的距离. 取核为坐标原点,则由式(21.43a),电子在核外运动的

定态薛定谔方程为

$$\frac{\partial^2 \psi}{\partial x^2} + \frac{\partial^2 \psi}{\partial y^2} + \frac{\partial^2 \psi}{\partial z^2} + \frac{2m}{\hbar^2}\left(E + \frac{e^2}{4\pi\varepsilon_0 r}\right)\psi = 0$$

因为势能函数 $V(r)$ 球对称,所以用球坐标系比较方便. 应用分离变量法,设波函数 $\psi(r,\theta,\varphi)=R(r)\Theta(\theta)\Phi(\varphi)$,代入球坐标形式的定态薛定谔方程,考虑波函数必须满足单值、有限、连续的条件以及归一化条件,分别解出 $R(r)$、$\Theta(\theta)$、$\Phi(\varphi)$,并得到可以表征电子状态的三个量子数 (n,l,m_l). 这里略去了复杂的求解过程和波函数的具体形式,仅对一些重要结果进行讨论.

1. 能量量子化

求解薛定谔方程. 得到氢原子的能量只能是

$$E_n = -\frac{me^4}{(4\pi\varepsilon_0)^2 2\hbar^2} \cdot \frac{1}{n^2}, \quad n = 1,2,3,\cdots \tag{21.47a}$$

因 $\dfrac{me^4}{(4\pi\varepsilon_0)^2 2\hbar^2} = 13.6\ \text{eV}$,所以可将上式简写成

$$E_n = -\frac{13.6}{n^2}\ \text{eV}, \quad n = 1,2,3,\cdots \tag{21.47b}$$

式中 n 称为**主量子数**. 可见氢原子的能量只能取分立值,即能量是量子化的.

2. 角动量量子化

在解得的结果中,电子绕核运动的角动量大小为

$$L = \sqrt{l(l+1)}\hbar, \quad l = 0,1,2,\cdots,(n-1) \tag{21.48}$$

式中 l 称为**副量子数**或**角量子数**. 可见氢原子角动量的大小也是量子化的.

处于能级 E_n 的原子,其角动量共有 n 种可能值,即 $l=0,1,2,\cdots,(n-1)$. 在量子力学中一般用小写字母 s,p,d,$\cdots$ 表示角动量状态,如下表所示.

	s	p	d	f	g	h
l	0	1	2	3	4	5
L	0	$\sqrt{2}\hbar$	$\sqrt{6}\hbar$	$\sqrt{12}\hbar$	$\sqrt{20}\hbar$	$\sqrt{30}\hbar$

通常还用主量子数和代表副量子数的字母一起表示原子的状态. 例如 1s 表示氢原子的基态 $(n=1,l=0)$,其能量为 $E_1 = -13.6\ \text{eV}$,角动量 $L=0$;2p 表示氢原子处于第一激发态 $(n=2,l=1)$,其能量是 $E_2 = -3.40\ \text{eV}$,角动量 $L=\sqrt{2}\hbar$,等等.

3. 角动量空间量子化

求解结果表明,氢原子中电子绕核运动的角动量不仅大小只能取分立值,其方向也有一定的限制. 取空间某一特定方向(如外磁场 $\boldsymbol{B}$ 的方向)为 z 轴,则角动量 $\boldsymbol{L}$ 在这个方向上的投影 L_z 只能是

$$L_z = m_l\hbar, \quad m_l = 0,\pm 1,\pm 2,\cdots,\pm l \tag{21.49}$$

m_l 称为**磁量子数**.角动量的这种取向特性叫做角动量空间量子化.

对一定大小的角动量,m_l 可取 $0,\pm 1,\cdots,\pm l$, 共 $2l+1$ 种可能值.对每一个 m_l,角动量 L 与 z 轴的夹角 θ 应满足

$$\cos\theta = \frac{L_z}{L} = \frac{m_l}{\sqrt{l(l+1)}} \qquad (21.50)$$

图 21.20 是 $l=1$ 和 $l=2$ 时角动量可能的空间取向示意图.

例 21.10　设氢原子处于 2p 态,求氢原子的能量、角动量大小以及角动量的空间取向.

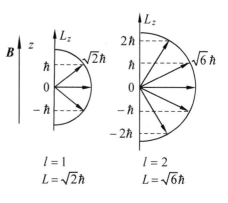

图 21.20

解　2p 态表示 $n=2$, $l=1$.氢原子的能量由式(21.47b)得

$$E_2 = -\frac{13.6}{2^2} \text{ eV} = -3.40 \text{ eV}$$

角动量的大小为

$$L = \sqrt{l(l+1)}\hbar = \sqrt{2}\hbar$$

当 $l=1$ 时,m_l 的可能值是 $1,0,-1$,所以角动量与外磁场方向的夹角的可能值为

$$\theta = \arccos\frac{m_l}{\sqrt{l(l+1)}} = \begin{cases} \dfrac{\pi}{4} \\[2mm] \dfrac{\pi}{2} \\[2mm] \dfrac{3\pi}{4} \end{cases}$$

4. 电子的概率分布

根据波函数的统计诠释,在得到定态波函数 $\Psi_{nlm_l}(r,\theta,\varphi)$ 之后,就可以求得该量子态电子出现在核外空间的概率密度 $|\Psi_{nlm_l}(r,\theta,\varphi)|^2$.可见,电子在核外不是按一定的轨道运动的.量子力学不能断言电子一定出现在核外某处,只能给出电子在核外各处出现的概率.为了形象地描述电子的空间分布规律,通常将概率大的区域用较密集的点,将概率小的区域用较稀疏的点表示出来,如同天空中的星云一样,称之为电子云图.图 21.21 是氢原子在 $(1,0,0)$、$(2,0,0)$、$(2,1,0)$、$(2,1,\pm1)$ 量子态下的电子云图.可以看出,$l=0$ 的态,电子云分布具有球对称性.

我们还可利用径向波函数 $R(r)$ 求出氢原子核外电子概率的径向分布.通过计算可知(过程从略),不管方向如何,电子出现在半径 r 到 $r+\mathrm{d}r$ 两球壳之间的概率密度为 $P_{nl}(r)=R_{nl}^2(r)r^2$,称为电子概率的径向分布函数,它与主量子数 n 和角量子数 l 有关,该函数反映了在氢原子中发现电子的概率随电子与核之间距离 r

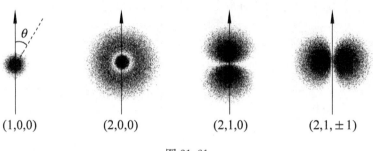

$(1,0,0)$ 　　　　 $(2,0,0)$ 　　　　 $(2,1,0)$ 　　　　 $(2,1,\pm1)$

图 21.21

变化的规律. 图 21.22 是一些低量子数的径向概率分布曲线, 纵坐标是径向概率密度, 横坐标是 r 与第一玻尔轨道半径 r_1 之比. 可以看出, 在与 n 对应的最大 l 值的情况下, 径向概率密度有一极大值, 分别出现在 $r = r_1, r = 4r_1, \cdots$ 处, 这与玻尔预言的氢原子圆形轨道半径 $r_n = n^2 r_1$ 完全一致. 可见, 玻尔理论的轨道与电子出现的概率密度最大处相对应.

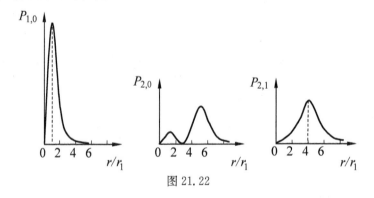

图 21.22

21.8.2 电子自旋

1921 年, 斯特恩(O. Stern)和格拉赫(W. Gerlach)做了一个实验, 目的在于验证索末菲(A. Sommerfeld)的角动量空间量子化假设. 实验装置如图 21.23(a)所示, O 是银原子射线源, 由电炉加热使银蒸发产生银原子, 其中处于 s 态的银原子束通过狭缝 S_1 和 S_2 再经过如图 21.23(b)所示的非均匀磁场后, 打在照相底板 P 上. 整个装置放在真空容器中.

实验发现, 在不加磁场时, 底板 P 上呈现一条正对狭缝的原子沉积. 加磁场后, P 上却出现上下两条原子沉积, 如图 21.23(c)所示, 这说明原子束通过非均匀磁场后分成了两束. 这一现象不但证明原子具有磁矩, 因而在磁力作用下发生偏转; 同时也证明磁矩在外磁场中具有两种可能取向, 即空间取向是量子化的. 如果

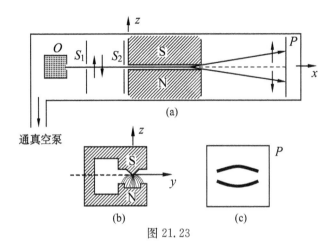

图 21.23

原子虽有磁矩而取向并非量子化,则底板上原子沉积应是连续的,而不是只有分立的两条.

上述磁矩不可能是电子绕核作轨道运动的磁矩,因为当副量子数为 l 时,轨道角动量在外磁场方向的投影 L_z 和相应的磁矩在该方向上的投影 $\mu_z = -\dfrac{e}{2m_e}L_z$ 都有 $2l+1$ 个不同值,因而底板上的原子沉积应有奇数条,而不可能只有两条.

为了解释斯特恩-格拉赫实验,1925 年,乌仑贝克(G. E. Uhlenbeck)和古兹密特(S. A. Goudsmit)提出了电子自旋假设,即电子除了作绕核的轨道运动外,还有自旋运动,相应地有**自旋角动量**和**自旋磁矩**,且自旋磁矩在外磁场中只有两种可能取向.

引入电子自旋概念后,斯特恩-格拉赫实验便得到了合理解释.由于实验中银原子处于 s 态,$l=0$,其轨道角动量及相应的磁矩皆为零,所以只有自旋角动量和自旋磁矩,因而在非均匀磁场中,原子射线分裂为两条.后来,量子力学在此基础上又进一步得出如下结论:

(1)电子自旋角动量 **S** 的大小为

$$S = \sqrt{s(s+1)}\,\hbar \qquad (21.51)$$

式中 s 称为**自旋量子数**,它只能取一个值,即 $s = 1/2$,从而有 $S = \sqrt{3}\hbar/2$.

(2)电子自旋角动量在外磁场方向的投影为

$$S_z = m_s\hbar \qquad (21.52)$$

式中 m_s 称为电子**自旋磁量子数**,它只能取两个值,即 $m_s = \pm\dfrac{1}{2}$,因而有 $S_z = \pm\dfrac{1}{2}\hbar$.

电子在磁场中自旋运动的两个可能状态如图 21.24 所示.

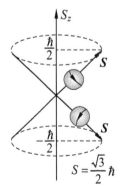

图 21.24

21.8.3 四个量子数

至此,我们对原子中电子运动状态的描述作一个总结.电子的稳定运动状态可以用四个量子数表征,其中三个决定电子轨道运动状态,一个决定电子自旋运动状态.这四个量子数分别为

(1) 主量子数 n, $n=1,2,3,\cdots$. 它大体上决定原子中电子的能量;

(2) 副量子数 l, $l=0,1,2,\cdots,(n-1)$. 它决定电子轨道角动量的大小. 一般说来,处于 n 相同而 l 不同的电子,其能量略有不同,即由 n 的一个值所决定的能级实际上包含了若干个与 l 有关、靠得很近的分能级;

(3) 磁量子数 m_l, $m_l=0,\pm 1,\pm 2,\cdots,\pm l$. 它决定电子轨道角动量在外磁场中的取向;

(4) 自旋磁量子数 m_s, $m_s=\pm\dfrac{1}{2}$. 它决定电子自旋角动量在外磁场中的取向,对原子在外磁场中的能量也有一定影响.

需要指出,一组量子数 (n, l, m_l, m_s) 描述原子中电子的一个可能状态,只要有一个量子数不同,就不是同一状态.

例 21.11 分别计算量子数 $n=2$、$l=1$ 和 $n=2$ 的电子的可能状态数,并写出这些可能状态.

解 对 $n=2$、$l=1$ 的电子,可取 $m_l=0,\pm 1$,共 3 种可能状态,对每一种 m_l,又可取 $m_s=\pm\dfrac{1}{2}$, 故共有 $3\times 2=6$ 种可能状态. 这 6 种可能状态为 $(2,1,0,\dfrac{1}{2})$,$(2,1,0,-\dfrac{1}{2})$,$(2,1,1,\dfrac{1}{2})$,$(2,1,1,-\dfrac{1}{2})$,$(2,1,-1,\dfrac{1}{2})$,$(2,1,-1,-\dfrac{1}{2})$.

对处于 $n=2$ 的电子,可取 $l=0$ 和 $l=1$. $l=0$ 时,$m_l=0$,$m_s=\pm\dfrac{1}{2}$,有 2 种可能状态;$l=1$ 时,如上所述有 6 种可能状态,所以处于 $n=2$ 的电子的可能状态数为 $6+2=8$.

这 8 种可能状态为:$(2,0,0,\dfrac{1}{2})$, $(2,0,0,-\dfrac{1}{2})$, $(2,1,0,\dfrac{1}{2})$, $(2,1,0,-\dfrac{1}{2})$, $(2,1,1,\dfrac{1}{2})$, $(2,1,1,-\dfrac{1}{2})$, $(2,1,-1,\dfrac{1}{2})$, $(2,1,-1,-\dfrac{1}{2})$.

21.9 原子中电子的分布

门捷列夫在 1869 年发现的元素周期律揭示了各种元素的物理、化学性质变化的规律性.这种周期性的变化规律是由原子中电子的分布状态决定的,而原子中的电子状态取决于四个量子数 (n,l,m_l,m_s),因此,可由这些量子数分析原子中电子的分布情况.

21.9.1　原子的壳层模型

1916 年,柯塞尔(W. Kossel)提出了在多电子原子中核外电子按壳层分布的形象化模型.他认为主量子数 n 相同的电子组成一个**主壳层**,n 越大的壳层,离原子核的平均距离越远.对应于 $n=1,2,3,4,5,6,\cdots$ 的各主壳层分别用大写字母 K、L、M、N、O、P、$\cdots$ 表示.在同一主壳层内,又按副量子数 l 分为若干**支壳层**(也称**次壳层**),显然主量子数为 n 的主壳层中含有 n 个支壳层,$l=0,1,2,3,4,5,\cdots$ 的支壳层分别用小写字母 s、p、d、f、g、h、$\cdots$ 表示.由量子数 n、l 确定的支壳层通常这样表示,把 n 的数值写在前面,把代表 l 的字母并排写在后面,如 1s、2p、3d 等.

核外电子在主壳层和支壳层上的分布情况由下述两条原理决定.

21.9.2　泡利不相容原理

原子中的电子可以形象地看成是分布在不同的壳层上,每一主壳层和支壳层上能容纳多少电子呢?

泡利(W. Pauli)在 1925 年提出:**在原子中不可能有两个或两个以上的电子具有完全相同的量子态**.这就是说,原子中的任何两个电子的量子数 (n,l,m_l,m_s) 不可能完全相同.这个结论叫做泡利不相容原理.

根据泡利不相容原理,能够算出每一壳层上可容纳的电子数.对某一支壳层来说,量子数 n 和 l 都相同,即处于该支壳层的电子具有相同的能量,角动量的大小也相等,但它们的磁量子数可以取 $m_l=0,\pm 1,\pm 2,\cdots,\pm l$,共 $2l+1$ 种可能值,对每一个 m_l 又有两个 m_s 值.所以,在同一支壳层上可容纳的电子数为

$$N_l = 2(2l+1) \tag{21.53}$$

对某一主壳层 n 来说,因为副量子数 l 可取 $0,1,2,\cdots,(n-1)$,共 n 种可能值,而对每一个 l 值,可容纳电子数为 $2(2l+1)$ 种,故在主壳层 n 上可容纳的电子数为

$$N_n = \sum_{l=0}^{n-1} 2(2l+1) = 2n^2 \tag{21.54}$$

表 21.2 列出了各主壳层 K、L、M、$\cdots$ 和各支壳层 s、p、d、$\cdots$ 容纳的电子数.

表 21.2　各壳层最多可容纳的电子数

n \ l		0 (s)	1 (p)	2 (d)	3 (f)	4 (g)	5 (h)	6 (i)	N_n
1	K	2							2
2	L	2	6						8
3	M	2	6	10					18
4	N	2	6	10	14				32
5	O	2	6	10	14	18			50
6	P	2	6	10	14	18	22		72
7	Q	2	6	10	14	18	22	26	98

21.9.3　能量最小原理

原子处于正常状态时,原子中的电子尽可能地占据未被填充的最低能级,这一结论叫做能量最小原理. 可见,能量较低的壳层首先被电子填充,只有当最低能级的壳层被填满后,电子才依次向高能级壳层填充.

一般说来,主量子数 n 越大的主壳层,其能级越高;在同一主壳层内,副量子数 l 越大的支壳层其能级越高. 但是,有一些原子中的壳层分布并不遵循这一原则,例如,4s 能级比 3d 能级低,5s 能级比 4d 能级低,等等. 量子力学的计算和实验观察都指出,原子中能级从低到高的次序可表示为

1s, 2s, 2p, 3s, 3p, 4s, 3d, 4p, 5s, 4d, 5p, 6s, 4f, 5d, 6p, 7s, 5f, 6d, …

关于能级的高低次序,我国科学工作者总结出这样的规律:对原子中的外层电子,能级高低以 $n+0.7l$ 确定,其值越大,能级越高. 如 4s($n=4,l=0$)和 3d($n=3$, $l=2$)这两个状态,前者的 $n+0.7l$ 值为 4,后者为 4.4,后者较大,所以 3d 能级高于 4s 能级.

例 21.12　试确定处于基态的氦原子中电子的量子数.

解　氦原子中有两个电子. 按题意,这两个电子处于 1s 态,即 $n=1,l=0$,因而 $m_l=0$. 根据泡利不相容原理,这两个电子的量子数不能完全相同,所以它们的自旋磁量子数分别为 1/2 和 $-1/2$. 因此,处于基态的氦原子中的两个电子的四个量子数分别为 $\left(1,0,0,\dfrac{1}{2}\right)$ 和 $\left(1,0,0,-\dfrac{1}{2}\right)$.

21.10　固体的能带

固体是一种重要的物质结构形态,通常可分为晶体和非晶体两大类. 本节定性介绍固体(主要是晶体)的能带结构,并说明导体、半导体、绝缘体的能带差异. 固体的能带结构不仅能阐明固体材料的许多重要性质,而且还为寻找新材料和研制新的固体元件提供理论依据.

21.10.1　固体的能带

1. 能带的形成

利用 X 射线对晶体所作的结构分析显示,晶体中的原子(分子或离子)在空间呈现完全有规则的周期性排列,形成**空间点阵**. 这种周期性结构,使晶体中原子的能级与孤立原子不同,即形成所谓的"能带".

由 21.9 节可知,原子核外的电子呈壳层分布,自核由内向外的壳层依次为 1s、2s、2p、3s、…,不同壳层对应于原子的不同能级. 处于外层的电子距核较远,与

核的结合较弱,但在未被激发时,这种外层电子仍被束缚在母原子中. 当大量原子排列成晶体时,彼此距离很近,处在外层的电子,不仅受到母原子电场的作用,也要受到相邻原子电场的作用,从而使外层电子不再被束缚于母原子,而是可以由一个原子转移到其他原子上去,于是电子可以在整个晶体中运动. 这种特性称为**电子共有化**. 由于晶体中相邻原子靠得很近,以致原子的内外各层都有不同程度的电子共有化,价电子(即最外层电子)受母原子的束缚最弱,共有化程度最为显著. 内层电子受母原子的束缚较强,共有化程度较小. 最内层电子的共有化程度最小,与孤立原子的情况相近.

对于相同的孤立原子,它们有完全相同的能级分布,但当 N 个原子结合成晶体而发生电子共有化时,由于原子间的相互影响,每一相似壳层如各原子的 2p 壳层或 3s 壳层等的能级不再具有完全相同的能量,而要分裂成 N 个新能级,这些新能级的能量与原有能级的能量很接近,因而相邻新能级间的能量差非常小. 当 N 很大时,其数量级小于 10^{-23} eV,几乎可以看成是连续的. 这种由原子的某个能级分裂形成的能量呈准连续分布的新能级称为与该能级相对应的**能带**. 可见,晶体的能带是由原子的能级分裂形成的,每个能带中的能级个数取决于晶体中的原子数 N. 电子在能带中的填充方式与原子的情形相似,仍遵从能量最小原理和泡利不相容原理. 图 21.25 所示的是

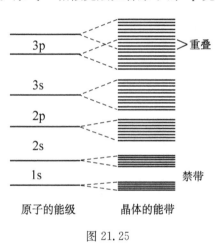

图 21.25

由原子的不同能级形成的晶体的不同能带. 原子的外层电子因原子间相互影响较强,能级分裂造成的能量范围较大,故能带较宽,内层电子则因相互影响较弱而能带较窄.

由于原子的每个能级在晶体中要分裂成相应的一个能带,所以在两个相邻能带间,可能有一个不被允许的能量间隔,这个能量间隔称为**禁带**. 禁带的宽度是两个相邻能带间的最小能量差. 当两个相邻能带相互重叠时,禁带便消失.

N 个原子结合成晶体时,为什么一个能级要分裂成 N 个新能级呢? 我们知道,在孤立原子的 ns 能级($l=0,\ n=1,2,3,\cdots$)上最多可容纳两个自旋方向相反的电子,称为 ns 电子,因此,N 个相同的孤立原子的能级上最多可容纳 2N 个电子. 原子结合成晶体后,若能级不分裂,则 2N 个电子将挤在同一个能级上,这是违背泡利不相容原理的. 因此要形成稳定的晶体,原来的 ns 能级必须要分裂成 N 个新能级,才能容纳 2N 个 ns 电子. 同理,由于原子的 np 能级($l=1,\ n=2,3,\cdots$)最多可容纳 6 个电子,所以形成晶体后,该能级也必须分裂成 N 个新能级,才能容纳

$6N$ 个电子.总之,N 个原子形成晶体后,一个能级必须分裂成 N 个相距很近的新能级,从而形成一个能带.与一定的 l 能级所对应的能带中,最多可容纳 $2(2l+1)N$ 个电子.

2. 满带、不满带和空带

能带有满带、不满带和空带之分.若一个能带中各个能级全部被电子填满,则这种能带称为**满带**.由于满带中所有可能的能级都已被电子填满,因此不管有无外

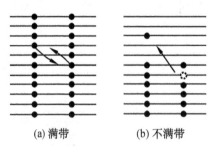

(a) 满带　　　　(b) 不满带

图 21.26

电场作用于晶体,满带中若有一电子自它原来占取的能级向同一能带中的其他任一能级转移,因受泡利不相容原理的限制,必有电子沿相反方向转移,如图 21.26(a)所示.这时,满带中虽有不同能级间的电子交换,但总效果与没有电子交换一样,不产生定向电流.因此,满带中的电子不参与导电过程.一般来说,内层电子能级所分裂的能带都是满带.

若能带中只有一部分能级填入电子,则这种能带称为**不满带**.根据能量最小原理,在正常情况下,不满带中的电子填充下方的部分能级,而空着上方能级.在外电场作用下,不满带中的电子向未被填充的稍高能级转移时,没有反向的电子转移与之相抵消,如图 21.26(b)所示,因而可形成电流,表现出导电性.所以,不满带中的电子能参与导电过程.通常所说的金属中的"自由"电子,指的就是不满带中的电子.

若能带中各能级都没有被电子填充,则这种能带称为**空带**.若电子受到某种激励进入空带,则在外电场作用下,这些电子在该空带中向稍高能级转移时,也没有反向的电子转移与之相抵消,从而表现出一定的导电性.不满带中的电子和激发到空带中的电子都可参与导电过程,所以,不满带和空带又都可称为**导带**.与价电子填充的能级相应的能带称为**价带**,价带可能是满带,也可能是不满带.

21.10.2　绝缘体、导体和半导体

我们知道,在一定温度下,不同固体的电阻率有很大的差异,通常把电阻率在 $10^{-8} \sim 10^{-4}$ $\Omega \cdot m$ 范围内、温度系数为正的固体,作为导体;电阻率在 $10^{-4} \sim 10^{8}$ $\Omega \cdot m$ 范围内、温度系数为负的固体为半导体;而电阻率在 $10^{8} \sim 10^{20}$ $\Omega \cdot m$ 范围内、温度系数为负的固体为绝缘体.显然,导体的导电性能最好,绝缘体的导电性能最差,半导体则介于两者之间.下面用固体的能带理论说明它们之间的区别.

1. 绝缘体

绝缘体的能带结构有两个特征,其一是只有满带和空带,其二是满带和空带间有较宽的禁带,禁带的宽度 ΔE_g 一般大于 3 eV,如图 21.27 所示. 由于满带中的电子不参与导电,一般外加电场又不足以将满带中的电子激发到空带,所以此类物质导电性极差,称为绝缘体. 禁带越宽,绝缘性能越好. 如果外电场很强,致使满带中的大量电子跃过禁带而进入空带,这时绝缘体就变成导体.

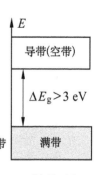

图 21.27

2. 导体

导体的能带结构不尽相同,有些导体(如一价碱金属)的价带为不满带;有些导体(如二价碱金属)的价带是满带,但满带与空带紧密相接或部分重叠;还有些金属,其价带为不满带,且与相邻空带发生重叠. 图 21.28(a)、(b)、(c)分别表示了这三种不同的能带结构. 可以看出,当外电场作用于晶体时,价带中的电子都有可能进入较高能级,从而可以形成电流,这正是导体具有良好导电性能的原因.

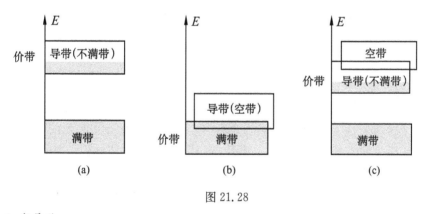

图 21.28

3. 半导体

半导体的能带结构如图 21.29(a)所示. 它只有满带和空带,因而从能带角度看,半导体与绝缘体没有本质区别,差别仅在于禁带宽度不同,半导体的禁带宽度 ΔE_g 与绝缘体相比要小得多,约 0.1~1.5 eV,因此半导体的导电能力比绝缘体好,但比导体差.

21.10.3　半导体的导电机构

半导体分两类,一类是本征半导体,另一类是杂质半导体.

1. 本征半导体

纯净无缺陷的半导体称为本征半导体,如硅、锗等. 由于半导体的禁带宽度小,

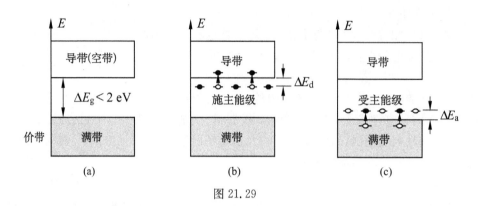

图 21.29

所以,当外电场作用于这种晶体时,少量电子可由满带进入空带,同时在满带中留下一个空位,称为**空穴**,相当于一个带正电的粒子.半导体中的电子和空穴总是成对出现,称为电子—空穴对.进入空带的电子可参与导电,称为电子导电.满带中的空穴也能导电,称为**空穴导电**,所以电子和空穴统称为**载流子**.当满带中出现空穴时,在外电场作用下,满带中的其他电子将去填充空穴,从而又留下新的空穴.显然,这将引起空穴的定向移动,从而形成空穴导电.空穴的定向移动,其效果如同带正电粒子的定向移动.由此可见,本征半导体的导电机构是电子和空穴的混合导电,其总电流是电子电流和空穴电流的代数和.

需要指出,本征半导体虽有导电性,但它的电导率很低.

2.杂质半导体

在纯净的半导体中,可用扩散的方法掺入微量的其他元素的原子.这些掺入的原子对纯净半导体基体而言可称为杂质.掺有杂质的半导体称为杂质半导体.杂质半导体的导电性能较之本征半导体有很大的改变,而且导电机构也不相同.

杂质半导体有两类,一类以电子导电为主,称为 n 型(或电子型)半导体,另一类以空穴导电为主,称为 p 型(或空穴型)半导体.

在四价元素如硅或锗的纯净半导体中,掺入微量五价元素如磷或砷等杂质原子,可形成 n 型半导体.四价元素的原子最外层的价电子有四个,而五价的杂质原子有五个价电子.掺入杂质后,五价原子在晶体中替代四价元素硅或锗原子的位置,构成与硅或锗相同的四电子结构,而多出的一个价电子只在杂质离子的电场范围内运动.理论证明,这种多余的价电子的能级处在禁带中,且靠近空带,如图21.29(b)所示.这种杂质价电子受到激发时,很容易跃迁到导带中去,所以这类杂质原子称为**施主原子**,相应的杂质能级称为**施主能级**.由于施主能级与导带底部能级间的能量差值 ΔE_d 远小于禁带宽度 ΔE_g,即使在较低温度(室温)的条件下,施主能级上的大部分电子也能被激发到导带中去.这种半导体杂质原子的数目虽然不多,但在常温下导带中自由电子的浓度却比同温度的纯净半导体导带中的电子浓度大得多,这就大大提高了半导体的导电性. 可见,这类半导体的导电机构主要取决于从施主能级激发到导带中的电子. 故称为电子型半导体或 n 型半导体.

在四价元素硅或锗的纯净半导体中,掺入微量三价元素,如硼或铟等杂质原子,可形成 p 型半导体. 这些三价杂质原子在晶体中替代四价原子的位置而构成与四价元素相同的四电子结构时,缺少一个电子,相当于因这些杂质原子的存在而出现了空穴. 对应于这些空穴,杂质能级也出现在禁带中,且靠近满带,如图21.29(c)所示. 该杂质能级与满带顶部能级的能量差值 ΔE_a 远小于禁带宽度 ΔE_g,因而满带中电子易被激发而跃迁到杂质能级,同时在满带中形成空穴. 因为杂质能级吸收从满带跃迁来的电子,所以这类杂质原子称为**受主原子**,相应的杂质能级称为**受主能级**. 在这种情况下,满带中的空穴浓度比纯净半导体的空穴浓度大得多,因而其导电性大为增加. 显然,这类半导体的导电主要依靠满带中的空穴,故称之为空穴型半导体或 p 型半导体.

在一片本征半导体的两侧分别掺入适当的高价和低价杂质,则在交界面两侧的深层内形成 pn 结. pn 结具有单向导电性,可制成晶体二极管作整流器件,也可以把各种类型的半导体适当组合,制成各种晶体管. 随着超精细小型化技术的发展,已制成各种规模的集成电路,并广泛应用于电子计算机、通信、雷达、宇航、电视、制导等技术领域.

内 容 提 要

1. 热辐射和普朗克能量子假设

(1) 热辐射: 物体与温度有关的电磁辐射称为热辐射. 任何物体在任何温度下都能进行热辐射. 绝对黑体能完全吸收入射线,其辐射本领最强.

(2) 绝对黑体的辐射规律

斯特藩-玻尔兹曼定律: $M_b(T) = \sigma T^4$

维恩位移定律: $T\lambda_m = b$

(3) 普朗克能量子假设: $\varepsilon = h\nu$

2. 光的波粒二象性

(1) 光子: 能量 $\varepsilon = h\nu$,动量 $p_\varphi = m_\varphi c = \dfrac{h}{\lambda}$,质量 $m_\varphi = \dfrac{\varepsilon}{c^2} = \dfrac{h\nu}{c^2}$

(2) 爱因斯坦光电效应方程: $h\nu = \dfrac{1}{2}mv^2 + A$

红限频率: $\nu_0 = \dfrac{A}{h}$

(3) 康普顿散射公式: $\Delta\lambda = \lambda' - \lambda = \dfrac{2h}{m_0 c}\sin^2\dfrac{\varphi}{2}$

3. 实物粒子的波粒二象性

物质波(德布罗意波)： 波长 $\lambda = \dfrac{h}{p}$， 频率 $\nu = \dfrac{E}{h}$

波函数的统计解释： $|\Psi(\boldsymbol{r},\,t)|^2$ 表示 t 时刻粒子在空间 $\boldsymbol{r}$ 处附近单位体积内出现的概率. $|\Psi|^2$ 又称概率密度.

4. 不确定关系

$$\Delta x \cdot \Delta p_x \geqslant \frac{\hbar}{2}, \quad \Delta E \cdot \Delta t \geqslant \frac{\hbar}{2}$$

5. 薛定谔方程

定态薛定谔方程： $\nabla^2 \psi(\boldsymbol{r}) + \dfrac{2m}{\hbar^2}(E-V)\psi(\boldsymbol{r}) = 0$

波函数的标准条件： 单值、有限、连续.

波函数的归一化条件： $\displaystyle\int_V |\psi|^2 \mathrm{d}V = 1$

6. 氢原子

(1) 氢原子光谱

$$\tilde{\nu} = \frac{1}{\lambda} = R\left(\frac{1}{k^2} - \frac{1}{n^2}\right), \quad \begin{cases} k = 1,2,3,\cdots \\ n = k+1, k+2, k+3, \cdots \end{cases}$$

(2) 氢原子的玻尔理论

定态假设； 量子化条件； 频率条件： $\nu_{kn} = \dfrac{|E_k - E_n|}{h}$.

(3) 氢原子的量子特性

能量量子化： $E_n = \dfrac{E_1}{n^2} = -\dfrac{13.6}{n^2}\ \mathrm{eV}, \quad n = 1,2,3,\cdots$

轨道角动量量子化： $L = \sqrt{l(l+1)}\hbar, \quad l = 0,1,2,\cdots,(n-1)$

轨道角动量空间取向量子化： $L_z = m_l \hbar, \quad m_l = 0, \pm 1, \pm 2, \cdots, \pm l$

自旋角动量空间取向量子化： $S_z = m_s \hbar, \quad m_s = \pm \dfrac{1}{2}$

7. 原子中电子的分布

壳层结构；泡利不相容原理；能量最小原理.

8. 固体的能带

(1) 能带

满带中的电子不参与导电. 不满带和空带又称导带.

绝缘体的空带和满带间有较宽的禁带,半导体的禁带宽度较小. 导体的能带中都有导带.

（2）半导体

本征半导体中的载流子是电子和空穴. n 型半导体中的载流子是从施主能级跃迁到导带中的电子；p 型半导体中的载流子是由于受主能级吸收了从满带跃迁来的电子后，在满带中产生的空穴.

习　题

（一）选择题和填空题

21.1　某金属产生光电效应的红限波长为 λ_0，今以波长为 $\lambda(\lambda<\lambda_0)$ 的单色光照射该金属，金属释放出的电子（质量为 m_e）的动量大小为〔　〕

(A) $\dfrac{h}{\lambda}$.　(B) $\dfrac{h}{\lambda_0}$.　(C) $\sqrt{\dfrac{2m_e hc(\lambda_0+\lambda)}{\lambda\lambda_0}}$.　(D) $\sqrt{\dfrac{2m_e hc}{\lambda_0}}$.　(E) $\sqrt{\dfrac{2m_e hc(\lambda_0-\lambda)}{\lambda\lambda_0}}$.

21.2　一束动量为 p 的电子，通过缝宽为 a 的狭缝，在距离狭缝 R 处放置一个荧光屏，屏上衍射图样中央最大的宽度 d 等于（用 $\Delta x \cdot \Delta p_x \geqslant h$ 估算）〔　〕

(A) $\dfrac{2a^2}{R}$.　(B) $\dfrac{2ha}{p}$.　(C) $\dfrac{2ha}{Rp}$.　(D) $\dfrac{2Rh}{ap}$.

21.3　设氢原子的动能等于处于温度为 T 的热平衡状态时的平均动能，其质量为 m，那么此氢原子的德布罗意波长为〔　〕

(A) $\lambda=\dfrac{h}{\sqrt{3mkT}}$.　(B) $\lambda=\dfrac{h}{\sqrt{5mkT}}$.　(C) $\lambda=\dfrac{\sqrt{3mkT}}{h}$.　(D) $\lambda=\dfrac{\sqrt{5mkT}}{h}$.

21.4　如图所示，一频率为 ν 的光子与起始静止的自由电子发生碰撞和散射. 如果散射光的频率为 ν'，反冲电子的动量为 $\boldsymbol{p}$，则在与入射光子平行的方向上，动量守恒律的分量形式为_____.

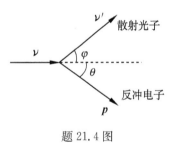

题 21.4 图

21.5　分别以频率 ν_1 和 ν_2 的单色光（$\nu_1>\nu_2$，均大于红限频率 ν_0）照射某一光电管，则当两种频率的入射光的光强相同时，所产生的光电子的最大动能 E_1 _____ E_2；为阻止光电子到达阳极，所加的遏止电压 $|U_{a1}|$ _____ $|U_{a2}|$；所产生的饱和光电流 I_{s1} _____ I_{s2}.（用>或=或<填入）.

21.6　如果电子被限制在边界 x 与 $x+\Delta x$ 之间，其中 $\Delta x=0.5$Å，则电子动量 x 方向分量的不确定度近似地为_____kg·m·s^{-1}.

21.7　试问：当主量子数 $n=6$ 时，角量子数 l 的可能取值为_____；$l=6$ 时，磁量子数 m 的可能取值为_____；若 $l=4$，则 n 的最小值是_____；若使角动量在磁场方向的分量为 $4\hbar$，则 l 的最小值为_____.

（二）问答题和计算题

21.8　把太阳看成黑体，测得太阳的最大单色辐出度对应波长是 0.49 μm，求太阳表面的温度. 如果太阳的平均直径为 1.39×10^9 m, 太阳到地球的距离是 1.49×10^{11} m, 求太阳垂直照射的地球表面单位面积上接收到的辐射功率.

21.9 测得从炉壁小孔辐射出来的能量为 20 W·cm^{-2}, 求炉内温度及单色辐出度的极大值对应的波长.

21.10 在离金属板 $R=100$ m 处放置一个小灯泡, 其功率 $P=1$ W. 为简单起见, 设发出的光波波长为 589 nm, 并且灯泡的功率均匀地向四周辐射, 求每秒内到达金属板单位面积上的光子数.

21.11 用波长为 400 nm 的光照射金属铯, 已知铯的逸出功为 1.94 eV, 求所发出的光电子的最大速度.

21.12 康普顿散射中, 设入射光子的波长为 0.003 nm, 测得反冲电子速度为 $0.6c$ (c 表示真空中的光速), 求散射光子的波长及方向.

21.13 已知 X 射线光子的能量为 0.60 MeV, 在康普顿散射后波长变化了 20%, 求反冲电子的动能.

21.14 一对正负电子处于静止状态, 当它们结合在一起时, 正负电子消失而产生光子, 这种现象叫做电子偶的湮没. 如果正负电子消失后产生两个光子, 试求光子的波长及频率.

21.15 若一个光子的能量等于一个电子的静止能量, 试问光子的频率和波长是多少? 在电磁波谱中属于何种射线?

21.16 用能量为 12.5 eV 的电子去激发基态氢原子, 问受激发的氢原子向低能级跃迁时, 会出现哪些波长的光谱线? 在能级图上把跃迁过程表示出来.

21.17 已知氢原子基态的能量为 -13.6 eV, 根据玻尔理论, 要把氢原子由基态激发到第一激发态, 所需的能量是多少电子伏特?

21.18 试问氢原子中处于 $n=2$ 状态的电子在跃迁到 $n=1$ 状态之前要绕核旋转多少圈? 设激发态的平均寿命为 10^{-8} s.

21.19 根据玻尔理论, 求氢原子 $n=4$ 电子轨道上的轨道角动量及其与第一激发态的轨道角动量之比.

21.20 如果电子的总能量恰好等于其静止能量的两倍, 求电子的德布罗意波的频率及波长.

21.21 证明: 一个电荷为 e、静质量为 m_0 的粒子高速运动(考虑相对论效应)时的德布罗意波长与加速电压 U 的函数关系为

$$\lambda = \frac{h}{\sqrt{2m_0 eU}} \left(1 + \frac{eU}{2m_0 c^2}\right)^{-\frac{1}{2}}$$

21.22 一光子的波长与一电子的德布罗意波长皆为 0.5 nm, 试求此光子与电子动量之比 p_0/p_e 以及动能之比 E_{ko}/E_{ke}.

21.23 如果光子的波长不确定度是波长的 10^{-7} 倍, 那么当(1) $\lambda = 5.0 \times 10^{-5}$ nm(γ 射线); (2) $\lambda = 0.50$ nm(X 射线); (3) $\lambda = 500.0$ nm(可见光)时, 光子位置的不确定度各是多少?

21.24 一个质量为 m 的粒子被约束在长度为 L 的一维线段上, 试由不确定关系估算这个粒子所具有的最小动能, 并由此计算在直径为 10^{-14} m 的核内质子和中子的最小动能.

21.25 设粒子沿 x 方向运动, 波函数为

$$\psi(x) = \frac{A}{1 + \mathrm{i}x}$$

试求:(1) 归一化常数 A;(2) 粒子的概率密度按坐标的分布;(3)何处粒子出现的概率最大?

21.26 一个被关闭在一维箱中的粒子的质量为 m_0,箱子的两个理想反射壁之间的距离为 L,若粒子波函数是

$$\psi(x) = A\sin\frac{n\pi}{L}x$$

试由薛定谔方程求出粒子能量的表达式.

21.27 在一维无限深势阱中运动的粒子,由于边界条件的限制,势阱宽度 a 必须等于德布罗意波半波长的整数倍.试利用这一条件导出能量量子化公式

$$E_n = \frac{n^2 h^2}{8ma^2},n = 1,2,3,\cdots$$

提示:非相对论动能和动量的关系为 $E_k = p^2/(2m)$.

21.28 试描绘原子中 $l = 3$ 时电子角动量在磁场中空间量子化示意图,并写出 $\boldsymbol{L}$ 在磁场方向上的分量 L_z 的可能值.

21.29 计算能够占据一个 f 支壳层的最大电子数,并写出这些电子的 m_l 和 m_s 值.

21.30 试说明钾原子中电子的排列方式.

21.31 已知 CdS 和 PbS 的禁带宽度分别为 2.43 eV 和 0.3 eV,试计算它们的本征光电导的吸收限,并由此说明为什么 CdS 可用在可见光到 X 射线的短波方面,而 PbS 却可有效地用在红外方面?

21.32 怎样从晶体的能带结构图区分绝缘体、半导体和导体?

阅读材料14

核 磁 共 振

核磁共振现象最早是由美国科学家柏塞尔(E. M. Purcell)和瑞士科学家布洛赫(E. Bloch)分别于 1945 年 12 月和 1946 年 1 月独立发现的,他们因此共享了 1952 年的诺贝尔物理学奖.之后,核磁共振技术得到了一大批科学家的广泛关注.近 60 年来,12 位科学家因在核磁共振方面的杰出贡献获得了诺贝尔奖.核磁共振现已成为一门具有完整理论的新型学科.同时,由核磁共振转化为探索物质微观结构和性质的高新技术也取得了惊人的进展.目前,核磁共振已在物理学、化学、材料科学、生命科学等领域得到了广泛的应用.

1. 核磁共振及其基本原理

核磁共振(nuclear magnetic resonance,NMR)是指原子核的磁矩在恒定磁场和高频磁场同时作用下,当满足一定条件时发生的共振吸收现象,是一种利用原子核在磁场中的能量变化来获得核信息的技术.

如同电子具有自旋角动量和自旋磁矩一样,原子核也具有自旋角动量和自旋磁矩.核的自旋角动量 S_I,即是原子核内所有核子(质子和中子)的自旋角动量与轨道角动量的矢量和,其大小为 $S_I = \sqrt{I(I+1)}\hbar$,其中 I 为核自旋量子数.S_I 在外磁场 $\boldsymbol{B}$ 方向(设磁场沿 z 方向)的投影为 $S_z = m_I\hbar$,m_I 称为核自旋磁量子数,I 一定时,m_I 共有 $2I+1$ 个不同的取值,即原来的能级分裂

成了 $2I+1$ 个能级.

自旋不为零的原子核具有磁矩 $\boldsymbol{\mu}$，它与核自旋角动量的关系为 $\boldsymbol{\mu} = \dfrac{e}{2m_p}g\boldsymbol{S}_I$，其中 m_p 为质子的质量，g 称为核的朗德因子，它取决于核的内部结构与特性，是一个无量纲的量. 核磁矩 $\boldsymbol{\mu}$ 在外磁场 $\boldsymbol{B}$ 方向的投影为

$$\mu_z = \frac{e}{2m_p}gS_z = \frac{e}{2m_p}gm_I\hbar = g\mu_N m_I$$

式中 μ_N 称为核磁子，是一个常数，有

$$\mu_N = \frac{e\hbar}{2m_p} = 5.057\,866 \times 10^{-27}\ \mathrm{J\cdot T^{-1}}$$

磁矩与磁场的相互作用能为

$$E = -\boldsymbol{\mu}\cdot\boldsymbol{B} = -\mu_z B = -g\mu_N m_I B \tag{①}$$

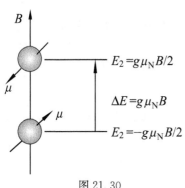

图 21.30

上述结论对原子核普遍适用. 考虑到在实验和应用中常用的是氢核的核磁共振，故以氢核为例进行讨论. 氢核的自旋磁量子数 $m_I = \pm 1/2$，它在外磁场中的能量如图 21.30 所示. 由式①算得氢核相邻两个能级的能量差为

$$\Delta E = E_2 - E_1 = g\mu_N B \tag{②}$$

由此可见，当氢核在外磁场中同时受到电磁波照射时，要从能级 E_1 跃迁到 E_2，必须而且只能吸收如下频率的电磁波，即

$$\nu_0 = \frac{\Delta E}{h} = \frac{g\mu_N B}{h} \tag{③}$$

也就是说，只有当入射电磁波的频率 $\nu = \nu_0$ 时，才能被氢核吸收. 原子核在外磁场中只吸收特定频率电磁波的现象叫做核磁共振，该频率称为核磁共振频率. 显然，氢核的核磁共振频率只与外磁场有关. 当 $B = 1\ \mathrm{T}$ 时，将 μ_N、h 值以及氢核的 $g = 5.585\,7$ 代入式③，得到氢核相应的核磁共振频率为 $\nu_0 = 42.69\ \mathrm{MHz}$. 该频率正好在微波范围，相应的波长为 7 m.

2. 核磁共振技术

由核磁共振条件式③不难看出，实现核磁共振的方法有两种，一是保持磁场 $\boldsymbol{B}$ 不变，调节射频场频率 ν 以达到核磁共振状态；二是用固定的射频频率 ν 照射，调节样品所处的磁场 $\boldsymbol{B}$，使之满足核磁共振条件. 前者称为调频法，后者则称为调场法.

图 21.31 是调频核磁共振实验示意图，待测样品管置于磁体两极之间，管外绕有线圈，由射频振荡器向它输入射频电流. 这时电流就向样品发射同频率的电磁波，其频率大致与外磁场对应的核磁共振频率相等. 为了精确地测定共振频率，用一个调频振荡器使射频电磁波的频率在共振频率附近连续变化. 当电磁波频率恰

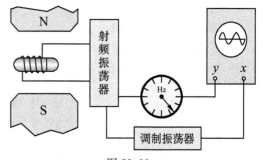

图 21.31

好等于共振频率时,射频振荡器的输出就出现一个吸收峰,显示在示波器上,同时由频率计数器读出此共振频率.

随着高分辨技术的日新月异,核磁共振新技术也层出不穷.技术手段上已由最初较为简单的核磁共振技术发展到核磁双共振、二维核磁共振及多维核磁共振、核磁共振成像技术、魔角旋转技术、极化转移技术等.

核磁双共振是同时利用两种频率的射频场,作用于两种核组成的系统,第一射频场 B_1 使其中一种核共振,第二射频场 B_2 使另外一种核共振,两个原子核同时发生核磁共振现象.第二射频场为干扰场,通常用一个强射频场干扰核磁共振谱线图中某条谱线,另一个射频场观察其他谱线的强度、形状和精细结构的变化,从而确定各条谱线之间的关系,区分相互重叠的谱线.二维核磁共振使核磁共振技术产生了一次革命性的变化,它将挤在一维核磁共振谱线中的谱线在二维空间展开(二维谱),从而较清晰地展示了原子内部更多更丰富的信息.二维核磁共振技术在研究更大分子体系时,谱线也出现了严重的重叠,为了解决这一问题,人们将二维核磁共振推广到三维甚至多维的核磁共振,它们将物质的分子结构和分子间的关系表现得更加清晰.

3. 核磁共振技术的应用

核磁共振技术早期仅限于对原子核的磁矩、电四极矩和自旋的测量,随着科技的发展进步,核磁共振的技术手段也在不断地更新变化,其用途也日益广泛.近年来,分子结构的测定、金属离子同位素的应用、动力学核磁研究、指定部位的高分辨成像、压力作用下血红蛋白质结构的变化、生物体中水的研究、原油的定性鉴定和结构分析、沥青化学结构分析、涂料分析、农药鉴定、食品分析等等,在理论上都是利用核磁共振技术的原理.核磁共振技术在各种技术领域正在发挥着它举足轻重的作用.

例如,核磁共振 CT(computed topography)、核磁共振成像(简称 NMR 成像)被广泛地用于医疗诊断上.其中最常用的是平面成像,即获取样品平面(断面)上的分布信息,称作核磁共振计算机断层成像,也就是常说的核磁共振 CT.就人体而言,体内的大部分(75%)物质都是水,含有大量的氢核(一个水分子含有两个氢核),且不同组织中水的含量也不同.用核磁共振 CT 手段可测定生物组织中含水量分布的图像,实际上就是质子密度分布的图像.当体内遭受某种疾病时,其含水量分布会发生变化,利用氢核的核磁共振,将病态的图像和正常的图像相比较,即可做出诊断.核磁共振成像可以获得内脏器官的功能、生理以及病变状态等情况,还有一个好处,就是对病人无辐射危害.因此,这一技术存在着广阔的应用前景.

第 **22** 章　现代技术的物理基础专题

高新科技是建立在综合科学研究基础之上、处于当代科学技术前沿的新技术群,是知识、人才和投资密集的新技术群．简言之,高新科技是高层次的科学技术群．其特征主要表现在牵引性、战略性、高效性、渗透性和群体性等,对发展生产力、促进社会文明、增加国防实力起着先导作用．事实表明,一项高科技成果可以诞生一个新兴产业,创造出巨大的经济效益;可以迅速转化为作战手段,形成强大的国防力量;可以改变人类的生活习惯,使衣、食、住、行、用等发生根本性的变革.

物理学是现代科学的先导和基础,已渗透到整个自然科学中,在现代科学既高度分化又高度综合、日趋整体化的发展中扮演着极其重要的角色．本章将物理学的基础知识和高新技术紧密结合,以大学物理学的风格和水平,介绍红外成像技术、激光技术、传感器技术、纳米技术、新能源技术和新空间技术等方面的知识及其应用,特别是在军事领域中的应用.

22.1　激　光　技　术

激光是 20 世纪与原子能、半导体、计算机并列的四项重大发明之一. 它的出现深化了人们对光的认识、扩展了光为人类服务的天地.

自 1960 年美国的梅曼(T. H. Mainman)博士成功制成世界上第一台激光器以来,激光因其优异的特性——高亮度性、高方向性、高单色性和高相干性而受到各国学术界、国际军事界等方面的广泛关注,发展极快．不仅在军事、工农业生产、医学卫生和科学研究等方面得到广泛的应用,而且还带动了一批新兴的学科,如全息光学、非线性光学、光通信、光存储和光信息处理等. 本节仅对激光原理、非线性光学效应和激光的一些应用,特别是军事上的应用作简要介绍.

22.1.1　激光原理

激光的英文全名是 light amplification by stimulated emission of radiation,缩写为 laser, 表示受激辐射的光放大. 激光到底是怎么产生的呢?

1. 光吸收、自发辐射和受激辐射

光和原子的相互作用主要有三个基本过程,即光吸收、自发辐射和受激辐射.

设原子的两个能级为 E_1 和 E_2,并且 $E_1 < E_2$. 当能量为 $h\nu = E_2 - E_1$ 的光子照

射到原子上时,原子就有可能吸收此光子的能量,从低能级 E_1 跃迁到高能级 E_2,
这个过程称为**光吸收**,又称为**受激吸收**,如图
22.1 所示.受激吸收过程不是自发产生的,
必须有外来光子的"刺激",并且外来光子的
频率要满足 $h\nu = E_2 - E_1$ 的条件.

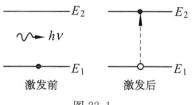

图 22.1

受激发后处于高能级 E_2 的原子是不稳
定的,一般只能停留 10^{-8} s 左右.它会在没有
外界影响的情况下自发地返回到低能级 E_1,同时向外辐射一个能量为 $h\nu = E_2 -
E_1$ 的光子,这种辐射称为**自发辐射**,如图 22.2 所示.自发辐射的特点是:各个原子
的跃迁都是自发、独立地进行的,与外界作用无关.它们所发出的光的振动方向、相
位都不一定相同,因此自发辐射发出的光是非相干光.例如白炽灯、日光灯、高压水
银灯等普通光源的发光过程都是自发辐射.

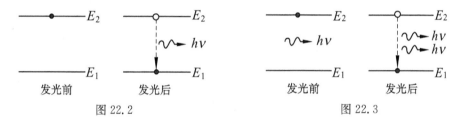

图 22.2　　　　　　　　　　　　　　　　图 22.3

如果处于高能级 E_2 的原子在自发辐射之前,受到能量为 $h\nu = E_2 - E_1$ 的光子
的刺激作用,就有可能从高能级 E_2 向低能级 E_1 跃迁,并且向外辐射一个与外来
光子一样特征的光子,这种辐射称为**受激辐射**,如图 22.3 所示.显然,受激辐射并
非自发产生,须有外来光子的刺激,且外来光子的频率必须符合 $h\nu = E_2 - E_1$ 的条
件.实验表明,受激辐射产生的光子与外来光子具有相同的频率、相位及偏振方向.
而且,由于输入一个光子,可以同时得到两个特征完全相同的光子,这两个光子又
可以再刺激其他原子引起受激辐射,产生四个完全相同的光子.以此类推,就能在
一个入射光子的作用下,获得大量特征完全相同的光子,这种现象称为**光放大**.由
此可见,在受激辐射中,各原子所发出的光同频率、同相位、同偏振态,因此由受激
辐射得到的放大了的光是相干光,称之为**激光**.

事实上,爱因斯坦在 1916 年就预言了受激辐射的存在.40 多年后,当第一台
激光器开始运转时,他的这一预言得到了有力的证实.

2. 粒子数布居反转分布

光与物质原子相互作用时,总是同时存在着吸收、自发辐射和受激辐射这三个
过程.爱因斯坦从理论上证明,在两个能级之间,受激吸收跃迁和受激辐射跃迁具
有相同的概率.并且在通常的情况下,原子体系总是处于热平衡状态,热平衡状态

下原子数目按能级的分布遵从波尔兹曼分布. 处于高能级 E_2 和低能级 E_1 的原子数目之比为

$$\frac{N_2}{N_1} = e^{\frac{E_2-E_1}{kT}} < 1$$

上式表明,温度 T 一定时,处在低能级的原子数总是多于处在高能级的原子数. 因此,在平衡状态下光吸收过程比受激辐射过程占优势. 因此,在正常情况下,难以产生连续受激辐射. 显然,要获得光放大,必须使处在高能级的原子数大于处在低能级的原子数,即 $N_2 > N_1$. 这种分布与正常分布相反,称为粒子数布居反转,简称**粒子数反转**.

能造成粒子数反转的物质叫做**激活介质**,也就是激光器的工作物质. 激活介质可以是气体、固体,也可以是液体. 气体又可以是原子、分子、准分子或离子气体. 但是并非各种物质都能实现粒子数反转,即便在能实现粒子数反转的物质中,也不是在该物质的任意两个能级间都能实现粒子数反转. 要实现粒子数反转,一方面要求这种物质具有合适的能级结构,另一方面还必须从外界输入能量,使物质中尽可能多的粒子吸收能量后跃迁到高能级上去,这种过程叫"激励"或"泵浦"或"抽运",俗称"光泵". 激励的方法有光激励、气体放电激励、化学激励、核能激励等.

现在假定激励过程能够得到满足,那么物质应有什么样的能级结构才能实现粒子数反转? 理论证明,对只具有两个能级的原子系统是不可能实现粒子数反转的. 对一个如图 22.4(a)所示的三个能级的原子系统,则有可能实现粒子数反转. 图中,E_1 为基态,E_2 和 E_3 为激发态,其中 E_2 是亚稳态. 粒子在 E_2 上的寿命比在 E_3 上的寿命要长得多,在一般激发态上的寿命为 10^{-8} s 左右,而在亚稳态上的寿命可长达 $10^{-3} \sim 1$ s.

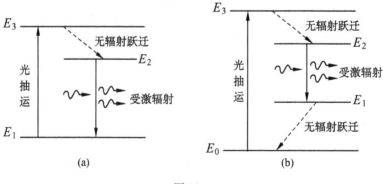

图 22.4

在外界能源的激励下,基态 E_1 上的粒子被抽运到激发态 E_3 上,因而 E_1 上的粒子数 N_1 减少. 因 E_3 态的寿命很短,粒子将通过碰撞很快以无辐射跃迁的方式

转移到亚稳态 E_2 上. 由于 E_2 态寿命很长,其上就积累了大量粒子,即 N_2 不断增加. 一方面是 N_1 减少,另一方面是 N_2 增加,以至于 N_2 大于 N_1,于是实现了亚稳态 E_2 与基态 E_1 间的粒子数反转. 利用处在这种状态下的激活介质,就可以制成一台激光放大器. 当有外来光信号输入时,其中频率为 $\nu=(E_2-E_1)/h$ 的光就被放大了. 红宝石激光器就是一个三能级系统的激光器,它发出的 6943 Å 谱线就是红宝石晶体中铬离子的亚稳态与基态之间的粒子数反转造成的受激辐射.

实际上,在三能级系统中,造成亚稳态与基态之间的粒子数反转是比较困难的,这是由于在热平衡状态时,基态上几乎集中了全部粒子,亚稳态实际上是空的,因此在正常分布时这两个能级上的原子数分布相差非常悬殊. 要实现这两个能级间的粒子数反转,需要相当强的外界激励,这是三能级系统的一个显著缺点. 为了克服这种缺点,可利用如图 22.4(b) 所示的四能级系统. 在该系统中,出现粒子数反转的两个特定能级为 E_1、E_2. 其中下能级 E_1 不是基态,而是激发态,其上的粒子占有数本来就很少,只要激发态 E_2 上稍有粒子积累,就较容易实现粒子数反转. E_3 上的粒子向 E_2 转移得越快以及 E_1 上的粒子向 E_0 过渡得越快,则工作效率就越高.

不论三能级图还是四能级图,都表明:要出现粒子数反转,必须内有亚稳态能级,外有激励能源,粒子的整个输运过程必定是一个循环往复的非平衡过程. 激活介质的作用就是提供亚稳态. 需要说明的是所谓三能级图或四能级图,并不是激活介质的实际能级图,它们只是对造成粒子数反转的整个物理过程所作的抽象概括. 实际能级图要比它们复杂,而且一种激活介质内部,可能同时存在几对特定能级间的粒子数反转,相应地发射几种波长的激光. 图 22.5 为氦氖激光器中激活介质氦氖的能级结构简图. 在外界激励下,氦原子从基态跃迁到 $2\,^1s$ 和 $2\,^3s$ 两个亚稳态. 这两个亚稳态能级的寿命约为 10^{-4}s,比其他激发态大三个数量级,因此这两个能级上氦原子数目逐渐增多. 由于氦原子这两个亚稳态能级 $2\,^1s$ 和 $2\,^3s$ 分别与氖原子的两个能级 3s 和 2s 十分接近,处于激发态的氦原子容易通过与基态的氖原子发生碰撞后无辐射地回到基态,而将氖原子激发到 3s 和 2s 态,这样就使氖原子的 3s 和 2s 能级上的原子数目显著增加,结果在氖原子 3s 和 2s 能级与相应的下能级 3p、2p 之间形成了粒子数反转. 在这些能级之间产生受激辐射时,发出波长为

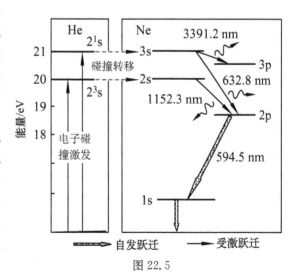

图 22.5

3391.2 nm、1152.3 nm的不可见的红外光和 632.8 nm 的红光,所以人眼看到的氦氖激光器发出的激光呈红色.

3. 光学谐振腔

在实现了粒子数反转的激活介质中,可以使受激辐射占主导地位,产生光放大,但还不能产生有一定强度的激光. 要产生激光,还必须设计一种装置,使在某一方向的受激辐射得到不断地放大和加强,这种装置称为**光学谐振腔**. 在激活物质的两端安置两面相互平行的反射镜 M_1、M_2,其中一面是全反射镜,另一面是部分反射镜,这两面反射镜及它们之

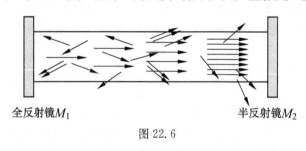

全反射镜M_1 半反射镜M_2

图 22.6

间的空间就是光学谐振腔,如图 22.6 所示. 当激活介质在外界激励下实现了粒子数反转时,它会同时产生自发辐射和受激辐射. 源于自发辐射的光子的方向是杂乱无章的,其中偏离轴线的光子很快都逸出谐振腔,只有沿轴线的光子可在其中来回反射,通过工作物质时就引起受激辐射,受激辐射产生的光子会引起连锁受激辐射,而使光强不断增强,最终从部分反射镜输出一束极强的方向性很好的激光.

再则,根据波动理论,光在谐振腔中传播时,形成以反射镜为节点的驻波. 由驻波条件可得,加强的光必须满足 $l = k\lambda/2n$,式中 l 是谐振腔的长度,λ 是光的波长,k 是正整数,n 为激活介质的折射率. 波长不满足上述条件的光,会很快减弱而被淘汰. 所以谐振腔又起到了选频的作用,使输出的激光频率宽度很窄,即激光的单色性很好.

另外,从能量的观点分析,虽然在谐振腔内光受到两端反射镜的反射在腔内往返形成振荡,使光强增加,但同时光在两端面及介质中的吸收、透射等,又会使光强减弱. 只有当光的增益大于损耗时,才能输出激光. 这就要求激活介质和谐振腔必须满足一定的条件,称为谐振腔的阈值条件. 可以证明,这个阈值条件为

$$R_1 R_2 e^{2Gl} = 1$$

式中 l 为谐振腔长度,R_1、R_2 分别为两镜的反射率(反射能量与入射能量之比),G 为光束传播方向上单位长度内光强的增长率,称为增益系数. 从上式解出增益系数的阈值 G_m 为

$$G_m = \frac{1}{2l} \ln\left(\frac{1}{R_1 R_2}\right)$$

若 R_1、R_2 和 l 一定,只有当 G 大于 G_m 时,才能输出激光.

概括起来,形成激光的基本条件是:(1)激活介质在激励能源的激励下实现粒子数反转;(2)光学谐振腔使受激辐射不断放大;(3)满足阈值条件.

22.1.2　激光器

能够发射出激光的实际技术装置称为激光器.它是激光技术的核心.

任何激光器都包括三个基本组成部分:(1)激光介质.它应具有产生粒子数反转分布的合适能级结构,能产生受激辐射光放大.(2)激光能源.它提供外界能量,将低能态的粒子激发到高能态,是实现粒子数反转的必备条件.(3)光学谐振腔.通过光振荡实现光放大,限制激光传播的方向,且有选频作用,从而提高激光的单色性.

激光器种类很多,可按不同方式分类.

按工作物质分类,可分为固体、液体、气体、半导体和自由电子等激光器.固体激光器的代表有红宝石激光器、钕玻璃激光器和掺钕钇铝石榴石激光器;液体激光器的代表有若丹明 6G 染料激光器、掺钕二氯氧化硒激光器和二氯氧化磷激光器;气体激光器的代表有氦-氖气体激光器、二氧化碳激光器、氩离子激光器、氦离子激光器和准分子激光器;半导体激光器的代表有砷化镓二极管激光器等.

按运转方式分类,可分为连续输出和脉冲输出激光器.

按激励方式分类,有光激励激光器(几乎全部固体和液体激光器,还有少数气体和半导体激光器,都属此类)、电激励激光器(绝大多数气体激光器和半导体激光器,采用直流放电、交流放电、脉冲放电和电子束注入等形式)、化学激光器(利用放热化学反应的能量激励)、热激励激光器、核能激励激光器等.

按输出波长范围分类,有远红外激光器、中红外激光器、近红外激光器、可见光激光器、近紫外激光器、真空紫外激光器和 X 射线激光器等.

表 22.1 列出了部分常用激光器及其特点.

22.1.3　激光的特性

由于激光产生的机理与普通光源不同,使得它具有一系列普通光源产生的光所没有的优异特性.

1. 方向性好

激光光束的方向性很好,发散角很小.一般激光光束每行进 200 km,其扩散直径不到 1 m.若把激光束射到距地球 3.8×10^5 km 的月球上,其扩散的直径还不到两千米.而对普通光源,即使具有抛物形反射面的探照灯,其光束在几千米外,已经扩散到几十米的直径.激光方向性好,是受激辐射光放大的特殊发光机理以及光学谐振腔对光传播方向的限制作用等因素共同作用的结果.

表 22.1　常用激光器及其特点

类型		名称	工作物质	主要辐射波长/nm	激励方式	其他特征
气体激光器	原子	氦氖激光器	He-Ne 原子	632.8	气体放电	广泛应用
	分子	二氧化碳激光器	CO_2-N_2-He 等混合气体	1060.0	气体放电	高功率输出
		氮分子激光器	N_2 分子	337.1	气体放电	无谐振腔
	离子	氩离子激光器	Ar^+ 离子	488.0 350.0~520.0	气体放电	常用作泵浦光源
		氦镉激光器	He-Cd 蒸气	441.6 325.0	气体放电	
固体激光器		红宝石激光器	Cr^{3+}-Al_2O_3 晶体	694.3	光泵浦	广泛应用
		掺钕钇铝石榴石激光器	Nd^{3+}-YAG	1060.0	光泵浦	
		钕玻璃激光器	Nd^{3+}-玻璃	1060.0	光泵浦	可产生高功率输出
液体激光器		染料激光器	有机染料,如若丹明 6G	320.0~1170.0	激光泵浦闪光灯泵浦	激光波长可调谐
半导体激光器		GaAs/GaAlAs 半导体激光器	化合物半导体 GaAs	850.0	电流注入	短波长光通信光源
		InP/InGaP 半导体激光器	化合物半导体 InP	1300.0 1550.0	电流注入	长波长光通信光源
光纤激光器		掺铒光纤激光器	Er^{3+}-光纤	1330.0 1560.0	激光泵浦	长波长光通信光源

2. 单色性好

激光的谱线宽度很窄,单色性好.例如一般氦氖激光器发射的 632.8 nm 的红光,线宽 $\Delta\lambda = 10^{-7}$ nm,好的可达 10^{-9} nm,与非激光光源中单色性最好的氪灯的谱线宽度 4.7×10^{-3} nm 相比,激光要优于氪灯 4 个数量级以上.激光的单色性好,一方面是由于工作物质粒子数反转只能在一定的能级之间发生,因而相应的激光发射也只能在一定的光谱范围内发生;另一方面是由于光学谐振腔的选频作用.

3. 亮度高

普通光源发出的光,射向四面八方,能量分散;而激光具有能量在空间高度集中的特性. 目前,功率极大的激光,其亮度可达到太阳亮度的 100 亿倍以上. 因此,它可在极小的局部范围内产生几百万摄氏度的高温、几百万大气压的高压,足以融化以致气化各种金属和非金属材料.

4. 相干性好

普通光源的发光过程是自发辐射,发出的不是相干光;激光的发光过程是受激辐射,发出的是相干光. 激光的相干性好主要源于激光的高单色性和高方向性.

22.1.4　激光的非线性光学效应

非线性光学是研究强激光与物质相互作用时出现的新的现象、规律和应用的一门新兴学科. 激光出现之前的光学是弱光光学,很难观察到非线性光学现象. 这里强光与弱光的区分是对光场的电场强度大小 E 与组成物质的原子内部的平均电场强度大小 E' 比较而言的. 普通光源,$E/E' \ll 1$,光与物质的作用表现为线性关系. 对于强激光,E 与 E' 可比拟,此时光与物质的作用表现出明显的非线性关系. 计算表明,E' 的数量级为 10^{10} V·m^{-1},普通光源光场的 E 比 E' 低好几个数量级. 如太阳光的 E 只有 10^2 V·m^{-1},而强激光的 E 可达 10^{10} V·m^{-1} 的数量级,用现代技术甚至可获得更强的电场(10^{12} V·m^{-1}),这就为研究非线性光学提供了强有力的工具.

强激光与物质相互作用出现许多非线性效应,如谐波的产生、光参量振荡、光的受激散射、光束自聚焦、多光子吸收、光致透明和光子回波等. 下面简单介绍几种非线性光学效应.

1. 激光倍频和混频效应

我们知道,介质在光波电场作用下要产生极化,极化了的原子实际上就是一个电偶极子. 若光波随时间作正弦变化,则电偶极子的负电荷中心将绕正电荷中心作周期性振荡,而振荡的电偶极子又不断辐射电磁波(称为次级辐射). 这便是光与物质相互作用的微观机理.

在宏观上,介质极化程度用极化强度 P 描述. 在弱光 E 作用下,各种各向同性介质的极化强度 P 与 E 成正比,方向相同,其关系为

$$P = \chi_e \varepsilon_0 E$$

式中 χ_e 为电极化率,与外场 E 无关. 如果 E 以频率 ω 作周期性变化,则 P 及其产生的次级电磁辐射也以同样的频率 ω 作周期性变化,次级辐射与入射光波相互叠加,决定物质对入射光场的反射、折射和散射等现象. 这里由于次级辐射与入射光波的频率相同,所以光波的单色性不会变化.

当介质为各向异性时,P 与 E 的方向不再相同,而且在强激光作用下,P 和 E 之间不再呈线性关系,为方便起见,我们不考虑 P 与 E 的矢量特征. P 和 E 的非线

性关系可写为

$$P = \alpha E + \beta E^2 + \gamma E^3 + \cdots$$

式中 α、β、γ、$\cdots$ 都是与物质有关的系数. 一般说来,它们的数量级之比约为

$$\frac{\beta}{\alpha} = \frac{\gamma}{\beta} = \cdots = \frac{E}{E'}$$

当 $E \ll E'$ 时,式中的非线性项 βE^2、γE^3、$\cdots$ 都可忽略,介质表现为线性光学性质. 但当强激光 $E = E_0 \cos\omega t$ 作用时,非线性项便不可忽略. 下面讨论与二次非线性极化项有关的光学倍频(忽略二次以上的非线性极化项),即

$$P = \alpha E_0 \cos\omega t + \beta E_0^2 \cos^2\omega t = \alpha E_0 \cos\omega t + \frac{1}{2}\beta E_0^2 + \frac{1}{2}\beta E_0^2 \cos 2\omega t$$

等式右边第二项是不随时间变化的极化强度分量,为直流项. 这一项的存在使介质两相对表面分别出现正、负极化面电荷,相应产生一恒定电场. 这种从一个交变电场得到一个恒定电场的现象称为光学整流. 第一项是频率等于入射光频率的极化强度分量,是基频项. 第三项相应于介质中存在频率为入射光频率两倍的极化强度的倍频成分. 由于这两项的出现,将分别产生频率为 ω 和 2ω 的次级辐射,即辐射出频率为 ω 和 2ω 的光,这就是**倍频光**产生的机理. 图 22.7 为倍频光发生器的示意

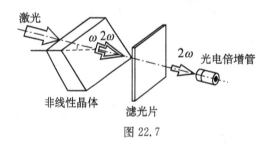

图 22.7

图. 频率为 ω 的激光从某一特定的方向通过一块非线性晶体,透射光中有两种频率成分 ω 和 2ω,通过滤光片后,频率为 ω 的光被吸收掉,而让 2ω 频率的光输出,由光电倍增管接收.

光学倍频的实验观察是在激光问世一年后由弗兰肯(P. A. Frandken)等人完成的. 他们将红宝石激光器发出的 $\lambda = 694.3$ nm 的光脉冲聚焦在石英晶体上,对出射光进行摄谱,结果在紫外端观察到 $\lambda = 347.15$ nm 的倍频光谱线,不过当时入射光能量转换为倍频光能量的转换效率极低. 若考虑到作用光波之间满足能量守恒和动量守恒所要求的相位匹配条件,转换效率可以提高.

当两种不同频率 ω_1 和 ω_2 的强激光 $E_1 = E_{10}\cos\omega_1 t$ 和 $E_2 = E_{20}\cos\omega_2 t$ 同时作用于介质时,不考虑二次以上非线性极化项,则有

$$P = \alpha(E_{10}\cos\omega_1 t + E_{20}\cos\omega_2 t) + \beta(E_{10}\cos\omega_1 t + E_{20}\cos\omega_2 t)^2$$

$$= \alpha E_{10}\cos\omega_1 t + \alpha E_{20}\cos\omega_2 t + \frac{1}{2}\beta E_{10}^2(1 + \cos 2\omega_1 t)$$

$$+ \frac{1}{2}\beta E_{20}^2(1 + \cos 2\omega_2 t) + \beta E_{10}E_{20}[\cos(\omega_1 + \omega_2)t + \cos(\omega_1 - \omega_2)t]$$

式中除了直流项、基频项、倍频项外,还出现了和频 $\omega_1 + \omega_2$ 和差频 $\omega_1 - \omega_2$ 项. 相应

可有辐射频率为 $\omega_1 + \omega_2$ 和 $\omega_1 - \omega_2$ 的光,这就是**光学混频**.

光学倍频和混频扩展了强相干辐射的范围,是光频转换较成熟的方法,有广泛的应用. 常用的非线性光学晶体有 KDP(磷酸二氢钾)、ADP(磷酸二氢铵)、$LiNbO_3$(铌酸锂)、$LiIO_3$(碘酸锂)等.

2. 受激拉曼散射

光通过介质时,除了按几何光学传播的光线外,因光的散射,其他方向或多或少也有光线存在. 若散射光与入射光的频率相同,则称这种散射为**瑞利散射**.

1928 年,拉曼(C. V. Raman)在研究液体和晶体内的散射时发现,散射光中除了有与入射光频率 ν_0 相同的成分外,还有频率为 $\nu_0 \pm \Delta\nu_1$,$\nu_0 \pm \Delta\nu_2$,…成分. 值得注意的是 $\Delta\nu$ 的大小以及这些成分间的频率差均与 ν_0 无关,而由介质的性质决定. 后来的研究指出,$\Delta\nu$ 的大小决定于介质的分子结构及其运动,这种散射称为**拉曼散射**.

散射过程的原理是:在入射光的作用下,物质分子吸收一个入射光子后跃迁到一个特殊的能级上,当这个分子从该能级跃迁回到原来的能级时,将发射出一个与入射光频率相同的散射光子,这就是瑞利散射. 当该能级上的分子跃迁到比原来能级低或高的能级时,将发射出与入射光频率不同的散射光子 $\nu_0 \pm \Delta\nu$. 向低频方向移动的散射光谱线 $\nu_0 - \Delta\nu$ 叫做斯托克斯线,向高频方向移动的散射光谱线 $\nu_0 + \Delta\nu$ 叫做反斯托克斯线,这就是拉曼散射. $\Delta\nu$ 称为拉曼频移. 研究表明,拉曼频移与分子的振动和转动能级、分子的对称性等特性有紧密的关系,也与分子的结构密切相关,因此测定各种物质的拉曼频移,可研究物质的微观结构和性质,对分子进行定性、定量和结构分析.

用普通光源产生的拉曼散射光强是非常微弱的(只有入射光强的 10^{-7} 倍),是自发拉曼散射,散射光强 I_s 的增加正比于入射光强 I_0,它是不相干的.

当入射光是很强的相干激光光束时,出现了新的现象,即散射过程具有受激辐射的性质,故称为受激拉曼散射. 受激拉曼散射光与激光器发出的光,具有完全相同的特性,是相干光. 其散射光强 I_s 的增加正比于入射光强 I_0 和 I_s 的乘积. I_s 随入射光进入介质的距离 x 增长的关系为

$$I_s(x) = I_s(0) e^{\alpha I_0 x}$$

式中 α 为一常量. 受激拉曼散射是非线性光学效应,它为深入了解散射介质分子的能级结构、运动状态、跃迁性质等提供了有效途径,也是产生多种新波长强相干光的一种方法.

3. 自聚焦

用强光照射介质时,介质的折射率 n 随入射光强的增加而增大. 如果入射光束截面上光强分布不均匀,则在该截面上各处介质的折射率的分布也将是不均匀的.

激光光束的强度呈高斯分布,轴线上光强最大,因而轴线上折射率高于边缘部分.这就在介质内形成类似凸透镜的结构,使光束向轴上会聚.它和通常的透镜聚焦不同,自聚焦的光聚焦后不再发散,最后形成一束极细的光丝,这一现象称为**自聚焦**.自聚焦可以形成极高的能量密度,可以进一步激起其他的非线性光学现象.当然,自聚焦也可能导致介质本身的光学破坏,一般应该避免.

22.1.5　激光的应用

从应用的角度,可把激光的四个基本特性概括成两个方面.一是定向的强光束,能量很集中,功率密度很大;二是单色的相干光束,时间相干性和空间相干性都很好.激光在各技术领域中的广泛应用都是源于这两方面的特性.如激光通信、激光测距、激光定向、激光准直、激光雷达、激光切削、激光手术、激光武器、激光显微光谱分析、激光受控热核反应等方面的应用,主要是利用第一方面的特性;而激光全息、激光干涉、激光测长、激光测速等领域,主要是利用其第二方面的特性.当然这些应用与激光两方面的特性都有关.

1. 激光通信

光通信由来已久,我国古代曾用烽火台的烟火、火光来传送战争警报,1960年出现的激光器为光通信提供了理想的光源.20世纪80年代,美、日、英等国都已建成上千公里的光纤通信系统,加之计算机,使现代通信技术、信息技术迅猛发展.

激光通信的工作原理和过程与电通信相似,所不同的主要是信息载体.图22.8表示了激光语音通信的原理和系统组成.发话器送出的语音信号经过电信号发生器变成电信号,由编码器编码后加至调制器;调制器按编码电信号的规律对来自激光器的稳定激光束实施调制,使光束随语音的变化而变化(即光载波承载了

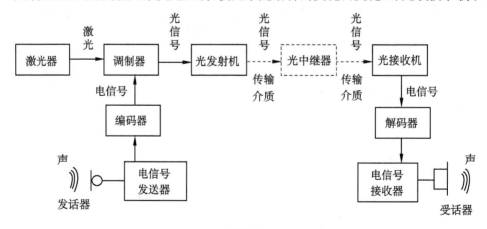

图 22.8

语音信号);光学发射机(天线)把这种信号发送出去;异地的光接收机对准发射方向接收光信号,并把它汇集于光探测器,转变为电信号;经由解码器解码后送往电信号接收器,还原为语音信号由受话器放出.

目前激光通信多采用半导体激光器.这是因为它效率高、寿命长、重量轻、体积小、易调制.其次是 YAG 激光器和 CO_2 激光器.

至于光调制方法,可用直接调制、电光调制、磁光调制等.例如把电信号直接加在半导体激光器上就实现直接调制;若把电信号加于电光晶体,同时使光通过该晶体,即可实现电光调制;对铁石榴石等晶体施加磁场,可实现磁光调制.

光接收机中的探测器目前多用光电二极管.例如在可见光波段可用硅光管;在近红外波段用 PIN 或 APD;中、远红外波段分别用 InAs 和 HgCdTe 二极管.其中 APD 的响应速度可达 130 ps,且有较大的电流放大作用,利于提高信噪比,适用于远程大容量通信.

光通信系统中的中继器是为弥补光信号传送中的损耗(如介质的吸收、散射)和失真(如色散)而设置的,以便在一定的距离上对光信号做放大、整形等技术处理,以保证信号质量.

激光通信的重要特点之一是传输信息容量大.在激光通信中,信息的载体是光波,其频率高达 $10^{13} \sim 10^{15}$ Hz,比微波高出 10^3 倍.根据通信理论,载波的频率越高,传播的信息量就越大.因此,以光波为载波的激光通信极大地提高了通信容量.一束激光可容纳全世界的人同时通话,可同时传送几千万套电视节目而互不干扰.如此巨大的容量,过去的任何通信系统都不可能胜任.除此以外,激光通信还具有较好的抗干扰性和较好的保密性等特点.

激光通信可在大气、光纤、太空和水中传播,人们分别称之为大气激光通信、光纤激光通信、空间激光通信和水下激光通信.

激光通信以其优良的保密性和抗干扰性而受到军界的重视.现在激光通信已在军事上得到广泛的应用.例如指挥所与前沿阵地、岛屿之间、大河两岸、作战平台之间采用光纤激光通信就十分合适.而在远程控制(如远程导弹控制)、空间技术(如人造卫星通信飞船通信)等方面,激光大气通信和空间激光通信就有突出的优点.坦克的敌我识别系统就可以通过激光大气通信来实现.潜艇,特别是战略核潜艇,则是水下激光通信的主要对象.

2. 激光测距

激光测距的基本原理是测量激光束往返于观测点至目标之间所用的时间,从而推算出目标到观测点的距离.在技术途径上可分为脉冲式激光测距和连续波相位式激光测距.目前,大量装备部队的是前者.

脉冲式激光测距系统由发射、接收、控制及数据处理等部分组成,如图 22.9 所示.发射部分由激光器及发射望远镜组成,接收部分由接收望远镜及光电探测器组成,数据处理部分通常是一个电子计数器.测距系统工作时,由激光器产生一束持续时间极短的光脉冲,射向被测目标,待光脉冲从目标返回时,测出发射脉冲与返回之间的时间间隔 t,则目标距离可表示为 $R=ct/2$,其中 c 是光速.

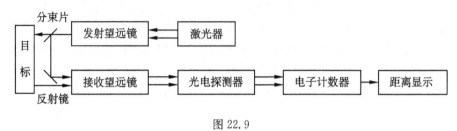

图 22.9

脉冲式激光测距仪的作用距离为数百米至数十千米.步兵、炮兵和装甲兵为手持式或车载式,测量精度为 $5\sim10$ m.在火炮、坦克、飞机和舰艇上,激光测距仪与其他光电装置配合,可以组成各种用途的火控系统.如高重复频率的激光测距仪与红外及电视跟踪系统相结合,组成舰载近海面反导弹袭击的光电火控系统.也可以将激光测距仪加装在光学经纬仪上,作为靶场弹道测量设备.激光测距仪与微波雷达相结合,可以发挥激光束窄的特长,弥补微波雷达低仰角工作时受地面杂波干扰的不足.大型激光测距仪可以精确测量卫星的运行轨道.对装有角反射器的目标,激光测距仪最远测程可达月球,测距精度达厘米级.蓝绿波长的激光测距仪适用于水下目标的探测,而相位式激光测距仪,其精度可达毫米级,相对误差为百万分之一,军事上可用于地形测绘,也可用来测量地壳的微小变化.

3. 激光雷达

激光雷达的结构和功能与微波雷达相似,都是利用电磁波先向目标发射一探测信号,然后将其回波与发射信号作比较,获得目标的有关信息,诸如目标位置(距离、方位和高度)、运动状态(速度、姿态)和形状等,从而对飞机、导弹等目标进行探测、跟踪和识别.

激光雷达由发射机、天线、接收机、跟踪架及信息处理系统等部分组成.发射机是各种形式的激光器;天线是光学望远镜;接收机采用各种形式的与发射机配套的光电探测器.激光雷达采用脉冲式或连续式两种工作方式,探测方法分直接探测与外差式探测.

激光雷达的特点是:(1)工作波长短,很小的天线口径可以获得很窄的光束,因而方向性好,测角精度高,不受地面杂波的干扰,可以低仰角工作,体积小、重量轻.多普勒测速灵敏度高,但搜索和捕获目标较难.(2)采用锁模技术及其他超短脉冲技术可以将发射脉冲宽度压缩到小于纳秒(10^{-9} s),以脉冲方式工作的激光雷达测距精度很高.(3)激光对等离子体的穿透能力强,蓝绿激光适合于水下传播.(4)激光在大气中的衰减大,云、雾、烟、尘等的吸收和散射会大大影响雷达的作用距离.

激光雷达在军事上可用于测量各种飞行目标的运动轨迹,如对导弹和火箭初始段的跟踪与测量,对飞机和巡航导弹的低仰角跟踪测量,对卫星的精密定轨等.激光雷达与红外、电视等光电装备相结合,组成地面、舰载和机载火力控制系统,对目标进行搜索、识别、跟踪和测量.激光雷达可以对大气进行监测,遥测大气中的污染和毒剂,测量大气的温度、湿度、风速、能见度及云层高度.

4. 激光武器

激光武器是利用激光束直接攻击敌人目标的定向能武器.一般主要由激光器、精密瞄准跟踪系统和光束控制与发射系统组成,如图 22.10 所示.激光器是激光武器的核心部件,用于产生起杀伤或破坏作用的大功率激光束.精密瞄准跟踪系统可以精确地瞄准跟踪目标,快速引导激光束对准目标射击,并判定杀伤或破坏效果.光束控制与发射系统的作用是根据瞄准跟踪系统提供的目标方位、距离等数据将光束准确地射到目标上,力求达到最佳效果.

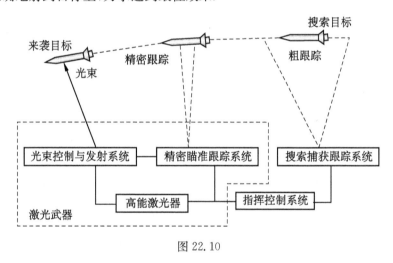

图 22.10

激光武器有许多分类法:按激光能量的不同,分为低能激光武器(又称激光轻武器或激光致盲武器)和高能激光武器(又称激光炮);按激光器种类不同,分为固体、气体、化学、准分子、自由电子和 X 射线激光武器等;按位置或运载工具的不同,分为陆基、车载、舰载、机载、星载激光武器;按用途分为战术激光武器和战略激光武器;按输出方式可分为连续式激光武器和脉冲式激光武器.

激光武器的优点是:(1)快速.激光束以光速射向目标,一般不需要提前量.(2)灵活.发射激光束时,几乎没有后坐力,因而易于迅速地变换射击方向,并且射击精度高,能够在短时间内拦截多个来袭目标.(3)精确.可以将聚集的狭窄光束精确地对准某一方向,选择攻击目标群中的某一目标,甚至选择目标上的某一个脆弱部位.(4)不受电磁干扰.当然,任何事物都是一分为二的,激光武器也有弱点,主要

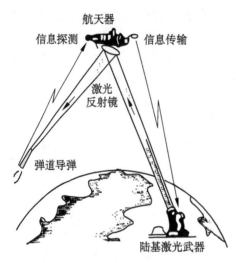

航天器

信息探测   信息传输

激光
反射镜

弹道导弹

陆基激光武器

图 22.11

是:(1)随射程增加,落到目标上的光斑增大,使靶面上的激光功率密度降低.因此,其有效作用距离受到限制.(2)大气对激光有较强的衰减作用,并可使其发生漂移和扩展,恶劣天气(雨、雪、雾等)和战场烟尘、人造烟幕等对其影响更大.(3)能量转换效率较低.因此,激光武器不能完全取代其他武器,而是与其他武器配合使用.激光武器在致盲、防空、防卫星及反洲际弹道导弹等方面都有独特的作用.图 22.11 为对敌方洲际弹道导弹助推段的拦截系统的示意图.

5. 激光制导

激光制导是用激光作为跟踪和传输信息的手段,将导弹、炮弹或航空炸弹导向目标.激光制导命中精度高,抗电磁波干扰能力强,因而得到军事上的广泛应用,是精确制导武器的一种主要制导方式.激光制导方式分为寻的制导和波束制导.激光寻的制导的原理如图 22.12 所示.瞄准跟踪目标后,由目标指示器发射出编码脉冲激光照射目标,随即发射激光制导武器.武器在飞行过程中,装在头部的激光寻的器接收由目标反射回的激光信号,经光学系统会聚在光电探测器上,将光信号转变为电信号,然后经放大、运算处理,得出引导信号,驱动执行机构将武器导向目标.寻的制导用的目标指示器一般采用波长 $1.06~\mu m$ 的掺钕钇铝石榴石(简称为 Nd:YAG)脉冲激光器.

波束制导的原理是:制导武器发射后,沿对准目标的光束飞行,直接接收激光器发射出的调制激光束.调制激光束的横截面为旋转的明暗图案,其对称中

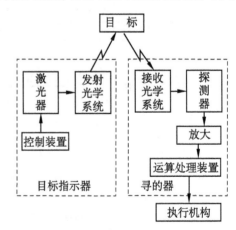

目 标

激光器 → 发射光学系统

接收光学系统 → 探测器

控制装置

目标指示器

放大

运算处理装置

寻的器

执行机构

图 22.12

心与瞄准线重合,一旦武器轴线偏离瞄准线,装在武器尾部的光电探测器便会感知,通过对信号的放大、处理得出武器轴线与瞄准线的角偏量,然后向执行机构发出修正指令,引导武器飞向目标.

激光寻的制导已用于炸弹、炮弹和导弹.如激光制导的"灵巧"炸弹,其投弹圆误差仅 1 m(普通炸弹为 90~100 m),从而可以高空投掷,以减少载弹飞机的损

失. 激光制导的炮弹用 155 mm 的榴弹炮发射, 命中精度为 0.3~1 m, 首发命中概率达 80%~90%. 激光制导的空地导弹其命中精度优于 1 m. 激光波束制导通常用于地空导弹和反坦克导弹, 其作用距离 3~8 km. 激光制导的主要缺点是易受云、雾、雨、雪和烟尘等影响, 不能全天候使用.

6. 激光模拟核聚变

将激光作用于聚变燃料, 产生高温高压等离子体, 进而诱发聚变, 在实验室造成类似核爆炸条件, 以研究可控核聚变和模拟核武器爆炸时的效应等问题.

激光器问世不久, 科学家就利用激光的高功率密度特性, 使聚变燃料达到高温, 产生聚变反应. 激光聚变研究又推动大功率激光技术的发展, 许多实验室先后建造了大型激光器. 美国劳伦斯·利弗莫尔实验室 (LLNL) 建造的"诺瓦"(Nova) 钕玻璃激光装置中, 有 10 束激光, 在 1 纳秒内输出能量高达 10 万焦耳.

激光核聚变通称激光惯性约束核聚变, 是实现受控热核聚变途径之一. 其基本原理是用大功率激光束经聚焦, 均匀照射到直径为毫米量级的含聚变燃料 (如氘、氚) 的靶丸上, 靶面上激光功率密度大于 10^{14} W/cm^2. 靶表面物质吸收激光能量后, 在周围形成高温稀薄等离子体, 由电子将能量传到靶高密度区, 形成一高温烧蚀区. 被烧蚀物质要向外喷射, 在喷射物的反冲力作用下, 类似火箭推进, 靶内形成向心传播的高压冲击波, 其压力达 10^{12} Pa 量级, 靶丸体积被压缩到约为原来的十万分之一, 这时靶心温度可达上亿度, 从而将聚变燃料点燃. 由于聚变是在靶丸的外层被烧蚀物质靠自身惯性维持的一段时间内, 即在聚变燃料因其惯性还未飞散的时间内实现的, 所以叫做惯性约束聚变. 实现激光聚变除上述直接照射的"直接驱动法"外, 还有"间接驱动法"或称"辐射驱动法". 辐射驱动的优点是激光吸收效率高并能均匀照射靶丸, 达到对称内爆, 这是直接驱动法不易达到的. 许多实验室正在积极研究各种控制激光均匀照射技术, 期望找到比辐射驱动更有效的办法.

激光核爆炸在军事上主要用于核武器的物理研究. 核武器的物理研究一般是通过地下核爆炸方法进行的, 这种方法耗资大, 涉及面广, 次数有限. 激光模拟核爆炸, 在实验上可以多次重复、便于测试、节省费用. 另外, 激光模拟核聚变, 对于和平利用核能也是极为重要的研究手段. 因此, 目前这方面的研究方兴未艾.

激光技术的应用还有许多方面, 如激光全息、干涉计量以及在医学等领域的应用; 军事上如激光干扰与致盲、激光侦察与警戒、激光近炸引信、激光夜视 (利用红外激光)、激光射击模拟训练技术等. 有兴趣的读者可在相关书籍中查阅.

22.2 红外技术

红外辐射是英国科学家赫胥尔 (W. Herschel) 于 1800 年在研究太阳光谱中各色光的热效应时发现的. 20 世纪 60 年代以来, 红外技术已成为一门迅速发展的新兴技术,它已广泛应用于军事、工农业生产、医学、空间科学和科学研究等领域.

本节主要介绍红外技术的基础知识,包括红外辐射的基本特性、基本规律、红外探测器件、红外成像技术以及红外技术在军事领域的应用.

22.2.1 红外辐射

1. 红外辐射的基本特征

红外辐射是电磁波谱中大于红光波长的不可见光,因此又称红外光(或红外线).研究表明,红外光和可见光本质上一样,都属于电磁波,只是波长不同而已.

红外辐射的波长介于 $0.77\ \mu m$ 到 $1000\ \mu m$ 之间,位于电磁波谱中可见光红端与微波之间. 由于不同波长的红外辐射在地球大气层中传输性能不同,通常又把红外辐射分成四个波段,分别称为近红外($0.77\sim3.0\ \mu m$)、中红外($3.0\sim6.0\ \mu m$)、**远红外**($6.0\sim15\ \mu m$)、极远红外($15\sim1000\ \mu m$).

理论和实验研究表明,不仅太阳光中有红外辐射,而且任何温度高于绝对零度的物体都在不停地辐射红外光,也就是说,任何"热"的物体都是红外辐射源. 自然界中红外辐射的极其普遍性这一特点是红外技术有着广泛应用的重要原因.

红外光既然是一种电磁波,当然和可见光一样能产生反射、折射、干涉、衍射等现象,它也能产生光电效应,因此利用红外光电管、光电池或光敏电阻等元件可以对红外线进行探测;它还能产生光化学效应,虽然比可见光弱,但仍能使灵敏的红外照相底板感光.

由于波长不同,红外光相对于可见光而言有其自身特有的性质. 热效应是红外光的重要特性,当物体被红外光照射时,电磁运动的能量转化为物体分子热运动的能量,物体内部晶格振动加剧,温度升高.

在某些情况下,红外光具有特殊的反射特性,其反射率(反射能量与入射能量之比)随物体材料、温度和波长而变化. 军事目标在不同波长的光照射下反射率各不相同.绿色涂料和绿色植物对波长为 $0.3\sim0.7\ \mu m$ 的可见光反射率差别不大,约为 20% 左右;在 $0.8\sim1.3\ \mu m$ 的近红外波段二者有显著差别,绿色植物的反射率近于 40%,而绿色涂料的反射率仅为 20%.

2. 红外辐射基本定律

实验表明,不同物体若其表面温度不同,则其辐射红外光或吸收红外光的能力也不同. 这种辐射能按波长的分布取决于辐射物体的温度,所以常称为热辐射. 由上一章介绍的黑体单色辐出度与波长之间的关系曲线可知,温度在 $1700\ K$ 以下的物体主要表现为红外辐射,高于 $1700\ K$ 时,则同时存在红外辐射和可见光辐射. 当物体处于红外辐射平衡状态时,它所吸收的红外辐射能量,总是恒等于它所发射的红外辐射的能量.

黑体辐射的两条基本定律,即斯特藩-玻尔兹曼定律和维恩位移定律,也是红外辐射的基本定律,是红外技术及其应用的理论根据. 需要指出的是,在相同温度下,实际物体的单色辐出度 $M_\lambda(T)$ 总是小于黑体的单色辐出度 $M_{b\lambda}(T)$. 我们把 $M_\lambda(T)$ 与 $M_{b\lambda}(T)$ 的比值称为**单色发射率**,用 $\varepsilon(\lambda)$ 表示,即

$$\varepsilon(\lambda) = \frac{M_\lambda(T)}{M_{b\lambda}(T)}$$

显然 $\varepsilon(\lambda) \leqslant 1$. 因此,如果能确定物体的 $\varepsilon(\lambda)$,就可把关于黑体辐射的定律应用于实际物体.

若物体的单色发射率是不随波长变化的常数,则此物体称为**灰体**. 灰体的辐出度为黑体辐出度的 ε 倍,由斯特藩-玻尔兹曼定律得到灰体的辐出度为

$$M(T) = \varepsilon M_b(T) = \varepsilon \sigma T^4$$

而维恩位移定律为

$$T\lambda_m = b$$

灰体和黑体的热辐射波谱曲线相似,波谱成分相同. 灰体比黑体更接近于实际物体. 对于 $8 \sim 14\ \mu m$ 这个波段,多数物体可以当作灰体处理,而对更多的实际物体,随着波长的不同,它们的 $\varepsilon(\lambda)$ 有明显的差异.

表 22.2 列出了由维恩位移定律算出的常见军事目标的最大辐射波长.

表 22.2 常见军事目标的最大辐射波长

目 标	目标温度/K	最大辐射波长/μm
军事设施、各种兵器	300	10
人员	340	9.64
飞机机身	400	7.5
飞机尾焰	800	3.6
导弹的发射	2000	1.5

3. 红外辐射的传输

红外辐射在大气中传播时,大气对其具有选择吸收性,即对不同波长的红外辐射,吸收的程度有很大差别. 大气中的主要气体氮和氧对相当宽的红外辐射没有吸收作用,所以选择吸收主要是由于大气中的水蒸气、二氧化碳、臭氧、氧化氮、甲烷和一氧化碳等气体造成的. 这种吸收,造成了大气对不同波长的红外辐射有不同的透过率. 其透过率与波长的关系如图 22.13 所示.

从图中可以看出,能透过大气的红外光主要有三个波段,即 $1 \sim 2.5\ \mu m$,$3 \sim 5\ \mu m$ 和 $8 \sim 14\ \mu m$. 大气对这三个波段的红外光透明,人们形象地称这三个波段为大气的"**红外窗口**". 从图中还可看出,即使是红外窗口,红外光传输时还会有一定的能量衰减,这是由于大气中的尘埃及其他悬浮粒子的散射作用使红外光偏离原

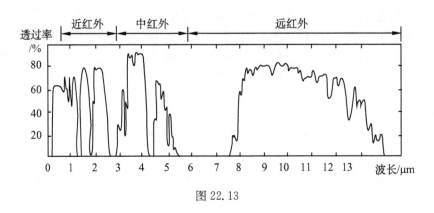

图 22.13

来的传播方向造成的.

红外辐射在大气中传播时,红外探测器必须工作在这些窗口内.军事上感兴趣的常温目标辐射的峰值波长约为 $10\ \mu m$,发动机辐射的峰值波长约为 $4\ \mu m$,均处在"红外窗口"内,这就使红外技术探测军事目标成为可能.

红外辐射在介质中传输时,通常把可以透过红外光的介质称为**红外光学材料**. 任何介质都不可能对所有波长的红外光透明,而只是对某些波长范围的红外光具有较高的透过率.红外光学材料可分为晶体材料(单晶和多晶材料)、玻璃材料、塑性材料三大类. 在热成像技术中常用的有:单晶锗(能较好地透过波长为 $1.8\sim20\ \mu m$ 的红外光)、单晶硅(透过波长为 $11\ \mu m$ 以内的红外光)、多晶氟化钙(透过波长为 $0.25\sim10.5\ \mu m$ 的红外光)、多晶硫化锌(透过波长为 $1\sim14\ \mu m$ 的红外光)、多晶氟化镁(透过波长为 $3\sim6.5\ \mu m$ 的红外光)、三硫化二砷玻璃(透过波长小于 $11\ \mu m$ 的红外光)、四氟乙烯(透过波长为 $2\sim7.5\ \mu m$、$9\sim14\ \mu m$ 的红外光)等.

22.2.2　红外探测原理

凡是能把红外辐射量转变成另一种便于测量的物理量的器件都叫做**红外探测器**. 为了最方便、最精确地测量,一般的红外探测器总是把红外辐射转变成电学量. 在各种红外装置中,红外探测器是必不可少的部件,探测器技术是红外技术的关键. 近代物理的光辉成就,尤其是凝聚态物理的研究,对红外探测器的发展有很大的促进作用.

1.红外探测器的分类及特性参数

按成像情况,红外探测器可分为非成像探测器和成像探测器两大类. 非成像探测器可把红外辐射能转换成另一种便于测量的物理量,它只反映辐射体辐射红外线的强弱,而不提供图像. 成像探测器则可以显示红外辐射体的图像.

红外能量照射到物体上会产生一些物理效应. 例如使物体温度升高;引起物体物理特性(如体积、压力、折射率等)的变化;引起物体化学性质的变化(如使底片感光);引起物体电学特性(如导电率、介电系数等)的变化,产生光生伏特效应、光电磁效应等.红外探测器正是利用各种敏感元件对红外线的不同物理效应引起相应物理参数的变化进行测量的.

按照红外线的不同物理效应,红外探测器可分为热敏类红外探测器、量子红外探测器、化学探测器等.前两类红外探测器用途极为广泛,而红外感光胶片则属于化学探测器.从理论上说,可以制成任何红外光谱的感光胶片,但它们只有在恒定的制冷条件下才能使用和储存.如果不保持制冷条件,即使把胶片放在密封容器中,自曝光现象仍然存在.

红外探测器有一套根据实际应用的需要而制定的特性参数,根据这些参数可以判断红外探测器的优劣.主要参数如下:

(1) 响应率(R).响应率表示红外探测器把红外辐射转变为电信号的能力,等于输出电压与输入红外辐射功率之比.单位名称为伏特每瓦,符号为 $V \cdot W^{-1}$.

(2) 截止波长(λ_c).红外探测器的响应率与入射辐射的波长有一定的关系,有一个响应率最大的峰值存在.响应率下降到峰值一半所对应的波长 λ_c 叫截止波长,它是红外探测器最长的适用波长.

(3) 噪声等效功率(NEP).任何红外探测器都有一个由基本的物理过程所决定的不可避免的噪声存在,它限制了探测器探测微小信号的能力.表示这一特性的参数叫等效噪声功率,指的是产生与探测器噪声输出大小相等的信号所需的入射红外辐射功率.

(4) 探测率(D).探测率是表示探测器灵敏度大小的又一参数,它与响应率、噪声和探测元件尺寸有关,探测率愈大,灵敏度愈高.

(5) 响应时间(时间常数).响应时间反映探测器对红外辐射的响应速度.响应时间愈小,它对红外辐射的响应速度愈快.

2. 热敏类红外探测器

热敏类探测器是利用红外辐射的热效应引起的温度变化使敏感元件的某些参量随之发生变化的原理制成的.在红外辐射的作用下,物体的温度升高会引起某些物理性质的变化,通过测量这些物理量的变化便可探知投射到探测器上红外辐射的强弱.

热敏类红外探测器是把红外辐射能转换成热能,然后用热能激发载流子.因此,它对入射光子的频率没有严格的要求,只要光子数量足够大,就会有足够的热能激发载流子.所以,这类探测器的优点是响应波长范围宽,基本上可以做到无选择性.此外,可以在室温下工作,操作也很简单.然而,热敏类探测器的响应时间较长,探测灵敏度也较低,一般用于低频调制场合.

热敏类红外探测器主要有热敏电阻型、温差电偶型、热释电型、气动型等.

(1) 热敏电阻型红外探测器.不同材料的电阻值随温度的变化有很大差别,纯金属以及大多数合金的电阻率随着温度的升高而增大,其电阻温度系数为正.但有些半导体材料(如锰、镍、钴的氧化物相混合经烧结制成的薄片)的电阻率却随着温度的升高而减小,可以认为它们的电阻温度系数为负,而且在数值上是金属电阻温度系数的 10～20 倍,它能够在 1 ms 的时间里觉察出 10^{-6} 度的温度变化.由于这些杂质半导体的施主能级(或受主能级)与导带(或满带)的能级差值都只有 10^{-2} eV 的数量级,随着温度的微小变化,被激发而进入导带的电子数(或满带的空穴数)的变化十分灵敏,因而其导电性(或电阻率)也随之灵敏地变化.

电阻率随温度明显变化的半导体器件称为**热敏电阻**.利用热敏电阻把红外辐射变成电信号的装置即为热敏电阻型红外探测器.

由于热敏电阻的工作范围很宽,从几微米的红外线一直到几千微米的毫米波,而且热敏电阻型红外探测器的稳定性好、坚固耐用,可在室温下工作,所以,在工程中得到广泛应用.

(2)温差电偶型红外探测器.这类探测器是依据温差电现象制成的.它由两种温差电动势不同的金属材料(如铋-银、铜-康铜、铋-铋锡合金等)或不同类型的半导体材料(p 型或 n 型)构成两个结.一个为工作结,接收入射辐射而升温;另一个为参考结,置于室温下,因两个结点间存在温度差而产生温差电动势.入射到工作结上的红外辐射越强,工作结上的温度越高,与参考结的温差越大,温差电现象越明显.这样,根据温差电动势(或温差电流)的大小即可探知红外辐射的强弱.温差电偶型探测器的特点是寿命长,可靠性高,无活动部件,能产生稳定的直流信号,可进行两结之间温差的绝对测量.在使用中,有时为了增大温差电动势,可将多个电偶串联组合起来,制成温差电堆型红外探测器.

(3)热释电型探测器.有些晶体在自然环境里会自发地出现内部正负电荷分离现象,称为**自发极化**.人们发现这种自发极化的强度(单位面积上的极化电荷)随温度升高而减弱.当晶体温度升高到一定值时,自发极化完全消失.具有这种特点的晶体叫**热电晶体**.

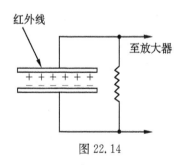

图 22.14

如图 22.14 所示,已极化的热电晶体薄片受到红外线照射后,薄片温度升高,表面极化电荷减少.这就相当于一部分电荷被"释放"成为自由电荷,因而引起回路电流的增加,相当于有一个电信号输出.根据这种原理制成的红外探测器称为热释电型探测器.

热释电型探测器必须在非稳定状态下工作,只有处在温度变化的过程中才会有信号输出.输出信号的大小取决于薄片上温度变化的快慢,从而反映出入射红外辐射的强弱变化.一旦达到稳定状态,输出信号反而为零.

热释电型探测器具有许多优点,如光谱响应范围宽,探测波长可以从 X 射线到微波范围;不需要制冷,可以在室温下工作;灵敏度高.因此,热释电型探测器广泛用于各类辐射计、光谱仪、热成像等.

目前硫酸三甘肽(TGS)、铌酸锶钡(SBN)、钽酸锂(LT)和锆钛酸铝(PZ)等热电晶体可制成热释电型探测器.

(4) 气动探测器.这类探测器是利用气体的热膨胀特性制成的.红外辐射通过窗口投射到气窗壁的吸收膜上,吸收膜将热量传递给气室内的气体,使之升温而发生体积膨胀.在结构设计上,可以由气室体积膨胀引起光学系统的变化(如柔性面镜曲率的改变、小面镜的转动等),也可引起电容器电容量的变化.前者以光学形式传感,通常叫高莱管;后者以电容变化传感,叫气动变容式传感器.

由于这些器件能吸收任意波长的红外能量,所以理论上讲其光谱响应可以覆盖全部红外区域.但是,因为产生这些性质的变化与探测器的热惯性有关,故其响应时间受它的尺寸和质量限制,因而很难达到毫秒以下,一般只用在实验室里.

3. 量子红外探测器

量子红外探测器也称光子探测器,其工作原理是光电效应,这是实现光信号转变为电信号的重要物理基础.光子探测器大多数采用半导体材料,由于半导体的光电效应有光电导效应、光生伏特效应和光磁电效应,因此,根据上述效应制成的光子探测器有如下的三种工作模式.

(1) 光电导探测器.根据固体能带理论,光照射到本征半导体上,如果光子能量 $h\nu$ 等于或大于禁带宽度时,价带中的束缚电子就会获得足够的能量跃迁至导带,从而产生电子-空穴对,使材料的电导率变大,这种效应称为本征光电导效应.对 n 型半导体,如果入射光子能量 $h\nu$ 大于或等于施主杂质激活能,则处于施主能级的电子可以跃迁至导带成为自由电子,从而使电导率增加;同理在 p 型半导体中,当 $h\nu$ 等于或大于受主杂质激活能时,则电子从价带跃迁至受主能级,而在满带中出现导电空穴,从而使电导率增大,这两种光电导称为杂质光电导.由于杂质半导体的激活能通常比禁带宽度小得多,所以杂质光电导的截止波长比本征光电导的截止波长大得多,一般已属于远红外波段.

不少光电导红外探测器都要求在低温下工作,杂质光电导红外探测器要求的工作温度比本征半导体更低.光电导红外探测器的响应波长越长,要求的工作温度越低,这是由光电导效应的物理机制所决定的.我们知道,由于晶体中原子主要在晶格结点附近振动,而晶格非常紧密,原子振动会引起碰撞,这样就激发了部分价电子而成为自由电子.也就是说,具有一定温度的半导体,在受到光照以前,就已经存在着自由电子和空穴.显然,环境温度越高,原子的热运动越剧烈,出现的载流子(电子或空穴)也越多.我们把这种载流子叫做"热致"载流子.半导体禁带宽度越窄,热致载流子数目越大.对于掺杂半导体,由于受激所需的能量更小,情况就更严重.假如光生载流子的数目不能远远超过热致载流子数目,势必会降低光电导探测器的灵敏度,甚至使探测器不能正常工作.要抑制热致载流子,最简单的方法就是使探测器在致冷条件下工作,降低原子热振动的剧烈程度.

(2)光生伏特探测器.n型半导体和p型半导体接触在一起时,便会在两种材料的交界面处形成具有特殊导电性能的pn结.由于热运动,n区中的电子向p区扩散,p区中的空穴向n区扩散,结果在n区交界处聚积了空穴,在p区交界处聚积了电子,在pn结过渡区形成了一个由n区指向p区的电场(称为自建场).当光照射pn结区时,电子吸收了能量大于禁带宽度$h\nu$的光子,发生带间跃迁,在结区附近激发出电子-空穴对,在pn结区自建电场作用下,n区的光生空穴被拉向p区,p区的光生电子被拉向n区,结果在n区积聚了负电荷、p区积聚了正电荷,从而使阻挡层的宽度减小、原势垒高度降低.若用导线将pn结连接起来,就会有电流出现,这种现象即为光生伏特效应.利用此效应制造的探测器就是光生伏特探测器.

光电二极管正是利用光生伏特效应制造的.光电二极管要在加反向电压的条件下工作,原因是:若二极管在正向电压下工作,它本身的正向电流很大,光生载流子产生的光电流只有其百分之几,显示不出效果;而在反向电压下,反向电流十分微弱,相比之下,光电流效果显而易见.

雪崩光电二极管是一种具有内部放大作用的探测器.其工作过程是:若在二极管的pn结上加以相当大的反向电压,就会形成一个相当强的结电场.如果有光照射在pn结上,会产生光生电子和光生空穴,它们进入强场区后,受到电场加速,并从中获得足够大的能量.当它们再次撞击价带里的电子时,又会产生新的电子-空穴对.这些新的电子-空穴对也会在强电场的作用下受到加速,在运动中又要碰撞出电子和空穴.如此下去,使载流子数像雪崩一样迅猛增长起来.

光生伏特型探测器和光电导型探测器一样,受半导体材料禁带宽度的限制,存在一定的探测波长范围.

(3)光磁电探测器.光磁电探测器由某些半导体材料和一个强磁场组成.放在强磁场里的半导体吸收了一定能量的光子后,在垂直于磁场和光照的方向上会出现一个电势差,这种现象叫做**光磁电效应**.利用这种效应工作的探测器,叫做光磁电探测器.

半导体表面被红外线照射以后,因为吸收了一定量的入射光子,在表面产生光生电子和光生空穴.由于表面载流子浓度大,因此它们会沿照射方向向内部扩散.如图22.15所示,由于电子和空穴这两种载流子电荷异号,在洛伦兹力作用下,分别向半导

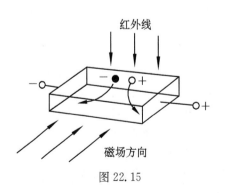

图 22.15

体的两个端面偏折,使半导体两个端面积累相反的电荷,因而在垂直于磁场和光照方向上形成了电动势,其大小由所受红外辐射的强度决定.

典型的红外光磁电探测器是用锑铟、碲镉汞等材料制作的,它的主要优点是不需要制冷设备和外加电源,而且响应时间短,工作稳定可靠.它的缺点是灵敏度比光电导型和光生伏特型探测器低,而且需要一个强磁场,因而大大限制了它的应用.

光子探测器与热敏探测器相比,其特点是:工作温度低,需要冷却装置;有确定的截止波长(这对探测远距离目标很重要);由于电子直接吸收光子,没有中间过程,所以响应速度快,响应时间短;在探测率相同的情况下,光电子探测器比光电导探测器响应时间短得多.光子探测器的灵敏度高于热敏探测器的灵敏度.

除上述探测器,还有光子牵引探测器、各种势垒效应探测器、热激磁探测器等.

22.2.3　红外成像的物理机制

在许多应用中,人们不仅需要探测到红外辐射的信号,而且希望能直接看到红外辐射体的图像,不但需要探测目标的局部情况,更希望了解整体的辐射分布,这就必须借助于红外成像系统.一般红外成像系统由红外望远镜、红外扫描器、红外探测器、信号放大与处理电路、显示器等部分组成.由于人的视觉对红外光不敏感,所以红外成像系统必须经过光—电—光的转换过程,也就是使用红外探测器把接收到的红外辐射变成电信号,该信号的大小正比于红外辐射的强度,再把电信号转换成可见光图像.我们从几种成像器材的工作原理了解光—电—光的转换过程.

1. 红外变像管

红外变像管是一种把红外图像变成可见光图像的电真空器件,属于直观型成像方式.它主要由光电阴极、电子光学系统和荧光屏组成,并且安装在高度真空的密封玻璃管内.从主动红外夜视仪的工作原理图22.16可见,由目标反射的红外线透过物镜,在变像管的光电阴极上形成红外线图像.由于光电效应,光电阴极各部分发射出光电子,红外线照射越强的部位发射的光电子数目也越多.电子

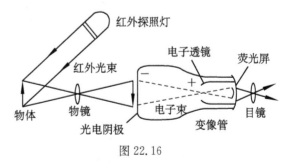

图 22.16

在光电阴极与电子透镜之间聚焦成像的同时,在电场中加速运动,以更大的能量射到荧光屏上,发出可见的荧光,荧光的强弱与电子的数目成正比,这样就使得不可见的红外线图像转换成可见的图像.而且,由于电子在电场作用下获得了能量,从而使得荧光屏上得到的图像更加鲜明.由变像管转换成的可见图像,通过目镜放大

被人眼观察到. 利用红外变像管的主动红外夜视仪在第二次世界大战及以后一段时间内曾风靡一时. 但是军事上利用红外变像管最大的缺陷是容易暴露自己, 因为光电阴极只对近红外线敏感, 一般景物在近红外光谱区的辐射能量十分微弱, 要使红外变像管正常工作, 必须利用红外探照灯主动发出红外线"照亮"景物, 通过反射回来的近红外线成像. 在现代战争中, 利用红外探照灯就等于暴露自己, 为敌方提供红外目标.

2. 红外摄像管

红外摄像管是对红外有响应的电子扫描器件, 它的作用是把红外景物的图像变成相应的电信号. 如果把红外摄像部分和电视显像部分结合起来, 就能出现可见图像. 红外摄像管的种类很多, 如光导摄像管、硅靶摄像管、热释电摄像管等.

(1) 光导摄像管. 光导摄像管的外形是一个圆柱形真空玻璃管, 如图 22.17 所示. 管内主要封有光导靶面和电子枪, 外面绕有偏转线圈和聚焦线圈. 管子的一端是一块玻璃面板, 在面板的内表面涂有一层透明的导电薄膜作为信号电极, 在电极上喷涂一层高电阻的光电导层(选用对红外敏感的材料)作为光导靶面, 可以把红外影像转换成电势分布. 管子的另一端装有包括四个栅极的电子枪, 前三个栅极对电子枪发射的电子束依次起着控制、加速、聚焦作用, 第四栅极是一张很细的金属网, 用来形成均匀的静电场, 以保证偏转后的电子束能垂直打在靶面上. 偏转线圈产生的磁场可以"指挥"电子束上下左右偏转, 达到扫描目的.

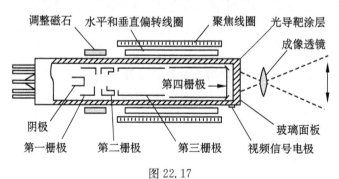

图 22.17

如光导靶没有受到红外线照射, 电子枪发出的电子束对着靶面扫描时, 电子束就像导线一样将靶面和电子枪阴极连接起来, 使整个靶面与阴极电势相同(零电势). 由于在紧贴靶面的导电薄膜上加以 $200 \sim 300$ V 的正电压, 其光导层就相当于一个充电的储能电容器. 如果有红外景物成像在靶面上, 由于光子的作用, 使光导层内部出现光生载流子, 光导层的电导率增大, 储存在"电容器"内的电量要减少, 电势差要降低. 靶面上受到红外辐射照射强度大的点产生光生载流子多, 在"电容器"相应部分漏掉的电荷也多, 电势降也大; 受到红外辐射照射强度小的点则反之. 这样, 靶面上的电势差分布恰好和投影到靶面上的红外像照度分布相对应, 也就是说红外图像变成了电子图像.电子束再来扫描时,被电子束扫描的那个面积元(一个典型的光电导靶面大约有 10^5 个面积元)就被"接入"电路并输出视频信号.

电子束扫描过程中依次产生的视频信号被送入视频放大器,经放大后的视频信号又依次拼凑复原,由显像管等转变成可见光图像.如果用在电视摄像中,通常每秒钟完成 25 帧画面,能给人一种连续运动的感觉.

(2)硅靶摄像管.硅靶摄像管属于一种光生伏特型摄像管,其靶面由许多各自独立、互不影响的硅光电二极管排成阵列.它们是在 n 型硅基片上扩散形成 p 型层,用半导体平面工艺制备排成阵列.在摄像管里阵列的 n 型层一面迎着光照,p 型层对着电子束方向.硅靶摄像管里加 10 V 左右的反向电压(n 型基片上为正),使每个二极管都相当于一个"小平板电容器".

硅靶摄像管的构造和摄像过程与光导摄像管相似.首先,电子束扫描硅靶面,使 p 型层都达到阴极零电势.当红外景物在硅靶面的 n 型层上聚焦成像时,引起光生载流子向 pn 结扩散,使得"小平板电容器"漏电,每个"小平板电容器"(即二极管)上漏电的多少和被它接收的红外辐射强度成正比,并决定充电电流的强弱,进而决定视频信号的强弱.

硅靶摄像管也只对近红外有响应,但其灵敏度高、稳定性好.

(3)热释电摄像管.热释电摄像管是以热释电材料(如硫酸甘肽)做靶面的红外成像器件,其结构和摄像过程与光导摄像管相同.当红外景物经光学系统聚焦并透过窗口(可用锗、三硫化砷、硅等材料制成)投射到热释电靶面时,靶面因吸收红外线,引起温度升高并产生热释电现象.靶面各点的热释电量与其温度的变化成正比,而温度的变化又和受到的红外照度成正比.这样,在靶面上就得到了和红外景物照度分布相对应的电势分布.像光导摄像管一样,在电子束扫描过程中形成视频信号.

热释电现象只在非稳定时产生,所以热释电摄像管是具有交流响应的器件.由于它特别适合探测运动目标,在无调制的情况下用来监视、发现运动目标是非常有效的.光导摄像管和硅靶摄像管工作在可见光或近红外光区,而热释电摄像管可以在整个红外波段工作,不需制冷,结构简单,因此,目前在军事领域被广泛应用.

3.红外光机扫描成像系统

红外探测器的尺寸很小,所以瞬时视场也很小,一般以 mrad 甚至更小的单位来量度.为了能对经向几十度、纬向几十度的物面成像,可借助于扫描器以瞬时视场为单位连续分解图像,完成对整个场景的探测.

光机扫描系统通过光学与精密机械的动作完成对场景的扫描,把场景的红外信息实时、全面地输入到红外探测器中.光机扫描有多种形式,但基本原理相同.图22.18 是光机扫描热成像仪的结构示意图,在入射光路里放入两个扫描旋转平面镜,水平扫描转镜和垂直扫描转镜可以分别绕垂直轴和水平轴旋转.景物红外辐射经扫描平面镜反射以后被聚焦在红外探测器上,不过探测器在每一瞬间只能"看到"很小的面积,这一面积称为"瞬时视场".只要水平扫描转镜和垂直扫描转镜的转动速度相配合,瞬时视场就可以从左到右一块挨一块、从上到下一行接一行地扫完整个目标区域,这就大大扩大了探测空间.只要红外探测器的响应时间足够快,就会立即输出一个与瞬时视场所接收的红外辐射成正比的电信号.随着扫描的不断进行,这些连续变化的电信号经电子线路放大后,便可在显像管中显示出图像.

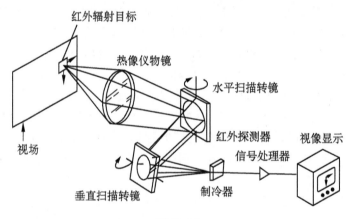

图 22.18

目前实际应用的红外光机扫描系统一般都同时使用多个探测器,即采用多元阵列的形式.例如,原来用一个探测器要扫描 500 条线才能扫完一帧图像,而采用一竖列的 10 个探测器同时扫描只要扫 50 条线就能完成一帧图像.这样不仅缩短了扫描时间,还带来其他一些好处,如降低了对放大器的要求,提高了信噪比.目前,光机扫描仪大多工作在 $3\sim5\ \mu m$ 和 $8\sim14\ \mu m$ 两个波段,作用距离从零点几米到几十米,视场角为几度到四十度,空间分辨率为 0.1 mrad,一般温度灵敏度为 $0.05\sim0.2\ ℃$.

4. 电荷耦合红外成像器件

电荷耦合器件简称 CCD(charge-coupled device),是 20 世纪 70 年代问世的一种用电荷量表示信号强弱、用耦合方式产生和传输信号的新型半导体器件,是一种理想的固体成像器件.电荷耦合器件具有自扫描能力、体积小、重量轻、工作电压低、功耗小、噪声低、成像质量好、成本低、坚固耐用等一系列优点,所以一出现就引起了广泛的重视,并得到了迅速发展.

22.2.4 红外技术在军事领域的应用

红外技术的发展在很大程度上是军事需要刺激的结果.各种新型的红外仪器,大多数都首先由军事应用开始,然后推广到民用.

红外技术应用于军事有着独特的优点:(1)红外辐射看不见,可以避开对方的目视观察;(2)可全天候使用,比可见光更能适应天气条件,特别适于夜战需要;(3)可以采用被动(无源)接收系统,比用无线电雷达或可见光装置安全、隐蔽,不易受干扰,保密性强;(4)利用目标和背景辐射特性的差异,较易识别各种军事目标,尤其是伪装的目标;(5)分辨率较高.

1. 红外测温

红外温度计是利用物体自身的红外辐射测量其表面温度的一种仪器.利用红外辐射测量物体温度,可以不必接触被测物体.在军事领域中,对于远距离目标、快速运动目标、带电目标及其他不允许接近的目标,都可以用红外温度计测温.测温距离可近到几厘米,远到上千公里.

红外测温的时间短,其测温速度主要由红外探测器的响应时间决定,无需像接触式温度计那样与被测物体达到热平衡.它能在几毫秒甚至几纳秒的时间里测出目标温度.

红外测温的精度高.有些红外测温仪能够分辨 0.01 ℃ 的温度变化,甚至更小.红外测温的范围宽.范围为摄氏零下一百多度的低温到几千度以上的高温.

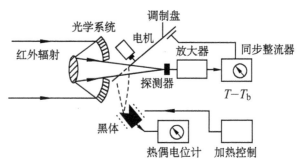

图 22.19

图 22.19 所示的辐射功率测量系统是一种典型的红外测温系统,主要由光学系统、调制系统、信号放大系统及相应的黑体组成.光学系统的功能是尽可能地收集目标的红外辐射,并使噪声最小.调制系统(包括电机、调制盘、同步整流器等)能使探测器输出交流信号.因交变信号比直流信号容易处理,从而提高系统的分辨率.黑体、热偶电位计和加热控制系统是为确定目标温度而设置的.在测量过程中,把来自目标的信号与黑体信号进行对比以确定温度的读数.

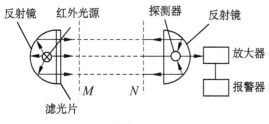

图 22.20

2. 红外报警

红外监视报警系统可以是有源的,也可以是无源的.有源红外报警系统可以装备在军用仓库或边境地区实施监视.如图 22.20 所示,监视者将红外光源放在反射镜的焦点处,使其发出平行光束"照明"所要监视的范围(图中 MN 区域).一旦有人进入该区域,就会切断射向接收系统的红外线,破坏电路平衡,于是报警器发出警报.

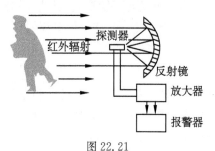

图 22.21

图 22.21 所示的是一种典型的无源报警装置.在装置视野内没有出现任何目标时,探测器只能接收到背景的辐射.当背景的辐射量不变时,其输出信号大小不变.若在装置的视野范围内出现目标,探测信号发生变化,报警器则报警.

有源红外报警装置可使用红外探测器,一般不需要制冷,但必须使用中红外辐射.无源红外探测器一般需要制冷,但无需红外辐射源.

3. 红外制导

20 世纪 40 年代中期,美国开始装备部队的"响尾蛇"导弹,利用非制冷硫化铅制作的红外敏感元件接收喷气式飞机机尾喷管发出的波长 $1\sim3~\mu m$ 的红外辐射流,引导导弹从飞机的尾部实施攻击.它能探测到热源的存在和方位,并不要求形成目标的热像图,其构造原理如图 22.22 所示.来自目标的红外辐射(如飞机与火箭的喷管、坦克的发动机、舰船的锅炉及烟囱等的红外辐射)透过弹头前端的整流罩,由光学系统会聚透射到红外探测器上,然后将红外辐射的光信号转换成电信号,再经电子线路和误差鉴别装置,形成作用于舵机的飞行控制信号,使导弹自动瞄准、跟踪和命中目标.

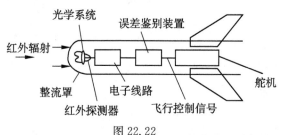

图 22.22

随着科学技术的发展,自主式红外成像导引技术已被应用,它是根据目标和背景的热辐射温差形成的温差图实现自动导引的.例如,有一种红外热成像制导反坦克导弹,一旦发现目标,装在导弹头部的导引头中的红外阵列探测器(与指甲差不多大小)能摄取目标的热图像,储存到导弹的微型计算机中,作为基准图像.在导弹以后的飞行过程中,红外阵列探测器可连续摄取目标图像,并依次逐帧地把图像送入微型计算机,与基准图像进行比较.如有差异,说明导弹偏离了预定的飞行弹道,计算机随之把导弹飞行偏差变成电信号,指令导弹舵机动作,将导弹修正到正确的弹道上来.这种巧妙的跟踪技术是红外阵列探测、微型计算机与图像处理技术的结合,具有像人一样的感觉和思维能力.

红外制导系统的分辨率高、设备简单、重量轻、成本低,由于采用被动探测,无需红外辐射源,所以隐蔽性也较好.红外制导导弹不受恶劣天气和战场环境的影响,白天黑夜都可以使用,而且还有"发射后不用管"的能力.红外制导导弹发射后,母机驾驶人员可以驾驶母机退出战区,由导弹独立地飞向目标,而且导弹越接近目标,来自目标的红外辐射越强,制导精度就越高.

4. 红外遥感侦察

红外遥感侦察技术已经从早期的 U-2 高空侦察机上的红外扫描成像系统发展到人造卫星上装载的红外扫描成像系统.

红外预警卫星上装有峰值为 2.7 μm 的硫化铅红外探测器,当洲际导弹发射时,由于其喷管排出的尾焰温度高达 1000 K 以上,辐射出大量 2～3 μm 波长的红外线,这正是硫化铅红外探测器的工作波长,故可探测到一个位置连续变化的很强的信号.表征导弹运动状态的连续变化信号传到地面后,经高速电子计算机计算,便可立即确定导弹的弹着点,从而可以实现早期报警,为防御和反击赢得时间.利用红外线还可发现目标的某些过程和状态.例如,坦克、汽车启动后,它原来停留的地方与周围环境的温度差发生变化,比较热像图即可判明可能离开原地的时间;在以后的行驶过程中,由于发动机、喷气管的温度与环境温度不同,热像图又可显示它们的行径.再如,从摄取的机场热像图可以判断飞机的状态,若飞机的色调是黑色的,则说明处于静止状态;若有灰色的虚影,则说明刚飞离机场不久;若机身上呈现两条白色影像,则说明即将起飞或刚刚降落.

一般空中照相难以发现水下目标,然而由于水下潜艇的温度与其周围的水温不同,因而仍能被热成像侦察探知.一般来说,在水下 40～60 m 处的目标,只要比周围水温高出 0.2～0.5 K,其温度的差异就能在热像仪中显示出来.利用热成像技术也可发现地下一定深度的目标.例如,有人利用热成像照片对某海岛进行研究,在热成像照片上发现了一条不同于岩石的色调,从而判明海岛上有地下水存在,满足了海岛驻军对淡水的需要.同样道理,可利用热像仪发现导弹的地下发射井.

众所周知,为了隐蔽目标,常用与树叶颜色相近的绿色涂料涂敷在坦克、战车、火炮等军事设施上.然而,这些伪装只能欺骗空中可见光侦察和迷惑人眼,却瞒不过红外照相侦察.由于红外线具有独特的反射特性,在近红外黑白照片上,绿色植物反射能力强,颜色发白,好像盖上一层霜,而涂以普通绿色涂料的汽车显得灰暗,容易暴露.砍下来的树叶中的叶绿素成分在离体后的 2～3 小时内就会被破坏掉,它与周围树木对红外线的反射率不同,很易鉴别.

多光谱扫描仪利用光机扫描机构对景物进行扫描,通过分光的方法获取多个波段的信息,其工作波段已由红外扩展到紫外和可见光.由于波段多,信息量大,所以它显示的图像易于判读和识别.这种扫描仪对于揭露经过严格伪装的各种军事目标具有独到之处,是目前军事侦察中的一种重要手段.

5. 红外夜视

夜战已成为现代战争的显著特点之一,拥有先进红外成像夜视器材的一方将使战场变得单向透明,从而掌握夜间作战的主动权.回顾近年来发生的几场局部战争,几乎都是在夜间开始的.尤其突出的是 1991 年的海湾战争,1 月 17 日凌晨 2 点 40 分以美国为首的多国部队乘夜色打响了对伊拉克的大规模地面战斗,在 42 天的海湾战争中,多国部队对伊拉克进行侦察、轰炸,出动了十万架次的飞机,其中 70%是在夜间进行的,就连小规模的地面接触、兵力调动、物资运输,也大多是在夜间进行的.多国部队有各种热像仪,仅美军第 7 军使用的坦克,至少 500 辆配有热像仪作为夜视器材.多国部队的战斗机不仅装有性能先进的脉冲多普勒火控雷达与电子设备,而且装有前视红外装置、红外搜索跟踪系统,能在夜间和恶劣气象条件下对敌目标攻击,如装有前视红外装置的英国 CR"旋风"侦察机与友机配合成功地摧毁了伊军 6 个"飞毛腿"发射架.

主动式红外夜视仪可用作红外瞄准具,供步枪、机枪、火炮、火箭等夜间瞄准使用;红外驾驶仪供坦克和各种车辆的驾驶员在夜间观察前进道路和地物时使用;红外观察仪用来发现敌情、车辆或舰船目标,阅读地图、辨认路标以及监视一定的区域等;红外指示器和报警器用来发现敌方的红外辐射源或监视一定区域以及警戒重要的部门等.

主动式红外夜视仪造价低廉、观察效果好,但是它也有不足之处,主要是它所使用的红外探照灯通常是由普通光源发光,再用滤光片将可见光滤去后才对外辐射红外线,因此光源的转换效率低,而且在战场上容易暴露自己.

被动式红外夜视仪又称热像夜视仪,是一种接收目标红外线成像的侦察仪器,是技术最先进的夜视器材.目前,热像仪在航天侦察、边防线上的夜视警戒、军舰和坦克的夜间探测、导弹及遥控遥测等方面都得到了应用.由于电荷耦合器件 CCD 的问世,使热像夜视器材在超小型、低功耗、低成本、可靠性好、灵敏度高、用途广泛等方面显示出很大的优越性.一种手持的红外观察仪,重 2.7 kg,可以像望远镜那样手持操作,由 6 伏电池组供电,挂在腰带上,能连续工作 12 h,可探测 0.5 ℃的温差,工作波段为 3~15 μm.

安装在飞机前方的红外前视系统,实际上是一个高速红外成像系统,可以完成夜间监视、目标捕获、炮手夜间瞄准、目标定位及导引等一系列军事任务.

大气中的雾、雨、雪、水汽、尘埃粒子等对可见光和近红外辐射产生的吸收、散射及反射作用相当严重,而中红外和远红外辐射受到的影响则相对小一些.热像仪就是利用中红外和远红外部分的辐射,因此作用距离比较远.

6. 红外隐身技术

先进的红外技术使作战的一方掌握战争的主动权,作战的另一方必然采取措施,减小被敌方探测器探测的概率以保护自己.因此,人们又充分利用红外线的物理特性相应产生和发展了红外隐身技术.目前常用的红外隐身措施主要有:改变红外辐射波段、降低红外辐射强度、调节红外辐射的传播过程、施放红外诱饵等,其方法和手段是多种多样的.

例如,对飞机可采用在燃料中加入特殊的添加剂改变红外辐射波长,使飞机的红外辐射波段避开大气窗口波段,以便目标的红外辐射在大气层中被吸收或散射掉,或者使目标的红外辐射波段处于红外探测器的响应波段范围以外,从而达到隐身的目的.

为了改进飞机发动机热辐射性能,可采用散热量小的涡扇发动机,并利用埋入式安装法.发动机工作时所产生的高温气体先由系统内的冷却空气预冷,然后才与机外大气混合以减小目标与环境的温度差.改进发动机喷管的设计也可降低热辐射性能.例如,用碳纤维复合材料或陶瓷复合材料制造喷管;喷口安放在弹(机)体上方,利用弹(机)体遮挡红外辐射,减小前下方红外探测器的探测概率等.

各种军用目标具有不同的红外辐射特征.喷气式飞机的主要红外辐射源有喷气发动机的辐射,喷气束的辐射、机身气动加热以及机身的反射,水面舰艇的主要红外辐射源有排气烟流、烟囱壁、排气烟道附近的暖流区域、主推进系统的热终端部件等;巡航导弹的红外特征主要来自发动机的喷口和尾焰;对于弹道导弹,再入段的弹头气动加热则是主要的红外辐射源.因此,对不同目标所采用的红外隐身措施可有不同的侧重点.

对己方的武器装备除在设计制造时采用必要的隐身措施外,还可以针对目前夜视器材的弱点采取必要的对抗措施.例如,增大传输通道的衰减系数,即施放烟幕、尘幕和水幕,以增加大气衰减系数,使大气能见度下降;用强激光或电磁脉冲破坏对方夜视仪器的电子线路,因地制宜地利用各种自然条件,采取各种战术,限制对方夜视器材的效能.

在战场上模拟真实目标仿制红外热源,迷惑对方或吸引对方导弹的红外被动导引头偏离航向,以保护己方的军事目标.如美国研制装备的假"陶"式反坦克导弹系统能模拟导弹发射的烟尘、气浪等,是很好的红外诱饵.

红外技术的发展充分证明,物理学是其发展的基础和先导.可以断言,物理学的进一步发展,将会更新现有的红外技术以及红外技术的应用更上一层楼.

22.3　传感器技术

传感器技术是当今信息社会中一门跨学科的边缘技术科学,已渗透到工农业生产、国防军事、科学研究及日常生活的各个领域.传感器的发展,已成为一些边缘科学研究和高新技术开发的先驱.可以说,当今世界的物质生产、科学技术和社会生活的不断发展都离不开传感器. 本节介绍传感器的一般概念及其物理基础, 传感器的构成、特性及应用等内容.

22.3.1　传感器概述

1. 传感器概念

生物体的感官就是天然的传感器, 人的大脑正是通过感官(五官)感知外界信息的. 与此相似, 工程和科学技术中, 传感器也用来感知和转换外界信息(包括物理量、化学量、生物量等). 国家标准(GB7665－87)将传感器定义为"能感受规定的被测量, 并按照一定的规律转换成可用输出信号的器件或装置". 这里所谓的"可用输出信号"是指便于处理、传输的信号. 电信号最易于处理和便于传输, 测量范围宽、能实行远距离测量; 电测仪器的惯量小, 既可测量缓慢变化的信号, 也可测量快速变化的信号; 此外, 可以借助电子计算机对电学量所载的信息进行储存、计算和处理. 因此, 从测量的角度, 传感器可定义为将某一非电物理量(如温度、浓度、压力或其他机械量等)转换成电学量(如电压、电流等)输出的器件. 在信号流通过程中, 传感器承担着信息的采集和完成非电量到电学量的转换任务. 绝大多数传感器都是依据各种物理原理或物理效应设计制成的.

传感器通常由两个环节组成: (1)敏感元件. 许多非电量不能直接转换为电学量, 敏感元件的作用是对它们进行预变换, 把被测非电量变换为易于转换成电学量的另一种非电量; (2)转换元件. 又称变换器, 将非电量转换为电学量. 有些传感器不需要敏感元件进行预变换, 所以往往笼统地称传感器为转换元件或变换器.

有些传感器如热敏电阻、光电器件没有敏感元件, 直接实现温度、光强等非电量到电学量的变换; 有些传感器敏感元件与转换元件两者合一, 如固态压阻式压力传感器, 在一个元件上同时实现从压力到电阻的转换.

2. 传感器的分类

传感器的分类方法很多, 最常用的是按照工作原理或使用分类.

按照工作原理分类时, 把具有相同结构特点或利用同一物理效应进行信号转换的传感器归为一类. 如利用输入量改变电容以完成非电量变为电学量输出的传感器称为电容式传感器. 按照工作原理, 传感器可归纳为两大类: (1)结构型传感器. 它是通过机械结构、几何形状或尺寸的变化, 将外界被测参数转换成相应的电阻、电感、电容等电学量的变化, 从而检测出被测信号. 结构型传感器通常具有敏感元件, 即通过敏感元件预变换后, 才能完成被测非电量到有用电学量的转换; (2)物性型传感器. 它是利用某些材料物理性质的变化实现测量的. 这类传感器多以半导体、电介质、铁电体等作为敏感材料, 一般能一次完成由被测非电量到有用电学量的转换. 一般说来, 结构型传感器结构复杂, 体积大、成本高, 但性能稳定, 工作可靠,精度高,适用范围广.物性型传感器体积小、灵敏度高,是当前发展的方向.

按使用分类,也就是根据被测量进行分类,如压力传感器、温度传感器等.这种分类指明了传感器的用途,对使用者很方便.但它将工作原理不同的传感器归为一类,不便掌握.

在许多场合将两种分类方法结合起来.如对传感器命名时,称为"××式××传感器".第一个××指出变换元件的名称,第二个××表示传感器的用途,如利用电阻变化来测定温度的传感器称为电阻式温度传感器.

除了上述两种分类法外,还有按功能材料(如金属、陶瓷、光纤、薄膜等)、制造方法(如集成、厚膜)、能量关系(自源、外源)、输出信号形式(如模拟、数字等)等的分类方法.

22.3.2 传感器的特性与指标

1. 传感器实现信息转换的基本要求

无论何种传感器,作为测量与控制系统的首要环节,都必须具有以下的基本要求:(1)足够的容量.即传感器的工作范围或量程足够大,并具有一定的过载能力.(2)与测量或控制系统匹配性好,转换灵敏度高.要求其输出信号与被测输入信号成确定的线性关系,且比值要大.(3)精度适当,稳定性高.(4)反应速度快,工作可靠性好.(5)适用性和适应性强.(6)使用经济.当然,能完全满足上述性能要求的传感器很少,设计制造时应根据具体条件作全面综合考虑.

2. 传感器的静态特性

静态特性表示输入量不随时间变化时的输出与输入的关系特性.设传感器输出的电学量为 y,输入的非电量为 x,y 与 x 的关系可用一个函数 $y = f(x)$ 表示,称 $y = f(x)$ 为传感器的转换函数或灵敏度函数.实际上,除了待测输入量 x 之外,测量对象和测量环境的其他干扰因素也可能影响输出量 y.显然,设计和制造传感器时,应该尽可能地减小干扰因素,以致在测量时可忽略它们的影响(事实上,目前消除干扰影响而在设计制造传感器时广泛采用了一种线路补偿法).如忽略干扰影响,则有

$$dy = \frac{df}{dx} \cdot dx$$

式中 df/dx 是输出量对输入量的变化率.显然,该比值越大,传感器越灵敏,故称 df/dx 为待测输入量 x 的灵敏度 S_x,即

$$S_x = \frac{df}{dx}$$

设计和制造传感器,还要求输入量 x 的灵敏度 S_x 为常量.也就是说,输出量 y 和输入量 x 的转换函数是线性函数.

实际上,许多传感器的输出与输入的特性是非线性的.为简单计算,设

$$y = f(x) = a_0 + a_1 x + a_2 x^2 + \cdots + a_n x^n$$

式中 a_0 为零位输出, a_1 为传感器的灵敏度, a_2, a_3, $\cdots$, a_n 为非线性项的待定常量. 当传感器特性出现非线性情况时,必须采取线性化的补偿措施,如选择拟合直线以获得尽量小的非线性误差.

静态特性指标主要有:(1)线性度. 它是表征传感器非线性程度的指标.(2)滞后(迟滞). 它是反映传感器在正(输入量增大)反(输入量减小)测量过程中输出—输入曲线的不重合程度的指标.(3)重复性. 它是衡量传感器在同一工作条件下,输入量按同一方向作全量程连续多次变动时,所得特性曲线间一致程度的指标. 各条特性曲线越靠近,重复性越好.(4)灵敏度. 它是传感器输出量对输入量的变化率,反映传感器的灵敏程度.(5)稳定性. 它表征传感器在相当长时间内仍保持其性能的能力.

3. 传感器的动态特性

传感器的静态性能即使很好,但当被测物理量随时间变化时,由于输出量不能很好地追随输入量的快速变化,可能导致高达百分之几十甚至百分之百的动态误差. 因此,要求传感器能够随时精确地跟踪输入信号,其输出能按照输入信号的变化规律而变化. 输入信号变化时,引起输出信号也随着时间变化,这个过程称为响应. 动态响应包括频率响应和时间响应.

传感器的性能指标除上述外,还有许多方面. 企图使某一传感器各个指标都优良,不仅设计制造困难,而且在实用上也没有必要,应根据实际需要与可能,确保主要指标,放宽对次要指标的要求,以求得高的性能价格比.

22.3.3 传感器的物理效应及其应用

传感器按基本效应可分为物理型、化学型、生物型等,绝大多数的传感器都是物理型的,它们都是依据各种物理原理或物理效应设计制成的. 传感器中的敏感材料是检测技术、自动控制、遥感技术必不可少的材料,品种繁多,难以数计. 敏感材料都是其物理性质对电、光、声、热、磁、气等变化反应很灵敏的材料,所以有热敏、光敏、声敏、磁敏、电敏、气敏、湿敏、力敏材料等许多类型. 它们是获得各种信息、感知并传递信息的关键材料,是实现自动控制的重要物质基础. 现代应用最多的新型敏感材料是半导体、陶瓷、有机膜及金属间化合物等,其中以陶瓷敏感材料的发展最为迅速,因为它价格低廉、资源丰富、性能良好.

一些典型传感器如表 22.3 所列. 下面对有关的一些物理效应作简要介绍.

1. 光电效应

光电效应分为外光电效应和内光电效应. 内光电效应又分为光电导效应和光生伏特效应,光电效应是一切光电式传感器的物理基础.

光电管和光电倍增管就是根据光照射到金属材料时产生外光电效应制成的.

表 22.3　典型传感器的原理和效应

传感器类型		变换原理和效应	输出形式	传感器例子
光传感器	量子型	光电效应	电流/电压	光电二极管、光电晶体管
		光导效应	电流/电阻	CdS 光电池
		光阻效应	电压	Ge 传感器
		约瑟夫森效应	电压	红外传感器
		光电子释放应	电流	光电倍增管
	热型	热释电效应	中和电流/表面电荷	红外摄像管
		热起电效应	电压	热电偶
		气体热膨胀	电流	红外线指示器
温度传感器		塞贝克效应	电压	热电偶
		电阻的温度变化	电势差/电阻	热敏电阻、电阻温度计
		pn 结的温度特性	电流/电压	晶体管温度计
		压电常数随温度变化	谐振频率	水晶温度计
		铁磁性-顺磁性相变	谐振频率	感温衔铁开关
		核磁共振吸收的温度依存性	谐振频率	NQR 温度计
		透过率变化	透过率	液晶温度计
		约瑟夫森效应	噪声电压	
湿度传感器		吸湿引起离子传导	电流/电阻	工业用湿度计
		陶瓷吸湿引起电阻变化	电流/电阻	陶瓷湿度电阻
		物质吸湿引起颜色变化	色	示色湿度计
		吸湿膨胀	伸长	毛发湿度计
气体传感器		半导体表面的吸附效应	电阻	各种半导体气体传感器
		接触可燃气体的热反应使 Pt 线电阻变化	电阻	可燃性气体传感器
		玻璃电极	电压/电势	pH 计
磁传感器		霍尔效应	电压	霍尔元件
		磁阻效应	电流/电压/电阻	磁阻元件、磁敏二极管
		约瑟夫森效应	电压/谐振频率	超导量子干涉器件
		核磁共振吸收	电压	质子共振磁通计
		磁通变化感生电流	电流	磁头
压电传感器		压电效应	电压	压电引信、压电秤
		逆压电效应	位移	压电射流陀螺
		正压电效应		盲人导行仪
压阻传感器		压阻效应	电势差/电阻	压力计、压敏二极管
压敏传感器		电导随电压增加而剧增	电压	压敏电阻
声传感器		压电效应	电压	送话器
		音磁效应	电压	拾音器

可见光或不可见光照射到半导体材料时产生内光电效应. 常用的半导体光敏材料是硫化镉、硒化镉、硫化铅、锑化铟等. 利用光电导效应材料制成的红外探测器 (称为光电导型探测器) 和使用光生伏特效应材料制成的红外探测器 (称为光伏型探测器) 已在红外技术一节中作过介绍, 现在介绍光电二极管和光电池.

光电二极管利用的是半导体的内光电效应. 它实际上是一个半导体二极管 (晶

体二极管),用高电阻率的半导体材料制成. 整个二极管装在玻璃外壳中,其 pn 结从透明玻璃壳顶接受光的照射,图 22.23(a)是其外形,图(b)是符号, 图(c)是电压与电流关系曲线. 工作时,光电二极管反向接入电路,即将二极管的 p 区接电源负极,n 区接电源正极,此时通过二极管的电流称为反向饱和电流. 没有光照射时,反向电流非常小;有光照射时,反向电流随光照强度的增加而变大. 也就是说,无光照

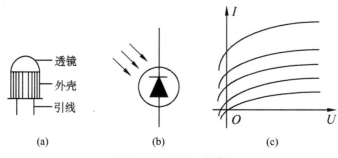

图 22.23　光电二极管

时,光电二极管呈现很大电阻,可达兆欧;有光照时,电阻大为降低,只有几百欧姆. 可见,光电二极管相当于一个光控可变电阻. 光电二极管主要用作可见光到波长几微米的近红外波段接收系统中的高速接收器件,适用于测光、计数、自动控制、录音、电影放映等设备及某些激光系统中. 光电池也是由 pn 结构成的,不过工作面积较大,它的工作原理是光生伏特效应. 当光照射时,其内部产生电动势. 光电池可作为传感器做成各种光电控制或检测装置.

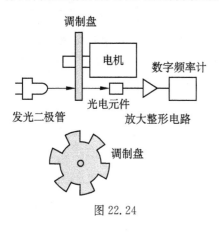

图 22.24

光电数字转速表是光电传感器的应用实例,图 22.24 是其工作原理简图. 在被测电机的轴上固定一个齿轮状的调制盘,将恒定光调制成随时间变化的调制光. 光每照射光电二极管(或光电池)一次,它们所在的电路就导通一次,产生一个电信号脉冲. 这种连续不断的电脉冲经过放大整形电路,然后用数字频率计测出电脉冲的频率,从而得到电机的转速 n. 如频率计的计数频率为 f,调制盘上的齿数为 z,则可知每秒转数为 $n = f/z$.

2. 压电效应　电致伸缩

铁电体和某些晶体电介质在外力作用下被压缩或被拉伸而产生形变时,其相对的两个表面会产生异号电荷,如图 22.25 所示. 这种没有外电场作用,只是由于形变而产生极化的现象称为压电效应. 通常把有压电效应的介质称为压电体. 压电

体还有逆压电效应.在压电体上加一外电场,它不仅极化,还会发生机械形变(伸长或缩短),这种现象叫电致伸缩.如果外电场为交变电场,则压电体交替出现伸长和压缩,即发生机械振动.压电效应的可逆性如图 22.26 所示.

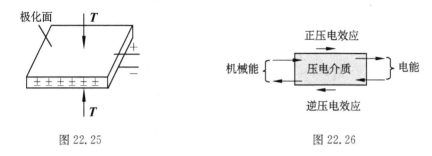

图 22.25　　　　　　　　　　　　　　　　　　　图 22.26

迄今已出现的压电材料可分为三类:一是压电单晶体,如石英晶体(SiO_2)、钽酸锂($LiTaO_3$)、铌酸锂($LiNbO_3$,为一种透明铁电体)等;二是压电陶瓷(多晶铁电体),如钛酸钡($BaTiO_3$)等;三是新型压电材料,如压电半导体(硫化锌 ZnS、碲化镉 CdTe、氧化锌 ZnO 等)、有机高分子压电材料(聚氟乙烯 PVF、聚氯乙烯 PVC等).在传感器技术中,目前国内外普遍应用的是石英晶体、压电多晶中钛酸钡与锆钛酸铅系列压电陶瓷.对于石英晶片,无论是正压电效应还是逆压电效应,作用力与出现的电荷都成线性关系.

压电式传感器的基本原理就是利用压电材料的正、逆压电效应.压电谐振压力传感器、石英振荡压力传感器、压电式加速度传感器、压电式流量计等均利用这一原理制成,其优点是应用范围广、测量精度高;同时可以采用频率输出,使测量结果便于显示和处理.值得指出的是,由于压电效应具有自发电和可逆性,因此压电器件是一种典型的双向有源传感器件.基于这一特性,它已广泛应用于超声、通信、宇航、雷达和引爆等领域,并与激光、红外、微波等技术相结合,成为发展新技术和高科技的重要器件.

3. 热电效应　热释电效应

如图 22.27 所示,将两种不同性质的金属 A、B 组成回路,且在两个接头处保持不同的温度时,两者之间会出现电动势,这种电动势称为温差电动势.由两种不同金属焊接并将接触点放在不同温度下的回路,称为温差电偶或热电偶.回路中引起温差电动势的现象,称为塞贝克效应.温差电动势包括汤姆孙电动势和佩尔捷电动势两部分.如果单根导线的两端保持不同温度,其自由电子密度是逐点不同的,此时自由电子将会从高温端向低温端扩散,在低温端堆积起来,结果在导线的两端形成电势差,这就是汤姆孙电动势.温差电偶中两种不

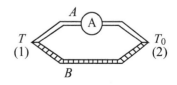

图 22.27

同金属导体各自出现不相等的汤姆孙电动势,同时,在两种不同金属 A、B 接触时,由于不同金属中自由电子密度不同,在接触面处就会发生自由电子的扩散迁移,当扩散迁移达到平衡时,便在接触面处形成电动势,称为佩尔捷电动势,又称接触电动势.通常把汤姆孙电动势和佩尔捷电动势之和称为热电动势(温差电动势).在温差电偶中产生热电动势,回路中形成一定大小的电流,这种现象称为热电效应.为了增强温差电效应,有时把若干个温差电偶串联起来,这就是所谓的温差电堆.

常用的热电偶材料较多,如铜-康铜热电偶、镍铬-镍镁热电偶、铂-铂铑合金热电偶、钨-钛热电偶等.用热电效应原理制成的热电偶传感器测量温度范围很宽,可在 $-200\sim2000\text{℃}$ 的范围内使用;测量灵敏度和准确度也很高,可达 10^{-3}℃ 以下;能测量很小区域内的温度.

红外温差电堆探测器中,产生的温差电动势大小与入射的红外辐射能量存在确定的关系,在较宽的一段波长范围内探测,灵敏度较高.

铁电体表面上极化电荷的多少和本身的温度有关.当温度升高时,表面上的电荷一般要减少,这种现象称为热释电效应.利用某些铁电体的热释电效应制成的热释电探测器(又称热电探测器),可以探测出红外辐射的强度.

热电式传感器是利用转换元件的电学量随温度变化的特性,对温度和与温度有关的参量进行检测的装置.除上面介绍的热电偶传感器和热释电探测器的物理效应外,还有热电阻传感器的电阻随温度变化的效应.金属导体电阻随温度的升高而升高,因此这种电阻叫热电阻.实验表明,金属电阻与温度只在一定范围内成线性关系,在此范围之外,电阻温度关系可能是非线性的.铂是较理想的热电阻材料,其温度系数较大,线性也好,性能稳定,测温范围大;铜价格便宜,纯度高,复制性好,线性也佳,但电阻率低,容易氧化,在低温及没有水分和腐蚀性的环境中应用广泛.

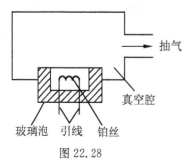

图 22.28

热电阻不仅用于测温,还可用来检测和温度有关的物理量,如流体的成分、流量、流速、真空度等.图 22.28 所示的是一种热电阻式真空传感器,铂丝固定在一开口的玻璃泡中,传感器放在真空腔中某一固定位置.工作时铂丝通以恒定电流,发热的铂丝同真空中的残余气体通过热交换达到平衡.平衡时的温度与残余气体的导热系数 k 有关.残余气体可看作理想气体,其导热系数为

$$k = \frac{1}{3}\frac{C_V}{\mu}\rho\bar{v}\bar{\lambda}$$

式中 μ、C_V、$\bar{\lambda}$、$\bar{v}$ 和 ρ 分别为气体的摩尔质量、定体摩尔热容、分子运动的平均自由程、平均速率和气体密度.由于 $\rho = nm$(n 为分子数密度,m 为分子质量),另外,在

真空状态下 $\bar{\lambda}$ 实际上由真空腔的线度决定,于是从上式可知,导热系数 k 同气体中的分子密度 n 有关,即同真空度有关,而 k 又反映了平衡时铂丝的温度,这就实现了用热电阻检测真空度.

许多半导体材料比金属具有更大的温度系数,其电阻对温度十分敏感.因此半导体材料制成的热电阻叫热敏电阻.半导体热敏电阻的导电性能主要决定于其内部载流子密度及其迁移率.用热敏电阻材料制成的热敏传感器,能够把物体温度的变化转换为电阻率的变化,测量出由于电阻率变化而引起的电阻变化值,即可确定物体温度的变化值.热敏电阻红外探测器也是根据物体受红外辐射发热后其电阻发生变化的性质制成的,不过它探测的是红外辐射能量.

4. 压阻效应

在半导体材料的某一晶轴方向施加一定的力,会引起材料电阻率的变化,这种现象称为压阻效应.在半导体中存在多种迁移率不同的电子,假定压力为零时,不同迁移率的两种电子的数量相等;一旦加上压力,电子的分布即发生变化,因此电阻率也发生变化.

利用半导体的压阻效应,针对不同对象,可设计制成多种类型的传感器,如压阻式压力传感器、压阻式加速度传感器等.压阻式加速度传感器可以做得结构简单、外形小巧、性能优越,可测低频加速度,也可测各种振动参数,在许多领域有着广泛的应用.

5. 霍尔效应和磁阻效应

前面已经介绍了霍尔效应,霍尔电压 U_H 与电流强度 I 和磁感应强度 B 成正比,与导电板的厚度 d 成反比,即

$$U_H = R_H \frac{IB}{d}$$

式中 $R_H = 1/(nq)$ 为霍尔系数,n、q 分别为载流子的密度和电量.具有霍尔效应的半导体,在其相应的侧面装上电极后即构成霍尔元件.我们知道,半导体材料的电阻率 ρ 与载流子密度 n 和迁移率 μ 有关,即

$$\rho = \frac{1}{nq\mu}$$

和霍尔电压表达式比较,可知霍尔系数为

$$R_H = \rho\mu$$

若要霍尔效应强,则需 R_H 值大,这就要求材料的电阻率高,迁移率也大.与金属、绝缘体比较,半导体是制造霍尔元件最理想的材料.

利用霍尔效应可以制成一种磁敏传感器.它结构简单、形小体轻、使用方便、应用广泛.可以测交、直流磁感应强度、磁场强度,测量交、直流的电流、电压,测量微小位移等.若保持霍尔元件上的电流不变,而让它在一个均匀梯度的磁场中

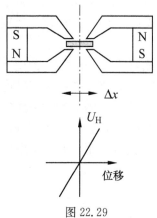

图 22.29

移动时,则输出的霍尔电压取决于它在磁场中的位置. 图 22.29 为霍尔式微位移传感器的结构原理图. 它由两个量值相等、方向相反的直流磁系统共同形成一个高梯度磁场. 当霍尔元件处于中间某位置时,磁感应强度为零,元件有微小移动时,就有霍尔电压输出. 在一定范围内位移与 U_H 呈线性关系.

另外,利用霍尔元件还可构成霍尔式压力、压差传感器、加速度传感器、振动传感器、方位传感器、转速传感器等.

将一载流导体置于外磁场中,除了产生霍尔效应外,其电阻也会随磁场而变化,这种现象称磁阻效应. 这是因为载流导体中的运动电荷受洛伦兹力作用而偏转,使电极附近电流路径加长,从而导致电阻值的增加.

磁敏电阻是利用磁阻效应制成的一种磁敏元件. 磁敏电阻器件就是一种磁敏传感器,它应用非常广泛,可探测各种磁场;用于测量方面可制成位移检测器、角度检测器、功率计、交流放大器、振荡器等.

6. 约瑟夫森效应

夹有极薄绝缘层(厚度约为 $1.0 \times 10^{-9} \sim 3.0 \times 10^{-9}$ m)的两块超导体中,在不存在任何电场或磁场情况下,有直流电流流过绝缘层;若在绝缘层两侧施加直流电压,则在绝缘层中会产生射频电流振荡,这种现象称为约瑟夫森效应. 这种量子力学隧道效应是许多物理现象或器件的核心. 利用约瑟夫森器件可作为磁强计以精确测定磁感强度,其分辨率可达 $10^{-11} \sim 10^{-12}$ T.

22.3.4 典型传感器

在已经介绍传感器有关的物理效应的基础上,我们从一些具体的传感器出发,着重介绍信号转换的物理依据.

1. 应变式力敏传感器

在众多的传感器中,有一大类是把被测非电量的变化转换为电阻或电阻率的变化,这类统称为电阻式传感器. 应变式力敏传感器是其中的一种.

应变式力敏传感器的转换元件是电阻应变片. 将金属丝、金属箔或半导体薄片粘贴在支承片(一般为绝缘纸或胶膜)上,再焊接两根引出线,就成了电阻应变片,如图 22.30 所示.

为简单起见，我们以物体的拉伸或压缩为例，讨论物体（导体和半导体）的受力与电阻变化之间的关系. 设想物体上有一段与轴平行的直线 AB，长度为 l，在一对与轴线平行，方向相反的拉力或压力 F 作用下变为 $l' = \overline{A'B'}$，其长度变化量 $\Delta l = l' - l$，应变为 $\varepsilon = \Delta l / l$. 由胡克定律知，在弹性限度内，物体的应力 $f(=F/S)$ 与应变 ε

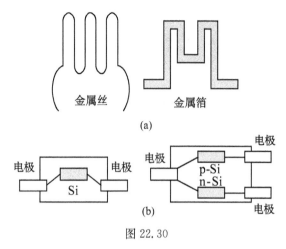

图 22.30

成正比，即 $f = Y\varepsilon$，其中 Y 为杨氏弹性模量. 对一定材料，Y 为常量.

可以证明，在作了必要的近似处理以后，半导体电阻的相对变化和电阻率的相对变化之间有如下关系：

$$\frac{\Delta R}{R} = \frac{\Delta \rho}{\rho}$$

在几何尺寸变化很小的情况下，电阻率的相对变化 $\Delta\rho/\rho$ 与应力 f 成正比，即

$$\frac{\Delta \rho}{\rho} = \pi f$$

π 称为压阻系数，它与半导体种类及应力方向与晶轴方向的夹角有关. 又因 $f = Y\varepsilon$，所以有 $\Delta\rho/\rho = \pi Y\varepsilon$. 因此可得

$$\frac{\Delta R}{R} = \pi Y\varepsilon$$

上式表明，半导体电阻相对变化主要是由电阻率相对变化（压阻效应）所决定. 这与金属导体电阻相对变化主要由结构尺寸变化所决定的情形不同.

2. 压电式加速度传感器

压电式传感器的转换原理是基于某些物质（晶体、陶瓷）的压电效应. 将压电材料按特定方向切成薄片，安装在特制外壳中，就成了压电式传感器. 一般压电式传感器装有两片或多片晶体，可并联和串联，如图 22.31 所示. 图（a）为两片并联接法，图（b）为串联接法. 当晶片受到与其表面垂直的压力时，在相对的两个表面产生正、负电荷 q. 设它们间的电压为 U，表面产生了电荷的晶体相当于一个电容器，其电容为 $C = q/U$. 以图（a）为例，因为两块晶体并联，其电

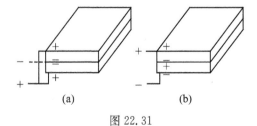

图 22.31

压仍为 U,且有 $q=CU$,而 q 与外力的关系为

$$q = d_r F$$

式中 d_r 为施力方向的压电系数,是仅与材料有关的常量. 因此

$$F = \frac{q}{d_r} = \frac{CU}{d_r}$$

式中 C/d_r 为常量,$C=\varepsilon_0\varepsilon_r S/t$,$\varepsilon_r$ 为压电材料的相对介电常数,S 为极化面积,t 为两极面间距,即压电片厚度. 压电片给定后,C 为常量. 从上式看出,电压 U 与外力 F 成线性关系,测出 U,即可得到 F. 这种传感器的灵敏度为 $S_F = d_r/C$,即灵敏度与压电系数成正比. 因此为提高灵敏度,应选用 d_r 大的压电材料做压电元件.

图 22.32 为压缩型压电加速度传感器的结构原理图. 压电元件由两块压电片组成,它们之间夹一片金属薄片,引线焊在金属薄片上,输出端的另一根引线直接

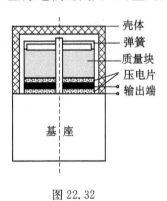

与传感器基座相连. 在压电片上放置一物块. 传感器的整个组件装在一个厚基座上,并用金属壳体加以封罩. 测量时,将传感器基座与试件刚性固定在一起. 当传感器承受振动时,由于弹簧的劲度很大,而物块的质量相对较小,可认为物块惯性很小,因此物块感受与传感器基座(或试件)相同的振动,并受到与加速度方向相反的惯性力的作用. 这样,物块就有一正比于加速度的交变力作用在压电元件上. 由于压电效应,便在压电元件的两个表面上产生交变电荷(或电压). 当试件的振动频率远低于传感器的固

壳体
弹簧
质量块
压电片
输出端

基 座

图 22.32

有频率时,则传感器的输出电荷(或电压)与作用力成正比,亦即与试件的加速度成正比. 经专用放大器放大后,即可测出试件的加速度.

3. 电容式物位传感器

电容式传感器是将被测非电量的变化转换为电容量变化的一种传感器. 它的转换元件是电容器,其基本工作原理是基于物体间的电容量及其结构参数、介电常量之间的关系. 它结构简单、分辨率高,并能在高温、辐射和强烈振动等恶劣条件下工作. 以平板电容器为例,其电容为

$$C = \frac{\varepsilon S}{d}$$

可见改变两极板间的距离 d、或改变两极板间的重叠面积 S、或改变极板间介质的电容率 ε,都可以改变电容. 因此保持 d、S、ε 中任意两个参量为定值,就可建立 C 与第三个参量的单一函数关系,测量 C 的变化,就可得知该参量的变化.

电容式物位传感器是利用被测介质面的变化引起电容变化的一种变介质型电容传感器. 图 22.33 所示为用于检测非导电液体介质的电容式液位传感器. 当被测

液体的液面在传感元件的两同心圆柱形电极间变化时,引起极间不同介电常数介质的高度发生变化,因而使电容变化.

如图 22.33 所示,ε_1 为被测介质的介电常数,ε_2 为液面以上部分介质的介电常数,H 为传感器插入液面的深度,L 为电极的总长度,D 和 d 分别为外电极的内径和内电极的外径. 此时电容器可看作两个电容器的并联,其电容为

$$C = \frac{2\pi\varepsilon_1 H}{\ln(D/d)} + \frac{2\pi\varepsilon_2(L-H)}{\ln(D/d)}$$

$$= \frac{2\pi\varepsilon_2 L}{\ln(D/d)} + \frac{2\pi(\varepsilon_1 - \varepsilon_2)}{\ln(D/d)} H$$

电容的变化为

$$\Delta C = C - C_0 = \frac{2\pi(\varepsilon_1 - \varepsilon_2)}{\ln(D/d)} H$$

可见,ΔC 与 H 成线性关系. 测得电容增量 ΔC,即可得知液面高度 H. 该传感器的灵敏度为

$$S_c = \frac{2\pi(\varepsilon_1 - \varepsilon_2)}{\ln(D/d)}$$

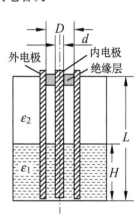

图 22.33

因此,两种介质介电常数之差 $\varepsilon_1 - \varepsilon_2$ 愈大,极径 D 和 d 之差愈小,灵敏度就愈高.

上述原理也可用于导电介质液位的测量,不过传感器的极板必须与被测介质绝缘.

4. 振弦型频率传感器

振动式传感器又称频率式传感器. 图 22.34 是振弦型频率传感器的原理简图. 图中 1 是螺钉,2 是软铁块,3 是夹块,4 是振弦,5 是永久磁铁,6 是线圈,7 是膜片. 这种传感器基本上由钢弦和永久磁铁两部分构成. 钢弦上端用固定夹块夹紧,下端的夹块与一膜片相连接,压力 p 施于膜片上. 如果压力稍大,则弦稍松弛,弦中的张力变小;反之,压力小,则弦中张力大. 弦的振动通过磁铁与固接于弦上的软铁块相互作用而激发. 为了使弦振动,给绕在磁铁上的线圈通入一个脉冲电流. 脉冲电流到来时,磁铁的磁性增强,磁力作用于软铁将弦吸住. 脉冲电流消失后,磁铁的磁性减弱,钢弦脱离磁铁而自由振动. 因此,磁铁、线圈和软铁构成了钢弦的起振器. 另一方面,磁铁线圈和软铁又可作为拾振器而读取弦的振动频率. 当弦振动时,软铁块与永久磁铁之间的距离发生周期性变化,通过线圈的磁通量也周期性地变化,于是线圈内产生了周期性的感应电动势. 测得交变电动势的频率就得到了弦的振动频率. 可以证明,弦的固有振动频率 ν 与

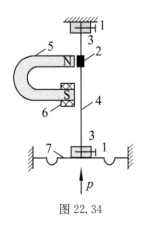

图 22.34

张力 T 的关系为

$$\nu = K\sqrt{T}$$

式中 K 是仅与振弦本身性质有关的常量. 由上式看出,振弦的固有振动频率变化可以反映张力的变化. ν 与 T 为非线性关系,当振弦张力的变化 ΔT 不太大时,则频率的变化 $\Delta\nu$ 与 ΔT 近似为线性关系. 当 ΔT 较大时,可用其他技术手段改善线性. 这样,当被测力作用在膜片上时,被测力的变化就引起张力的变化,因而振弦固有频率的变化又能表征被测力的大小.

频率式传感器结构简单、体积小、稳定可靠. 它用输出振动频率表征待测输入量的大小. 频率具有数字的特征,可以很容易地把获得的交变电信号变成脉冲的个数输出. 这种输出脉冲能作为数字信息输入电子计算机,非常方便. 频率式传感器已在航空、航天、石油、化工等领域得到了有效的应用.

5. 光纤传感器

光纤传感器是 20 世纪 70 年代迅速发展起来的一种新型传感器. 它具有灵敏度高、电绝缘性能好、抗电磁干扰、耐腐蚀、耐高温、体积小、重量轻等优点. 因此,应用范围极广,发展极为迅速. 目前,利用光纤光传感器可检测 70 多个物理量,被誉为"万能传感器".

光纤是 20 世纪后半叶的重要发明之一. 光纤是光导纤维的简称,它用比头发丝还细的石英玻璃丝或塑料丝等制成. 每根光纤由一个圆柱形或棱柱形内芯和包层组成,芯和包层之间有较好的光学接触. 包层也是玻璃或塑料. 纤芯的直径约为 $50\sim70\ \mu\text{m}$,芯和包层的总直径为 $100\sim200\ \mu\text{m}$,外面有护套,整个直径约 $1\ \text{mm}$.

光纤按折射率的分布可分为两种. 一种是纤芯和包层的折射率不相等,纤芯介质折射率 n_1 大于包层介质折射率 n_2,折射率在两种介质的界面处发生阶跃变化,故称阶跃型光纤;另一种是折射率从纤芯横截面中心向外逐渐变小,通常呈抛物线形式,称为梯度型光纤.

(1) **光纤传光原理**. 光的全反射是光纤传光原理的基础. 根据几何光学原理,当光以较小的入射角 θ_1 由光密介质 1 射向光疏介质 2(即 $n_1 > n_2$)时,一部分在界面反射,另一部分以折射角 θ_2 折射到介质 2 中. 由折射定律

$$n_1\sin\theta_1 = n_2\sin\theta_2$$

可知,当 $\theta_2 = 90°$ 时,折射到介质 2 的折射光沿界面传播,这时入射角 $\theta_1 = \theta_c$. 称 θ_c 为临界角,则有

$$\sin\theta_c = \frac{n_2}{n_1}\quad (n_1 > n_2)$$

入射角 $\theta_1 > \theta_c$ 时,光无折射,只有反射,形成光的全反射现象. 光在阶跃型光纤中传输是依靠光在纤芯与包层界面上反复全反射而实现的,如图 22.35(a)所示. 从图中看出,光线入射角越小,则它在光纤内传输过程中反射的次数越多,而沿光纤轴

向的传输速度就越小. 对于梯度型光纤, 设中心轴线处的折射率为 n_0, 离轴 r 处的折射率为 n, 则从中心到 r 处折射率的减少量正比于 r^2, 即

$$(n_0 - n) \propto r^2$$

光线以某一角度射入光纤介质, 逐渐折射到内侧, 沿图 22.35(b)所示的曲线弯曲行进. 不同角度射入光纤的光线, 虽沿不同的曲线行进, 但它们沿轴向的传输速度大体上是相同的, 因而传输光能够自聚焦.

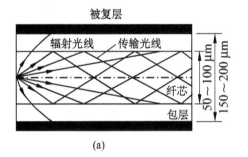
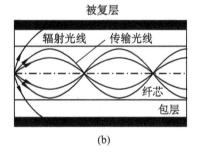

图 22.35

（2）**光纤传感器的分类及工作原理.** 光纤传感器是一种把待测信号转变为光信号的装置, 它由光源、敏感元件、光信号接收器、信号处理系统及传输光信号的光纤构成. 由光源发出的光经光纤引导至敏感元件, 在该过程中, 使光的某种性质受到待测量的调制, 被调制的光带着待测量的信息耦合到光接收器. 通常光的性质用光的振幅（强度）、频率、相位、偏振态来描述, 如果某一量能引起这些光学量的变化（这一过程称为调制）就能实现这一量到光学量的转换, 最后通过解调就能获得该量的信息.

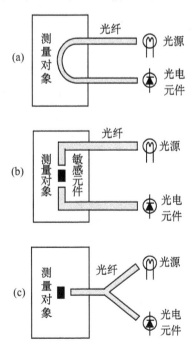

图 22.36

按光纤在传感器中的作用, 通常将光纤传感器分为两种类型: 功能型（或传感型）和非功能型（或传光型）. 在功能型光纤传感器中, 光纤不仅起传光作用, 而且又是敏感元件. 它是利用光纤特征（长度、芯径、折射率等）与光波特性（振幅、相位、偏振态、频率等）随被测对象状态而变化的关系制成. 在非功能型光纤传感器中, 光纤不是敏感元件, 而是光纤的端面或两根光纤中间放置敏感元件来感知被

测物理量的变化,光纤只起传光作用;它是利用光纤低损耗和线径细等特性制成.
图 22.36(a)为功能型,(b)、(c)为非功能型光纤传感器基本结构原理图.

(3) **光纤声传感器**. 图 22.37 是检测水下声波的光纤声传感器示意图. 激光器
输出的光分成两束,一束引入位于水中的敏感臂光纤,另一束引入参考臂光纤,两

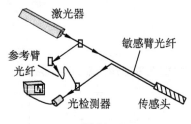

路光纤传出的光相互干涉. 敏感臂光纤受声波
压力的作用,长度、直径、折射率要发生变化,
在其中传播的光的相位也因此而变化,并导致
敏感臂光纤和参考臂光纤的两束输出光的相
位差发生变化,从而使干涉光的强度随着相位
的变化而变化. 如果在两束光的汇合端放置一
个光电探测器,就可将相干合成光强的强弱变

图 22.37

化转换为与声压成正比的电信号大小的变化.

这种传感器可检测出很微弱的声压,能探出 80 km 以外潜艇的声音. 它还用
于水下超声波测量,探测鱼群,是一种光纤声纳.

(4) **光纤液位传感器**. 光纤液位传感器是基于全内反射原理制成的,如图
22.38 所示. 它由光源、光电二极管和光纤等组成.

在光纤测头端有一个圆锥体反射器,当测头置于
空气中没有接触液面时,光线在圆锥体内发生全内反
射而返回到光电二极管;当测头接触液面时,由于液体
和空气的折射率不同,全内反射被破坏,将有部分光线
透入液体内,使返回到光电二极管的光强变弱;返回光
强是液体折射率的线性函数. 返回光强发生突变,表示
测头已接触液位. 这种传感器可用于易燃、易爆场合,
但不能探测污浊液体和黏稠物质.

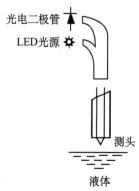

图 22.38

传感器除应用于工业和国防军事系统的自动控制
外,还渗透到宇宙开发、海洋探测、环境保护、交通运
输、资源调查、情报处理、医学卫生、生物工程乃至家庭生活等各个领域. 随着"信息
时代"的到来,国内外已将传感器技术列为优先发展的科技领域之一. 大型飞机使
用的传感器已达 100 多种,洲际导弹、宇宙飞船和航天飞机等复杂而高可靠性的飞
行器,需要敏感的飞行参数更多,使用的传感器种类和数量都十分庞大. 传感器的
大量使用已是军事现代化的重要标志. 1984 年仅压力传感器在美国的销售额就高
达五亿七千多万美元,其中一半是航空、车辆等使用的军用传感器. 1982 年至 1990
年间,温度、压力、过载、力和位置等五种传感器的年平均增长率为 10.5%,而航
空、航天等军用传感器的平均年增长率高达 12.9%. 我国自 20 世纪 60 年代初开
始研究传感器技术,已经获得了可喜的成果. 随着现代技术的发展和自动化、智能

化、系统化要求的提高,传感器的品种显著增多,质量也有了大幅度提高,有些已达到或接近世界先进水平. 今后,传感器技术的发展趋势是研制和开发小型化、集成化、多功能化、智能化的传感器,并且为不断满足各种需要而开拓新型传感器,如机器人和仿生传感器等.

22.4　纳米技术

纳米技术是 20 世纪 80 年代末诞生并正在蓬勃发展的高新科技,旨在纳米尺寸范围内认识和改造自然,通过直接操纵和安排原子、分子而创造新物质. 纳米技术的出现标志着人类改造自然的能力已延伸到原子、分子水平,标志着人类科学技术已进入一个新的时代——纳米科技时代.

本节主要介绍纳米科学与技术的基本概念、纳米材料及纳米材料的应用.

22.4.1　纳米科学与技术的基本概念

1. 纳米和纳米技术

纳米(nanometer)是一个长度单位,符号为 nm. 1 nm＝10^{-9} m＝10 Å. 氢原子的直径约为 1 Å,所以 1 nm 相当于 10 个氢原子一个挨一个地排列的长度. 可见,纳米是一个极小的尺寸,它表征了人们认识上的一个新层次,从微米进入了纳米.

纳米技术是以 1～100 nm 尺度的物质或结构为研究对象,通过一定的微细加工方式,直接操纵原子、分子或原子团、分子团,使其重新排列组合,形成新的具有纳米尺度的物质或结构,研究其特性,并由此制造出具有新功能的器件、机器及其在其他各个方面应用的一门崭新综合性科学技术.

纳米技术的诞生是以扫描隧道显微镜和原子力显微镜的发明为先导的. 1981年美国 IBM 公司在瑞士苏黎士实验室的两位教授宾尼希(G. Binning)和罗雷尔(H. Rohrer)发明了扫描隧道显微镜(scanning tunnelling microscope),简称为STM. 这是迄今为止进行表面分析的最精密的仪器,其横向分辨率达 0.1 nm,纵向分辨率达 0.01 nm. 两位博士因这一卓越贡献于 1986 年获得诺贝尔物理学奖.

因 STM 及原子力显微镜的发明,不仅可以直接观察原子、分子,而且能够利用 STM 直接操纵和安排原子和分子,这就实现了人们由来已久的梦想:直接看到原子和按自己的意愿去安排原子和分子. 这在人类科学史上是一个巨大的进步.

纳米技术中的纳米加工具有更广泛的含义,例如纳米刻蚀术(Nanolithography)是在纳米尺度上制备产品的方法之一. 目前微电子技术中最细的刻线为几百纳米,而利用 STM 中针尖与表面相互作用原理可以进行纳米级的刻蚀. 现在我国已能用 STM 刻出 10 nm 的细线. 这种技术具有非常重要的实用价值,一是可制备高密度的存储器,二是可与分子束外延技术结合,制造出三维纳米量子器件,这对微电子、激光技术、光电技术将产生革命性的影响.

纳米技术是由多种学科如纳米生物学、纳米电子学、纳米化学、纳米材料学和纳米机械学等学科交叉形成的,并将基础研究和应用开发紧密联系的高新技术. 纳米不仅是一个空间尺度上的概念,而且是一种新的思维方式和实践方法,其生产过程也越来越精细,因而能够在纳米尺度上直接由原子、分子的排布制造具有特定功能的产品. 比如纳米技术的一个分支——纳米生物学,是在纳米尺度上认识生物大分子的结构和功能的关系,在此基础上按人的意志去合成、制造具有特定功能的生物大分子,使生命科学研究更上一层楼.

纳米技术方面取得的初步成果,已引起各发达国家的极大重视,美国最早成立了纳米技术研究中心,开展了预研究. 同时,许多大学、研究室和公司也参与了研究,STM 等纳米技术产品已初步实现产业化,并已将纳米加工列为国家关键技术. 日本制定了庞大的国家计划开展纳米技术研究,创办了"原子工厂",将利用原子、分子直接制造产品这个战略付诸于行动.

我国的纳米技术也取得了重大进展. 中国科学院化学所的白春礼院士等一批研究员研制出了 STM,并用其进行了石墨表面刻蚀,刻出线宽为 10 nm 的字符. 中国科学院北京真空物理实验室研究了一种新的表面原子操纵方法,在室温下成功地在单晶硅表面上提走硅原子,形成宽度为 2 nm 的线条. 同时他们还实现了原子可提、可植的有序移植原子技术. 这些技术的突破是我国纳米技术的重大进展,在高密度信息存储、纳米电子器件、新型材料的组成等方面具有非常重要和广泛的应用.

2. 纳米技术的发展及其主要特征

早在 20 世纪初,随着胶体化学的建立,人们对于直径为 10^{-9} m 的微粒开始了研究. 在以后的催化研究中,人们制备出了铂黑,制得的铂粒子附着在载体(例如 SiO_2)上,直径为 2 nm 左右.

此后,纳米技术在理论上也有了进展. 众所周知,孤立原子的能级是分立的,能量是量子化的. 当原子形成固体之后,由于晶体周期场的影响,分立的能级形成能带. 日本物理学家 R. Kubo(久保亮武)在金属粒子理论研究中发现,由于超微粒子中原子数的减少,使能带中的能级间隔加大,变为不连续能级,金属超微粒中电子能级具有类似孤立原子能级的不连续性. 在低温下,金属超微粒显示出与块状材料显著不同的物理性质. 后来,人们把金属超微粒材料的这种物理效应称为久保效应.

20 世纪 70 年代末到 80 年代初,人们对于纳米微粒的结构、形态和特性进行了比较系统的研究. 描述金属微粒在低温下电子能级状态的久保理论已经出现,应用量子尺寸效应解释超微粒子的某些特性,也获得了成功.

最早利用纳米微粒制备三维块状试样的是德国萨尔兰大学教授 Gleiter,他于1984 年用惰性气体蒸发、原位加压法制备了具有清洁表面界面的纳米晶 Pd、Cu、

Fe 等,随后一些纳米多晶体也相继用相同的方法制备出来.

1990 年 7 月在美国巴尔的摩召开了第一届国际纳米科学技术会议,标志着纳米科技领域的正式形成.1992 年 9 月在墨西哥 Cancun 城召开了第一届国际纳米结构材料会议,正式把纳米材料作为材料科学的一个新的分支公布于世.此后,世界各国纷纷把纳米技术作为 21 世纪的高科技列入计划.

从纳米技术的发展情况,可以看到纳米技术本身具有一些非常明显的特征.

(1)从材料发展的角度看,纳米材料的制备将更多地考虑分子设计、材料结构设计等.纳米材料的制备中已出现了许多有别于一般材料制备的新技术,特别是精确调控纳米(复合)结构的超分子合成技术等,对材料的特征尺寸,如粒度或块状中相的尺寸以及尺寸分布等均有非常高的要求.

(2)从纳米结构加工制造角度看,传统的以三束(光子束、电子束、离子束)技术为核心的微电子平面加工技术仍在扮演主要的角色.同时,由于以原子、分子 SPM(原子力探针显微镜)操纵搬迁、分子装配等为基础的分子组装技术可批量获得一致性好、特征尺寸分布窄、内部缺陷少以及可精确控制的纳米结构,因而在纳米结构加工制造中的重要作用和意义也越来越受到重视,具有非常吸引人的应用前景.特别是对单原子、单分子的操纵,显示了人类对物质世界改造能力的极大飞跃.

(3)对纳米对象(nano-objects)的表征测量,除了采用传统观察测量技术,如谱学技术、电子显微镜技术及其发展所带来的新技术外,特别采用了以 STM 和扫描近场显微术(SNOM)为代表的扫描力显微技术,可以在常温、大气甚至溶液等环境条件下观察到具有原子尺度的结构,测量纳米尺度微区的特性,使得人类的视力和感觉大大增强.

(4)纳米器件的研发将在一定的时间里沿着两条路线进行.其一,发展新的功能材料以及设计技术,以满足微电子技术不断缩小加工尺寸可能导致的一些新系统,如系统集成芯片(system on a chip,SOC)的需要;其二,则是量子效应纳米器件,包括分子器件等.一定时间后,两条路线可能会合,形成纳米集成电路和纳米计算机.

(5)在纳米材料、纳米结构或器件,乃至纳米机器的设想及研制过程中,人们越来越关注生物或生命体给我们带来的启示.

22.4.2　纳米材料和纳米结构

纳米材料是纳米技术的重要组成部分,主要是因为纳米粒子是纳米技术中的原材料,而且制备纳米材料的超细技术是纳米技术中的重要组成部分.

广义地说,纳米材料是指在三维空间中至少有一维处在纳米尺度范围(1～100 nm)或由它们作为基本单元所构成的材料.这里所说的基本单元包括零维的

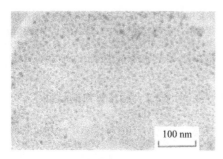

图 22.39

纳米粒子(如图 22.39 所示)、一维的纳米线(如图 22.40 所示)及二维的纳米薄膜. 由这些纳米尺度的基本单元构成纳米材料有多种方式,由此可形成多种类型的纳米材料:纳米粉体材料是由纳米粒子构成的松散集合体;纳米粉体经过一定的压制工艺制成的具有高致密度的纳米材料则为纳米块体材料,如纳米陶瓷、纳米金属与合金等;将纳米粒子制成薄膜或将纳米粒子分散到其他的薄膜(如有机膜)中,进而形成的多层膜则为纳米薄膜材料;将纳米粒子分散到高分子、常规陶瓷或金属中,则又得到纳米复合材料.

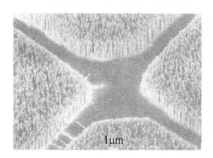

图 22.40

纳米结构是指由纳米尺度的基本单元按照一定的规律构建或组装成的一维、二维或三维体系. 由于纳米构造单元间有一定的相互作用,因此纳米结构不仅具有构造单元的特殊性,如量子尺寸效应、表面效应及小尺寸效应等,而且还具有由于构造单元间量子耦合或协同增强所产生的新效应. 这种纳米结构体系容易实现用光、电、磁等进行控制,因此对设计构建纳米功能器件具有重要意义.

从纳米材料研究发展的足迹来看,人们从热衷于研究纳米粒子、纳米块体的结构与特性,到积极地以直接应用为目的发掘纳米复合材料的光、电、磁、力学、生物学等方面的功能特性,进而又希望按照自己的意愿来构建、组装新的有特定功能的纳米结构体系,并寄予其在纳米电子器件及器件集成中以莫大的希望,特别是期待能突破传统平面硅加工工艺对集成电路制造带来的局限. 随之应运而来的纳米材料工程则正是以复合、组装的思路或途径来构造纳米功能体系,形成了基础研究与应用研究并行发展的局面.

纳米材料和纳米结构是当今新材料研究领域中最富有活力,对未来经济和社会发展有着十分重要影响的研究对象,也是纳米技术中最为活跃、最接近应用的重要组成部分. 近年来,纳米材料和纳米结构取得了引人瞩目的成就. 例如,发光频段可调的高效纳米阵列激光器;价格低廉、高效能量转化的纳米结构太阳能电池;用作炮弹轨道的耐烧蚀、高强度、高韧性的纳米复合材料;以巨磁电阻为原理的纳米结构器件等.这些都充分显示了它作为国民经济新型支柱产业和在高新技术应用领域中的巨大潜力.

研究纳米材料和纳米结构的重要科学意义在于它开辟了人们认识自然的新层次,是知识创新的源泉.由于纳米结构单元的尺度(1~100 nm)与物质中许多特征长度,如电子的德布罗意波长、隧穿势垒厚度及铁磁性临界尺寸等相当,因而导致纳米材料和纳米结构的物理、化学特性既不同于微观的原子、分子,也不同于宏观物体,从而把人们探索自然、创造知识的能力延伸到介于宏观和微观物体之间的中间领域.

22.4.3　纳米材料的基本特性

纳米材料的特性与其构成单元的性质密切相关,而这些介于微观与宏观之间的纳米粒子体系作为一类新的物质层次,呈现了许多独特的性质和新的规律,从而使得纳米材料表现出奇异的力学、电学、磁学、光学及化学等特性.

1. 量子尺寸效应

当微粒尺寸下降到一定值时,费米能级附近的电子能级由准连续能级变为分立能级,吸收光谱阈值向短波方向移动,这种现象称为量子尺寸效应.早在 20 世纪 60 年代,日本物理学家久保亮武采用一电子模型求得金属纳米晶粒的能级间距为

$$\delta = \frac{4E_f}{3N}$$

式中 E_f 为费米势能, N 为微粒中的原子数.该式说明:能级的平均间距与组成物体的微粒中的自由电子总数成反比.宏观物体中原子数 $N \to \infty$,自由电子数也趋于无穷,故能级间距 $\delta \to 0$,因而电子处于能级连续变化的能带上,表现在吸收光谱上为一连续光谱带;而纳米晶粒所含原子数 N 少,自由电子数也较少,致使 δ 有一确定值,电子处于分立的能级上,其吸收光谱是具有分立结构的线状光谱.

纳米材料中处于分立能级的电子的波动性带来了纳米材料的一系列特殊性质,如高度光学非线性、特异性催化和光催化性质、强氧化性和还原性等.

2. 小尺寸效应

小尺寸效应是指当粒子的尺寸与光波的波长、自由电子的德布罗意波长及透射深度等物理特征尺寸相当或更小时,周期性的边界条件被破坏,粒子的声、光、电磁、热力学等特性均会发生变化,例如,光吸收显著增加并产生吸收峰的等离子共振频移;由磁有序态向磁无序态、超导相向正常相的转变等.对于纳米尺度的强磁性粒子,如 Fe-Co 合金,当粒子尺寸为单畴临界尺寸时,可具有非常强的矫顽力,可用于磁性信用卡、磁性钥匙等.由于小尺寸效应,一些金属纳米粒子的熔点远低于

块状金属,例如,2 nm 的金粒子的熔点为 600 K,块状金为 1337 K,纳米银粉的熔点可降低到 100℃.

3. 表面效应

表面效应是指纳米晶粒表面原子数与总原子数之比随粒径变小而急剧增大后引起的性质的变化.随着纳米晶粒的减小,表面原子百分数迅速增加,例如当粒径为 10 nm 时,表面原子数为完整晶粒原子总数的 20%;而粒径为 1 nm 时,其表面原子百分数增大到 99%,此时组成该纳米晶粒的所有(约 30 个)原子几乎全部集中在其表面(见表 22.4).因为表面原子数目增多,比表面积大,原子配位不足.表面原子的配位不饱和性导致大量的悬空键和不饱和键,表面能高,因而导致这些表面原子具有高的活性,极不稳定,很容易与其他原子结合.纳米材料因此具有较高的化学活性,如纳米金属粒子室温下在空气中便可强烈氧化而发生燃烧等.可以说,纳米材料的许多特性是和其表面与界面的效应有关的.

表 22.4   纳米粒子粒径、原子总数与表面原子数的关系

颗粒粒径/nm	每个颗粒包含的原子数/个	表面原子数所占比例/%
10	30 000	20
5	4000	40
2	250	80
1	30	99

4. 宏观量子隧道效应

隧道效应是基本的量子现象之一,即当微观粒子的总能量小于势垒高度时,该粒子仍能穿越该势垒.近年来,人们发现一些宏观量如微颗粒的磁化强度、量子相干器件中的磁通量及电荷等也具有隧道效应,它们可以穿越宏观系统的势阱而产生变化,故称之为宏观的量子隧道效应.比如,原子内的许多磁性电子(指 3d 和 4f 壳层中的电子),以隧道效应的方式穿越势垒,导致磁化强度的变化,这是磁性宏观量子隧道效应.早在 1959 年,此概念曾用来定性解释纳米镍晶粒为什么在低温下能继续保持超顺磁性的现象.

由于上述基本特性,使得纳米材料与一般材料(单晶、多晶、非晶)相比,在力学、磁学、光学等方面,表现出奇异的性能.纳米材料不仅具有高强度和硬度,而且还具有良好的塑性和韧性;此外,由于界面的高延展性而表现出超塑性.对用铁磁性金属制备的纳米粒子,粒径大小对磁性的影响十分显著;随粒径的减小,粒子由多畴变为单畴,并由稳定磁化过渡到超顺磁性.由铁磁性和非磁性金属材料组成的纳米结构多层膜,在外磁场作用下表现出巨磁电阻效应.当纳米粒子的尺寸小到一定值时,可在一定波长光的激发下发光,即所谓的发光现象.

由于性能特异,纳米材料在国防、电子、化工、冶金、通信、生物、核技术、医疗保健等领域有着广阔的应用前景,被科学家誉为"21 世纪最有前途的材料".

22.4.4　纳米材料的分类

根据三维空间中未被纳米尺度约束的自由度计,纳米材料大致可分为零维的纳米粉末(颗粒和原子团族)、一维的纳米纤维(管)、二维的纳米膜、三维的纳米块体等.其中纳米粉末开发时间最长,技术最为成熟,是生产其他三类产品的基础;纳米块体材料是基于其他低维材料所构成的致密或非致密固体.

1. 纳米粉末

纳米粉末又称为超微粉或超细粉,一般是指粒度在 100 nm 以下的粉末或颗粒,是一种介于原子、分子与宏观物体之间的固体颗粒材料,包括结晶和非结晶材料.纳米粉末按组成可分为:无机纳米微粒、有机纳米微粒和有机/无机复合微粒.无机纳米微粒包括金属与非金属(半导体、陶瓷等),有机纳米微粒主要是高分子和纳米药物.

纳米粉末是纳米体系的典型代表,它属于超微粒子范围(1~100 nm).由于尺寸小、比表面积大和量子尺寸效应等原因,它具有不同于常规固体的特性,也有异于传统材料科学中的尺寸效应.纳米粒子是介于团族和体相材料之间的特殊状态,它的力、热、光、电磁以及化学方面的性质和大块固体相比有显著的不同,因而在催化、涂料、传热、雷达波吸收、光电转换等方面有着巨大的应用前景,可作为防辐射材料、单晶硅和精密光学器件抛光材料、微芯片导热基片、光电子材料、太阳能电池材料、高效助燃剂、高韧性陶瓷材料、人体修复材料及抗癌制剂等.

2. 纳米纤维

纳米纤维是指在材料的三维空间尺度上有两维处于纳米尺度的线(管)状材料,通常其直径或管径或厚度为纳米尺度而长度较长.随着微电子学和显微加工技术的发展,纳米纤维有可能在纳米导线、开关、线路、高性能光导纤维或二极管材料等方面发挥极大的作用,是未来量子计算机与光子计算机中最有潜力的重要元件材料.

3. 纳米薄膜

纳米薄膜是指由尺寸在纳米量级的晶粒(或颗粒)构成的薄膜以及每层厚度在纳米数量级的多层膜,有时也称为纳米晶粒薄膜和纳米多层膜.其性能强烈依赖于晶粒(颗粒)尺寸、膜的厚度、表面粗糙度及多层膜的结构,这也是当今纳米薄膜研究的主要领域.与普通薄膜相比,纳米薄膜具有许多独特的性能,如巨电导、巨磁电阻效应、巨霍尔效应等.例如,美国霍普金斯大学的科学家在 SiO_2-Au 的颗粒膜上观察到极强的高电导现象,纳米氧化镁铟薄膜经氢离子注入后,电导增加了 8 个数量级.另外,纳米薄膜还可作为气体催化(如汽车尾气处理)材料、过滤器材料、光敏材料、平面显示材料及超导材料等,因而越来越受到人们的重视.

4. 纳米块体材料

纳米块体材料是指将纳米粉末高压成型或烧结或控制金属液体结晶而得到的纳米材料,由大量纳米微粒在保持表(界)面清洁条件下组成的三维系统,其界面原子所占比例很高,微观结构存在长程有序的晶粒结构与界面无序态的结构.因此,与传统材料科学不同,表面和界面不再只被看成一种缺陷,而成为一重要的组员,从而具有高热膨胀性、高电导性、高强度、高溶解度及低熔点、低饱和磁化率等许多异常特性,在表面催化、磁记录、传感器以及工程技术上有广泛的应用,可作为超高强度材料、智能金属材料等.所以,纳米块体材料成为当今材料科学、凝聚态物理研究的前沿热点领域.

22. 4. 5　纳米材料的制备

纳米材料的制备技术在当前纳米材料科学研究领域中占据极为重要的地位.纳米材料(包括纳米粉末、纳米纤维、纳米薄膜及块体材料)的合成方法、制备工艺和过程的研究与控制,对纳米材料的微观结构和性能都具有重要影响.

纳米材料的制备方法可从不同的角度进行分类.按反应物状态可分为干法和湿法;按反应介质可分为固相法、液相法、气相法;按反应类型可分为物理法和化学法,这也是一种常见的分类方法.其中物理法主要有压淬法、蒸发冷凝法、等离子体法、爆炸法、固体变相法、溅射法、蒸镀方法等;化学法有化学沉淀法、溶胶凝胶法、溶液蒸发法、超声合成法、熔融法等.下面简单介绍几种常见的制备方法.

1. 压淬法

金属或合金在高压下经适当加热、保温,并在高压下快冷至液氮温度,而后减压并升温至室温或稍高些,即可自发地转变为纳米合金.压淬法主要用于制备纳米晶合金,具有以下优点:直接制得纳米晶,不需要先形成非晶或纳米晶粒;能制得大块致密的纳米晶,界面清洁且结合好,晶粒度分布较均匀.

2. 蒸发冷凝法

这种方法是在惰性气体或活性气体中将金属、合金或化合物进行真空加热蒸发,然后在气体介质中冷凝而形成纳米颗粒.此方法具有产量大、颗粒尺寸细小、分布窄等优点.

3. 等离子体法

等离子体法的基本原理是利用在惰性气氛或反应性气氛中通过直流放电使气体电离产生高温等离子体,从而使原料熔化和蒸发,蒸气到达周围的气体就会被冷凝或发生化学反应形成纳米颗粒.利用等离子体技术制备纳米颗粒已成为近年来的发展趋势,并且在方法和设备上都有不断的改进,如高频等离子体法、混合等离子体法、射频等离子体法等.

4. 化学沉淀法

化学沉淀法是在金属盐类的水溶液中,控制适当的条件使沉淀剂与金属离子反应,产生水合氧化物或难溶化合物,使溶质转化为沉淀,然后经分离、干燥或热分解而得到纳米颗粒.

22.4.6 纳米技术的应用前景

1. 纳米技术在微电子学领域的应用

纳米电子学是纳米技术的重要组成部分,其主要思想是基于纳米粒子的量子尺寸效应来设计并制备纳米量子器件. 纳米电子学的最终目标是将集成电路进一步减小,研制出由单原子或单分子构成的在室温下能使用的各种器件.

单电子晶体管,红、绿、蓝三种基本颜色可调谐的纳米发光二极管以及利用纳米丝、巨磁阻效应制成的超微磁场探测器已经问世. 并且,具有奇特性能的碳纳米管的研制成功,对纳米电子学的发展起到了关键的作用.

碳纳米管是由石墨碳原子层卷曲而成,径向尺寸控制在 100 nm 以下. 电子在碳纳米管的运动在径向上受到限制,表现出典型的量子限制效应,而在轴向上则不受任何限制. 清华大学的范守善教授利用碳纳米管,将气相反应限制在纳米管内进行,从而生长出半导体纳米线. 1998 年该科研组与美国斯坦福大学合作,在国际上首次实现硅衬底上碳纳米管阵列的自组织生长,它将大大推进碳纳米管在场发射平面显示方面的应用. 其独特的电学性能使碳纳米管可用于大规模集成电路、超导线材等领域.

2. 纳米技术在光电领域的应用

纳米技术的发展,使微电子和光电子的结合更加紧密,在光电信息传输、存储、处理、运算和显示等方面,使光电器件的性能大大提高. 将纳米技术用于现有雷达信息处理上,可使其能力提高 10 倍至几百倍,甚至可以将超高分辨率纳米孔径雷达放到卫星上进行高精度的对地侦察. 但是要获取高分辨率图像,就必须有先进的数字信息处理技术. 科学家们发现,将光调制器和光探测器结合在一起的量子阱自电光效应器件,将为实现光学高速数学运算提供可能.

美国桑迪亚国家实验室的 Paul 等人发现:纳米激光器的微小尺寸可以使光子被限制在少数几个状态上,而低音廊效应则使光子受到约束,直到所产生的光波累积起足够多的能量后透过此结构,其结果是激光器达到极高的工作效率. 研究发现,纳米激光器工作时只需约 100 μA 的电流. 麻省理工学院的研究人员把被激发的钡原子一个一个地送入激光器中,每个原子发射一个有用的光子,其效率之高,令人惊讶.

除了能提高效率以外,无能量阈纳米激光器的出现,使得激光器的运行速度大为提高.由于只需要极少的能量就可以发射激光,这类装置可以实现瞬时开关.已经有一些激光器能够以快于每秒钟 200 亿次的速度开关,适合用于光纤通信.

3. 纳米技术在化工领域的应用

纳米粒子作为光催化剂有许多优点.首先是粒径小,比表面积大,光催化效率高.其次,纳米粒子生成的电子、空穴在到达表面之前,大部分不会重新结合,因此,电子、空穴能够到达表面的数量多,化学反应活性高.另外,纳米粒子分散在介质中往往具有透明性,容易运用光学手段和方法来观察界面间的电荷转移、质子转移等.

纳米静电屏蔽材料,是纳米技术的另一重要应用.以往的静电屏蔽材料一般都是由树脂掺加碳黑喷涂而成,其性能并不特别理想.为了改善静电屏蔽材料的性能,日本松下公司研制出具有良好静电屏蔽的纳米涂料.利用具有半导体特性的纳米氧化物粒子如 Fe_2O_3、TiO_2、ZnO 等做成的涂料,由于具有较高的导电特性,因而能起到有效的静电屏蔽作用.另外,氧化物纳米微粒的颜色各种各样,因而可以通过复合控制静电屏蔽涂料的颜色.这种纳米静电屏蔽涂料不但有很好的静电屏蔽特性,而且也避免了碳黑静电屏蔽涂料只有单一颜色的单调性.

4. 纳米技术在生物工程上的应用

众所周知,分子是保持物质化学性质不变的最小单位.生物分子是很好的信息处理材料,每一个生物大分子本身就是一个微型处理器.分子在运动过程中以可预测方式进行状态变化,其原理类似于计算机的逻辑开关,利用该特性并结合纳米技术,可以设计量子计算机.美国南加州大学的 Adelman 博士等应用基于 DNA 分子计算技术的生物实验方法,有效地解决了目前计算机无法解决的问题——"哈密顿路径问题",使人们对生物材料的信息处理功能和生物分子的计算技术有了进一步的认识.

虽然分子计算机目前只是处于理想阶段,但科学家已经考虑应用几种生物分子制造计算机的组件,其中细菌视紫红质最具前景.该生物材料具有特异的热、光、化学物理特性和很好的稳定性,并且,其奇特的光学循环特性可用于储存信息,从而起到代替当今计算机信息处理和信息存储的作用.

5. 纳米技术在医学上的应用

随着纳米技术的发展,在医学上该技术也开始崭露头角.研究人员发现,生物体内的 RNA 蛋白质复合体,其线度在 $15\sim20$ nm 之间,并且生物体内的多种病毒,也是纳米粒子. 10 nm 以下的粒子比血液中的红血球还要小,因而可以在血管中自由流动.如果将超微粒子注入到血液中,输送到人体的各个部位,就可作为监测和诊断疾病的手段. 科研人员已经成功利用纳米 SiO_2 微粒进行了细胞分离,用金的纳米粒子进行定位病变治疗,以减少副作用等.

研究纳米技术在生命医学上的应用,可以在纳米尺度上了解生物大分子的精细结构及其与功能的关系,获取生命信息. 科学家们设想利用纳米技术制造出分子机器人,在血液中循环,对身体各部位进行检测、诊断,并实施特殊治疗,疏通脑血管中的血栓,清除心脏动脉脂肪沉积物,甚至可以用其吞噬病毒,杀死癌细胞. 这样,在不久的将来,被视为当今疑难病症的艾滋病、高血压、癌症等疾病都将迎刃而解,从而使医学研究发生一次革命.

6. 纳米技术在其他方面的应用

利用先进的纳米技术,在不久的将来,可制成含有纳米电脑的可人-机对话并具有自我复制能力的纳米装置,它能在几秒钟内完成数十亿个操作动作. 在军事方面,利用昆虫作平台,把分子机器人植入昆虫的神经系统中控制昆虫飞向敌方收集情报,使目标丧失功能. 利用纳米技术还可制成各种分子传感器和探测器;利用纳米羟基磷酸钙为原料,可制作人的牙齿、关节等仿生纳米材料;将药物储存在碳纳米管中,并通过一定的机制来激发药剂的释放,则可控药剂有希望变为现实. 另外,还可利用碳纳米管制作储氢材料,用作燃料汽车的燃料"储备箱";利用纳米颗粒膜的巨磁阻效应研制高灵敏度的磁传感器;利用具有强红外吸收能力的纳米复合体系制备红外隐身材料等,都是极具应用前景的纳米技术开发领域.

22.5　新能源技术

能源是人类进行生产和赖以生存的不可缺少的物质基础,是新技术革命的重要支柱. 随着世界能源供需矛盾的加剧,避免能源危机的出现,寻求新的能源已成为世界瞩目的热点. 本节主要介绍新能源的基本原理以及对新能源的开发和利用等.

22.5.1　新能源技术概述

自然界在一定条件下能够提供机械能、热能、电能、光能、化学能等某种形式能量的自然资源叫做能源. 在人类历史上,已经经历了三个能源时期,即柴草时期、煤炭时期和石油时期. 能源的替代和转换是人类社会不断发展的重要标志,每一次能源转换的结果,都伴随着生产技术的重大变革,使人类社会发生质的飞跃.

1. 新能源和新能源技术

所谓新能源,是指目前尚未被人类大规模利用、有待进一步研究试验与开发利用的能源,如太阳能、风能、地热能、海洋能、氢能、核能等. 新能源技术就是研究各种新能源的开发、转换、生产、传输、储存以及综合利用的理论技术体系. 对于能提高能源利用效率和改变其使用方式的技术,如磁流体发电和煤的汽化和液化等,则是新的能量转换技术,也属于新能源技术的范畴. 新能源技术具有相对性,在不同的时期、不同的国家,具有不同的内容和含义.

2. 能源的分类和评价

根据能源形成的条件、使用性能及利用状况等可将自然界的能源进行分类.

按能源形成的条件可分为一次能源和二次能源. 一次能源是自然界中以天然形式存在的能源,如原油、原煤、核燃料、风能、水力能、太阳能、地热能等. 按其成因,一次能源又可分为三种,一种是来自太阳和其他天体的能量,如由于太阳能作用而形成的煤炭、石油等;第二种是地球本身蕴藏的能量,如地热能、地球上核能等;第三种是来自地球和其他天体的作用所形成的能量,如潮汐. 按能源产生的周期长短,一次能源又可分为再生能源(不会随着本身的转化或人类的利用而日益减少的能源,如太阳能、风能等)和非再生能源(不能再生的、随着人类的利用而越来越少的能源,如矿物燃料、核燃料等). 二次能源是由一次能源直接或间接转换而来的其他各类形式的能源产品,如煤气、汽油、氢气、激光等人工能源.

按其使用的性质可分为燃料能源(如煤等矿物燃料、木材等生物燃料、核燃料)和非燃料能源(如风能、地热能等).

按其利用的程度和在当代社会经济生活中的地位可分为常规能源和新能源两大类. 常规能源技术上比较成熟,已被人类广泛利用,是目前世界上主要的能源,如煤炭、石油、天然气、水能等. 新能源在技术上还未完全成熟,但有很好的发展前景和巨大的使用价值.

能源的优劣,通常由能流密度的大小、储量的多少、存储的可能性及供能连续性的好坏、开发与利用设备费用的高低、运输的费用、品位的高低、污染的程度等方面来评价.

3. 新能源材料

高效率的太阳能转换材料、高密度的储氢材料、显著节能材料等统称为新能源材料. 这种新材料的研制,对新能源的开发、转换、利用及运输等极为重要.

(1) **太阳能转换材料**. 太阳能转换材料是把太阳的光能转换成热能、电能的一种新型材料. 光热转换形式是利用聚热材料、聚光镜来获取热能. 人们最先应用的光电转换材料是单晶硅太阳能电池材料,它的光电转换效率约为 11%～17%. 现在又发展了非晶硅光电转换材料,它的制造成本低,转换效率可达 8%～10%. 高效率太阳能转换材料是新能源材料研究中最重要的课题之一.

(2) **高温结构陶瓷**. 高温结构陶瓷是发动机、燃气轮机等使用的陶瓷,是以节能为目的而研制的. 节约能源消耗就等于开发了新能源. 由热力学知,热机工作效率随工作物质温度的升高而增大. 如果选用陶瓷材料,热机可在 1000℃ 以上的高温工作,而且不需要冷却系统,可以节省燃料,提高热机效率. 高温结构陶瓷材料主要有氮化硅、碳化硅、氧化锆等. 进一步研究的目的是提高它们的韧性,减少脆性.

（3）**超导材料**. 超导材料是最理想的节能输电导线材料. 目前已发现几千种超导材料,但较实用的不多. 超导材料的发展,将会导致新的工业革命和技术革命.

（4）**非晶态材料**. 非晶态材料包括非晶态半导体（如前面已介绍过的非晶硅）和非晶态金属. 非晶态金属也是一种节能效果显著的新材料,我国对非晶态金属的研究正在起步.

（5）**高密度储能材料**. 现在的储电装置是铅酸蓄电池,其储电能力低. 国外发展了一种钠硫电池和锂电池,储能密度比铅酸电池至少高 5 倍. 将用电低谷时期的富裕电力用来电解水制成氢气,需要储氢材料. 国内外现在都在研制储氢的金属和合金.

22.5.2　新能源的开发利用

1. 原子核能

1942 年 12 月 2 日,历史上第一个链式反应的核反应堆成功地在芝加哥大学运转,这标志着人类进入了核技术的新纪元. 60 多年来,核技术在军事、能源等很多方面得到了广泛应用,可控核聚变的研究也有了可喜的进展.

（1）**原子核结合能**. 实验发现,原子核的质量总是小于组成它的质子和中子的质量总和. 减少的质量叫原子核的质量亏损,通常用 Δm 表示. 若以 m_p、m_n 分别表示一个质子和一个中子的质量,m_A 表示质量数为 A、原子序数为 Z 的原子核的质量,那么,原子核的质量亏损为

$$\Delta m = Zm_p + (A-Z)m_n - m_A$$

因此由 Z 个质子和 $A-Z$ 个中子组成原子核时,质量亏损,必然放出能量. 核子在核力作用下结合成原子核时释放的能量称为原子核的结合能. 由相对论质能关系式得结合能为

$$\Delta E = \Delta mc^2 = [Zm_p + (A-Z)m_n - m_A]c^2$$

要使一个原子核分裂成单个的质子和中子,也必须供给与结合能等值的能量. 原子核的结合能,也就是俗称的原子能（即原子核能）.

不同原子核的结合能不同,把原子核的结合能除以它的总核子数,就得到每个核子的平均结合能. 理论计算和实验都表明,中等质量数（$A=40\sim120$ 之间）的原子核中,核子的平均结合能较大,在 8.6 MeV 左右. 质量数在上述范围之外的原子核,核子的平均结合能都较小,$^{238}_{92}$U 的核子平均结合能是 7.5 MeV,氘核的平均结合能是 7.83 MeV.

由于中等质量数的核的核子平均结合能大,因此要利用核能,当然最好是直接把质子和中子结合起来构成一个中等质量的原子核,这样放出的核能最多. 但是中

子不易得到,又具有放射性,半衰期较短,因此这样做是不现实的,必须从自然界中存在的原子核来考虑.要使大量能量从原子核中释放出来,唯有使重原子核分裂成两个中等质量的核或使轻原子核聚合成一个较重的核这两种办法.

(2) **重核裂变能**. 重核分裂成两个中等质量原子核的过程叫做重核裂变. 20世纪 30 年代末期,人们在实验中发现,用慢中子轰击 $^{235}_{92}$U 核时,铀核分裂成质量大致相等的两个中等质量的新原子核,同时放出 2～3 个快速中子,并放出大量能量.按原子核结合能计算公式,1 kg 铀 235 完全裂变释放出的能量可达 2×10^7 kW·h,相当于 2000 t 最好的煤完全燃烧时放出的化学能.

铀裂变反应有多种形式,如

$$^{235}_{92}\text{U}+^{1}_{0}\text{n}\rightarrow^{141}_{56}\text{Ba}+^{92}_{36}\text{Kr}+3^{1}_{0}\text{n}+\Delta\text{E}$$

$$^{235}_{92}\text{U}+^{1}_{0}\text{n}\rightarrow^{139}_{54}\text{Xe}+^{95}_{38}\text{Sr}+2^{1}_{0}\text{n}+\Delta\text{E}$$

铀裂变产生的中等核除钡(Ba)、氪(Kr)、氙(Xe)、锶(Sr)外,还可以是锑(Sb)、铌(Nb)等其他元素的原子核. 我国科学家钱三强、何泽慧发现,铀核也可以分裂成三个甚至四个中等质量的原子核,但概率比二分裂小得多.

为了取用原子能,把铀和其他材料按一定的设计方式装在一起,以发生链式反应,这种装置称为原子反应堆. 反应堆里的链式反应是受控制的,反应强度维持在一定的平稳进行的水平,这取决于堆内中子的数量. 为此应解决以下几个问题. 第一,中子的减速. 裂变产生的中子能量很大,约在 0.1～20 MeV 之间,而使 $^{235}_{92}$U 发生高效裂变的是热中子,能量约为 0.025 eV. 为此在反应堆中要放置减速剂,亦称慢化剂,通常用石墨、重水等. 第二,增殖因数. 维持链式反应的必要条件是任何一代的中子总数等于或大于前一代的中子总数,即

$$增殖因数=\frac{这一代中子总数}{前一代中子总数}\geqslant 1$$

因此,反应堆中心区域的体积大小(称为中肯大小)应选择适当,同时应装有用石墨材料制成的反射层,以阻止中子逃逸. 第三,控制棒. 一般用含镉或含硼的钢棒制成控制棒,通过插入或抽出中心区的方式,来控制吸收中子的数量. 第四,冷却剂. 裂变放出的能量大部分变为热能,使反应堆温度升高,这就需要有冷却装置,用适当的流体将热量传出来并加以利用. 第五,保护层. 反应堆中有大量的 γ 射线和很强的中子流,为了安全起见,反应堆必须密封,一般用金属套、水层、钢筋混凝土制成保护层,用来吸收各种有害射线.

为了不同的目的,常常设计各种不同类型的原子反应堆. 用减速后的热中子轰击原子核引起裂变的反应堆,称为热中子反应堆,简称热堆. 用未经减速的中子轰击原子核而引起裂变的反应堆,称为快中子反应堆,简称快堆. 快堆比热堆的技术难度大,这是快堆比热堆发展长期滞后的原因.

(3) **轻核聚变能**. 两个轻核发生反应聚合成较重核的过程称为轻核聚变,在此

过程中释放出的能量也叫核聚变能. 核聚变反应有很多种, 较易实现的有

$$_1^2H + _1^2H \rightarrow _2^3He + _0^1n + 3.25 \text{ MeV}$$

$$_1^2H + _1^2H \rightarrow _1^3H + _1^1H + 4.00 \text{ MeV}$$

$$_2^3He + _1^2H \rightarrow _2^4He + _1^1H + 18.3 \text{ MeV}$$

$$_1^3H + _1^2H \rightarrow _2^4He + _0^1n + 17.6 \text{ MeV}$$

$$_3^6Li + _1^2H \rightarrow 2_2^4He + 22.4 \text{ MeV}$$

$$_3^7Li + _1^1H \rightarrow 2_2^4He + 17.3 \text{ MeV}$$

由于原子核带正电, 两个原子核要聚合在一起, 必须克服它们之间的静电斥力. 原子序数越大的核, 静电斥力就越大, 因此最轻的核进行聚变反应容易实现. 聚变反应材料, 目前认为比较适宜的是氢、氦、锂的同位素, 即氘 (用 $_1^2H$ 或 D 表示)、氚 (用 $_1^3H$ 或 T 表示)、锂 ($_3^6Li$). 研究结果表明, 核聚变所释放的能量比裂变反应要大得多, 单位质量的氘聚变所放出的能量是单位质量铀 235 裂变所放出能量的 4 倍多. 作为一种能源, 人们总期望聚变反应能在人工控制下进行, 并能把聚变能变为电能输出, 这样的过程就叫做受控核聚变过程.

为了克服轻核聚变时它们之间的静电斥力, 必须把聚变物质加热到千万度以上的温度, 使聚变物质的原子核具有极大的热运动速度, 因而在彼此碰撞时可以发生大量的聚变反应. 如果这些反应又能放出巨大的能量以保持极高的温度, 那么这种反应就可自行维持下去, 并继续放出能量. 这种在极高温度下进行的轻核聚变反应叫做热核反应. 在热核反应中, 参加反应的物质的极高温度称为点火温度, 如氘-氘反应为 5×10^8 K. 在这样高的温度下, 所有反应物都离解成了等离子体. 另一方面, 还要求热核反应放出的能量大于加热燃料所用的能量, 为此必须高度压缩等离子体, 使之具有足够大的粒子数密度 n, 还必须设法延长等离子体稳定存在的时间 τ, 这样热核反应才能充分地进行, 放出的能量才多. 1957 年, 劳逊 (A. D. Lawson) 提出了能否发生聚变反应的判据, 即劳逊判据: $n\tau \geqslant$ 常数. 对不同的聚变反应, 该常数具有不同的数值. 劳逊判据是实现自持核聚变并能获得增益的必要条件.

核聚变的点火温度比任何固体容器的熔点都要高得多, 因此高温等离子体的约束就成为一个关键问题. 目前, 受控核聚变所采用的装置主要有磁约束装置和惯性约束装置. 在惯性约束装置中, 在极短的时间内用大功率能源将等离子体加热并压缩到高温、高密度状态 (T 为 $10^7 \sim 10^8$ K, $n \geqslant 10^{28}$ m^{-3}), 在因惯性还来不及飞散的极短时间内实现反应. 基本做法是把核聚变燃料做成直径约 1 mm 的小靶丸, 用大功率激光或高能电子束照射或轰击, 实现聚变反应. 磁约束装置中, 用磁场约束等离子体, 目前建造比较多的实验装置是托克马可 (Tokamak) 装置, 如图 22.41 所示. 这种装置, 已能使等离子体加热至 10^3 万度以上, 粒子密度接近 10^{21} m^{-3}, 约束

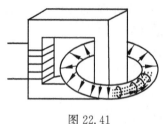

图 22.41

时间达到 2 s. 该装置中,充有热核燃料的反应器内有两种磁场:一种是轴向磁场,它由反应室外面线圈中的电流产生;另一种是圈向磁场(即环形磁场),它由等离子体中的感应电流产生. 这两种磁场叠加形成螺旋形总磁场. 理论和实践证明,约束在这种磁场内的等离子体,稳定性较好. 这种装置最有希望首先实现受控热核反应.

另外,正在研究中的还有冷核聚变. 目前也有人考虑开展聚变—裂变混合堆的研究,其原理是用聚变反应产生的中子来增殖裂变燃料,以充分利用核燃料.

(4) **原子能发电**. 1954 年 6 月,前苏联在莫斯科近郊建成了世界上第一座工业用核电站. 从此,核动力工业在全世界蓬勃发展. 核电站就是利用核裂变反应释放出的能量发电的工厂. 将核反应堆配以动力回路系统及其他辅助设备,就可构成核电站. 由于反应堆的类型不同,核电站相应的构造也有所不同. 图 22.42 是压水堆核电站的工作示意图,它由一次回路系统和二次回路系统两大部分组成. 一次回路系统主要由反应堆、稳压器、蒸汽发生器、主泵和冷却剂管道组成. 冷却剂由主泵送入反应堆,带出反应热,进入蒸汽发生器,通过数以千计的传热管把热量传给管外二次回路中的水,使之变成蒸汽,驱动汽轮发电机组工作. 冷却剂从发生器出来后,又由主泵送回反应堆,循环使用. 整个一次回路被称为核蒸汽供应系统,俗称核岛,相当于常规火力电厂的锅炉系统. 为确保安全,整个一次回路系统装在一个称为安全壳的密封厂房内. 二次回路系统主要由汽轮机、冷凝器、给水泵和管道组成,与常规电厂的汽轮发电机系统基本相同,因此也称为常规岛. 一、二次回路系统中的水

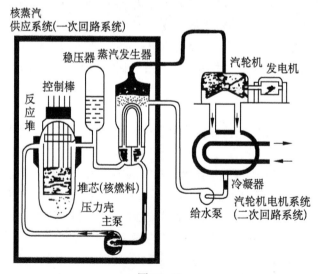

图 22.42

各自封闭循环,完全隔绝,以避免任何放射性物质从核岛内向外泄漏.

当前核裂变电站技术改进有两个中心课题,一是关于核裂变的污染和废渣处理问题;二是热中子反应堆中核燃料增殖,充分利用的问题.目前国外正加紧研制快中子增殖反应堆.这种快中子反应堆中,铀 238 可吸收快中子迅速转变为钚 239,而钚 239 又可作为裂变燃料.这样就大大提高了天然铀(天然铀矿中铀 238 占 99.3%)的利用率.我国快中子增殖反应堆也于 1990 年 11 月破土动工,预计在本世纪初可建成大型快中子增殖堆电站.快中子堆系统如图 22.43 所示.

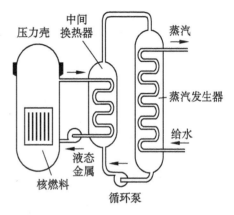

图 22.43

2. 太阳能

太阳能就是太阳辐射能,属于再生能源,它是地球上最基本的取之不尽的能量源泉.太阳是一个炽热的巨大气体球,主要成分是氢和氦.太阳能源于其内部持续不断进行的核聚变反应.其内部的热核反应主要有"碳氢循环反应"和"氢氢链反应"两种形式.

"碳氢循环"反应的具体过程包括

$$^{12}_{6}C + ^{1}_{1}H \rightarrow ^{13}_{7}N$$

$$^{13}_{7}H \rightarrow ^{13}_{6}C + ^{0}_{1}e^{+} + \nu$$

$$^{13}_{6}C + ^{1}_{1}H \rightarrow ^{14}_{7}N$$

$$^{14}_{7}N + ^{1}_{1}H \rightarrow ^{15}_{8}O$$

$$^{15}_{8}O \rightarrow ^{15}_{7}N + ^{0}_{1}e^{+} + \nu$$

$$^{15}_{7}N + ^{1}_{1}H \rightarrow ^{12}_{6}C + ^{4}_{2}He$$

从最终结果看,实际上是四个质子聚变成一个氦核,放出两个正电子并伴生两个中微子 ν,即

$$4^{1}_{1}H \rightarrow ^{4}_{2}He + 2^{0}_{1}e^{+} + 2\nu + 26.7 \text{ MeV}$$

"氢氢链反应"(又称质子-质子反应)的具体过程是

$$^{1}_{1}H + ^{1}_{1}H \rightarrow ^{2}_{1}H + ^{0}_{1}e^{+} + \nu$$

$$^{1}_{1}H + ^{2}_{1}H \rightarrow ^{3}_{2}He$$

$$^{3}_{2}He + ^{3}_{2}He \rightarrow ^{4}_{2}He + 2^{1}_{1}H + 26.7 \text{ MeV}$$

以上三个核反应的总效果也是四个质子聚合成一个氦原子核,所释放的能量也等于氦核的结合能 26.7 MeV.

太阳内部核聚变放出的能量是巨大的,大约每秒内可释放出 4×10^{26} J.根据相

对论的质能关系和目前的反应速度推算,太阳内部的核聚变可以维持几百亿年.

太阳辐射能中仅有二十二亿分之一到达地球大气层,其中的 30% 被大气层反射,23% 被大气层吸收,真正到达地球表面的仅有 47%.

对太阳能进行大规模的开发利用,并引起国际上普遍重视,是近二三十年的事.专家们预测,21 世纪太阳能将成为人类的主要能源之一.但是,由于太阳能的分散性和间断性,在实际应用中仍然有很多困难问题需要研究解决.目前,直接利用太阳能是通过光热转换、光电转换和光化学转换三种途径.主要应用在太阳能采暖和制冷、太阳热发电和太阳光发电三个方向.

(1) **光-热转换**.通过反射、吸收或其他方式收集太阳能,使其转换为热能并加以利用,称为太阳能的热利用.如何高效地收集太阳能并高效地转换为热能,是研究光热转换的主要问题.光热转换所产生的热能已用于供暖、空调、生活用热水、干燥以及太阳能热力发电等.

(2) **光-电转换**.太阳光发电是通过太阳电池直接将太阳能转换为电能的.太

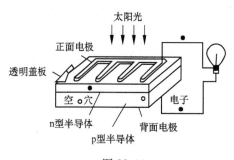

图 22.44

阳电池用半导体材料制成,多为 pn 结型二极管,靠 pn 结的光生伏特效应产生电动势,这时如将 pn 结两端与外电路连接起来,便有一定电流流过.太阳电池原理如图 22.44 所示.

太阳电池有许多种,主要有硅电池、硫化镉电池、砷化镓电池和砷化镓-砷化铝电池等.常用的是单晶硅电池,它的转换效率一般可达 13%～17%.

自 20 世纪 60 年代开始,太阳电池在人造卫星、宇宙飞船、航天飞机上作为主电源大量应用.在地面上,太阳电池已在灯塔、航标、微波中继站、铁路信号、电视接收等方面广为应用.我国于 1958 年开始研制太阳电池,并于 1972 年成功地首次应用于我国发射的第二颗卫星上.

(3) **光-化学转换**.利用太阳能将二氧化碳和水转换成碳水化合物和氧气,这一作用过程称为光合作用.近 30 年来,人们对光合作用的认识有了很大的提高.在此基础上,人们对光合作用进行了化学模拟研究.研究一旦成功,就可以使人造粮食和人造燃料成为现实,它将引起科学技术和社会生产的巨大变革.

3. 风能

地球表面附近各处因受到太阳热辐射不同而产生温差,从而形成空气的对流运动,这种空气流动的动能就是风能.当风速为 v 时,单位体积的风能为

$$w = \frac{1}{2}\rho v^2$$

式中 ρ 为空气的质量密度. 故风的能流密度为

$$I = wv = \frac{1}{2}\rho v^3$$

可见, 风能与风速的立方成正比.

　　近代风能的利用除少量用于提水或作其他动力外, 多半用于发电. 目前世界上用来发电的有小型风力涡轮直流发电机和风力涡轮交流发电机. 大型风力发电机技术上尚未过关.

　　我国目前共拥有风力发电机组约 10 万台, 最大的风力发电场在新疆达坂城, 装机容量达 4000 kW.

　　4. 海洋能

　　海洋面积占地球表面积的 71%, 蕴藏着巨大的海洋能资源. 海洋能包括潮汐能、波浪能、海水温差能、海流能、盐度差能等. 除潮汐能来源于星体运动中的万有引力作用外, 其余各类能源均来自于太阳辐射能. 就能量形式而言, 潮汐能、波浪能、海流能是机械能, 海水温差能是热能, 海水盐度差能是化学能.

　　(1) **潮汐发电**. 潮汐是海水在月球和太阳等天体引力作用下产生的一种周期性涨落现象. 在浅而宽的大陆架上, 海水涨落十分显著, 潮差可达 10 多米. 潮汐发电就是利用涨潮和落潮所形成的潮差, 使海水通过水轮机时驱动发电机组发电. 现在潮汐发电在技术上基本成熟. 我国沿海有 500 多处可兴建潮汐电站, 已建成了一些中小型电站, 大规模开发尚未进行.

　　(2) **波浪发电**. 波浪发电就是利用波浪的上下运动或横向运动的机械能发电. 正在试用的波浪发电有两种方法: 一种是在海面上的浮标中安装涡轮发电机, 利用波浪一上一下的起伏垂直运动, 推动装有活塞的浮标, 借助活塞与浮标的相对运动所产生的压缩空气, 驱动涡轮发电机发电. 另一种是在海岸上设置固定的空气涡轮机, 利用海浪冲击的力量, 通过管道鼓动空气, 驱动空气涡轮机发电.

　　(3) **海水温差发电**. 海水温差发电是利用海水的温度差将热能转换成电能的. 以表层温海水为高温热源, 深层冷海水为低温热源, 用热机组成热力循环. 工作物质选用低沸点的物质, 如丙烷、氨、氟里昂等, 它们在 25℃ 的海水加热下即可得到高压蒸汽, 用以推动涡轮机发电. 由涡轮机排出的低压蒸汽再引入到深层低温海水构成的"冷凝器"中, 重新凝结成液态. 一般来说, 温差达 15～25℃ 就可用来发电. 目前海水温差发电多未进入实用阶段.

　　(4) **海流能发电**. 太阳能可以引起海水的流动. 海流就是海洋中的"河流", 在海水表面以下海流又叫潜流. 海流发电就是利用海水的流动带动涡轮机发电.

　　5. 地热能

　　地热能是地球内部的热能, 主要来源于地球内部放射性元素衰变产生的热量. 地热能分为蒸汽型、热水型、地压型、干热岩型和岩浆型等不同类型, 目前能为人类开发利用的,主要是地热蒸汽和地热水两类.

地热能的利用,可分为地热发电和直接利用两个方面.地热发电就是用地下喷出的高温高压蒸汽(钻地下井)驱动汽轮机发电.在我国西藏羊八井已建成地热发电站,装有 7000 多千瓦的汽轮机发电地热机组与拉萨联网,成为拉萨的主要供电系统之一.地热的直接利用已广泛应用于工业加工、民用采暖和洗澡、医疗、农业温室、水产养殖等.

6. 氢能

氢能是用氢作燃料的洁净能源.地球上氢的储量很大,主要以化合物的形态储存于水中.氢的制取必须利用其他能源,如水煤气法制氢、电解水制氢、外加高温分解水等,故不宜大量采用.关键是寻找高效率制氢的途径.目前,人们正探索采用核能和太阳能直接分解水.研究中的方法有:太阳能热分解水制氢;太阳能发电电解水制氢;设法使植物体内的水经过光合作用分解的氢分离出来;在一定环境下水分子吸收光子能量,达到一定量值时释放出氢;用半导体材料(如二氧化钛等)与电解质溶液组成光电化学电池在阳光照射下制氢等.

目前,氢主要用作精炼石油、合成氨、合成甲醇等生产原料.作为燃料,也仅限于航天或国防领域.但科学家们认为,氢很可能成为本世纪最重要的能源之一.

22.5.3 新的能量转换技术

为了节约能量,更有效地利用资源,提高能量转换效率,改进能量转换技术是十分重要的.煤的流体化、燃料电池以及磁流体发电等,就是发展前景十分广阔的新能量转换技术.

1. 煤的流体化

煤的流体化是指煤的汽化和液化,这种能量转换技术,对于合理利用煤炭资源、提供理想的燃料,具有重要的意义.从长远观点看,实施煤炭的汽化和液化,可以提高煤炭取代石油、天然气的能力,不仅运输和使用方便,而且可以进行脱硫净化处理,从而减少环境污染.

煤炭制气的方法有两种.一种是干馏法,另一种是完全汽化法.干馏法是在炼焦炉里生产焦炭的同时生产煤气,该方法因炼焦炉操作复杂,又必须同焦炭生产相结合,故不适合于大量生产,目前已很少应用.完全汽化法是采用汽化炉把煤炭的有效成分都变成气体,这是目前生产煤气的主要方法,其技术水平也在不断地提高.

煤炭的液化是指在一定温度、压力和催化剂条件下,直接或间接地将煤炭进行加氢处理,并除去煤炭中的灰分以及污染环境的硫、炭等有害的化合物,从而使炭转化为干净的液体燃料.其具体过程有三种形式:煤的直接液化;煤的溶剂处理液化;煤的溶解液化等.

煤流体化的重要应用是煤气化联合循环发电,即将原煤经气化装置产生煤气,经过除尘、脱硫等净化工艺过程,成为"清洁燃料",在燃烧室里燃烧,驱动燃气轮机运行,带动发电机发电.同时,在燃气轮机后面加装余热锅炉,回收高温排气热量,产生的蒸汽又驱动汽轮机旋转并带动发电机发电.这种循环方式是以蒸汽轮机做功为辅,燃汽轮机做功为主,其发电的热效率较高.

2. 燃料电池

燃料电池主要由燃料、氧化剂、电极和电解液四个部分组成,如图 22.45 所示.燃料有氢、甲醇、甲醛、煤气、丙烷等;氧化剂一般用氧气,也可以用空气等;电解液用氢氧化钾、磷酸水溶液、氧化锆等.燃料电池的工作原理与普通化学电池类似,都是通过电极上的"氧化—还原反应"使化学能直接转换为电能.区别在于,一般电池的燃料置于电池内部,耗完为止;燃料电池的反应物(即燃料)则储存在电池之外,只要不断地供给,就可连续供电.当燃料和氧化剂分别通入负极和正极时,在电极的催化作用下进行电化学反应,从而产生电流.例如,在氢-氧燃料电池中,氢气流经负极时离解为原子,并在负极上进行氧化反应放出电子形成氢离子.电子经外电路负载进入通氧气的正极,与电解液

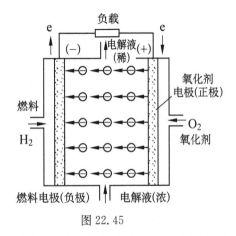

图 22.45

(以酸性为例)中来自负极的氢离子在正极上进行还原反应生成水.可见,氧化反应和还原反应是分别进行的,即

$$负极上:\quad H_2 \rightarrow 2H^+ + 2e^-$$

$$正极上:\quad 2H^+ + \frac{1}{2}O_2 + 2e^- \rightarrow H_2O$$

在整个反应过程中,氢和氧的电化学"燃烧"生成水而不断消耗,与此同时,外电路中便形成了持续电流,从而将化学能转换为电能.氢-氧燃料电池的电动势为1.23 V.

20 世纪 70 年代以来,各发达国家致力于新能源研究,燃料电池被列为重点开发的项目之一.现在,燃料电池已广泛应用于潜水艇、灯塔、无线电台等领域.不过它仍是一种有待进一步开发的新型能源,正走向大规模的实用阶段.

另外,磁流体发电已在阅读材料中介绍,这里不再赘述.

22.5.4 核能在军事上的应用

能源与军事密切相关,各种能量形式在军事上都有着广泛的应用.核能的利用是武器发展史上新的里程碑.核动力已应用于核潜艇和各类海洋水面舰船上,核航空母舰、核巡洋舰、核驱逐舰、原子破冰船等已游弋在辽阔海面,它们只需装载少量的核燃料,就能提供极大的续航力.核动力在汽车、机车、飞机、火箭、航天工具等的应用正在研究.核能的军事应用首先是制造了核武器,即原子弹、氢弹、中子弹等,下面对此作简要介绍.

1. 原子弹

原子弹的核装料(即裂变反应物)是纯粹的铀$^{235}_{92}$U 或钚$^{239}_{94}$Pu,这类重原子核在中子轰击下,会分裂为两个中等质量数的核(称为裂变碎片),同时释放出 2~3 个中子和约为 200 MeV 左右的核能.放出的中子,有的损耗在非裂变的核反应中,或漏失到裂变系统之外,有的继续引起重核裂变.如果每一个核裂变后能引起下一代裂变的中子数平均多出 1 个,裂变系统中就会形成自持的链式裂变反应,中子总数将随时间成指数增长.例如,当引起下一代裂变的中子为两个时,则在不到百分之一秒内,就可以使 1 kg 铀235 或钚239 内的约 2.5×10²⁴ 个原子核发生裂变,并释放出约 8.4×10¹³ J 的能量.此外,在裂变碎片的衰变过程中,还会陆续释放出 0.96×10¹³ J 的能量.因此,1 kg 铀235 或钚239 完全裂变,总共可以释放出约 9.4×10¹³ J 的能量.

如前所述,维持链式反应的必要条件是增殖因数要大于或等于 1.如果增殖因数等于 1,裂变反应刚好能自行持续下去,这种状态称为临界状态.维持链式反应所需裂变材料的最小体积叫临界体积,临界体积所对应的裂变材料的质量叫临界质量.增殖因数小于 1 的系统称为亚临界系统,大于 1 的系统称为超临界系统.

临界质量的大小与裂变物质的种类、密度、纯度以及裂变材料的形状、结构、周围环境等因素有关.裂变物质的密度越大,纯度越好以及一定数量的裂变物质表面积越小等都能使临界质量减小;另外,在裂变材料外面包上反射中子性能良好的铀238 作为反射层,也可有效减小其临界质量.原子弹平时必须处于亚临界状态,否则裂变装料中自发裂变产生的中子或空气中游荡的中子,会引起链式反应而造成核事故.原子弹的设计原理是使处于亚临界状态的裂变装料瞬间达到超临界状态,并适时提供若干中子触发链式反应.超临界状态可以通过两种方法达到:一种是"枪法"(gun method),又称压拢型,即把 2~3 块处于亚临界状态的裂变装料,在化学炸药爆炸产生的力的推动下,迅速合拢而成为超临界状态;另一种是"内爆法"(implosion method),又称压紧型,即用化学炸药爆炸产生的内聚爆轰波,压缩处于亚临界状态的裂变装料,使裂变装料的密度急速提高而处于超临界状态."内爆法"比"枪法"使用的裂变装料少,因而被广泛采用,但结构复杂,技术要求较高.

　　原子弹大致分为两种. 裂变装料通过"枪法"达到超临界状态的, 叫做"枪式原子弹", 结构如图 22.46 所示; 裂变装料通过"内爆法"达到超临界状态的, 叫"收聚式原子弹", 结构如图 22.47 所示.

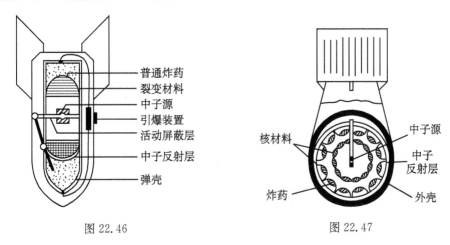

普通炸药
裂变材料
中子源
引爆装置
活动屏蔽层
中子反射层
弹壳

核材料
炸药
中子源
中子反射层
外壳

图 22.46　　　　　　　　　　　　图 22.47

　　无论哪种原子弹, 都由引爆系统、炸药层、反射层、核装料、中子源等部件组成. 引爆系统的作用是使炸药起爆, 炸药是推动、压缩反射层和核装料的能源. 反射层由铍或铀 238 构成, 铀 238 不仅能反射中子, 而且密度较大, 可以减缓核装料在释放能量过程中的膨胀, 使链式反应维持更长的时间, 从而能提高原子弹的爆炸威力. 为了触发链式反应, 必须有中子源提供"点火"中子.

　　原子弹爆炸以前, 核装料分开为两部分或两部分以上, 每一部分都小于临界质量, 因此它们不会自动发生爆炸. 接到起爆指令后, 引爆系统的雷管使炸药起爆, 爆炸产生的高压推动并压缩反射层和核装料, 使两部分合拢起来, 组成了一个大于临界质量的核装料, 即达到了超临界状态; 中子源适时提供若干点火中子, 于是核装料内发生链式反应(爆炸), 并猛烈释放能量. 随着能量的积累, 温度和压力迅速升高, 核装料便逐渐膨胀, 密度不断下降, 最终又成为亚临界状态, 链式反应趋向熄灭. 从雷管起爆到中子点火前是爆轰、压缩阶段, 这个阶段通常只有几十微秒. 从中子点火到链式反应熄灭是裂变放能阶段, 这个阶段只需零点几微秒. 原子弹在如此短暂的时间内放出极大的能量, 使整个弹体和周围介质都变成了高温高压的等离子体气团, 其中心温度可达到几千万摄氏度, 压力可达几百亿大气压. 原子弹爆炸产生的高温高压以及裂变碎片和各种射线, 最终形成了冲击波、光辐射、早期核辐射、放射性污染和电磁脉冲等杀伤破坏因素, 对现代战争的战略战术产生了重大的影响.

　　2. 氢弹

　　氚($^3_1$H)最容易与氘($^2_1$H)发生聚变, 生成氦($^4_2$He)和中子, 同时放出 17.6 MeV

能量.氚核在自然界中几乎不存在,而氘核在自然界中含量丰富,在海水中大量存在,从海水中提取它的成本也低廉.最初制造的氢弹是以氘和氚作为核装料,它们都是氢的同位素,因此这种炸弹称为氢弹.氢弹杀伤破坏因素与原子弹相同,但威力比原子弹大得多.

氢弹爆炸是氢的同位素的聚变反应.实现聚变反应的条件是要具备超高温.借助原子弹爆炸时产生的高温,可实现热核反应.在上千万度温度下,氘核和氚核变为等离子体状态,迅速进行一系列热核反应.

因为原子弹爆炸时,维持几百万到几千万度高温的时间仅约百万分之几秒,所以由原子弹引起的热核反应也要求在百万分之几秒内完成.为此,要求轻核燃料的密度大,以便在相当短的时间内有足够多的轻核燃料起聚变反应,放出巨大的能量.然而,氘和氚在普通情况下都是气体,密度很小,加上氚的价格昂贵,因此最好将氘氚反应当作热核爆炸中的一个中间环节,利用它所产生的超高温,为其他较易产生的热核反应提供进行的条件.研究表明,锂$^6_3$Li 受中子轰击,会分裂为氚核和氦核,同时放出 4.8 MeV 的能量,于是采用锂和氘的化合物——氘化锂作为氢弹的主要热核聚变材料.

氢弹爆炸的基本过程,就是原子弹爆炸的过程加上轻核聚变的过程.原子弹起爆后,加热聚变材料的同时,放出的中子打中氘化锂的锂核,产生氚和氦;氘和氘化锂的氘发生聚变反应,放出更多的中子和能量;放出的中子又和锂核作用,又产生氚,再一次氘氚反应.如此循环作用,使热核材料得到充分利用,放出更大的能量,直到爆炸.上述过程的反应式是

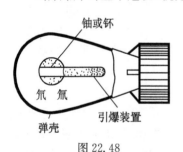

图 22.48

$$^1_0n + ^6_3Li \rightarrow ^3_1H + ^4_2He$$
$$^2_1H + ^3_1H \rightarrow ^4_2He + ^1_0n$$

氢弹主要由热核材料、引爆原子弹和弹壳等组成,其构造如图 22.48 所示.

3. 三相弹

在氘氚热核反应时,除放出巨大能量外,还会产生大量的快速中子.这些快速中子轰击到$^{238}_{92}$U 核上,可使大量的$^{238}_{92}$U 核发生裂变.因此为提高氢弹爆炸威力,可制造这样一种炸弹:中心是铀 235 或钚 239 做成的原子弹,周围是氘化锂,再外面是用$^{238}_{92}$U 制成的一层外壳.这种炸弹叫氢铀弹,其结构如图 22.49 所示.氢铀弹是裂变—聚变—裂变弹,又称三相弹.而氢弹是裂变—聚变弹,又称双相弹.原子弹是裂变弹,又称单相弹.

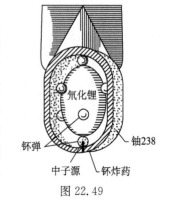

图 22.49

4. 中子弹

中子弹是氢弹小型化的产物,是一种战术核武器. 中子弹爆炸时产生的冲击波、光辐射及放射性污染的杀伤破坏作用比原子弹和氢弹要小得多,唯独它的贯穿辐射杀伤作用很大,其能量所占比例高达 40% 左右. 中子弹爆炸时放出大量高能中子和 γ 射线,对人员有杀伤作用,所以又称它为加强辐射弹.

中子弹与一般氢弹的主要区别是:(1)所用裂变材料少,用小型原子弹引爆;(2)热核材料用氘和氚,不用氘化锂;(3)中子源强;(4)用一定厚度的铍作中子反射层,以使中子增殖等.

近 50 年来,已出现了几十种不同类型的核武器. 核武器的进一步发展趋势将朝着更小型化、高精度、低当量的方向发展. 战术核武器的现代化趋向包括增加远程能力,提高机动性、分散性和安全性;战略核武器的现代化趋向将朝着多弹头技术发展,提高武器系统的生存能力、突防能力以及快速反应能力等,同时不断研制核定向能武器.

科学技术的发展是无止境的. 也许,不久的将来会有更多的新能源为人类所掌握. 对中子、质子、电子等微观粒子及"反物质"的研究将产生比核能更大的能量,从而开拓出更新的能源领域.

习题参考答案

第 12 章

12.1 (B)；　**12.2** (C)

12.3 $1:1,4:1,2:1$；　**12.4** $\dfrac{\pi U d^2}{4\rho L e}$，$\dfrac{U}{n\rho L e}$；　**12.5** $\dfrac{k^2 r^2}{\gamma}$，$\dfrac{\pi l k^2 R^4}{2\gamma}$

12.6 (1)相同；　(2)不同；　(3)不相同；　(4)不相等.

12.8 (1)γ_2/γ_1；　(2)$\dfrac{IL_1}{\gamma_1 S}$，$\dfrac{IL_2}{\gamma_2 S}$

12.9 4.0×10^{-22} N

12.10 $\dfrac{\rho}{2\pi r_0}$

12.11 (1) 2.2×10^{-5} Ω；　(2)2.3×10^3 A，1.4×10^6 A·m^{-2}；　(3) 2.5×10^{-2} V·m^{-1}；　(4) 1.0×10^{-4} m·s^{-1}

12.12 (1)$\dfrac{R\mathscr{E}}{R+r}$；　(2)$\dfrac{R\mathscr{E}^2}{(R+r)^2}$；　(3)$R=r$；　(4)$\dfrac{R}{R+r}$

12.13 (1)1.1×10^5 Ω；　(2)9.1×10^{-4} A

12.14 (a)0，$\mathscr{E}$；　(b)$\dfrac{\mathscr{E}}{R+r}$，0

12.15 无变化.

12.16 (1)10 V；　(2)1.0 V；　(3)9.62 V.

12.17 (1)$\dfrac{R_2\mathscr{E}}{R_1 R_2+R_1 R_3+R_2 R_3}$；　(2)不变.

12.18 (1)2.0 A，3.0 A，1.0 A；　(2)2.0×10^{-6} C，3.0×10^{-6} C

第 13 章

13.1 (A)；　**13.2** (C)；　**13.3** (C)

13.4 $\dfrac{\mu_0 I}{4a}$；　**13.5** $-\pi R^2 c$；　**13.6** $\dfrac{\mu_0 ih}{2\pi R}$；　**13.7** $\dfrac{B_0 B a^3}{\mu_0 \sqrt{\pi}}$

13.11 (1)$\dfrac{\mu_0 Ia}{\pi(a^2+x^2)}$；　(2)$x=0$

13.12 1.73×10^{-4} T，方向垂直纸面向里.

13.13 0，0，$\dfrac{\mu_0 I}{8\pi^2 r}\theta(2\pi-\theta)$，$-\dfrac{\mu_0 I}{8\pi^2 r}\theta(2\pi-\theta)$，$0$

13.14 (1)$\dfrac{\mu_0 I}{2R}+\dfrac{\mu_0 R^2 I}{2(R^2+l^2)^{3/2}}$，方向向右；　(2)$\dfrac{\mu_0 IR^2}{2[R^2+(l/2+x)^2]^{3/2}}+\dfrac{\mu_0 IR^2}{2[R^2+(l/2-x)^2]^{3/2}}$

13.15 6.1×10^{-4} T，5.6×10^{-4} T，方向均向右.

13.16 6.37×10^{-5} T，方向垂直于电流方向向左.

13.17 $\dfrac{1}{2}\mu_0 jd$

13.18　$\dfrac{\mu_0 NI}{4R}$

13.19　(1)$\dfrac{q\omega}{R^2}r^3\mathrm{d}r$；　(2)$\dfrac{\mu_0 q\omega}{2\pi R}$

13.20　2.2×10^{-6} Wb

13.23　$\dfrac{\mu_0 I}{4\pi}$

13.24　(1)0；　(2)$\dfrac{\mu_0 I}{2\pi r}$；　(3)$\dfrac{\mu_0 I}{2\pi r}\left(1-\dfrac{r^2-b^2}{c^2-b^2}\right)$；　(4)$0$

13.25　$\dfrac{1}{4}\mu_0 jR$，方向垂直 OP 向下.

13.26　7.2×10^{-4}N，方向向左.

13.27　9.2×10^{-5} N，方向垂直 ab 向上；　3.6×10^{-6} N·m，方向垂直纸面向外.

13.28　0.35 N，5.0×10^5 N·m^{-2}，0

13.30　$IBl^2\cos\alpha$

13.31　IBl

13.32　(1) 7.85×10^{-2}N·m，方向向上；　(2)7.85×10^{-2} J

13.33　(1)7.6×10^6m·s^{-1}；　(2)$68.3°$或 $111.7°$

13.34　(1) 三种；　(2)E/B

13.35　vBd，P 板是正极.

13.36　(1)$envbl$；　(2)evB，方向在纸面内向下；　(3)vB，vBl，上端.

第 14 章

14.1　(B)

14.2　铁磁质、顺磁质、抗磁质；　**14.3**　矫顽力小,容易退磁.

14.5　3.3×10^8A·m^{-1}，3.3×10^8 A·m^{-1}

14.6　(1) 2×10^{-2} T；　(2)32 A·m^{-1}；　(3)4.77×10^3 A

(4)6.25×10^{-4} H·m^{-1}，498，497；　(5)1.59×10^4 A·m^{-1}

14.7　$\dfrac{Ir}{2\pi R^2}$，$\dfrac{\mu Ir}{2\pi R^2}$，$\dfrac{I}{2\pi r}$，$\dfrac{\mu_0 I}{2\pi r}$

14.8　$\dfrac{\mu_0 Ir}{2\pi R_1^2}$，$\dfrac{\mu I}{2\pi r}$

14.9　$\dfrac{\mu_0 I}{2\pi r}\cdot\dfrac{R_3^2-r^2}{R_3^2-R_2^2}$

14.10　$\dfrac{\mu_1 Ir}{2\pi R_1^2}$，$\dfrac{\mu_2 I}{2\pi r}$，$0$

第 15 章

15.1　(D)；**15.2**　(D)；　**15.3**　(D)

15.4　5×10^{-4}Wb；　**15.5**　$1/4$；　**15.6**　$\dfrac{N_1 N_2\mu_0\pi R^2 r^2}{2(R^2+l^2)^{3/2}}$

15.11　(1) $\dfrac{\mu_0 l_2 vI}{2\pi}\left(\dfrac{1}{x}-\dfrac{1}{x+l_1}\right)$，顺时针绕向；

　　　　(2) $-\dfrac{\mu_0 l_2 I_0}{2\pi}\left[v\left(\dfrac{1}{x+l_1}-\dfrac{1}{x}\right)\sin\omega t+\omega\cos\omega t\ln\dfrac{x+l_1}{x}\right]$

15.12　0.2 A

15.13　$\dfrac{1}{2}\omega B(l_2^2-l_1^2)$，$b$ 端电势较高.

15.14　(1) $\dfrac{1}{2}\omega BR^2$；　　(2)1.3 V

15.15　$\dfrac{mgR\sin\theta}{B^2 l^2\cos^2\theta}$

15.16　$8.8\times10^7\,\text{m}\cdot\text{s}^{-2}$，0，$4.4\times10^7\,\text{m}\cdot\text{s}^{-2}$

15.17　$5\times10^{-4}\,\text{V}\cdot\text{m}^{-1}$，$6.25\times10^{-4}\,\text{V}\cdot\text{m}^{-1}$，$3.13\times10^{-4}\,\text{V}\cdot\text{m}^{-1}$

15.18　$223\,\text{T}\cdot\text{s}^{-1}$

15.19　$\dfrac{\mu_0 N^2 h}{2\pi}\ln\dfrac{b}{a}$

15.20　$\dfrac{\mu_0 l}{\pi}\ln\dfrac{d-r_0}{r_0}$，$1.8\times10^{-6}\,\text{H}\cdot\text{m}^{-1}$

15.21　$\mu_0\pi R_1^2\,\dfrac{N_1 N_2}{l}$

15.22　(1)1.5 mH；　　(2)5.0 mH

15.23　$\dfrac{\sqrt{3}\mu_0}{3\pi}\left[(b+h)\ln\dfrac{b+h}{b}-h\right]$

15.24　(1) $\dfrac{\mu_0 I^2}{8\pi^2 r^2}$；(2)$1.9\times10^{-3}\,\text{J}\cdot\text{m}^{-1}$

15.25　$\dfrac{\mu I^2}{16\pi}$

15.26　$6.6\times10^7\,\text{J}\cdot\text{m}^{-3}$

15.27　(1)10 A；　　(2)$10(1-\text{e}^{-5t})$ A，$50\text{e}^{-5t}\,\text{A}\cdot\text{s}^{-1}$

15.28　$-\dfrac{\mu_0 I_0\omega\pi r^2}{2R}\cos\omega t$

15.29　(2)$1.0\times10^6\,\text{V}\cdot\text{s}^{-1}$

15.30　2.78 A，$\dfrac{\mu_0\varepsilon_0}{2}\cdot\dfrac{\text{d}E}{\text{d}t}r$，$5.56\times10^{-6}\,\text{T}$

15.32　$\varepsilon_0 E_m\sin\omega(t-\dfrac{r}{c})\boldsymbol{i}$，$\sqrt{\mu_0\varepsilon_0}E_m\sin\omega(t-\dfrac{r}{c})\boldsymbol{j}$，$\sqrt{\dfrac{\varepsilon_0}{\mu_0}}E_m\sin\omega(t-\dfrac{r}{c})\boldsymbol{j}$

15.33　(1)3.0 m，1.0×10^8 Hz；　　(2)x 轴正向；

　　　　(3)$2.0\times10^{-10}\cos\left[2\pi\times10^8\left(t-\dfrac{x}{c}\right)\right]$ T，z 轴正方向.

15.34　$2.65\times10^{-7}\,\text{T}$

15.35　(1)$1.59\times10^{-5}\,\text{W}\cdot\text{m}^{-2}$；　　(2) $0.110\,\text{V}\cdot\text{m}^{-1}$，$2.92\times10^{-4}\,\text{A}\cdot\text{m}^{-1}$

第 16 章

16.1 (B)；**16.2** (B)；**16.3** (D)；**16.4** (A)

16.5 入射角,临界角,反射光；**16.6** $\sqrt{2}$；**16.7** 0.1 m

16.8 物镜的横向放大率为10,视角放大率为20.

16.10 1.58, 1.9×10^8 m/s

16.11 像在镜后 5.71 cm,像高 0.86 cm,正立缩小虚像.

16.12 70 cm, 35 cm

16.13 11.3 cm, -0.929

16.14 1.49 cm

16.15 (1)60 cm, -3,倒立放大实像；(2)-15 cm, 2,正立放大虚像.

16.16 40 cm,虚像.

16.17 (1)30 cm,倒立放大实像；(2)将凸透镜放在 L_1 右侧 40 cm 处.

第 17 章

17.1 (B)；**17.2** (C)；**17.3** (C)；**17.4** (B)

17.5 6.0×10^{-4} mm；**17.6** 1.36；**17.7** 10.8mm

17.10 (1)14.58 mm；(2)17.68 mm；(3)19.69 mm

17.11 7.2×10^{-2} mm

17.12 6.6×10^{-6} m

17.13 (1)2.24×10^{-3} m；(2)1.17×10^{-3} m

17.14 84.26°

17.15 673 nm

17.16 (1)104.2 nm；(2)黄绿色.

17.17 2.357×10^{-3} mm

17.18 9.57×10^{-4} rad 或 3.3$'$

17.20 (1)202 条；(2)94 条.

17.21 $5\lambda/4$

17.22 1.19 s^{-1}

17.24 3.394 m

17.25 5.16×10^{-3} mm

17.26 1.00029

第 18 章

18.1 (A)；**18.2** (A)；**18.3** (D)；**18.4** (C)

18.5 6,第一级明；**18.6** 2π,暗；**18.7** 5

18.12 (1)5000 Å；(2)3 mm

18.13 (1)0.6×10^3 nm,第三级明纹；0.47×10^3 nm,第四级明纹；(2)7, 9

18.14 700 nm

18.15 共 19 条明纹.

18.16 0.18 mm

18.17 2.90×10^5 m, 116 m

18.18 13.86 cm

18.19 (1)5851 Å;   (2)1.26×10^{-6} m;   (3)0, ± 1, ± 2, ± 3, ± 5, ± 6, ± 7 共 13 条.

18.20 (1)5;   (2)2×10^{-6} m;   (3)6×10^{-6} m

18.21 (1)2.4 mm;   (2)24 mm;   (3)9

18.22 3.6×10^{-2} m, 7.2×10^{-2} m

18.23 (1)17.7°;   (2)第 1、0、-1、-2 级,共 4 条谱线.

18.24 (1)6×10^{-6} m;   (2)1.5×10^{-6} m;

          (3)15 条,分别为 0, ± 1, ± 2, ± 3, ± 5, ± 6, ± 7, ± 9

18.25 0.168 nm

18.26 5.42 Å

第 19 章

19.1 (B);   **19.2** (D);   **19.3** (D)

19.4 5μm;   **19.5** 自然光或圆偏振光,线偏振光,部分偏振光或椭圆偏振光;

19.6 平行或接近平行时.

19.7 (1)$\frac{1}{8} I_0 \sin^2 2\alpha$

19.8 19°37′或 70°23′

19.9 2

19.10 (1)3/2;   (2) 3/2

19.11 (1)0.125;   (2)0.10

19.12 11°30′

19.13 (1)58°;   (2)1.60

19.17 (1)47°59′;   (2)26°37′

19.18 (2)12°45′

19.19 (1)半波片;   (2)1/4 波片.

19.20 (1)0.57A, 0.82A, 0.33I, 0.67I;   (2)都等于 0.47A.

19.21 716.7 nm, 614.3 nm, 537.5 nm, 477.8 nm, 430 nm

19.22 4.5 mm

19.24 30.3%

第 20 章

20.1 (B);   **20.2** (C);   **20.3** (A)

20.4 同时, 不同时;   **20.5** 4.5m, 33.7°;   **20.6** $\frac{\Delta x}{v}$, $\frac{\Delta x \sqrt{1-(v/c)^2}}{v}$;   **20.7** $\frac{\sqrt{3}c}{2}$, $\frac{\sqrt{3}c}{2}$

20.8 (1)匀速时，不能； 加速时，能； (2)均为 c.

20.10 367 km, 10 km, 1 km, 1.28×10^{-3} s

20.11 8.49×10^2 m, 2.98×10^{-6} s

20.12 6.71×10^8 m

20.13 (1)0.75c； (2)$-0.40c$

20.14 (1)0.38c, 向西； (2)0.88c,东偏北 $46°50'$

20.15 3.2×10^2 cm^2, $77°19'$ 或 $102°41'$

20.16 (1)0.82c, 0.71 m

20.17 (1)6.25 s； (2)10.4 m

20.18 0.89c

20.19 (1)$\dfrac{\rho_0}{1-v^2/c^2}$； (2)$\dfrac{\rho_0}{\sqrt{1-v^2/c^2}}$

20.20 1.673×10^{-26} kg, 1.51×10^{-9} J, 4.99×10^{-18} kg·m·s^{-1}, 1.36×10^{-9} J

20.21 (1)0.512 MeV； (2)2.05×10^{-14} J； (3)0.789 MeV

20.22 $\dfrac{5}{3}$ kg, 4×10^8 kg·m·s^{-1}, 1.5×10^{17} J, $\dfrac{25}{9}$ kg·m^{-1}

20.23 4.54×10^{-12} J

第 21 章

21.1 (E)； **21.2** (D)； **21.3** (A)

21.4 $\dfrac{h\nu}{c} = \dfrac{h\nu'\cos\varphi}{c} + p\cos\theta$； **21.5** $>$, $>$, $<$； **21.6** 1.06×10^{-24}(用 $\Delta x \Delta p_x \geqslant \hbar/2$ 估算)

21.7 0,1,2,3,4,5； 0,±1,±2,±3,±4,±5,±6； 5； 4

21.8 5.9×10^3 K, 1.5×10^3 W·m^{-2}

21.9 1.37×10^3 K, 2.11×10^{-6} m

21.10 2.36×10^{13}

21.11 6.41×10^5 m·s^{-1}

21.12 0.0434 Å, $63.3°$

21.13 0.1 MeV

21.14 2.42×10^{-12} m, 1.24×10^{20} Hz

21.15 1.24×10^{20} Hz, 0.024 Å, X 射线.

21.16 1215.4 Å, 1025.5 Å, 6563.3 Å

21.17 10.2 eV

21.18 8.175×10^6

21.19 $L_4/L_2 = 2$

21.20 2.47×10^{20} Hz, 1.4×10^{-12} m

21.22 $p_o/p_e = 1$, $E_{ko}/E_{ke} = 4.12 \times 10^2$

21.23 3.98×10^2 Å, 3.98×10^6 Å, 3.98×10^9 Å

21.24 0.83×10^{-14} J

21.25　(1)$\sqrt{\dfrac{1}{\pi}}$;　　(2)$\dfrac{1}{\pi(1+x^2)}$;　　(3)0

21.26　$n^2\left(\dfrac{\pi^2\hbar^2}{2mL^2}\right)$

21.28　0, $\pm\hbar$, $\pm2\hbar$, $\pm3\hbar$

21.29　$m_l=0$, ±1, ±2, ±3; $m_s=\pm1/2$

21.30　$1s^2\,2s^2\,2p^6\,3s^2\,3p^6\,4s^1$

附 录

附录 I 物理量的名称、符号和单位(SI)一览表

（表中所列为本书常用物理量的名称、符号和单位）

物理量名称	物理量符号	单位名称	单位符号
长度	l,L	米	m
面积	S	平方米	m^2
体积,容积	V	立方米	m^3
时间	t	秒	s
角	$\alpha,\beta,\gamma,\theta,\varphi$ 等	弧度	rad
角速度	ω	弧度每秒	rad$\cdot$s^{-1}
角加速度	β	弧度每二次方秒	rad$\cdot$s^{-2}
速度	v,u,c	米每秒	m$\cdot$s^{-1}
加速度	a	米每二次方秒	m$\cdot$s^{-2}
周期	T	秒	s
转速	n	每秒	s^{-1}
频率	ν	赫[兹]	Hz (1Hz=1s^{-1})
角频率	ω	弧度每秒	rad$\cdot$s^{-1}
波长	λ	米	m
振幅	A	米	m
质量	m,M	千克	kg
(体)质量密度	ρ	千克每立方米	kg$\cdot$m^{-3}
面质量密度	σ	千克每平方米	kg$\cdot$m^{-2}
线质量密度	λ	千克每米	kg$\cdot$m^{-1}
动量	p	千克米每秒	kg$\cdot$m$\cdot$s^{-1}
冲量	I	牛[顿]秒	N$\cdot$s (1 N$\cdot$s=1 kg$\cdot$m$\cdot$s^{-1})
角动量(动量矩)	L	千克二次方米每秒	kg$\cdot$m$^2\cdot$s^{-1}
转动惯量	J	千克二次方米	kg$\cdot$m^2
力	F,f	牛[顿]	N
力矩	M	牛[顿]米	N$\cdot$m
压强	p	帕[斯卡]	N$\cdot$m^{-2}, Pa
相[位]	φ	弧度	rad
功	A	焦[耳]	J
能[量]	E,W	焦[耳]	J
动能	E_k	焦[耳]	J
功率	P	瓦[特]	J$\cdot$s^{-1},W
热力学温度	T	开[尔文]	K
摄氏温度	t	摄氏度	℃
热量	Q	焦[耳]	J, N$\cdot$m
导热系数	κ	瓦[特]每米开[尔文]	W$\cdot$m$^{-1}\cdot$K^{-1}

物理量名称	物理量符号	单位名称	单位符号
比热容	c	焦[耳]每千克开[尔文]	$J \cdot kg^{-1} \cdot K^{-1}$
摩尔质量	μ	千克每摩尔	$kg \cdot mol^{-1}$
定压摩尔热容	C_p	焦[耳]每摩[尔]开[尔文]	$J \cdot mol^{-1} \cdot K^{-1}$
定体摩尔热容	C_V	焦[耳]每摩[尔]开[尔文]	$J \cdot mol^{-1} \cdot K^{-1}$
内能	E	焦[耳]	J
熵	S	焦[耳]每开[尔文]	$J \cdot K^{-1}$
平均自由程	$\bar{\lambda}$	米	m
扩散系数	D	二次方米每秒	$m^2 \cdot s^{-1}$
电量	Q, q	库[仑]	C
电流	I, i	安[培]	A
(体)电荷密度	ρ	库[仑]每立方米	$C \cdot m^{-3}$
面电荷密度	σ	库[仑]每平方米	$C \cdot m^{-2}$
线电荷密度	λ	库[仑]每米	$C \cdot m^{-1}$
电场强度	E	伏[特]每米	$V \cdot m^{-1}$
电势(电位)	U, V	伏[特]	V
电势差(电位差),电压	$U_{12}, U_1 - U_2$	伏[特]	V
电动势	$\mathscr{E}$	伏[特]	V
电位移	D	库[仑]每平方米	$C \cdot m^{-2}$
电位移通量	Ψ, Φ	库[仑]	C
电容	C	法[拉]	F ($1F = 1C \cdot V^{-1}$)
介电常量(电容率)	ε	法[拉]每米	$F \cdot m^{-1}$
相对介电常量	ε_r		
电[偶极]矩	p, p_e	库[仑]米	$C \cdot m$
电流密度	j	安[培]每平方米	$A \cdot m^{-2}$
磁场强度	H	安[培]每米	$A \cdot m^{-1}$
磁感应强度	B	特[斯拉]	T ($1T = 1Wb \cdot m^{-2}$)
磁通量	Φ	韦[伯]	Wb ($1Wb = 1V \cdot s$)
自感	L	亨[利]	H ($1H = 1Wb \cdot A^{-1}$)
互感	M, M_{12}	亨[利]	H ($1H = 1Wb \cdot A^{-1}$)
磁导率	μ	亨[利]每米	$H \cdot m^{-1}$
相对磁导率	μ_r		
磁矩	p_m	安[培]平方米	$A \cdot m^2$
电磁能密度	w, w_e, w_m	焦[耳]每立方米	$J \cdot m^{-3}$
坡印亭矢量	S	瓦[特]每平方米	$W \cdot m^{-2}$
[直流]电阻	R	欧[姆]	Ω ($1\Omega = 1V \cdot A^{-1}$)
电阻率	ρ	欧[姆]米	$\Omega \cdot m$
光强	I	瓦[特]每平方米	$W \cdot m^{-2}$
折射率	n		
发光强度	I	坎[德拉]	cd
辐[射]出[射]度	M	瓦[特]每平方米	$W \cdot m^{-2}$

附录Ⅱ 基本物理常量表

物 理 量	符 号	数 值	单 位
真空光速	c	299 792 458	$m \cdot s^{-1}$
真空磁导率	μ_0	$4\pi \times 10^{-7}$	$H \cdot m^{-1}$
真空电容率	ε_0	$8.854\ 187\ 817\cdots \times 10^{-12}$	$F \cdot m^{-1}$
万有引力常量	G	$6.672\ 59(85) \times 10^{-11}$	$m^3 \cdot kg^{-1} \cdot s^{-2}$
普朗克常量	h	$6.626\ 075\ 5(40) \times 10^{-34}$	$J \cdot s$
里德伯常量	R	$10\ 973\ 731.534(13)$	m^{-1}
基本电荷	e	$1.602\ 177\ 33(49) \times 10^{-19}$	C
康普顿波长	λ_c	$2.426\ 310\ 58(22) \times 10^{-12}$	m
电子质量	m_e	$0.910\ 938\ 97(54) \times 10^{-30}$	kg
质子质量	m_p	$1.672\ 623\ 1(10) \times 10^{-27}$	kg
中子质量	m_n	$1.674\ 928\ 6(10) \times 10^{-27}$	kg
阿伏伽德罗常量	N_0	$6.022\ 136\ 7(36) \times 10^{23}$	mol^{-1}
质量单位,原子质量 常量 $1u = \frac{1}{12}m(^{12}C)$	u	$1.660\ 540\ 2(10) \times 10^{-27}$	kg
普适气体常量	R	$8.314\ 510(70)$	$J \cdot mol^{-1} \cdot K^{-1}$
玻尔兹曼常量	k	$1.380\ 658(12) \times 10^{-23}$	$J \cdot K^{-1}$
摩尔体积(理想气体) $T=273.15K$ $p=101\ 325Pa$	V_m	$22.414\ 10(19)$	$L \cdot mol^{-1}$
斯特藩-玻尔兹曼常量	σ	$5.670\ 51(19) \times 10^{-8}$	$W \cdot m^{-2} \cdot K^{-4}$

附录Ⅲ 有关地球和太阳的一些常用数据表

星 体	质 量	平均半径	平均轨道速度	表面温度
地球	5.98×10^{24} kg	6.37×10^6 m	29.8 km $\cdot s^{-1}$	
太阳	1.99×10^{30} kg	6.96×10^8 m		5770 K
地球与太阳间的平均距离		1.50×10^{11} m		

附录Ⅳ 物理学词汇中英文对照表

（本书所用词汇按汉语拼音字母顺序排列）

A

艾里斑　Airy disk
安［培］　Ampere
安培［分子电流］假说　Ampère hypothesis
安培定律　Ampère law
安培环路定理　Ampère circuital theorem
安培力　Ampère force
α粒子　α-particle

B

巴耳末系　Balmer series
白炽灯　incandescent lamp
白光　white light
半波带法　half wave zone method
半波损失　half-wave loss
半导体　semiconductor
半导体材料　semiconductor material
半导体激光器　semiconductor laser
半透［明］膜　semi-transparent film
饱和磁化强度　saturation magnetization
饱和电流　saturated current
毕奥-萨伐尔定律　Biot-Savart law
标准条件　standard condition
波长　wavelength
波的叠加原理　superposition principle of wave
波动光学　wave optics
波动说　wave theory
波动性　undulatory property
波函数　wave function
波粒二象性　wave-particle dualism
波列　wave train
波面　wave surface
波片　wave plate
波前　wave front
波阵面分割　division of wavefront
玻尔半径　Bohr radius

玻尔磁子　Bohr magneton
玻尔单位　Bohr unit
玻尔频率条件　Bohr frequency condition
玻尔原子模型　Bohr atom model
薄膜干涉　film interference
薄透镜　thin lens
不可见光　invisible light
不确定关系　uncertainty relation
布拉格公式　Bragg formula
布儒斯特窗　Brewster window
布儒斯特角　Brewster angle
部分偏振　partial polarization
BCS理论　BCS theory

C

参考光　reference beam
长度收缩　length contraction
超导［电］性　superconductivity
超导隧道效应　superconduction Tunneling effect
超导态　superconducting state
超导体　superconductor
抽运　pumping
初相　initial phase
传导电流　conduction current
传感器　sensor
磁饱和　magnetic saturation
磁场　magnetic field
磁场叠加原理　superposition principle of magnetic field
磁场能量　energy of magnetic field
磁场能量密度　energy density of magnetic field
磁场强度　magnetic field intensity
磁畴　magnetic domain
磁导率　permeability
磁感［应］强度　magnetic induction

磁感[应]线　magnetic induction line

磁化　magnetization

磁化电流　magnetization current

磁化率　susceptibility

磁化强度　magnetization(intensity)

磁化曲线　magnetization curve

磁介质　magnetic medium

磁矩　magnetic moment

磁聚焦　magnetic focusing

磁力　magnetic force

磁链　magnetic flux linkage

磁量子数　orbital magnetic quantum number

磁偏转　magnetic deflection

磁通计　fluxmeter

磁通量　magnetic flux

磁透镜　magnetic lens

磁悬浮　magnetic levitation

磁学　magnetism，magnetics

磁针　magnetic needle

磁滞　hysteresis

磁滞回线　hysteresis loop

磁滞损耗　hysteresis loss

次极大　secondary maximum

次壳层　sub-shell

D

带状谱　band spectrum

戴维孙-革末实验　Davisson Germer experiment

单晶[体]　single crystal

单缝衍射　single-slit diffraction

单色光　monochromatic light

单轴晶体　uniaxial crystal

导带　conduction band

德布罗意波　de Broglie wave

德布罗意波长　de Broglie wavelength

德布罗意关系　de Broglie relation

等[离]子体　plasma

等厚干涉　equal thickness interference

等厚条纹　equal thickness fringes

等倾干涉　equal inclination interference

等倾条纹　equal inclination fringes

点光源　point source

电磁波　electromagnetic wave

电磁波的能流密度　energy flux density of EM wave

电磁波谱　electromagnetic wave spectrum

电磁场　electromagnetic field

电磁感应　electromagnetic induction

电磁学　electromagnetism

电磁阻尼　electromagnetic damping

电导　conductance

电导率　conductivity

电动势　electromotive force(emf)

电感　inductance

电荷守恒定律　law of conservation of charge

电极　electrode

电离　ionization

电离能　ionization energy

电流　electric current

电流[强度]　electric current (strength)

电流的连续性方程　equation of continuity of electric current

电流密度　current density

电流线　electric streamline

电流元　current element

电路　electric circuit

电偏转　electric deflection

电源　power source，power supply

电致发光　electroluminescence

电致伸缩　electrostriction

电致双折射　electric birefringence

电子　electron

电子捕获　electron capture

电子磁矩　electron magnetic moment

电子感应加速器　batatron

电子束　electron beam

电子显微镜　electron microscope

电子自旋　electron spin

电阻　resistance

电阻率　resistivity

叠加原理　superposition principle

光谱　spectrum

光生伏打效应　photovoltaic effect

光矢量　light vector

光疏介质　optically thinner medium

光速　light velocity

光速不变原理　principle of constancy of light velocity

光纤通信　optical fiber communication

光线　light ray

光学　optics

光学仪器　optical instrument

光源　light source

光栅　grating

光栅常数　grating constant

光栅方程　grating equation

光栅光谱　grating spectrum

光致发光　photoluminescence

光轴　optical axis

光子　photon

广义相对论　general relativity

归一[化]条件　normalizing condition

轨道磁矩　orbital magnetic moment

轨道角动量　orbital angular monentum

轨道量子数　orbital quantum number

H

亥姆霍兹线圈　Helmholtz coils

氦氖激光器　He-Ne laser

核半径　nuclear radius

核磁共振　nuclear magnetic resonance

核磁子　nuclear magneton

核反应　nuclear reaction

核聚变　nuclear fusion

核力　nuclear force

核裂变　nuclear fision

核子　nucleon

核自旋　nuclear spin

黑体　black body

黑体辐射　black-body radiation

亨利　henry

红宝石激光器　ruby laser

红外线　infrared ray

红限波长　red-limit wavelength

红限频率　red-limit frequency

红移　red shift

互感[系数]　mutual inductance

互感[应]　mutual induction

互感磁能　magnetic energy of mutual induction

互感电动势　emf of mutual induction

回路　loop

回路电压方程　loop voltage equation

回旋半径　radius of gyration

回旋共振频率　cyclotron resonance frequency

回旋加速器　cyclotron

惠更斯-菲涅耳原理　Huygens-Fresnel principle

混频　frequency mixing

霍尔系数　Hall coefficient

霍尔效应　Hall effect

J

基尔霍夫方程组　Kirchhoff equation

基态　ground state

激发态　excited state

激光测距仪　laser range finder

激光聚变　laser fusion

激光束　laser beam

激光通信　lasercom

激光陀螺　laser gyroscope

激光制导　laser guidance

激活介质　active medium

级次　order

集成电路　integrated circuit

价电子　valence electron

检偏器　analyzer

焦耳定律　Joule law

焦耳热　Joule heat

焦面　focal plane

角动量量子化　angular-quantization

角量子数　angular quantum number

矫顽力　coercive force

接触电势差　contact potential differen

节点　node

节点电流方程　node current equation

结合能　binding energy

截止波长　cutoff wavelength

截止电压　cutoff voltage

截止频率　cutoff frequency

近代物理　modern physics

近红外　near infrared

近紫外　near ultraviolet

禁带　forbidden band

经典金属电子论　classical electron theory of metal

晶格　(crystal) lattice

晶面　crystal face

晶体　crystal

静能　rest energy

静质量　rest mass

居里点　Curie point

绝对空间　absolute space

绝对时间　absolute time

绝缘体　insulator

K

开路　open circuit

康普顿波长　Compton wavelength

康普顿散射　Compton scattering

抗磁性　diamagnetism

抗磁质　diamagnetic medium

壳[层]模型　shell model

可见光　visible light

克尔效应　Kerr effect

空间量子化　space quantization

空间相干性　spatial coherence

空穴导电　hole conductance

库珀对　Cooper pair

扩展[光]源　extended source

L

拉曼散射　Raman scattering

莱曼系　Lyman series

劳埃德境　Lloyd mirror

类氢离子　hydrogen-like ion

类氢原子　hydrogen-like atom

楞次定律　Lenz law

离子束　ion beam

里德伯常量　Rydberg constant

粒子数布居反转　population inversion

粒子性　corpuscular property

良导体　good conductor

量子化　quantization

量子理论　quantum theory

量子力学　quantum mechanics

量子数　quantum number

量子态　quantum state

临界[阻尼]电阻　critical (damping) resistance

临界磁场　critical magnetic field

临界角　critical angle

零点能　zero-point energy

螺绕环　torus

螺线管　solenoid

洛伦兹变换　Lorentz transformation

洛伦兹力　Lorentz force

M

马吕斯定律　Malus law

迈克耳逊干涉仪　Michelson interferometer

迈斯纳效应　Meissner effect

麦克斯韦　Maxwell, James Clerk

麦克斯韦方程组　Maxwell equations

脉冲激光器　pulsed laser

满带　filled band

漫反射　diffuse reflection

N

钠灯　sodium lamp

内阻　internal resistance

能带　energy band

能级　energy level

能级寿命　life-time of energy level

能量本征值　energy eigenvalue

能量量子化　energy-quantization

能量子　energy quantum

能量最小原理　principle of least energy

能流密度　energy flux density

尼科耳棱镜　Nicol prism

牛顿环　Newton ring

n 型半导体　n-type semiconductor

O

欧姆　Ohm

欧姆定律　Ohm law

欧姆定律的微分形式　differential form of Ohm law

偶极振子　dipole oscillator

P

帕邢系　Paschen series

泡克耳斯效应　Pockels effect

泡利不相容原理　Pauli exclusion principle

劈形膜　wedge film

偏振度　degree of polarization

偏振光　polarized light

偏振片　polaroid

平均寿命　mean lifetime

平面全息图　plane hologram

平行光束　parallel beam

坡印廷矢量　Poynting vector

普朗克常量　Planck constant

谱线　spectral line

谱线宽度　line width

pn 结　p-n junction

p 型半导体　p-type semiconductor

Q

气体激光器　gas laser

起偏器　polarizer

起始磁化曲线　initial magnetization curve

切伦科夫辐射　Cherenkov radiation

氢原子　hydrogen atom

趋肤效应　skin depth

取向极化　orientation polarization

全反射　total reflection

全息术　holography

全息照相　holograph

缺级　missing order

R

染料激光器　dye laser

热辐射　heat radiation

热敏电阻　thermistor

热释电效应　phroelectric effect

热致发光　thermoluminescence

人工双折射　artificial birefringence

软磁材料　soft magnetic material

瑞利判据　Rayleigh criterion

瑞利散射　Rayleigh scattering

弱相互作用　weak interaction

S

三能级激光器　three level laser

扫描隧道显微镜　scanning tunneling microscope，STM

色偏振　chromatic polarization

色散　dispersion

射线　ray

剩磁　remanent magnetization

施主　donor

时间常数　time constant

时间间隔　time interval

时间相干性　temporal coherence

时间延缓　time dilation

时空均匀性　homogeneity of space-time

时空坐标　space-time coordinates

[事件]间隔　interval of events

势函数　potential function

势阱　potential well

势垒　potential barrier

势垒穿透　barrier penitration

受激辐射　stimulated radiation

受激吸收　stimulated absorption

受主　accepter

输出　output

输入　input

束缚电子　bound electron

束缚态　bound state

束缚态　bound state

衰变　decay

双缝干涉　double-slit interference

双缝衍射　double-slit diffraction

双生子佯谬　twin paradox

双折射　birefringence

顺磁性　paramagnetism

顺磁质　paramagnetic medium

斯特恩-格拉赫实验　Stern-Gerlach experiment

斯特藩-玻尔兹曼定律　Stefan-Boltzmann law

四维时空　four dimensional space-time

隧道效应　tunneling effect

T

调幅　amplitude modulation

调相　phase modulation

特[斯拉]　tesla

天线　antenna

铁磁性　ferromagnetism

铁磁质　ferromagnetic material

同时性　simultancity

同时性的相对性　relativity of simultancity

同位素　isotope

退磁　demagnetization

托马斯·杨　Thomas Young

椭圆偏振光　elliptical-polarized light

W

微波　microwave

微粒说　corpuscular theory

韦伯　Wb weber

维恩位移定律　Wien displacement law

位移电流　displacement current

温差电偶　thermocouple

温差电效应　thermoelectric effect

涡[电]流　eddy current

涡流损耗　eddy current loss

涡旋电场　vortex electric field

无极分子　non-polar molecule

物光束　object beam

物质波　matter wave

X

吸收峰　absorption peak

吸收光谱　absorption spectrum

狭义相对论　special relativity

狭义相对性原理　principle of special relativity

线偏振光　linear-polarized light

线圈　coil

线系极限　series limit

相长干涉　constructive interference

相对磁导率　relative permeability

相对论力学　relativistic mechanics

相对论速度变换　relativistic transformation of velocity

相对论质量　relativistic mass

相对性原理　principle of relativity

相对折射率　relative index of refraction

相干长度　coherent length

相干长度　coherent length

相干光　coherent light

相干光源　coherent source

相干时间　coherence time

相干条件　coherent condition

相位　phase

相位差　phase difference

相位跃变　phase jump

相消干涉　destructive interference

谐振子　harmonic oscillator

旋光现象　rot-optical phenomena

薛定谔方程　Schrodinger equation

寻常光线　ordinary light

X射线衍射　X-ray diffraction

Y

压电效应　piezoelectric effect

压热效应　piezocaloric effect

氩[离子]激光器　argon (ion) laser

衍射　diffraction

衍射角　diffraction angle

衍射屏　diffraction screen

衍射图样　diffraction pattern

阳极　anode

杨[氏]实验　Young experiment

液晶	liquid crystal	正晶体	positive crystal
液体激光器	liquid laser	正离子	positive ion, cation
逸出功	work function	直流	direct circuit
因果性	causality	[指]北极	north pole, N pole
阴极	cathode	[指]南极	south pole, S pole
阴极射线	cathode ray	质量亏损	mass feficit
应力双折射	piezo-bire fringence, stress birefringence	质能关系	mass-energy relation
硬磁材料	hard magnetic material	质子磁矩	proton magnetic moment
有极分子	polar molecule	质子数	proton number
有旋电场	curl electric field	中央极大	central maximum
右手定则	right-hand rule	中央条纹	central fringe
右手螺旋定则	right-handed screw rule	中子磁矩	neutron magnetic moment
右旋晶体	right-handed crystal	中子数	neutron number
阈值条件	threshold condition	钟的同步	synchronization of clocks
原子磁矩	atomic magnetic moment	周期表	periodic table
原子光谱	atomic spectrum	主极大	principal maximum
原子序数	atomic number	主截面	principal section
原子质量单位	atomic mass unit	主量子数	principal-quantum number
圆孔衍射	circular hole diffraction	主平面	principal plane
圆偏振光	circular-polarized light	主折射率	principal refractive index
远红外	far infrared	柱面波	cylindrical wave
约瑟夫森效应	Josephson effect	紫外线	ultraviolet ray
跃迁	transition	自发辐射	spontaneous radiation
运流电流	convection current	自感[系数]	self-inductance

Z

		自感[应]	self-induction
载流线圈的磁矩	magnetic moment of a current carrying coil	自感磁能	magnetic energy of self induction
		自感电动势	self-induced emf
载流子	charge carrier	自然光	natural light
增透膜	transmission enhanced film	自旋	spin
增益系数	gain coefficient	自旋磁矩	spin magnetic moment
折射	refraction	自旋角动量	spin angular momentum
折射定律	refraction law	自旋量子数	spin quantum number
折射率	refractive index	自由电子	free electron
真空磁导率	permeability of vacuum	自由电子激光器	free electron laser
振荡	oscillation	自由空间	free space
振幅	amplitude	最小分辨角	angle of minimum resolution
振幅分割	division of amplitude	左手定则	left-hand rule
正极板	positive plate	左旋晶体	left-handed crystal